順列

- 階乗　$n! = n(n-1)(n-2)\cdots 2\cdot 1$
  （ただし $0! = 1$）

異なる n 個のものがあるとき

1. 重複せずにすべて並べる　$n!$
2. r 個取り出して並べる　${}_n\mathrm{P}_r = \dfrac{n!}{(n-r)!}$
3. 重複を許して r 個並べる　${}_n\Pi_r = n^r$

区別できない同種のものがあるとき

4. $\dfrac{n!}{n_1! n_2! \cdots n_k!}$ 通り

組み合わせ

1. 異なる n 個から重複せずに r 個取り出す

$${}_n\mathrm{C}_r = \dfrac{{}_n\mathrm{P}_r}{r!} = \dfrac{n!}{(n-r)! r!}$$

2. 異なる n 個から重複を許して r 個取り出す

$${}_n\mathrm{H}_r = {}_{n+r-1}\mathrm{C}_r$$

度数分布・確率分布

- 確率密度関数 (PDF)

$$P(a \le X \le b) = \int_a^b f(x)\,dx$$

- 累積分布関数 (CDF)

$$F(x) = P(X \le x) = \int_{-\infty}^x f(t)\,dt$$

$$\dfrac{d}{dx}F(x) = f(x)$$

確率

- 余事象　$P(\overline{\mathbf{A}}) = 1 - P(\mathbf{A})$
- 加法定理　$\mathbf{A}, \mathbf{B}$ が排反ならば

$$P(\mathbf{A}\cup\mathbf{B}) = P(\mathbf{A}) + P(\mathbf{B})$$

- 乗法定理　$\mathbf{A}, \mathbf{B}$ について

  独立ならば　$P(\mathbf{A}\cap\mathbf{B}) = P(\mathbf{A})P(\mathbf{B})$

  従属ならば　$P(\mathbf{A}\cap\mathbf{B}) = P(\mathbf{A}|\mathbf{B})P(\mathbf{B})$

- 条件つき確率

$$P(\mathbf{B}|\mathbf{A}) = \dfrac{P(\mathbf{A}\cap\mathbf{B})}{P(\mathbf{A})}$$

- Bayes の定理

$$P(\mathbf{B}_i|\mathbf{A}) = \dfrac{P(\mathbf{A}|\mathbf{B}_i)P(\mathbf{B}_i)}{\sum_k P(\mathbf{A}|\mathbf{B}_k)P(\mathbf{B}_k)}$$

期待値・分散・共分散

- 期待値　$m = E[X] = \sum_i x_i p_i$

$$E[aX + b] = aE[X] + b \quad (a, b: \text{定数})$$

- 分散　$\sigma^2 = V[X] = \sum_i (x_i - m)^2 p_i$

$$V[aX + b] = a^2 V[X] \quad (a, b: \text{定数})$$

  分散の計算公式　$\boxed{V[X] = E[X^2] - (E[X])^2}$

- 標準偏差　$\sigma = \sqrt{V[X]}$
- 共分散

$$\mathrm{Cov}[X, Y] = E[(X - m_X)(Y - m_Y)]$$

$$E[X + Y] = E[X] + E[Y]$$

$$V[X + Y] = V[X] + V[Y] + 2\,\mathrm{Cov}[X, Y]$$

- 相関係数　$r \equiv \dfrac{\mathrm{Cov}[X, Y]}{\sigma_X \sigma_Y}$

	確率	総和	平均 $\mu = E[X]$	分散 $\sigma^2 = V[X]$
度数分布	—	$\sum_i n_i = N$	$\dfrac{1}{N}\sum_i x_i n_i$	$\dfrac{1}{N}\sum_i (x_i - \mu)^2 n_i$
確率分布（離散型）	$p(x_i)$	$\sum_i p(x_i) = 1$	$\sum_i x_i p(x_i)$	$\sum_i (x_i - \mu)^2 p_i$
確率分布（連続型）	$\int_a^b f(x)\,dx$	$\int_{-\infty}^{\infty} f(x)\,dx = 1$	$\int_{-\infty}^{\infty} x f(x)\,dx$	$\int_{-\infty}^{\infty} (x - \mu)^2 f(x)\,dx$

徹底攻略 確率統計

真貝 寿明 著

共立出版

序

実用と直結している楽しさ

「確率・統計」で扱うトピックは，我々の生活と密接に関わっている．サイコロやトランプで遊ぶことから始まった確率の考えは，現代では薬の効果の判定や，地震の発生する確率予報，迷惑メールの判定方法のような方面にも応用されている．確率分布を発展させた統計学は，アンケートや実験データの結果に対する信頼度を与えたり，母集団の姿を明らかにする，という本来の目的から，株価の変動予測や制御理論にも応用されている．どちらも具体例が豊富で面白い数学である．筆者にとっても，日常のできごとと直結し，多くの題材に恵まれている「確率・統計」の講義は，教えるのが楽しい時間となっている．

一方で，実際にデータの統計処理に関わる人にとっては，楽しさだけではなく，「how to」的な処方箋も大切だ．「平均の次に計算すべき量は何か」「2つのデータに相関はあるのか」といった基本的な統計処理から，「相関係数の信頼区間はどこからどこまでか」「2つのデータから元が一致しているといえるのか」といった少し踏み込んだ推定・検定まで，どのような手順で計算すればよいのかを素早く検索できるようなマニュアル書があれば，大いに役に立つ．

分散 $\Longrightarrow$ §0.1.4
相関 $\Longrightarrow$ §4.2.3
相関係数の区間推定
　　$\Longrightarrow$ §5.3.5
母平均の差の検定
　　$\Longrightarrow$ §6.2.5

確率・統計の分野には，すでに多くの教科書が出版されているが，「楽しさ」「面白さ」と「使いやすさ」の両方に配慮されたものにはなかなか出会えなかった．そこで，共立出版からの勧めもあり，本書の執筆となった次第である．

本書について

本書は，「いま説明したことが，どこでどう使われるのか」という点にこだわって，たくさんのコメントを入れてある．また，関連する公式や説明箇所に戻ったり，進んだりできるようにもコメントしてある．途中から読んでも「どこに戻ればよいか」がわかるよう配慮した．おせっかいかもしれないが，節ごとに難易度の表示も入れた．

スタイルは拙著「徹底攻略 微分積分」（以降，文献 [1] とする）「徹底攻略 常微分方程式」[2] を踏襲している．どちらも好評発売中（笑）．

以下，いくつかの特徴を挙げる．

- 想定している読者は，大学で「確率・統計」を学ぶ学生であるが，実際に統計処理を必要としている社会人の方にも有用であるように配慮した．
- 確率分布を学ぶときには若干の微分・積分の知識が要求され，多変量解析を行うときには行列演算の知識が要求される．本書では，必要となる（高校数学・大学初年度レベルの）前提知識は「第0章」としてまとめてある．
- 要所要所で，ガイドとした節を設け，全体を俯瞰できるような逆引き辞典的ページを設けた．
- 「徹底攻略」という書名に恥じないよう，読者が将来必要となるだろう内容は広く触れた．実用優先のポリシーのもと，定理の証明や統計手段の数式の導出などは省略した箇所もある．興味のある読者は，巻末の参考文献から，さらに進んでいただきたい．
- 例題や問題には，解けて楽しくなるような具体的な問題や，歴史的に有名な問題を多く取り入れている．また，章末問題ではプログラミング課題も含めてある．
- （完全ではないが）なるべく見開きで1つのテーマが収まるようにレイアウトを工夫した．
- 節ごとに，難易度の目安として【Level x】の注釈を入れた．
  【Level 0】は Basic レベル．前提知識としたい内容．
  【Level 1】は Standard レベル．講義で伝えたい中心的なもの．
  【Level 2】は Advanced レベル．初読の際は飛ばしてよい．
  【Level 3】は趣味のレベル．現時点でわからなくても心配ない．

> 筆者は数学ではなく物理を専門としていて，数学を「使う」立場である．自分で使って便利な本となるよう心がけた．

> 定理や公式でアミ掛けしたものは必須レベルである．

章立て・構成については以下のようになっている．

- 章・節ごとの関連図を右ページの図に示す．具体例を急ぐ読者は必要な箇所の経由地をこの図を見て確認してほしい．
- 基礎知識の確認の意味で，「第0章 準備」の章を用意した．中学・高校数学の復習のようなものから，級数展開や重積分を用いた Gauss（ガウス）の公式の計算まで，使う数学ツールを公式の列挙ではなく文章として準備してある．初読の際は項目だけ確認して，後で必要になったら戻る形で構わないだろう．
- 第1章は，順列・組み合わせと確率についてである．条件つき確率については具体例にページを割いた．第2章は，確率分布である．できるだけ多くの確率分布を紹介できるようにしたが，いずれも応用面を考えた選択である．第3章は，中心極限定理の紹介である．ここまでが前半の確率論である．筆者の講義では約10回分の内容になる．

- 第 4 章以降は統計論である．ここから先は，読者のニーズに応じて，取捨選択しながら読み進めていただいても構わないだろう．すなわち，
    - 入門レベルとしては，第 4 章で相関係数・回帰分析まで学習した後は，第 5 章の推定（特に区間推定），第 6 章の検定（特に手順と問題点）の概略を押さえておきたい．
    - 多変量解析が必要ならば，第 4 章をじっくりと．
    - 具体的な検定を知るならば，第 6 章後半をじっくりと．

    といった具合である．
- 第 7 章は，確率過程の紹介である．ブラウン運動を題材に物理的考察と数学モデルが同じ結論を出す面白さを味わっていただきたい．微分方程式との関連も，この章で楽しめることと思う．

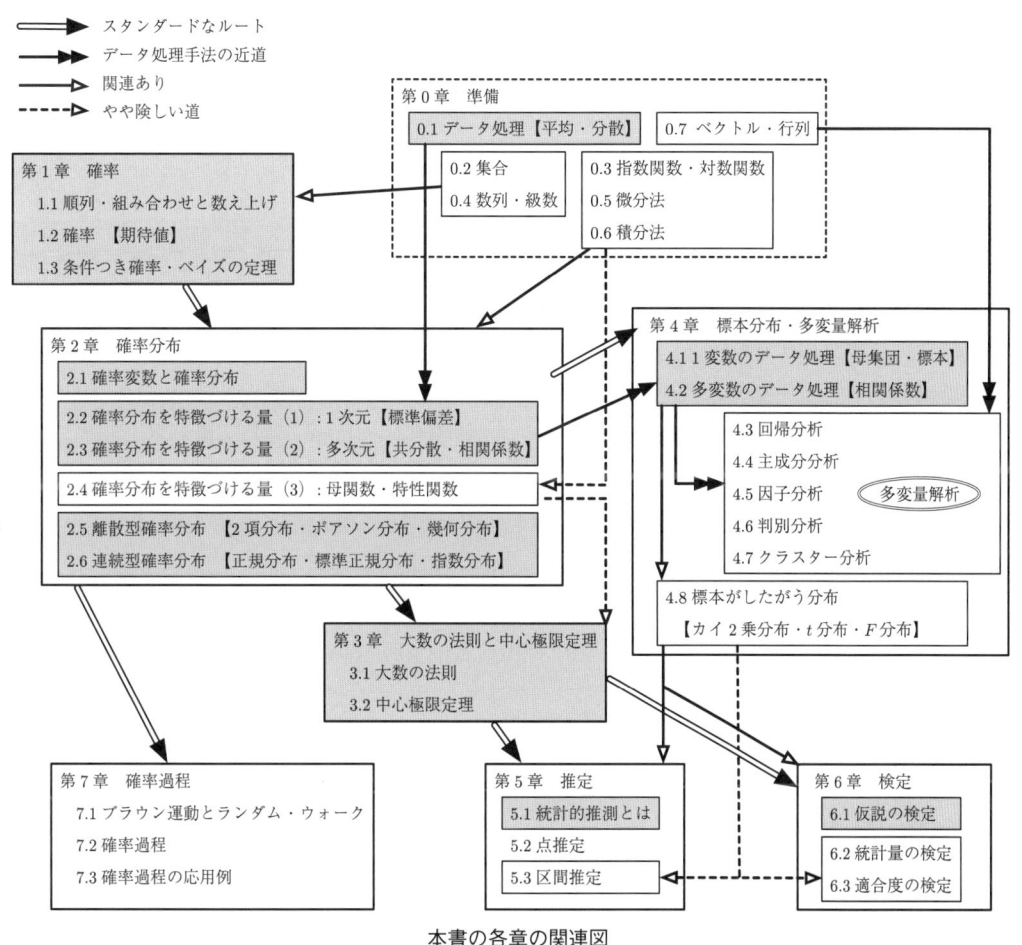

本書の各章の関連図
（アミ掛けした項目は確率・統計のメインルート）

謝辞

　確率過程に関して質問にお答えいただいた谷川明夫氏，原稿段階でご意見をくださった一森哲男氏，そして筆者の質問にご回答をくださった井上裕美子・西口敏司・古川和代・矢野浩二朗各氏（以上，大阪工業大学），村上征勝氏（同志社大学）および佐野宏氏（武庫川女子大学）に感謝いたします．

　また，本書の執筆をお勧めくださいました共立出版（株）の寿日出男氏と，編集で今回まで3冊ともお世話になりました赤城圭さんにも厚くお礼申し上げます．

　題材の提供等に協力を惜しまなかった妻の理香にも最後に感謝の言葉を添えます．

　出版後，本書中のミスなどが判明した場合，筆者のウェブページ

http://www.oit.ac.jp/is/shinkai/book

で迅速に対応し，重版ごとに訂正することで対応させていただきます．

2012年2月

著者

目　次

第 0 章　準備　　1
- 0.1　データ処理の基本　　2
  - 0.1.1　データ処理　　2
  - 0.1.2　シグマ記号　　3
  - 0.1.3　平均値　　4
  - 0.1.4　分散　　7
- 0.2　集合　　8
- 0.3　指数関数・対数関数　　10
  - 0.3.1　指数関数　　10
  - 0.3.2　対数関数　　10
- 0.4　数列・級数　　12
  - 0.4.1　数列　　12
  - 0.4.2　漸化式　　13
  - 0.4.3　極限の定義　　14
  - 0.4.4　e の定義　　14
- 0.5　微分法　　15
  - 0.5.1　微分係数・導関数　　15
  - 0.5.2　基本関数の導関数　　15
  - 0.5.3　微分の計算方法　　16
  - 0.5.4　高階導関数　　17
  - 0.5.5　偏微分　　17
  - 0.5.6　級数展開　　18
- 0.6　積分法　　19
  - 0.6.1　定積分と不定積分　　19
  - 0.6.2　定積分と面積　　20
  - 0.6.3　基本関数の不定積分　　20
  - 0.6.4　積分の計算方法　　21
  - 0.6.5　重積分　　22

		0.6.6	Gauss（ガウス）積分	23
		0.6.7	誤差関数・ガンマ関数・ベータ関数	24
	0.7	ベクトル・行列		26
		0.7.1	ベクトル	26
		0.7.2	行列	27

第 1 章　確率　　31

	1.1	順列・組み合わせと数え上げ		32
		1.1.1	数え上げ	32
		1.1.2	順列	34
		1.1.3	組み合わせ	38
		1.1.4	2 項定理	42
		1.1.5	Stirling（スターリング）の公式	43
	1.2	確率		44
		1.2.1	確率の定義	44
		1.2.2	期待値	53
	1.3	条件つき確率・Bayes（ベイズ）の定理		56
		1.3.1	条件つき確率	56
		1.3.2	Bayes の定理	62

第 2 章　確率分布　　65

	2.1	確率変数と確率分布		66
		2.1.1	確率変数	66
		2.1.2	離散確率分布・連続確率分布	67
		2.1.3	累積分布関数	68
		2.1.4	一様分布	69
		2.1.5	ガイド いろいろな確率分布	70
	2.2	確率分布を特徴づける量（1）：1 次元の確率変数		72
		2.2.1	平均値（期待値）	72
		2.2.2	分散・標準偏差	73
		2.2.3	積率（モーメント）	78
		2.2.4	歪度・尖度	79
	2.3	確率分布を特徴づける量（2）：多次元の確率変数		80
		2.3.1	同時確率分布，周辺確率分布	80
		2.3.2	共分散，相関係数	81
		2.3.3	確率変数の独立性	82
	2.4	確率分布を特徴づける量（3）：母関数・特性関数		84
		2.4.1	確率母関数	84
		2.4.2	積率母関数	86
		2.4.3	特性関数	88
	2.5	離散型確率分布		90

	2.5.1	2項確率, Bernoulli（ベルヌーイ）試行	90
	2.5.2	Bernoulli 分布	91
	2.5.3	2項分布	92
	2.5.4	Poisson（ポアソン）分布	96
	2.5.5	幾何分布	100
	2.5.6	Pascal（パスカル）分布	102
	2.5.7	負の2項分布	103
	2.5.8	超幾何分布	103
2.6	連続型確率分布		104
	2.6.1	正規分布	104
	2.6.2	標準正規分布	105
	2.6.3	標準正規分布表	106
	2.6.4	多変量正規分布	111
	2.6.5	対数正規分布	112
	2.6.6	べき分布	113
	2.6.7	指数分布	114
	2.6.8	Erlang（アーラン）分布	116

第 3 章 大数の法則と中心極限定理   119

3.1	大数の法則		120
	3.1.1	Chebyshev（チェビシェフ）の不等式	120
	3.1.2	独立な確率変数の和	121
	3.1.3	弱い大数の法則	122
3.2	中心極限定理		124
	3.2.1	de Moivre-Laplace（ド・モアブル-ラプラス）の定理	124
	3.2.2	中心極限定理	126

第 4 章 標本分布・多変量解析   129

4.1	1変量のデータ処理		130
	4.1.1	データの代表点を示す統計量	130
	4.1.2	データの広がりを示す統計量	132
	4.1.3	データ分布の形状を示す統計量	134
	4.1.4	データ分布の高次の積率（モーメント）	134
	4.1.5	データ個々の位置づけを示す量	134
4.2	多変量のデータ処理		136
	4.2.1	散布図	136
	4.2.2	平均, 分散, 共分散	136
	4.2.3	相関	137
	4.2.4	ガイド 多変量解析の概略	140
4.3	回帰分析		142

- 4.3.1 最小2乗法による回帰直線解析 142
- 4.3.2 重回帰分析 144
- 4.4 主成分分析 146
  - 4.4.1 2変量データの主成分分析 146
  - 4.4.2 一般の場合の主成分分析 148
- 4.5 因子分析 150
  - 4.5.1 因子分析の目的 150
  - 4.5.2 相関係数行列と主因子法 150
  - 4.5.3 回転の不定性と単純構造の構成 153
- 4.6 判別分析 156
  - 4.6.1 判別関数 156
  - 4.6.2 p 個の変量で2群に分けるときの判別分析 157
- 4.7 クラスター分析 158
  - 4.7.1 分析例 158
  - 4.7.2 データ間の距離の定義 159
  - 4.7.3 クラスター間の距離の定義 160
- 4.8 標本がしたがう分布 162
  - 4.8.1 χ^2 分布 162
  - 4.8.2 t 分布 164
  - 4.8.3 F 分布 166

第5章 推定　169

- 5.1 統計的推測（推定）とは 170
- 5.2 点推定 171
  - 5.2.1 推定値と推定量 171
  - 5.2.2 推定量の良さの基準 171
  - 5.2.3 推定量の見つけ方 174
  - 5.2.4 母集団と点推定 178
- 5.3 区間推定 179
  - 5.3.1 信頼度・信頼区間・危険率 179
  - 5.3.2 正規母集団に対する母平均 μ の区間推定法 180
  - 5.3.3 正規母集団に対する母分散 σ^2 の区間推定法 183
  - 5.3.4 2項母集団に対する母比率 p の区間推定法 184
  - 5.3.5 相関係数 r の区間推定法 186

第6章 検定　189

- 6.1 仮説の検定 190
  - 6.1.1 仮説検定の手順 190
  - 6.1.2 検定に関する注意点 192
- 6.2 統計量の検定 196
  - 6.2.1 ガイド 検定方法の概略 196

		6.2.2	正規母集団に対する母平均 μ の検定	198
		6.2.3	正規母集団に対する母分散 σ^2 の検定	200
		6.2.4	2つの正規母集団の母分散の差の検定	201
		6.2.5	2つの正規母集団の母平均 μ の差の検定	202
		6.2.6	相関係数の検定	204
		6.2.7	母比率の検定	206
	6.3	適合度の検定		208
		6.3.1	適合度の検定	208
		6.3.2	独立性の検定	210
		6.3.3	複数母集団の比率一様性（均斉性）検定	212

第 7 章　確率過程　　215

	7.1	Brown（ブラウン）運動とランダム・ウォーク		216
		7.1.1	Brown 運動の発見	216
		7.1.2	Einstein の Brown 運動理論	217
		7.1.3	ランダム・ウォーク	220
	7.2	確率過程		222
		7.2.1	確率過程の定義	222
		7.2.2	代表的な確率過程	224
		7.2.3	確率過程の特徴づけに使われる概念	226
	7.3	確率過程の応用例		228
		7.3.1	破産問題：ランダム・ウォークの応用例	228
		7.3.2	出生死滅過程：Poisson 確率過程の拡張	230
		7.3.3	気象連鎖：推移確率行列の応用例	232
		7.3.4	乗算過程 (1)：対数正規分布の出現	234
		7.3.5	乗算過程 (2)：ベキ分布の出現	235

参考文献　　236

問題・章末問題の答　　238

付表　　248

	付表 1	Poisson 分布	248
	付表 2～5	正規分布	250
	付表 6	χ^2 分布	254
	付表 7	t 分布	255
	付表 8	F 分布	256

索　引　　257

コラム一覧

1	平均貯蓄残高は 1657 万円!?	4
2	日経平均は重みつき平均	6
3	確率統計と微分積分	20
4	確率論のはじまり	30
5	サイコロ	30
6	クイックソート	37
7	ポーカーの役ができる確率	41
8	宇宙人のいる確率	47
9	裁判員に選ばれる確率	50
10	マルチンゲール必勝法 (?)	51
11	パチンコは賭博ではない	52
12	宝くじは「買ってはいけない」(!?)	53
13	ロングテールな商売	64
14	地震が発生する確率	77
15	乱数の作り方	89
16	2つの抜き取り調査法	103
17	少子化と学力低下	110
18	あちこちで登場する「ベキ分布」	113
19	商品の信頼度・寿命分布の一般論	115
20	飛行計画と乗客重量	123
21	どこから近似が良くなるのか	128
22	物価指数	131
23	「相関がある」と「因果関係がある」は異なる	139
24	競馬の勝因分析を卒業研究した学生	155
25	計量文献学による『源氏物語』の研究	161
26	Gosset（ゴセット）はなぜ Student と名乗ったか	165
27	赤池情報量規準 (AIC)	177
28	歴史あるものは今後も続く？ Gott（ゴット）の原理	183
29	Pearson（ピアソン）と Fisher（フィッシャー）の反目	187
30	世論調査に必要な人数	188
31	帰無仮説が棄却できないとき	193
32	1%の検定で満足か	194
33	統計的に有意な差 ≠ 実質的に意味のある差	214
34	統計でウソをつく	214
35	血液型の構成比は世代で変わるのか	233

第0章
準　備

　この章は，確率・統計を学ぶために必要となる数学の基礎知識をまとめてある．高校や大学初年次で学んだ内容も，新たに目にする内容もあると思うが，本書で登場する計算に困ったときには，この章に戻れば何とかなる（はず）である．

　おおまかな関連図は前書きの図に記したが，

- §0.1 のデータ処理の基本は，この後 §2 と §4 にて確率分布や標本分布の議論につながる．
- §0.5, §0.6 の微分・積分の必要性は，コラム 3 を参照のこと．
- §0.7 行列計算は，§4 での多変量解析と，§7 確率過程で利用する．

初読の際は，ざっとページをめくるだけでも構わない．事典的に参照する形で活用してほしい．

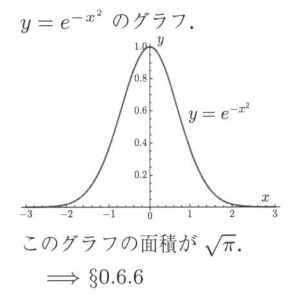

$y = e^{-x^2}$ のグラフ．

このグラフの面積が $\sqrt{\pi}$．
$\Longrightarrow$ §0.6.6

		【Level】
§0.1	データ処理の基本	0
§0.2	集合	0
§0.3	指数関数・対数関数	0,1
§0.4	数列・級数	0,1
§0.5	微分法	0,1
§0.6	積分法	0,1,2
§0.7	ベクトル・行列	0,1

【Level 0】Basic レベル
【Level 1】Standard レベル
【Level 2】Advanced レベル

0.1 データ処理の基本

0.1.1 データ処理

【Level 0】
データ処理

学生のテスト成績をまとめる，アンケート回答を集計する，国民の経済統計をとる，…，など，データをまとめる作業を考えよう．データは，

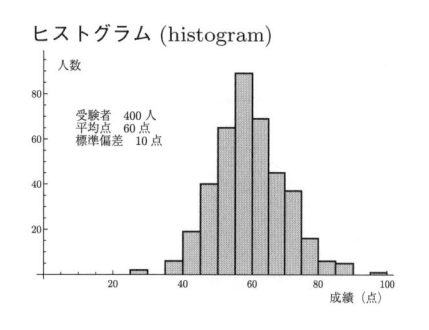

学生氏名	数学	英語	国語	⋯
○○■男	80	72	58	⋯
○○▲子	70	97	90	⋯
○○▲夫	88	66	76	⋯
⋮	⋮	⋮	⋮	

ヒストグラム (histogram)

受験者 400 人
平均点 60 点
標準偏差 10 点

のような形式かもしれないが，これらを番号づけして，

データ番号 i	数学 x_i	英語 y_i	国語 z_i	⋯
1	80	72	58	⋯
2	70	97	90	⋯
3	88	66	76	⋯
⋮	⋮	⋮	⋮	

などと表そう．x_i の添え字 i は，i 番目のデータであることを表す．$x_1 = 80, x_2 = 70, x_3 = 88, \cdots$ という具合である．

全体の傾向を表すために，度数分布を表したグラフ（**ヒストグラム**）を描いたり，次のような統計量を計算することがよく行われる．

統計量	文字	大意	参照
平均値	$m, \bar{x}$	標本平均値，アベレッジ (average) あるいは ミーン (mean value) ともいう．算術平均・幾何平均・調和平均・加重平均などさまざまな計算方法がある．	§0.1.3
中央値		データを順に並べたときに，ちょうど中央のデータが示す値．メジアン (median) ともいう．	
最頻値		最も多い頻値で出てくるデータの値．モード (mode) ともいう．	
分散	σ^2	データの散らばり具合を示す量．variance.	§0.1.4
標準偏差	σ	データの散らばり具合を示す量．SD と略されることもある．standard deviation.	§0.1.4

偏差値 (SS)
(Standard Score)
$\Longrightarrow$ (2.6.6)

これらの統計量をもとにして，データどうしの相関を調べたり，抽出したサンプルからもとの母集団の全体像を推測したりする．また，偏差値など個々のデータについての評価を計算する．本書の §4 以降では具体的な解析方法について紹介するが，本節では特に平均値と分散について説明しよう．

0.1.2 シグマ記号

数列の和 (sum) を表す記号として，シグマ記号がある．式が短くなって便利な記号である．シグマはアルファベットの S に相当するギリシャ文字である．

【Level 0】

シグマ記号 $\sum_{k=1}^{n} a_k$

> **定義 0.1（シグマ記号）**
> 数列 $\{a_n\}$ の初項から第 n 項までの和を次のように表す．
> $$\sum_{k=1}^{n} a_k \equiv a_1 + a_2 + a_3 + \cdots + a_n \tag{0.1.1}$$

> **公式 0.2（シグマ記号の公式）**
> 次の式が成り立つ．
> $$\sum_{k=1}^{n} 1 = 1+1+1+\cdots+1 = n \tag{0.1.2}$$
> $$\sum_{k=1}^{n} k = 1+2+3+\cdots+n = \frac{n(n+1)}{2} \tag{0.1.3}$$
> $$\sum_{k=1}^{n} k^2 = 1^2+2^2+3^2+\cdots+n^2 = \frac{n(n+1)(2n+1)}{6} \tag{0.1.4}$$
> $$\sum_{k=1}^{n} k^3 = 1^3+2^3+3^3+\cdots+n^3 = \left\{\frac{n(n+1)}{2}\right\}^2 \tag{0.1.5}$$
> $$\sum_{k=1}^{n} k^4 = 1^4+2^4+3^4+\cdots+n^4 = \frac{n(n+1)(2n+1)(3n^2+3n-1)}{30} \tag{0.1.6}$$

シグマ記号の公式

証明は数学的帰納法

シグマ記号の和をとる文字は，結果によらないので何でもよい．
$$\sum_{k=1}^{n} k^2 = \sum_{\ell=1}^{n} \ell^2 = \sum_{m=1}^{n} m^2$$

いずれも数学的帰納法で示すことができる．

(0.1.3) は，Gauss が小学生のときに導いたことで有名である．先生に 1 から 100 までの数の和 $1+2+3+\cdots+100$ を計算しなさい，と言われ，Gauss は，

$$\begin{array}{rcccccccccc} S &=& 1 &+& 2 &+& 3 &+& \cdots &+& 99 &+& 100 \\ S &=& 100 &+& 99 &+& 98 &+& \cdots &+& 2 &+& 1 \end{array}$$

と並べて書き，縦に足すとどの項も 101 になることから，$2S = 101 \times 100$ より，$S = 5050$ と直ちに答えたそうだ．

▲Johann Carl Friedrich Gauss ガウス (1777-1855)

0.1.3 平均値

データの平均をとる，といっても，いろいろな平均の定義がある．

算術（相加）平均

n 人のテスト点数データ $(x_1, x_2, \cdots, x_n)$ があるとき，点数の総和を人数 n で割ったものが平均値である．

定義 0.3（平均）

n 個のデータ $(x_1, x_2, \cdots, x_n)$ の（算術）平均値を m または $\bar{x}$ として表し，次のように定義する．

$$m = \bar{x} \equiv \frac{1}{n}\sum_{i=1}^{n} x_i = \frac{1}{n}(x_1 + x_2 + \cdots + x_n) \tag{0.1.7}$$

平均値はデータの全体像を表す第 1 の量であるが，データの性質によっては，平均値だけでは誤解を招くこともある．

コラム 1

☕ **平均貯蓄残高は 1657 万円!?**

総務省の家計調査報告（貯蓄・負債編）によれば，2010 年の 1 世帯あたりの平均貯蓄残高は「1657 万円」とされる．（下図出典は総務省「家計調査」）

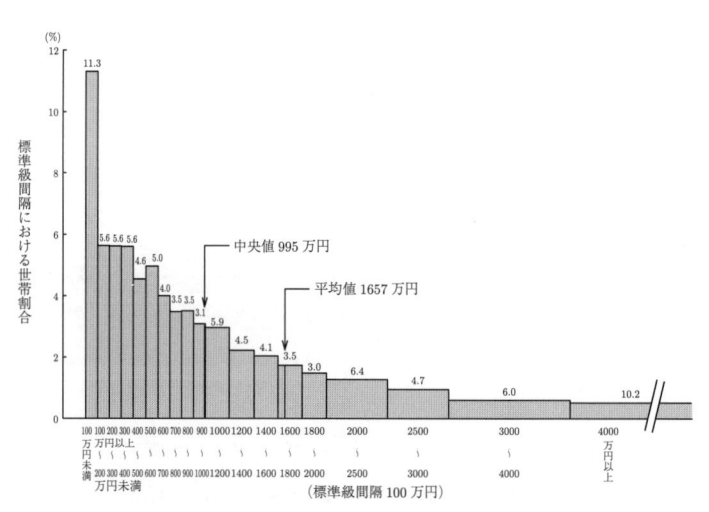

しかし，この数値に「我が家はそんなにないなあ」と違和感を感じる人も多いだろう．このデータの中央値は「995 万円」であり，最頻値は「100 万円未満」である．つまり，一部の大金持ちの方々が平均値をずいぶんと上方修正してくれていることがわかる．

したがって，平均値だけではデータの全体像が把握できない．データの散らばり具合を把握する量として，§0.1.4 で後述する「分散」を調べることが，次に求められる統計処理である．

【Level 0】
平均値 (mean value)

算術（相加）平均
(arithmetic mean)

期待値 $\Longrightarrow$ 定義 1.16
確率分布の平均
$\quad\Longrightarrow$ 定義 2.8
標本平均 $\Longrightarrow$ §4.1.1

「○○平均」といろいろな定義を紹介するが，「平均」といわれたら，普通はこの算術（相加）平均である．

幾何（相乗）平均

単調に増加や減少しているデータの平均をとるときなどによく出てくる計算法である．

幾何（相乗）平均
(geometric mean)

定義 0.4（幾何平均）

n 個のデータ $(x_1, x_2, \cdots, x_n)$ に対して，すべてのデータの積の n 乗根を幾何平均という．

$$m_2 = \sqrt[n]{x_1 x_2 x_3 \cdots x_n} \tag{0.1.8}$$

ただし，すべて正の数のデータのときのみ定義が有効である．

例　ヒット商品があって，売れ行きがある年から1年後に2倍，それからさらに1年後に8倍になったとしよう．平均して毎年何倍になったのか，を考えると，

- 算術平均なら，(2倍+8倍)/2=5倍，となる．
- 幾何平均なら，$\sqrt{2 \times 8} = 4$ 倍，となる．

3年後は1年後の何倍になるだろうか．算術平均値を2年分すると5倍×5倍=25倍だが，幾何平均値ならば，4倍×4倍=16倍 となる．後者のほうが合致しそうだ．

1年後に2倍, 2年後に8倍の売り上げのヒット商品. 3年後には何倍?

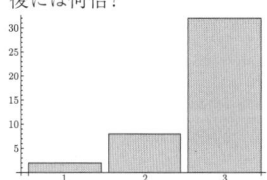

(0.1.8) 式の両辺の常用対数をとると，

$$\log_{10} m_2 = \frac{1}{n} \{\log_{10} x_1 + \log_{10} x_2 + \cdots + \log_{10} x_n\} \tag{0.1.9}$$

となり，データに対してはじめから対数をとっておけば，幾何平均は算術平均のように計算されることがわかる．

対数の底は何でもよい．自然対数 $(e = 2.71828\cdots)$ でもよい．
対数 $\Longrightarrow$ §0.3

算術平均 m_1 と，幾何平均 m_2 の間には，

$$m_1 \geq m_2 \tag{0.1.10}$$

の関係が成り立つ．等号は，すべてのデータが同じ値のとき（$x_1 = x_2 = \cdots = x_n$）に成立する．データが2項のとき，

$$\frac{x_1 + x_2}{2} \geq \sqrt{x_1 x_2} \tag{0.1.11}$$

となることは「相加平均は相乗平均より大きい」としてよく知られた式である．

次に紹介する調和平均 m_3 を含めると，

$$m_1 \geq m_2 \geq m_3$$

が成立する．等号が成立するのは，すべてのデータが同じ値のときである．

調和平均
(harmonic mean)

調和平均

定義 0.5（調和平均）
n 個のデータ $(x_1, x_2, \cdots, x_n)$ に対して，逆数をとったものの平均の逆数を調和平均という．

$$\frac{1}{m_3} = \frac{1}{n}\left\{\frac{1}{x_1} + \frac{1}{x_2} + \cdots + \frac{1}{x_n}\right\} \tag{0.1.12}$$

ただし，すべて 0 ではないデータのときのみ定義が有効である．

例 長さ 10 km の川を往復している船の速さが，下りが時速 20 km，上りが時速 5 km であったとしよう．平均の速さはいくらだろうか．この場合も，単純に $(20+5)/2 = 12.5$ [km/h] としてはいけない．速度の定義は，「（距離）/（時間）」であったから，往復 20 km を下り 0.5 時間＋上り 2 時間で移動したことから，$20/2.5 = 8$ [km/h] となる．この関係は，調和平均そのものであり，

$$\frac{10 \text{ km}}{\text{平均速度 km/h}} = \frac{1}{2}\left\{\frac{10 \text{ km}}{20 \text{ km/h}} + \frac{10 \text{ km}}{5 \text{ km/h}}\right\}$$

と対応している．

加重（重みつき）平均
(weighted mean)

加重平均

定義 0.6（加重平均）
各データ x_i に重み（ウエイト）w_i を掛けて足し合わせ，このウエイトの合計で割ったものを加重平均という．

$$m_4 = \frac{w_1 x_1 + w_2 x_2 + \cdots + w_n x_n}{w_1 + w_2 + \cdots + w_n} \tag{0.1.13}$$

- 40 円の品が 5 個，50 円の品が 3 個，60 円の品が 2 個あるとき，平均した値は

$$(5 \cdot 40 \text{円} + 3 \cdot 50 \text{円} + 2 \cdot 60 \text{円})/(5+3+2) = 47 \text{円}$$

となるような平均の求め方を一般に述べたものである．

――― コラム 2 ―――

☕ 日経平均は重みつき平均

株価の動向を示す値として，日経平均や東証株価指数 (TOPIX) が毎日報道されている．

日経平均は，日本経済新聞社が代表的な 225 銘柄を選んで額面を調整した上での単純平均株価を算出するもの．昭和 24 年（1949 年）以来使われている指標である．TOPIX は，昭和 43 年（1968 年）1 月 4 日の東証一部上場銘柄の時価総額（株価に発行株式数をかけて計算したもの）を 100 として，その後の時価総額を指数化したものである．どちらも銘柄の入れ替えや新規上場や増資・上場廃止などに応じて，指標が急激に変動しないように，重み（ウエイト）を加えながら計算される複雑な式で構成されている．

0.1.4 分散

データ処理の第 2 の量として**分散**がある．例えば，テストの平均点が 60 であったとする．だが，平均 60 点という情報だけでは，全員が 60 点だったのかもしれないし，100 点や 0 点にどれだけ散らばっていたのかはわからない．2 つのヒストグラムを示そう．

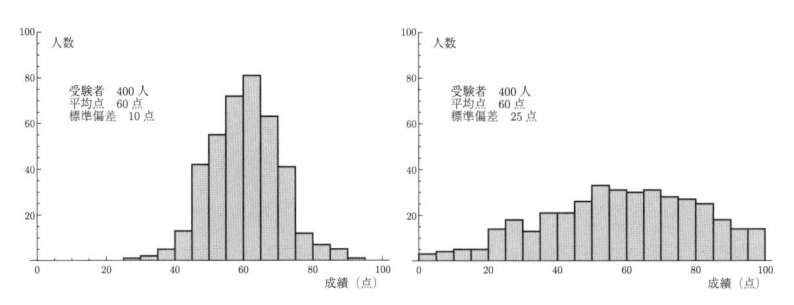

【Level 0】

平均が同じでも分布が異なる．平均 60 点のテストで 70 点を取ったとき，どれだけ喜べばよいのかは，得点分布によって決まる．

分布を区別する量の代表的なものが**分散**あるいは**標準偏差**である．それぞれのデータの（算術）平均 m からの散らばり具合（ずれ）を集計したものとして，次のように定義される量である．

定義 0.7（分散・標準偏差）

- n 個のデータ $(x_1, x_2, \cdots, x_n)$ の **分散**を σ^2 として表し，

$$\sigma^2 \equiv \frac{1}{n}\sum_{i=1}^{n}(x_i - m)^2 \qquad (0.1.14)$$

$$= \frac{1}{n}\left\{(x_1 - m)^2 + (x_2 - m)^2 + \cdots + (x_n - m)^2\right\}$$

で定義する．m は平均値である．

- 分散の平方根 σ を**標準偏差**という．

分散 (variance)

標準偏差 (SD)
(standard deviation)

確率分布の分散
  $\Longrightarrow$ 定義 2.9
標本分散
  $\Longrightarrow$ §4.1.2

(0.1.14) 式を展開すると，

$$\sigma^2 = \frac{1}{n}\sum_{i=1}^{n}(x_i^2 - 2mx_i + m^2) = \frac{1}{n}\left[\sum_{i=1}^{n}x_i^2 - 2m\sum_{i=1}^{n}x_i + \sum_{i=1}^{n}m^2\right]$$

$$= \frac{1}{n}\sum_{i=1}^{n}x_i^2 - 2m\frac{1}{n}\sum_{i=1}^{n}x_i + \frac{n}{n}m^2 = \frac{1}{n}\sum_{i=1}^{n}x_i^2 - 2m^2 + m^2$$

となって，次の公式が得られる．

公式 0.8（分散の計算公式）

$$\sigma^2 = \frac{1}{n}\sum_{i=1}^{n}x_i^2 - m^2 \qquad (0.1.15)$$

本書では「分散の計算公式」と呼ぶ．分散はこの式で計算したほうが速くて楽である．
確率分布の分散公式
  $\Longrightarrow$ 公式 2.10

0.2 集合

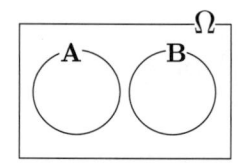

確率は，注目する事象が全体の中のどれだけの割合を占めるか，という考えが出発点になる．そのため集合の考えが基本となる．厳密な集合の定義は難しいが，ここでは「グループ分けされたもの」程度の理解でよい．

全体集合を Ω と書き，特定な意図をもってグループにした集合を $\mathbf{A}$ と書く．例えば，サイコロの目や1クラス全員を考えるなら

$$\Omega = \{\boxed{\cdot}, \boxed{:}, \boxed{\therefore}, \boxed{::}, \boxed{:\cdot:}, \boxed{:::}\}, \quad \mathbf{A} = \{偶数の目\} = \{\boxed{:}, \boxed{::}, \boxed{:::}\}$$

$$\Omega = \{1\ \text{クラス}\ 50\ \text{名}\}, \quad \mathbf{A} = \{通学に電車を使う人\}$$

のような場合を想定できよう．集合の包含を示す図をベン図という．

- それぞれの構成要素を**要素**（あるいは**元**）と呼ぶ．
  x が $\mathbf{A}$ に含まれている（属している）ことを $\mathbf{A} \ni x$ あるいは $x \in \mathbf{A}$ と記す．

- Ω の中で，$\mathbf{A}$ に含まれない要素の集合を**補集合**と呼び，記号 $\overline{\mathbf{A}}$ （本によっては $\mathbf{A}^c$）で表す．補集合の補集合は自分自身の集合になる．すなわち，$\overline{\overline{\mathbf{A}}} = \mathbf{A}$．

- 集合 $\mathbf{A}$ と 集合 $\mathbf{B}$ があるとき，
  - $\mathbf{A}$ のすべての元が $\mathbf{B}$ に含まれるならば，$\mathbf{A}$ は $\mathbf{B}$ の部分集合であるといい，$\mathbf{A} \subset \mathbf{B}$ あるいは $\mathbf{B} \supset \mathbf{A}$ と表す．$\mathbf{A} \subseteq \mathbf{B}$ と表すこともある．
  - $\mathbf{A}$ と $\mathbf{B}$ の両方を包含する集合を**和集合**といい，$\mathbf{A} \cup \mathbf{B}$ で表す．（エー・カップ・ビーと読む）
  - $\mathbf{A}$ と $\mathbf{B}$ の共通部分を**積集合**といい，$\mathbf{A} \cap \mathbf{B}$ で表す．（エー・キャップ・ビーと読む）

- 含まれる要素がないとき，**空集合**といい，記号 $\emptyset$ で表す．
- $\mathbf{A} \cap \mathbf{B} = \emptyset$ のときは，「$\mathbf{A}$ と $\mathbf{B}$ は**互いに素**（あるいは**排反**である）」という．

集合の要素の個数

含まれる要素の数を $n(\mathbf{A})$ （本によっては $|\mathbf{A}|$ あるいは $\#\mathbf{A}$）で表す．

- 補集合の要素数に関しては，$n(\overline{\mathbf{A}}) = n(\Omega) - n(\mathbf{A})$ が成り立つ
- 和集合の要素数は，共通部分の重複を差し引いて

$$n(\mathbf{A} \cup \mathbf{B}) = n(\mathbf{A}) + n(\mathbf{B}) - n(\mathbf{A} \cap \mathbf{B}) \tag{0.2.1}$$

特に $\mathbf{A} \cap \mathbf{B} = \emptyset$（互いに素）のときは，

$$n(\mathbf{A} \cup \mathbf{B}) = n(\mathbf{A}) + n(\mathbf{B}) \tag{0.2.2}$$

【Level 0】
集合 (set)
要素・元 (element)

ベン図のベンの由来は，イギリスの数学者．
👤 John Venn
ベン (1834-1923)

補集合 $\overline{\mathbf{A}}$
(complement)

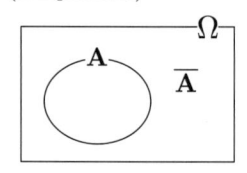

部分集合 $\mathbf{A} \subset \mathbf{B}$
(subset)

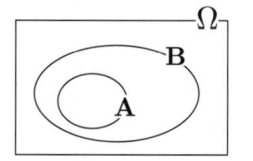

和集合 $\mathbf{A} \cup \mathbf{B}$
(union)

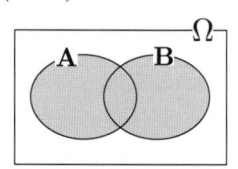

共通集合，積集合 $\mathbf{A} \cap \mathbf{B}$
(intersection)

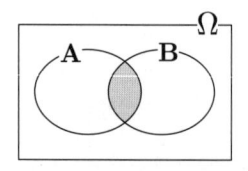

互いに素・排反 $\mathbf{A} \cap \mathbf{B} = \emptyset$
(exclusive, disjoint)

集合・事象の基本公式

　確率は，集合の考えを拡張して定義される（詳しくは，§1.2.1）．個々に生じる結果を標本点 ω_i，興味を持って注目する事柄を事象 $\mathbf{A}$，すべての標本点の総和を標本空間 Ω という．

標本点 (sample)
事象 (event)
標本空間 (sample space)
　$\Longrightarrow$§1.2.1

> **公式 0.9（集合・事象の基本公式）**
> 集合あるいは事象 $\mathbf{A}, \mathbf{B}, \mathbf{C}$ について，次が成り立つ．
>
> (1) 交換律
> $$\mathbf{A} \cup \mathbf{B} = \mathbf{B} \cup \mathbf{A}, \quad \mathbf{A} \cap \mathbf{B} = \mathbf{B} \cap \mathbf{A}$$
>
> (2) 結合律
> $$(\mathbf{A} \cup \mathbf{B}) \cup \mathbf{C} = \mathbf{A} \cup (\mathbf{B} \cup \mathbf{C}),$$
> $$(\mathbf{A} \cap \mathbf{B}) \cap \mathbf{C} = \mathbf{A} \cap (\mathbf{B} \cap \mathbf{C})$$
>
> (3) 分配律
> $$(\mathbf{A} \cup \mathbf{B}) \cap \mathbf{C} = (\mathbf{A} \cap \mathbf{C}) \cup (\mathbf{B} \cap \mathbf{C}),$$
> $$(\mathbf{A} \cap \mathbf{B}) \cup \mathbf{C} = (\mathbf{A} \cup \mathbf{C}) \cap (\mathbf{B} \cup \mathbf{C})$$
>
> (4) de Morgan の法則
> $$\overline{\mathbf{A} \cup \mathbf{B}} = \overline{\mathbf{A}} \cap \overline{\mathbf{B}}, \qquad \overline{\mathbf{A} \cap \mathbf{B}} = \overline{\mathbf{A}} \cup \overline{\mathbf{B}} \qquad (0.2.3)$$

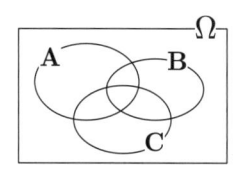

	集合の用語	確率の用語
Ω	全体集合	標本空間
ω_i	要素・元	標本点
$\mathbf{A}$	集合	事象
$\overline{\mathbf{A}}$	補集合	余事象
$\cup \mathbf{A}$	和集合	和事象
$\cap \mathbf{A}$	積集合	積事象
$\emptyset$	空集合	空事象

■Augustus de Morgan
ド・モルガン (1806-71)

de Morgan の法則が成り立つことをベン図を描いて確認しておこう．

　複数の部分集合 $\mathbf{A}_1, \mathbf{A}_2, \cdots$ に対しても de Morgan の法則は成り立つ．

$$\bigcup_{i=1}^n \mathbf{A}_i = \mathbf{A}_1 \cup \mathbf{A}_2 \cup \cdots \cup \mathbf{A}_n, \qquad \bigcap_{i=1}^n \mathbf{A}_i = \mathbf{A}_1 \cap \mathbf{A}_2 \cap \cdots \cap \mathbf{A}_n$$

という記号を使うと，次式のようになる．

$$\overline{\bigcup_{i=1}^n \mathbf{A}_i} = \bigcap_{i=1}^n \overline{\mathbf{A}_i}, \qquad \overline{\bigcap_{i=1}^n \mathbf{A}_i} = \bigcup_{i=1}^n \overline{\mathbf{A}_i} \qquad (0.2.4)$$

問題 0.1 1つのサイコロを振って出る目を考える．全体集合を
$$\Omega = \{\boxed{1}, \boxed{2}, \boxed{3}, \boxed{4}, \boxed{5}, \boxed{6}\}$$
とし，その部分集合
$$\mathbf{A} = \{\boxed{1}, \boxed{2}, \boxed{3}\}, \ \mathbf{B} = \{\boxed{2}, \boxed{4}, \boxed{6}\}, \ \mathbf{C} = \{\boxed{3}, \boxed{4}\}$$
について，次の集合を求めよ．

(1) $\mathbf{A} \cap \mathbf{B} \cap \mathbf{C}$ 　　　　(2) $\overline{\mathbf{A} \cap \mathbf{B} \cap \mathbf{C}}$

(3) $\mathbf{A} \cup \mathbf{B} \cup \mathbf{C}$ 　　　　(4) $(\overline{\mathbf{A}} \cap \mathbf{B}) \cap \overline{\mathbf{C}}$

(5) $(\mathbf{A} \cup \mathbf{C}) \cap \overline{\mathbf{B}}$ 　　　(6) $(\overline{\mathbf{A} \cap \mathbf{B}}) \cap \mathbf{C}$

0.3 指数関数・対数関数

0.3.1 指数関数

1000000 を 10^6, 1024 を 2^{10} などのように,指数を用いると桁が大きかったり小さかったりする数を簡単に表すことができる.

【Level 0】

指数 (exponent)

(0.3.2) で s が偶数で r が奇数のときは $a>0$ とする.

> **定義 0.10（指数）**
> 0 でない実数 a について,正の整数 r, s に関して,次の演算を定義する.
> $$a^0 = 1, \quad a^{-r} = \frac{1}{a^r} \tag{0.3.1}$$
> $$a^{r/s} = \sqrt[s]{a^r} = \left(\sqrt[s]{a}\right)^r \tag{0.3.2}$$

指数法則

$a>0$, $b>0$ のとき,実数 r, s について,次の**指数法則**が成り立つ.

$$(a^r)^s = a^{rs}, \quad (ab)^r = a^r b^r, \quad a^r a^s = a^{r+s}, \quad \frac{a^r}{a^s} = a^{r-s} \tag{0.3.3}$$

指数関数
(exponential function)

【注】$y = x^a$（a：定数）は,累乗関数と呼ばれる.

指数関数

指数が変数である関数を指数関数と呼ぶ.

> **定義 0.11（指数関数）**
> 次の関数を「a を底 (base) とする指数関数」という.
> $$y = a^x \quad (\text{ただし } a > 0, a \neq 1 \text{ とする}) \tag{0.3.4}$$

- $a < 0$ のときは x の値によって正負を振動したり,複素数になる.また,$a = 1$ のときは常に $y = 1$ となり増減がない.だから普通,両者は定義から外されている.
- 定義域は実数全体である.値域は正の数全体である.
- $a > 1$ のとき a^x は単調増加関数である. $0 < a < 1$ のときは単調減少関数である.
- グラフは,すべて $(x, y) = (0, 1)$ を通り,x 軸は漸近線になる.

$a > 1$ のときの $y = a^x$ のグラフ.

0.3.2 対数関数

数の指数部分を取り出したものを対数という.

【Level 0】
対数 (logarithm)

人間の光や音・味覚に関する感度は,対数スケールであるといわれる.

> **定義 0.12（対数）**
> a を底とする正の数 M の対数 $\log_a M$ を次のように定める.
> $$a^r = M \iff r = \log_a M \quad (\text{ただし } a > 0, a \neq 1 \text{ とする}) \tag{0.3.5}$$
> M を a を底とする r の**真数**と呼ぶ.真数は正である.

指数法則より，次の**対数法則**が導かれる．

$$\log_a 1 = 0, \quad \log_a a = 1 \tag{0.3.6}$$

$$\log_a a^r = r, \quad a^{\log_a M} = M \tag{0.3.7}$$

$$\log_a M + \log_a N = \log_a MN \tag{0.3.8}$$

$$\log_a M - \log_a N = \log_a \frac{M}{N} \tag{0.3.9}$$

$$\log_a M^p = p \log_a M \tag{0.3.10}$$

次の公式は「**底の変換公式**」と呼ばれる．

$$c > 0, \ c \neq 1 \text{ に対して} \quad \log_a M = \frac{\log_c M}{\log_c a} \tag{0.3.11}$$

対数法則
対数の使い勝手の良さは，積 MN が対数だと和に変換できること，累乗 M^p の指数 p が対数だと乗算で済むことである．対数の発明は天文学者の寿命を延ばした，ともいわれる．

対数関数

指数関数の逆関数が対数関数である．$y = a^x \Leftrightarrow x = \log_a y$ であるから，x と y を入れ替えて，$y = \log_a x$ という関数を考える．

定義 0.13（対数関数）
次の関数を「a を底 (base) とする対数関数」という．

$$y = \log_a x \quad (\text{ただし } x > 0) \tag{0.3.12}$$

$a > 1$ なら単調増加関数，$0 < a < 1$ ならば単調減少関数である．

- $x > 0$ の条件は，真数条件からである．
- 定義域は正の数全体の集合，値域は実数全体の集合である．
- グラフは，すべて $(x, y) = (1, 0)$ を通り，y 軸は漸近線になる．

定義 0.14（常用対数・自然対数）
- 10 を底とした対数を**常用対数**という．

$$y = \log_{10} x \tag{0.3.13}$$

- ネピアの数 $e = 2.71828\cdots$ を底とした対数を**自然対数**という．

$$y = \log_e x \tag{0.3.14}$$

自然対数は e を省略して，$\log x$ あるいは $\ln x$ と書くことも多い．

ネピア (Napier) 数 $e = 2.71828\ 18284\ 59045\ 23536\ 02874\ 71352\cdots$ は，「自然対数の底」とも呼ばれる．円周率 π と並ぶ，数学の基礎的な定数の1つである．

対数関数
(logarithmic function)

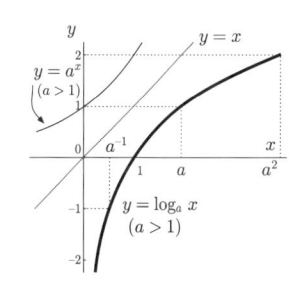

$a > 1$ のときの $y = \log_a x$ のグラフ．

常用対数 $\log_{10} x$
(common logarithm)
10 進数での桁数を扱うときに使う．

自然対数 $\log_e x$
(natural logarithm)
$e = 2.71828\cdots$
自然界に多く登場する．

本書で，今後底を省略した対数関数 $\log x$ は，すべて自然対数である．

👤 John Napier
ネピア (1550-1617)

0.4 数列・級数

0.4.1 数列

規則にしたがって並ぶ数字の列を**数列**という．第 1 番目の項を初項，第 n 番目の項を一般的に示す表現を**一般項**と呼ぶ．

等差数列

並びあう各項の差が等しい数列

$$a_n = a_1 + (n-1)d \qquad a_1 : 初項, \ d : 公差 \qquad (0.4.1)$$

例 1 $a_n = \{1, 3, 5, 7, 9, 11, \cdots\}$ 一般項は $a_n = 1 + 2(n-1)$
例 2 $b_n = \{3, 8, 13, 18, 23, \cdots\}$ 一般項は $b_n = 3 + 5(n-1)$

等比数列

並びあう各項の比が等しい数列

$$a_n = a_1 r^{n-1} \qquad a_1 : 初項, \ r : 公比 \qquad (0.4.2)$$

例 1 $c_n = \{1, 2, 4, 8, 16, 32, \cdots\}$ 一般項は $c_n = 2^{n-1}$
例 2 $d_n = \{2, 6, 18, 54, 162, \cdots\}$ 一般項は $d_n = 2 \cdot 3^{n-1}$

階差数列

一見して規則性がつかめなくても，各項の差を考えた**階差数列**を新たにつくると数列の規則がわかることがある．

等差数列・等比数列の和

> **公式 0.15**（等差数列・等比数列の和）
> - 「初項 a_1，公差 d」の等差数列 $a_n = a_1 + (n-1)d$ の部分和は，
> $$S_n = \sum_{k=1}^{n} (a_1 + (k-1)d) = \frac{n(a_1 + a_n)}{2} \qquad (0.4.3)$$
> - 「初項 a_1，公比 r」の等比数列 $a_n = a_1 r^{n-1}$ の部分和は，
> $$S_n = \sum_{k=1}^{n} a_1 r^{k-1} = \frac{a_1(1 - r^n)}{1 - r} \qquad (r \neq 1) \qquad (0.4.4)$$

公式 (0.4.4) は，和 S_n が存在したとして，それを公比で 1 つずらした式の差を考えることで得られる．すなわち，

$$S_n = a_1 + ra_1 + r^2 a_1 + r^3 a_1 + \cdots + r^{n-1} a_1$$
$$rS_n = \quad\ \ \ ra_1 + r^2 a_1 + r^3 a_1 + \cdots + r^{n-1} a_1 + r^n a_1$$

の両式の差より，$S_n - rS_n = a_1 - r^n a_1$．これより S_n を得る．

【Level 0】
数列 (sequence)
以下では，n を自然数とする．

等差数列
$a_n = a_1 + (n-1)d$
各項の差 d を**公差** (common difference) という．

等比数列
$a_n = a_1 r^{n-1}$
各項の比 r を**公比** (common ratio) という．

階差数列
(sequence of differences)

等差数列の和
数列の各項と順を逆にした数列の対応する項の 2 つを足すと常に同じ値になることから得られる．

等比数列の和
導き方をおぼえておこう．このテクニックを随所で使う．

0.4.2 漸化式

はじめの2項を1として，第3項以降は，前2項の和とする数列 F_n

$$\text{フィボナッチ数列} \quad F_n = \{1, 1, 2, 3, 5, 8, 13, 21, \cdots\}$$

は，3項間漸化式（あるいは**差分方程式**）として次式で表される．

$$F_1 = 1, \quad F_2 = 1, \quad F_n = F_{n-1} + F_{n-2} \ (n \geq 3)$$

このように漸化式で表された数列の一般項の求め方を示す．

公式 0.16（2項間漸化式の解き方）

2項間漸化式

$$a_{n+1} = p\,a_n + q \quad (p, q : \text{定数}, \ n = 1, 2, \cdots) \tag{0.4.5}$$

は，以下の手順で，a_n の一般項を導くことができる．

(1) $p = 1$ ならば，

$$a_n = a_1 + \sum_{i=1}^{n-1} q = a_1 + (n-1)q \quad (n = 2, 3, \cdots).$$

(2) $p \neq 1$ ならば，(0.4.5) を

$$a_{n+1} + \alpha = p\,(a_n + \alpha) \tag{0.4.6}$$

の形に変形すると，数列 $a_n + \alpha$ は公比 p の等比数列なので，

$$a_n = p^{n-1}(a_1 + \alpha) - \alpha.$$

公式 0.17（3項間漸化式の解き方）

3項間漸化式

$$a_{n+2} + p\,a_{n+1} + q\,a_n = 0 \quad (p, q : \text{定数}, \ n = 1, 2, \cdots) \tag{0.4.7}$$

をみたす数列の一般項 a_n は，対応する特性方程式

$$t^2 + pt + q = 0 \tag{0.4.8}$$

の解 α, β を求めた後，次のように表される．

(1) α, β が異なる2実数解のとき，$a_n = C_1 \alpha^n + C_2 \beta^n$．
(2) α, β が重解 $\alpha = \beta$ のとき，$a_n = (C_1 + C_2 n)\alpha^n$．
(3) α, β が共役な複素解のとき，$\alpha = re^{i\theta}, \beta = re^{-i\theta}$ として，
$a_n = r^n(C_1 \sin n\theta + C_2 \cos n\theta)$．

ただし，C_1, C_2 は定数で，a_0, a_1 などの初項から定まる．

漸化式
(recurrence relation)

♟Leonardo Fibonacci
フィボナッチ (1170頃-1250頃)

差分方程式
(difference equation)

2項間漸化式

漸化式の定数項 q が n を含むとき，すなわち

$$a_{n+1} = p\,a_n + q(n)$$

で $p \neq 1$ の場合には，(0.4.6) の代わりに

$$a_{n+1} + \alpha_{n+1} = p\,(a_n + \alpha_n)$$

のように，両辺の付加項 α に，n 依存性を配置して解くとよい．

3項間漸化式

特性方程式
(characteristic equation)
ここでは係数を同じにした2次方程式．
(0.4.7) で，$a_n = t^n$ の形の解を仮定して代入することにより，(0.4.8) を得る．場合分けは1次独立な解を2つ用意することに対応する．

【Level 0】

数列の収束の定義
記号の lim は，英語の limit やドイツ語の Limes からである．

lim 記号の中で，動かす文字は何でもよい．
$\lim_{n\to\infty} a_n = \lim_{k\to\infty} a_k$
である．念のため．

0.4.3 極限の定義

極限を表す limit 記号は，数列の極限に対しても，関数の極限に対しても同様に使われる．

> **定義 0.18（数列の極限）**
> 数列 $\{a_n\}$ で，n を大きくしていくときに，a_n の値が定数 α に限りなく近づくならば，「$\{a_n\}$ は α に **収束する**」といい，次の記号で表す．
> $$\lim_{n\to\infty} a_n = \alpha \tag{0.4.9}$$
> 極限値 α が存在しないとき（α が無限大になるときや，振動するとき），「**発散する**」という．

例1 等比数列 $a_n = 2^n$ は，$\lim_{n\to\infty} a_n = \infty$ となる．発散する．

例2 等比数列 $b_n = (1/2)^n$ は，$\lim_{n\to\infty} b_n = 0$ となる．収束する．

例3 数列 $c_n = \sin n(\pi/2)$ は，n の値によって正負を振動する．極限値は存在しない．

無限等比数列の和（＝等比級数）

無限に続く数列の和 $S = a_1 + a_2 + \cdots$ のことを **級数** という．

等比級数

等比数列 $a_n = ar^{n-1}$ から作られる級数を **等比級数** という．等比級数は，(0.4.4) で $n \to \infty$ の極限を考えることに相当し，公比 r が $|r| < 1$ のときには収束する．

> **公式 0.19（収束する等比数列の和）**
> 等比数列 $a_n = ar^{n-1}$ の和は，$|r| < 1$ のときには収束して，次式で与えられる．
> $$S = \sum_{k=1}^{\infty} ar^{k-1} = a + ar + ar^2 + \cdots + ar^n + \cdots = \frac{a}{1-r} \tag{0.4.10}$$

【Level 1】
自然対数の底 e
自然対数 $\Longrightarrow$ 定義 0.14

0.4.4 e の定義

自然対数の底（ネピア数）$e = 2.71828\cdots$ の定義はいろいろあるが，数列の極限としての定義を与えておこう．

> **定義 0.20（e の定義）**
> $$e \equiv \lim_{n\to\infty} \left(1 + \frac{1}{n}\right)^n \tag{0.4.11}$$

0.5 微分法

微分積分学はものごとの変化を解析する学問である．微分することは，関数の接線の傾きを知ること，すなわち関数の増減を知ることである．

【拙著 [1] 第 2 章より抜粋】

　　　局所的 (local) な情報で，大域的 (global) なふるまいを知る

ことといえる．

0.5.1 微分係数・導関数

微小な量を Δx（デルタ x）として表し，次のように定義する．

【Level 0】
微分係数
(differential coefficient)
導関数 (derivative)
微分 (differentiation)

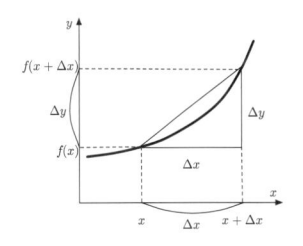

定義 0.21（微分係数・導関数）

- 関数 $y = f(x)$ の点 $x = a$ 近傍の傾きを，**微分係数**と呼ぶ．x の増加分 Δx に対する y の増加分を Δy として，次で定義される．

$$f'(a) \equiv \lim_{\Delta x \to 0} \left.\frac{\Delta y}{\Delta x}\right|_{x=a} = \lim_{\Delta x \to 0} \frac{f(a + \Delta x) - f(a)}{\Delta x} \quad (0.5.1)$$

- 関数 $y = f(x)$ の各点で微分係数を表す関数を**導関数**と呼ぶ．

$$f'(x) \equiv \lim_{\Delta x \to 0} \frac{f(x + \Delta x) - f(x)}{\Delta x} \quad (0.5.2)$$

関数 $y = f(x)$ から導関数 $y = f'(x)$ を求めることを「**微分する**」という．導関数は次のようにも表す．

$$y', \quad f'(x), \quad f_x(x), \quad \frac{dy}{dx}, \quad \frac{d}{dx}f(x)$$

- 微分係数を求めることは，その点 $x = a$ における関数の接線の傾きを求めることである．

微分する
⇔ 導関数を求める．
⇔ 接線の傾きを求める．
⇒ もとの関数の増減がわかる．

0.5.2 基本関数の導関数

以下の導関数は，(0.5.2) の定義式より導かれるが，公式としておぼえておいたほうがよい．

【Level 0】
対数の底が省略されているとき，底は e である．

	$f(x)$		$f'(x)$		$f(x)$	$f'(x)$
1	x^α	（α：実数）	$\alpha x^{\alpha - 1}$	6	$\sin x$	$\cos x$
2	e^x		e^x	7	$\cos x$	$-\sin x$
3	a^x	（$a > 0, a \neq 1$）	$a^x \log a$	8	$\tan x$	$\dfrac{1}{\cos^2 x}$
4	$\log |x|$		$\dfrac{1}{x}$			
5	$\log_a |x|$	（$a > 0, a \neq 1$）	$\dfrac{1}{x \log a}$			

0.5.3 微分の計算方法

【Level 0】
基本演算公式

(1) 基本演算公式

関数 $f(x), g(x)$ に対して，次が成り立つ．

$$(cf)' = cf', \quad c : 定数 \tag{0.5.3}$$

$$(f \pm g)' = f' \pm g' \qquad 微分演算の線形性 \tag{0.5.4}$$

$$(fg)' = f'g + fg' \qquad 「積の微分」公式 \tag{0.5.5}$$

$$\left(\frac{f}{g}\right)' = \frac{f'g - fg'}{g^2} \qquad 「商の微分」公式 \tag{0.5.6}$$

(2) 合成関数の微分

関数が $y = f(x) = f(g(x))$ として，合成関数 $y = f(u), u = g(x)$ となっているとき，

連鎖則 (chain rule) とも呼ばれる．
$(\sin 2x)' = 2\cos 2x$ となる計算則．

$$\frac{dy}{dx} = \frac{dy}{du}\frac{du}{dx} \tag{0.5.7}$$

同様に $y = f(g(h(x)))$ すなわち $y = f(u), u = g(v), v = h(x)$ となっているとき，

$$\frac{dy}{dx} = \frac{dy}{du}\frac{du}{dv}\frac{dv}{dx} \tag{0.5.8}$$

関数の増減

導関数は，もとの関数の各点での接線の傾きが，x に対してどのように変化していくかを示す．導関数が正（負）であれば，接線の傾きが正（負）であり，もとの関数がその区間で増加（減少）することを示す．

$f'(x)$ の正負は関数の増減を示す．

極大値 (local maximum)
極小値 (local minimum)

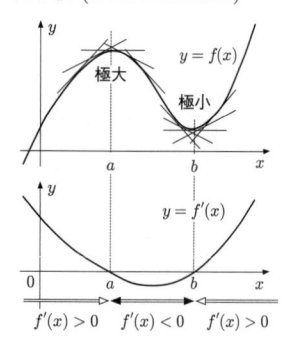

公式 0.22（関数の増減）

$f'(x)$ の正負は関数 $y = f(x)$ の増減を示す．

- $f'(x) > 0$ となる区間で，$f(x)$ は**単調増加**
- $f'(x) < 0$ となる区間で，$f(x)$ は**単調減少**

$f'(x)$ の符号が変化する点 $x = a$ は，もとの関数 $y = f(x)$ の増加・減少が変化する点である．**極値**といい，2つに分類する．

- 極大 　$f(x)$ が増加から減少に移る点（$f'(x)$：正から負）
- 極小 　$f(x)$ が減少から増加に移る点（$f'(x)$：負から正）

極値であれば $f'(x) = 0$.
しかし逆は成立しない．

- **極大値・極小値**はそれぞれ**最大値・最小値**の候補になる．（最大値・最小値の判定には，定義域全域のふるまいを考慮に入れる．）

導関数を計算し，符号を調べることによって，もとの関数の増減を調べることができる．関数の最大・最小を調べるときや，グラフを描くときは，**増減表**を添えて書くのが決まりである．

0.5.4 高階導関数

$y = f(x)$ の導関数 $y = f'(x)$ がさらに微分できるとき，$y = f''(x)$ などと表し，もとの関数の 2 階導関数という．

- $f''(x)$ は，$f(x)$ の接線の傾きである $f'(x)$ の増加・減少を表す．$f''(x)$ が正（負）であることは，接線の傾きが増加（減少）することだから，もとの関数 $y = f(x)$ が「下に凸（上に凸）」型の形状をしていることを示す．

同様に n 回微分可能なとき，n 階導関数が定義される．記号は

$$y^{(n)}, \ f^{(n)}(x), \ \frac{d^n y}{dx^n}, \ \frac{d^n}{dx^n} f(x)$$

演算規則

(1) 線形性

$$(f(x) \pm g(x))^{(n)} = f^{(n)}(x) \pm g^{(n)}(x) \qquad (0.5.9)$$

(2) 積の微分公式（**Leibniz の公式**）

$$(f(x)g(x))^{(n)} = \sum_{k=0}^{n} {}_n C_k f^{(n-k)}(x) g^{(k)}(x) \qquad (0.5.10)$$

${}_n C_k$ の記号は，2 項係数と呼ばれ，

$$ {}_n C_k = \frac{n!}{(n-k)! \, k!} = \frac{n(n-1) \cdots (n-k+1)}{k(k-1) \cdots 1} \qquad (0.5.11)$$

である．§1.1.3 で詳しく紹介する．

0.5.5 偏微分

関数 f が，複数の変数をもつとき（例えば，$f(x,y)$ とか $f(x,t)$），どの変数で微分するかを指定する微分を「偏微分」という．例えば，x で微分するときは，

$$\frac{\partial}{\partial x} f(x,y), \ f_x(x,y) \qquad (0.5.12)$$

などと表す．2 階微分も同様にして，

$$\frac{\partial^2}{\partial x^2} f(x,y) = f_{xx}(x,y), \quad \frac{\partial}{\partial y}\left(\frac{\partial}{\partial x} f(x,y)\right) = f_{xy}(x,y) \qquad (0.5.13)$$

などと表す．記号は偏微分の順序をきちんと反映しているが，実際は（関数が両変数に対して微分可能であれば）「x で偏微分した関数を y で偏微分」した結果と「y で偏微分した関数を x で偏微分」した結果は同じになる．すなわち，

$$\frac{\partial^2 f}{\partial y \partial x} = \frac{\partial^2 f}{\partial x \partial y}. \qquad (0.5.14)$$

【Level 1】

$f''(x)$ の正負は関数の凹凸を示す．

Leibniz の公式
👤 Gottfried W. Leibniz
ライプニッツ (1646-1716)

階乗記号
$n! = n(n-1)(n-2) \cdots 2 \cdot 1$
ただし $0! = 1$
⇒ 定義 1.1

【Level 1】
偏微分
(partial derivative)

簡略化する記号は，微分する変数の順序も含めて定義している．「x で偏微分」した関数を「y で偏微分」する記号は，
$\frac{\partial^2 f}{\partial y \partial x}$（右から記号を解釈）
や，
f_{xy}（左から記号を解釈）．

偏微分は微分する変数の順序によらない．嬉しいですね．

【Level 2】

0.5.6 級数展開

ある関数を基準にして関数 $f(x)$ を展開することを「級数展開」という．ここでは，ベキ関数 x^k を用いる「ベキ級数展開」（漢字で書くと「冪級数展開」）を紹介する．

ある点 $x=a$ での関数値 $f(a)$ と，そこでの微分係数 $f'(a)$, $f''(a)$, $f^{(3)}(a), \cdots$ がわかるとき，$f(a)$ の近傍での値 $f(x)$ が次のベキ級数展開で与えられる．

Taylor 展開
(Taylor's expansion)

👤Brook Taylor
テイラー (1685-1731)

この式を用いて，良い精度で関数値が近似できる．

> **公式 0.23（Taylor 展開）**
> $f(x)$ が各階で微分可能のとき，$f(x)$ は近傍の $x=a$ での値を用いて
> $$f(x) = f(a) + \sum_{k=1}^{\infty} \frac{f^{(k)}(a)}{k!}(x-a)^k \tag{0.5.15}$$
> と展開される．これを「**$x=a$ のまわりの Taylor 展開**」という．

特に，$x=0$ のまわりで Taylor 展開を **Maclaurin 展開**という．

Maclaurin 展開
(Maclaurin's expansion)

👤Colin Maclaurin
マクローリン
(1698-1746)

本書では，確率分布の母関数や特性関数で応用する (§2.4)．

> **公式 0.24（Maclaurin 展開）**
> $f(x)$ の $x=0$ のまわりの Taylor 展開を Maclaurin 展開という．
> $$f(x) = f(0) + \sum_{k=1}^{\infty} \frac{f^{(k)}(0)}{k!}x^k \tag{0.5.16}$$

よく知られた関数の，Maclaurin 展開を以下に挙げる．右欄は展開式の有効範囲（収束半径）である．

$$e^x = \sum_{n=0}^{\infty} \frac{1}{n!}x^n = 1 + x + \frac{x^2}{2!} + \frac{x^3}{3!} + \cdots \quad (-\infty < x < \infty)$$

$$\sin x = \sum_{n=0}^{\infty} \frac{(-1)^n}{(2n+1)!}x^{2n+1} = x - \frac{x^3}{3!} + \frac{x^5}{5!} - \frac{x^7}{7!} + \cdots \quad (-\infty < x < \infty)$$

$$\cos x = \sum_{n=0}^{\infty} \frac{(-1)^n}{(2n)!}x^{2n} = 1 - \frac{x^2}{2!} + \frac{x^4}{4!} - \frac{x^6}{6!} + \cdots \quad (-\infty < x < \infty)$$

$$\log(1+x) = \sum_{n=1}^{\infty} \frac{(-1)^{n+1}}{n}x^n = x - \frac{x^2}{2} + \frac{x^3}{3} - \frac{x^4}{4} + \cdots \quad (-1 < x \leq 1)$$

$$\frac{1}{1-x} = \sum_{n=0}^{\infty} x^n = 1 + x + x^2 + x^3 + \cdots \quad (|x| < 1)$$

$$(1+x)^\alpha = \sum_{n=0}^{\infty} {}_\alpha C_n x^n = 1 + \alpha x + \frac{\alpha(\alpha-1)}{2!}x^2 + \cdots \quad (|x| < 1)$$

0.6 積分法

0.6.1 定積分と不定積分

微分の逆演算として「積分」という言葉が定義される.

定義 0.25（原始関数）

- $f(x)$ が与えられたとき，それを導関数とする関数 $F(x)$ を「$f(x)$ の**原始関数**」という．すなわち，
$$\frac{d}{dx}F(x) = F'(x) = f(x) \tag{0.6.1}$$

- $f(x)$ から $F(x)$ を求める操作を「**積分する**」という．

- 次のようにも書き，$f(x)$ を「$F(x)$ の**被積分関数**」と呼ぶ．
$$F(x) = \int f(x)\,dx \tag{0.6.2}$$

- $f(x)$ が連続関数ならば，その原始関数は必ず存在し，付加定数（積分定数）の不定さを除いて決まる．
- 例えば，$f(x) = x^2$ とすると，$F(x) = \frac{1}{3}x^3$ でもよいし，$\frac{1}{3}x^3 + 2$ でもよい．このような付加定数をまとめて，$F(x) = \frac{1}{3}x^3 + C$（$C$：積分定数）と書く．

定義 0.26（定積分の計算）

区間 $a \leq x \leq b$ で定義される連続関数 $f(x)$ に対して，その原始関数を $F(x)$ とする．$F(b)$ と $F(a)$ の差を**定積分**といい，
$$\int_a^b f(x)\,dx = \Big[F(x)\Big]_a^b \equiv F(b) - F(a) \tag{0.6.3}$$
の記号で表す．$x = b$, $x = a$ をそれぞれ積分の**上端**，**下端**という．

上端を変数 x, 下端を任意の定数 a とした定積分
$$\int_a^x f(t)\,dt = F(x) - F(a) \tag{0.6.4}$$
は，x の関数である．これを**不定積分**と呼ぶ．

定理 0.27（微分積分の基本定理）

ある区間 I で連続な関数 $f(x)$ があるとき，$a \in I, x \in I$ とすると，
$$\frac{d}{dx}\int_a^x f(t)\,dt = f(x) \tag{0.6.5}$$

【拙著 [1] 第3章より抜粋】
【Level 0】

もともと積分は「面積」を求めるために（微分法よりはやく）発明された．

原始関数
(antiderivative, primitive function)

$F \to$ 微分 $\to f$
$F \leftarrow$ 積分 $\leftarrow f$

被積分関数 (integrand)

積分定数
(constant of integration)
答案には必ず
(C：積分定数)
と添え書きするのがルール．

定積分
(definite integral)
原始関数の差で定義されるので，積分定数の違いは値に出てこない仕組みだ．
定積分の値は，積分変数の記号によらない．
$$\int_a^b f(x)dx = \int_a^b f(t)dt$$

不定積分
(indefinite integral)
積分区間を定めないので，「不定積分」という名前になった．

微分積分の基本定理
(fundamental theorem of calculus)
積分したものを微分するともとに戻る，という形になっている．

【Level 0】

0.6.2 定積分と面積

左図のように，関数 $f(x)$ が，区間 $[a,b]$ で，x 軸と，直線 $x=a$, $x=b$，そして関数 $y=f(x)$ のグラフで囲まれる領域の面積 S は区分求積法の考えにより，細かく分割した長方形の面積の和として与えられる．

また，一方で，面積を表す関数があるのならば，それは $f(x)$ を積分する関数と一致することが示される．両者を合わせると，関数 $f(x)$ が，区間 $[a,b]$ で x 軸と囲む面積は，定積分で与えられることになる．

> **定義 0.28（定積分と面積）**
> 定積分は，被積分関数がその区間で x 軸と囲む面積を表す．
> $$S = \int_a^b f(x)\,dx = \lim_{n\to\infty} \sum_{k=1}^n f(x_k)\Delta x_k \qquad (0.6.6)$$

0.6.3 基本関数の不定積分

基本関数の不定積分は，以下のようになる．

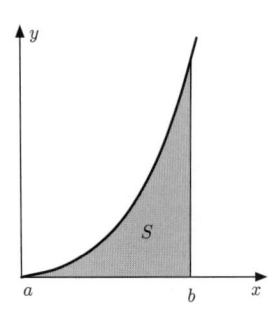

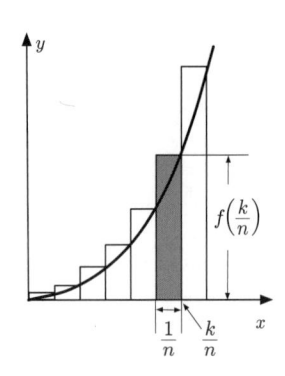

表では積分定数は省略する．

	$f(x)$		$\int f(x)dx$		$f(x)$	$\int f(x)dx$
1	x^α	$(\alpha \neq -1)$	$\dfrac{1}{\alpha+1}x^{\alpha+1}$	6	$\sin x$	$-\cos x$
2	$\dfrac{1}{x}$		$\log|x|$	7	$\cos x$	$\sin x$
3	e^x		e^x	8	$\tan x$	$-\log|\cos x|$
4	a^x		$\dfrac{a^x}{\log a}$			
5	$\log x$		$x\log x - x$			

2. 積分して $\log|x|$ と絶対値がついたのは，対数関数の真数条件から．

部分積分 $\Longrightarrow$ 公式 0.30

5. $\int \log x\,dx$ の計算は，$\int (x)' \log x\,dx$ と見抜いて，部分積分を用いる．

8. $\int \tan x\,dx = \int \dfrac{\sin x}{\cos x}\,dx = \int \dfrac{-(\cos x)'}{\cos x}\,dx$ と見抜いて，有理式の積分公式 (0.6.8) を用いる．

コラム 3

☕ 確率統計と微分積分

確率・統計を学ぼうとしたけど，なぜ，微分・積分の説明がこんなに長いのか？ 少しばかり不安に思う読者もおられるかもしれない．でも，実際「よく使う」．

第1章で述べる確率はサイコロを投げる話から始まるが，その概念は第2章で確率分布に発展し，確率は関数の面積を求めることに対応するようになる．面積は積分で求められる．また，統計学における推定や検定では，統計誤差の誤りが何%なのか，という計算をするが，それは確率分布関数の端の面積を求める計算である．例えば右図のような関数の端の面積を求めることが課題になる．実際の面積計算は，数表を用いることで解決するが，その原理は積分であることを理解しておきたい．

0.6.4 積分の計算方法

積分の基本演算公式

【Level 0】

(1) 積分の線形性：k, l を定数とすると

$$\int_a^b \{kf(x) + lg(x)\}\,dx = k\int_a^b f(x)\,dx + l\int_a^b g(x)\,dx$$

(2) $\boldsymbol{f(ax+b)}$ の積分：定数 $a\,(\neq 0), b$ に対して，

C：積分定数

$$\int f'(ax+b)\,dx = \frac{1}{a}f(ax+b) + C \tag{0.6.7}$$

(3) 有理式の積分：分子が分母を微分した形の関数 $\dfrac{f'(x)}{f(x)}$ の積分は，

$$\int \frac{f'(x)}{f(x)}\,dx = \log|f(x)| + C \tag{0.6.8}$$

置換積分法

合成関数の微分公式 $\{F(g(x))\}' = f(g(x))\,g'(x)$ に対応する積分公式．

置換積分法
(integration by substitution)

公式 0.29（置換積分）

連続な関数 $f(x)$ を積分するときに，$x = g(t)$ という変数の置換を行うと見通しがよい場合，次のように計算できる．

$$\int_a^b f(x)\,dx = \int_\alpha^\beta f(g(t))\frac{dx}{dt}dt \left(=\int_\alpha^\beta f(g(t))g'(t)dt\right) \tag{0.6.9}$$

ここで，$a = g(\alpha), b = g(\beta)$ である．

複雑に見える関数を積分するとき，変数を置換して簡単にする方法．ただし，
(1) 微小量の対応
$dx = g'(t)dt$
(2) 積分範囲の対応
の 2 点を忘れずに．

変数を x から t に置換したとき，積分範囲を対応させることはすぐに気がつくが，積分内の dx の記号も $g'(t)dt$ に「置換する」ことも忘れずに，という法則．これは，もとの変数の微小長さ dx に対応して $dx = g'(t)dt$ としないと積分の値が狂うことを意味している．

部分積分法

微分公式 $(f(x)g(x))' = f'(x)g(x) + f(x)g'(x)$ を積分して次を得る．

部分積分法
(integration by parts)

公式 0.30（部分積分）

2 つの関数の積で表されている連続な関数を積分するときは，次の計算規則が適用できる．

$$\int_a^b f'(x)g(x)\,dx = \Big[f(x)g(x)\Big]_a^b - \int_a^b f(x)g'(x)\,dx \tag{0.6.10}$$

一方を先に積分し，他方を微分する計算に持ち込むのが，部分積分法である．$\log x$ の関数は最後に「微分」しようとする作戦がよい．

0.6.5 重積分

2変数以上の関数に対する積分を**重積分**あるいは**多重積分**という.

【Level 2】
重積分
(multiple integral)

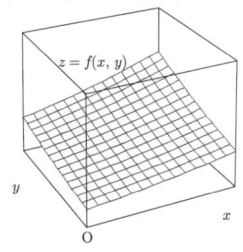

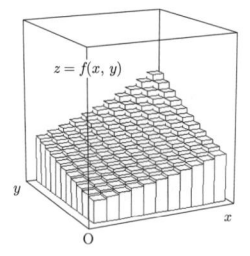

2次元的に微小領域を足し合わせたのが2重積分.

置換積分 ⇒ 公式 0.29

(x,y) 座標での面積素片 $dx\,dy$ は, (u,v) 座標に変換されると, $|J|du\,dv$ に等しい.

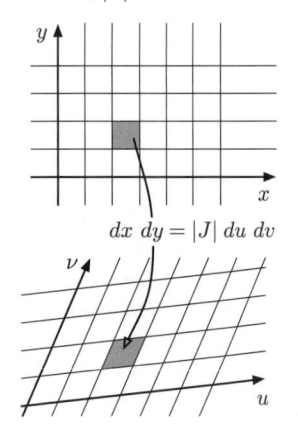

$dx\,dy = |J|\,du\,dv$

ヤコビアン (Jacobian)
👤Carl Gustav Jacob Jacobi ヤコビ (1804-51)

2×2 の行列 $\begin{pmatrix} a & b \\ c & d \end{pmatrix}$ の行列式は, $ad - bc$.
⇒ §0.7.2

定義 0.31（2重積分）

2変数関数 $f(x,y)$ を領域 $D = \{(x,y)\}$ で積分することを

$$\iint_D f(x,y)\,dx\,dy = \lim_{n \to \infty} \sum_{k=1}^{n} f(x_k, y_k) \Delta x_k\, \Delta y_k \quad (0.6.11)$$

と表し, **2重積分**と呼ぶ. 右辺は積分領域 D 全体を重複なく覆いつくすように微小に分割されたものの和である.

- 2重積分は, 微小面積 $(dx) \times (dy)$ に高さ $f(x,y)$ を乗じて和をとる操作と同じである. したがって, 高さが $f(x,y)$ で与えられた曲面と $x-y$ 平面とが囲む部分の「体積」を求めていることになる.

積分計算の順序は交換可能である. すなわち,

$$\iint_D f(x,y)\,dx\,dy = \int_c^d dy \int_a^b f(x,y)\,dx = \int_a^b dx \int_c^d f(x,y)\,dy$$

重積分の変数変換

1変数の積分では置換積分というテクニックがあり, 問題によっては変数変換したほうが計算が容易になった. 重積分を行うときでも同様で, 積分領域の形状や被積分関数によっては, 変数変換の技が有効である.

定理 0.32（重積分の変数変換）

(x,y) 平面の領域 D を, 新たな変数 (u,v) の領域 Ω に対応させて重積分を行うとき, 変数変換 $x = \varphi_1(u,v)$, $y = \varphi_2(u,v)$ に応じて決まるヤコビアン J（定義 0.33）を用いて, 次が成り立つ.

$$\iint_D f(x,y)\,dx\,dy = \iint_\Omega f(\varphi_1(u,v), \varphi_2(u,v))\,|J|\,du\,dv \quad (0.6.12)$$

定義 0.33（ヤコビアン (Jacobian)）

変数 (x,y) を (u,v) に変換する場合, 次の2行2列の行列の行列式をヤコビアン（Jacobian, ヤコビの行列式）J と呼ぶ.

$$J = \frac{\partial(x,y)}{\partial(u,v)} \equiv \det \begin{vmatrix} \dfrac{\partial x}{\partial u} & \dfrac{\partial x}{\partial v} \\ \dfrac{\partial y}{\partial u} & \dfrac{\partial y}{\partial v} \end{vmatrix} \quad (0.6.13)$$

0.6.6 Gauss（ガウス）積分

関数 $y = e^{-x^2}$ は，Gauss が統計の誤差解析に用いたのが始まりで，正規分布曲線とも呼ばれ，確率分布や統計理論における中心的な存在である（§2.6.1）．次の積分は，答えが円周率 π のルートになる，という不思議な公式だ．

> **定理 0.34（Gauss 積分）**
> $$\int_{-\infty}^{\infty} e^{-x^2} dx = \sqrt{\pi} \tag{0.6.14}$$

証明 xy 平面で，原点を中心とする一辺 $2a$ の正方形領域の積分

$$I(a) = \int_{-a}^{a}\int_{-a}^{a} e^{-x^2-y^2} dx\,dy = \int_{-a}^{a} e^{-x^2} dx \int_{-a}^{a} e^{-y^2} dy$$
$$= \left(\int_{-a}^{a} e^{-x^2} dx\right)^2$$

を考えると，求める積分値は，$\lim_{a\to\infty} I(a)$ の 2 乗根である．

$I(a)$ の積分値は，積分領域を半径 a の円 $x^2+y^2 = a^2$ 内部とした積分

$$J(a) = \iint_{x^2+y^2 \leq a^2} e^{-x^2-y^2} dx\,dy$$

より大きく，積分領域を半径 $\sqrt{2}a$ の円内部とした積分 $J(\sqrt{2}a)$ よりも小さい．すなわち，$J(a) \leq I(a) \leq J(\sqrt{2}a)$ で与えられる．

$J(a)$ を求めるために，(x, y) ではなく，

$$x = r\cos\theta, \quad y = r\sin\theta$$

と対応した極座標 (r, θ) に変数変換する．積分範囲は右のように対応する．また，ヤコビアンは

$$J = \det\begin{vmatrix} \dfrac{\partial x}{\partial r} & \dfrac{\partial x}{\partial \theta} \\ \dfrac{\partial y}{\partial r} & \dfrac{\partial y}{\partial \theta} \end{vmatrix} = \det\begin{vmatrix} \cos\theta & -r\sin\theta \\ \sin\theta & r\cos\theta \end{vmatrix} = r$$

であるから，

$$J(a) = \int_0^{2\pi} d\theta \int_0^a re^{-r^2} dr = 2\pi\left[-\frac{1}{2}e^{-r^2}\right]_0^a = \pi(1 - e^{-a^2})$$

ゆえに，

$$\pi(1 - e^{-a^2}) \leq I(a) \leq \pi(1 - e^{-2a^2})$$

となり，$a \to \infty$ の極限では両端とも π に収束する．したがって，はさみうちの原理から $I(a)$ も π に収束する．よって，求める積分は 2 乗根の $\sqrt{\pi}$. ∎

【Level 1】

Gauss 積分
(Gauss integral)

👤Johann Carl Friedrich Gauss ガウス (1777-1855)

この積分は積分範囲に無限大が含まれるので広義積分である．

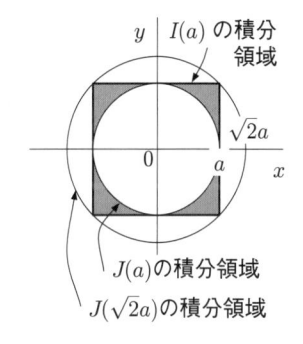

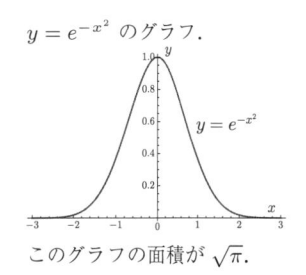

$$\Leftrightarrow \begin{array}{|c|ccc|} \hline x & -a & \to & a \\ y & -a & \to & a \\ \hline r & 0 & \to & a \\ \theta & 0 & \to & 2\pi \\ \hline \end{array}$$

$y = e^{-x^2}$ のグラフ．

このグラフの面積が $\sqrt{\pi}$．

正規分布 $\Longrightarrow$ §2.6.1

関連する公式

(0.6.14) より得られる公式として，次のものがある．これらの式は，正規分布曲線を得るときに使う．

- (0.6.14) の積分範囲を半分にすることによって，
$$\int_0^\infty e^{-x^2}\,dx = \frac{\sqrt{\pi}}{2} \tag{0.6.15}$$

- (0.6.14) で x^2 を ax^2 と置換することで次を得る．
$$\int_{-\infty}^\infty e^{-ax^2}\,dx = \sqrt{\frac{\pi}{a}} \tag{0.6.16}$$

微分と積分の順序交換にはいろいろ条件が必要だが，ここではよい．

- (0.6.16) の両辺を a で微分することで次を得る．
$$\int_{-\infty}^\infty x^2 e^{-ax^2}\,dx = \frac{1}{2}\sqrt{\frac{\pi}{a^3}} \tag{0.6.17}$$

【Level 2】

0.6.7 誤差関数・ガンマ関数・ベータ関数

ここでは，本書で登場する 3 つの関数を紹介する．いずれも積分を用いて定義される関数である．

誤差関数

誤差関数
(error function)

係数を取り払って
$\mathrm{Erf}(x) = \int_0^x e^{-t^2}\,dt$
として定義することも多いので注意．

> **定義 0.35**（誤差関数）
> （Gauss の）誤差関数は，次式で定義される．
> $$\mathrm{Erf}(x) = \frac{2}{\sqrt{\pi}} \int_0^x e^{-t^2}\,dt \tag{0.6.18}$$

この関数は，確率論や統計学で誤差の評価によく利用される．数表を用いて使うことがほとんどであるが，$x=0$ の値は 0 であり，$x \to \infty$ の極限値は，前章の Gauss 積分 (0.6.14) から，

$$\lim_{x \to \infty} \mathrm{Erf}(x) = 1 \tag{0.6.19}$$

である．定義域を $x \in (-\infty, \infty)$ としてグラフを描くと左のようになる．

(0.6.18) と，e^{-x^2} の Maclaurin 展開式より，

$$\frac{d}{dx}\mathrm{Erf}(x) = \frac{2}{\sqrt{\pi}} e^{-x^2} = \frac{2}{\sqrt{\pi}}\left(1 - x^2 + \frac{x^4}{2!} - \frac{x^6}{3!} + \cdots\right)$$

Maclaurin 展開 $\Longrightarrow$ §0.5.6

となるので，これを積分して $\mathrm{Erf}(x)$ の級数展開が次式のように得られる．

$$\mathrm{Erf}(x) = \frac{2}{\sqrt{\pi}}\left(x - \frac{1}{3}x^3 + \frac{1}{10}x^5 - \frac{1}{42}x^7 + \cdots\right). \tag{0.6.20}$$

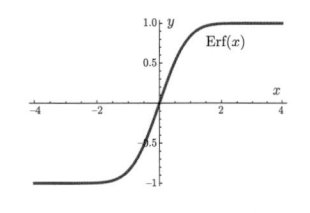

ガンマ関数

階乗を一般化する目的で考え出された関数である.

> **定義 0.36（ガンマ関数）**
> ガンマ関数は，次式で定義される.
> $$\Gamma(s) = \int_0^\infty e^{-x} x^{s-1} \, dx \quad (s > 0) \tag{0.6.21}$$

- ガンマ関数は，χ^2（カイ 2 乗）分布曲線の定義に登場する.
- 一般に

$$\Gamma(s+1) = s\Gamma(s) \tag{0.6.22}$$

が成り立つ．なぜなら，(0.6.21) の s を $s+1$ に置き換えた式を部分積分すると，

$$\int_0^\infty e^{-x} x^s \, dx = \int_0^\infty (-e^{-x})' x^s \, dx$$
$$= \Big[-e^{-x} x^s\Big]_0^\infty + \int_0^\infty e^{-x}(sx^{s-1}) \, dx = s\int_0^\infty e^{-x} x^{s-1} \, dx$$

だからである．(0.6.22) より，自然数 n に対しては，

$$\Gamma(n+1) = n! \tag{0.6.23}$$

ベータ関数

> **定義 0.37（ベータ関数）**
> ベータ関数は，次式で定義される.
> $$B(p, q) = \int_0^1 x^{p-1}(1-x)^{q-1} \, dx \quad (p > 0, q > 0) \tag{0.6.24}$$

ベータ関数は，t 分布曲線や F 分布曲線の定義に登場する．ベータ関数は次のような性質をもつ．

$$B(p, q) = B(q, p) \tag{0.6.25}$$

$$B(p, q) = \frac{\Gamma(p)\Gamma(q)}{\Gamma(p+q)} \tag{0.6.26}$$

$$B(p, 1-p) = \Gamma(p)\Gamma(1-p) = \frac{\pi}{\sin \pi p} \tag{0.6.27}$$

ガンマ関数
(gamma function)

第 2 種 Euler 積分ともいわれる特殊関数の 1 つ．

χ^2（カイ 2 乗）分布
$\Longrightarrow$ §4.8.1

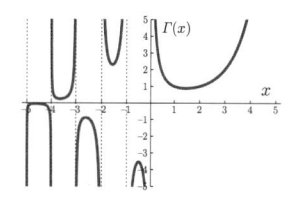

ガンマ関数の値の例

x	$\Gamma(x)$
1/2	$\sqrt{\pi}$
1	0!
3/2	$\frac{1}{2}\sqrt{\pi}$
2	1!
5/2	$\frac{3}{4}\sqrt{\pi}$
3	2!
7/2	$\frac{15}{8}\sqrt{\pi}$
4	3!

ベータ関数
(beta function)

第 1 種 Euler 積分ともいわれる特殊関数の 1 つ．

t 分布 $\Longrightarrow$ §4.8.2
F 分布 $\Longrightarrow$ §4.8.3

0.7 ベクトル・行列

0.7.1 ベクトル

いくつかの数 $x, y, \cdots$ を一列に並べた組 $\begin{pmatrix} x \\ y \\ \vdots \end{pmatrix}$ を **ベクトル** という．行数を節約するため，しばしば $(x, y, \cdots)^T$ とも書く．T は**転置** (transpose) することを表す記号である．

【Level 0】
本書では行列・行列式などの知識を使う．

ベクトル (vector)
スカラー (scalar)

ベクトルは $(x, y, \cdots)$ などと横ベクトルで表示する形式もあるが，縦ベクトルのほうが計算の意味が明確になるので，本書では縦ベクトルを用いる．また，本書ではベクトルは太字で表す．すなわち，$\vec{x}$ と書く代わりに $\boldsymbol{x}$ と書く．

- n 個の成分をもつベクトルは，n 次元空間での座標値の組と解釈でき，「大きさ」と「向き」をもつ「矢印」に相当する．ただし，座標平面上のどこの位置にあるのか，という情報はもたない．平行移動してもベクトルは同一である．
- ベクトル $\boldsymbol{x}$ の大きさ $|\boldsymbol{x}|$ とは，各成分の 2 乗和の平方根である．$\boldsymbol{x} = \begin{pmatrix} x \\ y \end{pmatrix}$ に対しては，$|\boldsymbol{x}| = \sqrt{x^2 + y^2}$ である．
- ベクトルに対して「大きさ」だけをもつ数を**スカラー**という．

ベクトルの演算

- ベクトルの和や差は，各成分に対して行う．
$$k \begin{pmatrix} x_1 \\ y_1 \end{pmatrix} \pm \ell \begin{pmatrix} x_2 \\ y_2 \end{pmatrix} = \begin{pmatrix} kx_1 \pm \ell x_2 \\ ky_1 \pm \ell y_2 \end{pmatrix}$$

ベクトルの内積

内積 (inner product)

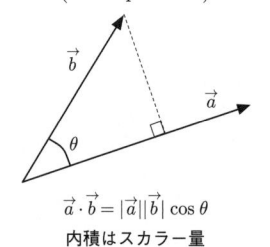

$\vec{a} \cdot \vec{b} = |\vec{a}||\vec{b}| \cos\theta$
内積はスカラー量

- ベクトルの**内積** (・印) とは，成分どうしを単純に乗じてスカラー量をつくることである．2 成分のベクトルでは
$$\boldsymbol{a} \cdot \boldsymbol{b} = \begin{pmatrix} a_1 \\ a_2 \end{pmatrix} \cdot \begin{pmatrix} b_1 \\ b_2 \end{pmatrix} = a_1 b_1 + a_2 b_2. \tag{0.7.1}$$
2 ベクトルの大きさとなす角度 θ を用いて次のようにも表せる．
$$\boldsymbol{a} \cdot \boldsymbol{b} = |\boldsymbol{a}||\boldsymbol{b}| \cos\theta \tag{0.7.2}$$
2 つのベクトルが直交しているとき，内積はゼロになる．

射影の考えは，§4.4.1 主成分分析で応用する．

- 内積の計算は，$\boldsymbol{b}$ を $\boldsymbol{a}$ 上に**射影** (projection) した長さ $|\boldsymbol{b}| \cos\theta$ と，$|\boldsymbol{a}|$ との積である（あるいは，$\boldsymbol{a}$ を $\boldsymbol{b}$ 上に射影した長さ $|\boldsymbol{a}| \cos\theta$ と，$|\boldsymbol{b}|$ との積である）．つまり，内積は，ある方向に注目したとき，実効的な成分の積を行うことである．

0.7.2 行列

縦に m 個,横に n 個の数を並べた数の組を $m \times n$ 行列,あるいは m 行 n 列の行列という.

- n 成分の縦ベクトルは「n 行 1 列の行列」といえる.
- n 行 n 列の行列を「n 次**正方行列**」という.
- 成分が $a_{ij} = a_{ji}$ の対称性をもつ正方行列 S を**対称行列**という.
- 対角成分以外がすべてゼロの行列 T を**対角行列**という.
- 成分 a_{ii} がすべて 1 の対角行列 I を**単位行列**という.

$$S = \begin{pmatrix} a_{11} & a_{12} & \cdots & a_{1n} \\ a_{12} & a_{22} & \cdots & a_{2n} \\ \vdots & \vdots & \ddots & \vdots \\ a_{1n} & a_{2n} & \cdots & a_{nn} \end{pmatrix}, \quad T = \begin{pmatrix} a_{11} & 0 & \cdots & 0 \\ 0 & a_{22} & \cdots & 0 \\ \vdots & \vdots & \ddots & \vdots \\ 0 & 0 & \cdots & a_{nn} \end{pmatrix}$$

行列の積

- 2×2 行列と 2 成分ベクトルの積は次のように定義される.

$$A\boldsymbol{x} = \begin{pmatrix} a & b \\ c & d \end{pmatrix} \begin{pmatrix} x \\ y \end{pmatrix} = \begin{pmatrix} ax + by \\ cx + dy \end{pmatrix} \quad (0.7.3)$$

- 2×2 行列どうしの積は次のように定義される.

$$AB = \begin{pmatrix} a & b \\ c & d \end{pmatrix} \begin{pmatrix} p & q \\ r & s \end{pmatrix} = \begin{pmatrix} ap + br & aq + bs \\ cp + dr & cq + ds \end{pmatrix} \quad (0.7.4)$$

- 行列 A に対し,I を単位行列として,$AX = I$,$XA = I$ となる行列 X が存在するとき,X を**逆行列**といい,A^{-1} で表す.逆行列が存在する行列を**正則行列**という.

$$X = \begin{pmatrix} x & y \\ z & w \end{pmatrix} = \frac{1}{ad - bc} \begin{pmatrix} d & -b \\ -c & a \end{pmatrix} \quad (0.7.5)$$

とすれば,

$$\begin{pmatrix} a & b \\ c & d \end{pmatrix} \begin{pmatrix} x & y \\ z & w \end{pmatrix} = \begin{pmatrix} x & y \\ z & w \end{pmatrix} \begin{pmatrix} a & b \\ c & d \end{pmatrix} = \begin{pmatrix} 1 & 0 \\ 0 & 1 \end{pmatrix}.$$

1 次変換

- ベクトル $\boldsymbol{x}$ が行列 A によりベクトル $\boldsymbol{y}$ に変換する操作

$$A\boldsymbol{x} = \boldsymbol{y} \quad (0.7.6)$$

を **1 次変換**という.

- 例えばベクトル $\boldsymbol{x}$ を原点を中心にして角度 θ 回転させて $\boldsymbol{y}$ に変換する操作は,

$$\begin{pmatrix} \cos\theta & -\sin\theta \\ \sin\theta & \cos\theta \end{pmatrix} \boldsymbol{x} = \boldsymbol{y}. \quad (0.7.7)$$

【Level 1】
行列 (matrix)
　行 (row),列 (column)
横に 1 行 2 行 $\cdots$,縦に 1 列 2 列 $\cdots$,である.
m 行 n 列の行列
$$\begin{pmatrix} a_{11} & a_{12} & \cdots & a_{1n} \\ a_{21} & a_{22} & \cdots & a_{2n} \\ \vdots & \vdots & \ddots & \vdots \\ a_{m1} & a_{m2} & \cdots & a_{mn} \end{pmatrix}$$

正方行列 (square matrix)
対称行列 (symmetric matrix)
対角行列 (diagonal matrix)
単位行列 (unit matrix)

一般に,行列の積 AB と BA は同じではない.$AB \neq BA$.これを**非可換**という.

逆行列 (inverse matrix)
逆行列が存在する
　$\Leftrightarrow ad - bc \neq 0$

正則行列 (regular matrix)

1 次変換
(linear transformation)

回転行列は,§4.4.1 主成分分析,§4.5.3 因子分析などで利用する.

行列式

行列 A から決まるスカラー量の1つで，$\det A$（または $|A|$）と書く．

行列式 (determinant)
行列式は正方行列に対して定義される．

成分の計算は「たすきがけ」としておぼえよう．

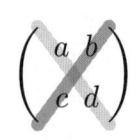

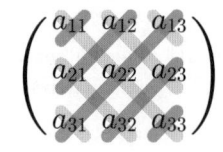

- 2×2 行列 $A = \begin{pmatrix} a & b \\ c & d \end{pmatrix}$ の行列式は，$\det A = ad - bc$．

  この絶対値 $|\det A|$ は，ベクトル $\begin{pmatrix} a \\ c \end{pmatrix}, \begin{pmatrix} b \\ d \end{pmatrix}$ がつくる平行四辺形の面積に等しい．

- 3×3 行列 $A = \begin{pmatrix} a_{11} & a_{12} & a_{13} \\ a_{21} & a_{22} & a_{23} \\ a_{31} & a_{32} & a_{33} \end{pmatrix}$ の行列式は，サラス (Sarrus) の公式とも呼ばれ，

$$\det A$$
$$= a_{11} \det \begin{pmatrix} a_{22} & a_{23} \\ a_{32} & a_{33} \end{pmatrix} - a_{21} \det \begin{pmatrix} a_{12} & a_{13} \\ a_{32} & a_{33} \end{pmatrix} + a_{31} \det \begin{pmatrix} a_{12} & a_{13} \\ a_{22} & a_{23} \end{pmatrix}$$
$$= a_{11}a_{22}a_{33} + a_{12}a_{23}a_{31} + a_{13}a_{21}a_{32}$$
$$\quad - a_{13}a_{22}a_{31} - a_{12}a_{21}a_{33} - a_{11}a_{23}a_{32} \tag{0.7.8}$$

このような見ためにおぼえやすい公式は 4×4 以上の行列の行列式では成り立たない．

として定義される．1行目は第1列の各成分に，それぞれ対応する小行列式を乗じたもので，符号を順に $+-+$ としたもの．

小行列式とは，a_{ij} に対して，i 行目と j 列目をすべて取り除いた残りの成分からできる行列の行列式のことである．

小行列式 (minor)

- 一般の $n \times n$ 行列 A（i 行 j 列成分を a_{ij} とする）の行列式は，3×3 の場合を拡張して次の2つの表現がある．

(1) 小行列に分解して，その行列式を用いて表す方法．

a_{k1} は，A の k 行1列成分．
A_{k1} は，A から k 行目と1列目を取り除いた小行列．
計算例は (0.7.8) 参照．

$$\det A = \sum_{k=1}^{n} (-1)^{k+1} a_{k1} \det A_{k1}$$

A_{k1} は，A から k 行目と1列目を取り除いた小行列．

(2) 置換と置換符号を用いて表す方法．

もとの整列した並び方から隣り合う2つを偶数回（奇数回）置き換えることでできる列を偶置換（奇置換）という．
符号は，例えば
$\mathrm{sgn}[123] = +1$,
$\mathrm{sgn}[132] = -1$,
$\mathrm{sgn}[312] = +1$,
$\mathrm{sgn}[112] = 0, \cdots$
$n \times n$ 行列にも拡張可能な表現方法である．

2×2 行列に対して $\quad \det A = \sum_{i=1}^{2}\sum_{j=1}^{2} \mathrm{sgn}[ij] a_{1i} a_{2j}$

3×3 行列に対して $\quad \det A = \sum_{i=1}^{3}\sum_{j=1}^{3}\sum_{k=1}^{3} \mathrm{sgn}[ijk] a_{1i} a_{2j} a_{3k}$

ただし，記号 $\mathrm{sgn}[ij\cdots]$ は置換の符号を表す．数字の順 $i, j, \cdots$ の順の並べ替えが偶数回なら $+$，奇数回なら $-$，数字順内に同じ数があればゼロとする．

- 行列の積 AB に対して，$\det AB = \det A \cdot \det B$．

固有値・固有ベクトル

- 1次変換によってベクトル $\boldsymbol{x}$ が向きを変えないとき，すなわち

$$A\boldsymbol{x} = \lambda\boldsymbol{x} \qquad (ただし，\boldsymbol{x} \neq 0) \tag{0.7.9}$$

が成り立つとき，λ を「A に対する**固有値**」，$\boldsymbol{x}$ を「固有値 λ に対する**固有ベクトル**」という．

- 単位行列 I を用いると，(0.7.9) は，$(A - \lambda I)\boldsymbol{x} = 0$ となる．この式が $\boldsymbol{x} = 0$ という自明な解以外の解をもつ条件は，

$$\det(A - \lambda I) = 0 \tag{0.7.10}$$

である．この式を**固有方程式**といい，λ はこの解である．

- (0.7.10) の左辺を特に $\Phi(\lambda) = \det(A - \lambda I)$ を**固有多項式**という．
- 与えられた行列に対して，固有値と固有ベクトルを求めることを**固有値問題**という．

固有値
(eigenvalue)
固有ベクトル
(eigenvector)
1次変換によって方向を変えない特別なベクトルが固有ベクトルである．

固有方程式・特性方程式
(characteristic equation)
固有多項式・特性多項式
(characteristic polynomial)

本書で使うのは §4.4 主成分分析，§4.5 因子分析など．

行列の n 乗

行列 A の n 乗 A^n の計算を要求されることは多いが，実際に計算するのは容易ではない．そこで行列を**対角化**する手法がよく用いられる．対角行列 $T = \begin{pmatrix} t_{11} & 0 \\ 0 & t_{22} \end{pmatrix}$ であれば，$T^n = \begin{pmatrix} (t_{11})^n & 0 \\ 0 & (t_{22})^n \end{pmatrix}$ となる．

行列 A の固有値 λ_1, λ_2 に対応した固有ベクトルが $\boldsymbol{v}_1, \boldsymbol{v}_2$ のとき，$\boldsymbol{v}_1, \boldsymbol{v}_2$ を列ベクトルにもつ正方行列 $P = (\boldsymbol{v}_1\ \boldsymbol{v}_2)$ をつくり，その逆行列 P^{-1} が存在するときには，

$$P^{-1}AP = T = \begin{pmatrix} \lambda_1 & 0 \\ 0 & \lambda_2 \end{pmatrix} \tag{0.7.11}$$

となって固有値を成分にもつ対角行列 T が得られる．(0.7.11) より

$$T^2 = (P^{-1}AP)(P^{-1}AP) = P^{-1}A^2P$$

より $A^2 = PT^2P^{-1}$ となる．繰り返し乗じることにより，

$$A^n = PT^nP^{-1} \tag{0.7.12}$$

となる．

例として 2×2 行列で話を進めるが，一般に成り立つ．

本書中では §7.2 確率過程で応用する．

- なお，行列によっては対角化できない場合があり，上記の手法が使えない場合がある．しかし，本書で扱うような対称行列ならば**対角化可能**である．

対角化可能
(diagonalizable)

本書の §4 で扱う分散共分散行列は，対称行列である．

━━ コラム 4 ━━

☕ **確率論の始まり**

確率論はギャンブル（賭博）から始まった．

ローマ皇帝のクラウディウス (Tiberius Claudius Nero Caesar Drusus, B.C.10 - A.D. 54) は，人類史上はじめてのギャンブルに関する本『サイコロ賭博で勝つ方法』を著したという．残念ながらこの書は現存していない．現代の数学につながる確率論の始まりの書は，イタリアのカルダーノ (Gerolamo Cardano, 1501-76) による．カルダーノは虚数の考えにはじめて言及した数学者である．彼の著『サイコロ遊びについて』には，賭博に関する有利・不利についての解説があり，例えば「サイコロ 2 つの目の和に賭けるとき，2 から 12 のどの数が一番有利か」というような解説である（本書の例題 1.15 および §2.1.1 参照）．物理学で有名なガリレイ (Galileo Galilei, 1564-1642) は 3 個のサイコロの和の出方についても考えている（本書の問題 1.16 参照）．

確率論の基礎が確立したのは，パスカル (Blaise Pascal, 1623-62) とフェルマー (Pierre de Fermat, 1601-65) の手紙の交換だとされる．パスカルは貴族ド・メレ (Chevalier de Méré) から賭博に関する質問を多数受けた．几帳面に記録を残すド・メレは，賭博の勝敗を詳細に記録し，自分の考え通りにいかないことをパスカルに相談したのである．どのような質問だったのかは，例題 1.20 と例題 1.26 をご覧いただきたい．

参考：矢野健太郎『数学史』（茂木勇増補，科学新興新社，1989）

━━ コラム 5 ━━

☕ **サイコロ**

最も古いサイコロの技法が記されている文献はインドにあり，紀元前 12 世紀頃の人々の生活や信仰を記した聖典『リグ・ヴェーダ』には，サイコロを用いた賭博の記述があるそうだ．もっとも，これは数百個の褐色の小さな実を一度につかみ取り，その取り出した数をもとにする占いの一種だったらしい．現在のサイコロにつながる原型は，牛や羊などの距骨（後ろ足のくるぶしの骨，astragalus）が始まりである．この骨は細長い直方体に近く，4 種の目の出方が無作為に出る（当然確率は同じではない）．祭儀や占いのために使われたのかもしれないが，古代エジプトの時代には距骨がいわゆる賭博の目的で使っていたことがわかっている．

正六面体のサイコロの発祥地は古代インドとも古代エジプトとも言われる．紀元前 8 世紀頃のアッシリアの遺跡からは，今と同じように上下の面を足すと 7 になる立方体のサイコロが出土している．日本へは棒状のものと立方体のものの両方が奈良時代に伝わった．

ところで，6 つの目が均等に（等確率で）出るサイコロをつくるのは実は難しい．面に⚀ ⚁ ⚂ ⚃ ⚄ ⚅と印刷してしまえば簡単だが，普通は見栄えの良さのため，目の部分を凹ませる．そうすると，目の部分だけ軽くなるのでバランスが崩れてしまうのだ．⚀の面側と⚅の面側では，⚀のほうに重心が偏るため，⚅の目が上になって止まりやすくなる．そこで，凹ませる目の大きさを変えたり（⚅の 1 つの目は⚀の大きさの 1/6），凹ませた部分に素材と同比重の塗料を塗るなどの工夫をしているそうだ．

参考：増川宏一『盤上遊戯の世界史』（平凡社，2010）

第1章
確　率

確率の定義は §1.2 で詳しく述べるが，

「サイコロを投げて ⚀ が出る確率は 1/6」

という日常感覚での表現から推測できるように，

$$確率 = \frac{注目する事象の発生する数}{全体の事象の数}$$

という計算が1つの定義である．分子も分母もそれぞれいくつあるのかを数え上げることが必要となるので，数え方の方法をまず §1.1 で紹介する．

実際に確率を計算する場面では，ある条件のもとでの確率が必要とされることも多い．「条件つき確率」は，時としてパラドキシカルな結果にもなることを例題を通して楽しんでいただきたい．Bayes（ベイズ）の定理は，「条件つき確率」の因果関係を逆転させる発想で，現在のデータから将来を確率的に予測する方法にもなる．インターネットの発達とともに，迷惑メールフィルタやネットショッピングの広告戦略として，現在注目を浴びている理論でもある．

> サイコロならば，全部で6通りの目が出ることがわかっているが，矢が的中する確率はどう定義する？ ⟹ §1.2.1
>
> 矢がどの部分にも同様の確からしさで当たる的当てならば，面積比で的中率がわかる．

> A,B,C 3軒の店のどこかで傘を忘れた．傘を忘れる確率が一定のとき，どの店にある確率が高い？ ⟹ 例題 1.33

	【Level】
§1.1　順列・組み合わせと数え上げ	0,1
§1.2　確率	0,1
§1.3　条件つき確率・Bayes の定理	1

【Level 0】Basic レベル
【Level 1】Standard レベル

1.1 順列・組み合わせと数え上げ

【Level 0】

確率の詳しい定義は，§1.2.1.

確率の1つの定義は，

$$\text{確率} = \frac{\text{注目する事象の発生する数}}{\text{全体の事象の数}}$$

という数の比である．分子も分母もそれぞれいくつあるのかを数え上げることが必要となる．ここでは数え上げの基本的な方法を説明しよう．

1.1.1 数え上げ

基本は，1つも残さずに数え上げることである．

(1) 辞書的配列，Tree 構造型列挙

4枚のカード 1 2 3 4 を4枚とも使って4桁の数をつくるとしたら，何種類の数ができるだろうか．

とりあえず 1 から始まる数を順に考えていくと，

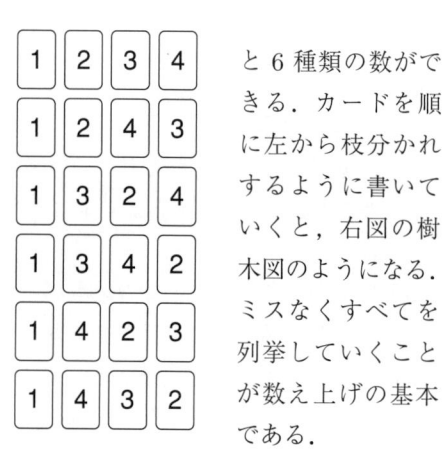

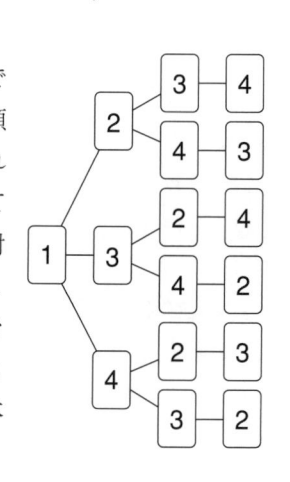

と6種類の数ができる．カードを順に左から枝分かれするように書いていくと，右図の樹木図のようになる．ミスなくすべてを列挙していくことが数え上げの基本である．

集合の復習 $\Longrightarrow$ §0.2

(2) 和の法則

- 事柄 $\mathbf{A}, \mathbf{B}$ が同時に発生しないならば，

$$n(\mathbf{A} \cup \mathbf{B}) = n(\mathbf{A}) + n(\mathbf{B})$$

- 事柄 $\mathbf{A}, \mathbf{B}$ が同時に発生することがあれば，

$$n(\mathbf{A} \cup \mathbf{B}) = n(\mathbf{A}) + n(\mathbf{B}) - n(\mathbf{A} \cap \mathbf{B})$$

例えば，後者の例として，

$\mathbf{A} = \{$サイコロで，4以下の目が出る場合$\} = \{⚀ ⚁ ⚂ ⚃\}$
$\mathbf{B} = \{$サイコロで，偶数の目が出る場合$\} = \{⚁ ⚃ ⚅\}$

で，$\mathbf{A} \cup \mathbf{B}$ を数え上げると，5個になる．

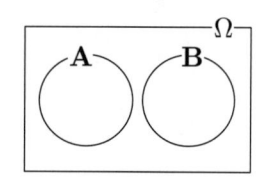

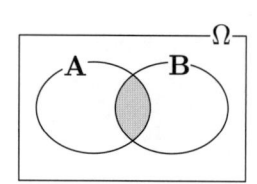

このような積を「**直積**」という．

(3) 積の法則

事柄 $\mathbf{A}$ の起こり方が m 通り，その各々について，事柄 $\mathbf{B}$ の起こり方が n 通りならば，$\mathbf{A}, \mathbf{B}$ がともに起こる場合の数は，mn 通りとなる．

数え上げの計算例

例題 1.1 一列に並んだ 4 枚の板を青か赤に塗る．青は連続してもよいが，赤は連続してはいけない．塗り方は何通りあるか．

とにかく列挙．手を動かせばルールが見つかる．

○○○○
○○○×
○○×○
○×○○
○×○×
×○○○
×○○×
×○×○

青を○，赤を×とすれば，「××」が禁止されているルールである．許される塗り方を列挙すると，右の 8 通りである．

例題 1.2 次の数の正の約数はいくつあるか．

(1) 60 (2) 600 (3) 6000

(1) 素因数分解すると，$60 = 2^2 \cdot 3 \cdot 5$．これより，60 の約数は，$2^x \cdot 3^y \cdot 5^z$ の形で書けて，しかも，$x = 0, 1, 2, y = 0, 1, z = 0, 1$ のどれかである．x, y, z の選び方はどれをとってもよいから，$3 \times 2 \times 2 = 12$ 通りの選び方がある．ゆえに，約数は 12 個．

(2) $600 = 2^3 \cdot 3 \cdot 5^2$ であり，同様に考えて，約数は 24 個．

(3) $6000 = 2^4 \cdot 3 \cdot 5^3$ であり，同様に考えて，約数は 40 個．

例題 1.3 同じジュース 9 缶を 3 人の学生に分ける．学生に区別をつけないとき，何通りの分け方があるか．

(1) どの学生も少なくとも 1 缶はもらう場合．
(2) 1 缶ももらわない学生がいてもよい場合．

例題 1.10 では，学生に区別があるときを考える．

(1) 1 人が必ず 1 缶は受け取るので，最大で 7 缶受け取る可能性がある．したがって，

$$x + y + z = 9, \quad 1 \le x \le 7, \quad 1 \le y \le 7, \quad 1 \le z \le 7$$

であるような，(x, y, z) の組を $x \le y \le z$ として列挙すると，右の表のようになり，全部で 7 通りの分け方がある．

学生に区別をつけないときは，単なる分け方の問題である．

x	1	1	1	1	2	2	3
y	1	2	3	4	2	3	3
z	7	6	5	4	5	4	3

(2) (1) の場合に加えて，右の 5 通りがあるから，全部で 12 通り．

x	0	0	0	0	0
y	0	1	2	3	4
z	9	8	7	6	5

1.1.2 順列

一列に順にモノを並べるとき，その並べ方がいくつあるかを考えよう．これからよく使う階乗記号をはじめに定義しておく．

【Level 0】

階乗 (factorial)
$5! = 5 \cdot 4 \cdot 3 \cdot 2 \cdot 1 = 120$.
$6! = 720$.
$10! = 3628800$.
「びっくり」するほど大きな数になる．

> **定義 1.1（階乗）**
> 正の整数 n に対し，次の積を**階乗**と呼ぶ．
> $$n! = n(n-1)(n-2)\cdots 3 \cdot 2 \cdot 1 \qquad (ただし \quad 0! = 1) \qquad (1.1.1)$$

1 異なるものを全部並べる

10人組の歌手グループなら並び方は 10! 通り．毎日変えても 9942 年かかる．

1 異なる n 個のものを，重複せずに n 個すべてを並べる場合の数．

例　異なる 4 枚のカード ①②③④ を使って 4 桁の数を考えよう．千の位には 4 枚のうちどれか 1 枚指定する．百の位には残りの 3 枚からどれかを置ける．十の位には残りの 2 枚のどちらかを置ける．一の位には残った 1 枚を置くことになる．前節の「積の法則」から，総数は，$4 \times 3 \times 2 \times 1 = 24$ 通りである．

n 枚のカードであれば，同様にして，$n(n-1)(n-2) \cdots 3 \cdot 2 \cdot 1$ 通りである．階乗記号と同じだ．

> **公式 1.2（すべてを並べる順列）**
> 「異なる n 個を重複せずにすべて並べる」場合の数は $n!$ 通り．

2 異なるものを一部並べる

2 異なる n 個のものから，r 個取り出して並べる場合の数 $(n \geq r)$．

例　異なる 4 枚のカード ①②③④ を使ってできる 2 桁の数は $4 \times 3 = 12$ 通りできる．**1** と同様に考えるが，掛け合わせる項ははじめの 2 つである．

一般に n 個のものから，r 個取り出して並べるならば，$n!$ の定義のはじめの r 個の積を求めればよい．

順列 (permutation)
${}_n\mathrm{P}_0 = 1$ と定義する．
${}_n\mathrm{P}_n = n!$ である．
P は，permutation の頭文字．

> **公式 1.3（順列）**
> 「異なる n 個のものから，r 個取り出して並べる」場合の数は，**順列**と呼ばれ，次の式で与えられる．
> $$\mathstrut_n\mathrm{P}_r = \frac{n!}{(n-r)!} = \underbrace{n(n-1)\cdots(n-r+1)}_{r \text{ 個の項の積}} \qquad (1.1.2)$$
> ただし，${}_n\mathrm{P}_0 = 1$ とする．

3 異なる n 個のものを,重複を許して r 個選んで並べる場合の数.

例 4枚のカード ①②③④ を箱に入れ,無作為に1枚取り出して番号を確認したら箱に戻す.これを3回繰り返し,出てきた番号順に3桁の数をつくるとき,数は $4^3 = 64$ 通りできる.

公式 1.4（重複順列）
「異なる n 個のものを,重複を許して r 個選んで並べる」場合の数は,**重複順列**と呼ばれ,次の式で与えられる.

$$_n\Pi_r = n^r \tag{1.1.3}$$

3 **重複順列**
（この場合,$n \leq r$ でもよい）

4 区別できない同種のものがある場合.

例 6枚のカード ①②③③③④ を使って6桁の数をつくるとき,カードの並べ方は $6! = 720$ 通りあるが,このうち,同じカード（③3枚）の並べ方 $3!$ 倍だけ多く数えてしまっている.したがって,6桁の数としては,$6!/3!$ 通りになる.

公式 1.5（同種のものを含む順列）
n 個の中に,同じものがそれぞれ n_1 個,n_2 個,$\cdots$,n_k 個 ($n_1 + n_2 + \cdots + n_k = n$) あるとき,これら n 個を一列に並べる順列の個数は,

$$\frac{n!}{n_1! n_2! \cdots n_k!} \tag{1.1.4}$$

4 **同じものを含む順列**

5 **円順列**.異なる n 個のものを,環状に並べる場合の数.

例 6人が円卓に座る場合.1人を固定して時計回りに5人の順を指定すればよいから,5人を並べる順列になる.一般に,n 人の場合でも,1人を固定すればよい.

$$(n-1)! \text{ 通り} \tag{1.1.5}$$

5 **円順列**
円卓に座る場合の数など.

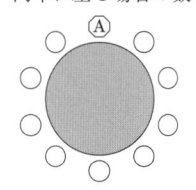

6 **じゅず順列**.異なる n 個のものを環状に並べ,裏返しても同じものとみなす場合の数.
裏返しても同じとみなすので円順列の場合の数を半分にして,

$$\frac{(n-1)!}{2} \text{ 通り} \tag{1.1.6}$$

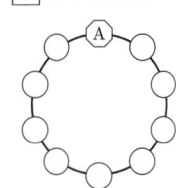

6 **じゅず順列**

順列の計算例

辞書的配列
abcde
abced
abdce
abdec
abecd .....

> **例題 1.4** 5個の文字 a,b,c,d,e をすべて用いてできる 120 個の順列を辞書式に abcde から edcba まで並べる. cdaeb は何番めか.

a から始まるものは, a ???? の形なので, $4! = 24$ 通り.
b から始まるものも, $4! = 24$ 通り.
ca, cb から始まるものは, それぞれ $3! = 6$ 通り.
次に cdabe が来て, cdaeb はその次である. ゆえに, 62 番め.

> **例題 1.5** 7人が並ぶ. 次の並び方は何通りあるか.
> (1) 7人が一列に並ぶとき.
> (2) 7人のうち 5人が一列に並ぶとき.
> (3) 7人が一列に並び, そのうち特定の2人が隣り合うとき.

(3) 特定の2人をまとめて1人とみなす.

(1) $_7\mathrm{P}_7 = 7! = 5040$ 通り.
(2) $_7\mathrm{P}_5 = 2520$ 通り.
(3) 特定の2人を1つのペアとして考えて, 6人が一列に並ぶときを考えると $_6\mathrm{P}_6 = 6! = 720$ 通り. さらに, 特定の2人が並び方が 2 通りあるので, $720 \times 2 = 1440$ 通り.

展開係数
後述する定理 1.9 の多項定理は, 本問を一般化したものである. 例題 1.12 も関連問題.

> **例題 1.6** $(a+b+c)^6$ を展開したときの a^3bc^2 の係数はいくつか.

$(a+b+c)^6 = (a+b+c)(a+b+c)\cdots(a+b+c)$ であるから, それぞれの項は a,b,c のどれかを6つ乗じて得られる. a^3bc^2 の係数は, 6つの文字を並べる際に, 同種のものが 2個, 1個, 3個あるときの 6文字の取り方の数と等しいので, $\dfrac{6!}{3!1!2!} = 60$ 個ある. したがって, 求める係数は 60.

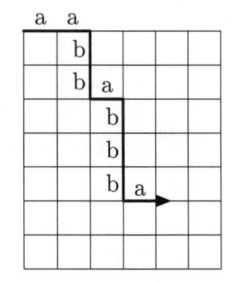

> **例題 1.7** 東西に $n+1$ 本, 南北に $m+1$ 本の碁盤の目の道路からなる町がある. 北西の端から, 南東の端までの最短経路は, 何通りあるか.

東に一筋進むことを a, 南に一筋進むことを b とすれば, 1つの最短経路は, { aabbabbba $\cdots$ } などと, n 個の a と m 個の b の

合計 $n+m$ 個の並びで表現できる．したがって，最短経路の数は，$\dfrac{(n+m)!}{n!\,m!}$．

> **例題 1.8** モールス信号は，長符号 — と短符号・の組み合わせで文字を表現する．アルファベット 26 文字と数字 10 文字，および記号 15 個をつくるとき，最低いくつの符号を用いればよいか．

👤 Samuel Finley Breese Morse モールス (1791-1872)

実際のモールス信号では，長符号 1 つは短符号 3 つ分の長さであり，各符号間は短符号 1 つ分の間隔をあける．文字ごとの間隔は短符号 3 つ分，1 語間隔は短符号 7 つ分あけることになっている．
救助を求める SOS は，
・・・ ——— ・・・

2 種類の符号を重複を許して並べる順列と同じである．r 個並べるときには，2^r 通りの順列があるから，

$$2 + 2^2 + 2^3 + \cdots + 2^n \geq 26 + 10 + 15$$

となるような最小の自然数 n を求めればよい．左辺は初項 2，公比 2 の等比数列の n 項の和であるから，

$$2(2^n - 1) \geq 51, \quad \text{すなわち} \quad 2^n \geq 26.5$$

となる．これより，$n \geq 5$ となる．

=== コラム 6 ===

☕ クィックソート

データを順に整列させることを「ソート (sort) する」という．例えば「{ 6,3,5,7,2,1,9,8,4 } を小さい順に並べ替えよ」という問題が与えられたとき，効率の良いロジックは何だろうか．

地道な方法として「**選択法ソート**」がある．先頭から 2 つずつデータを比べながら 1 番小さいデータを探し出して，それを先頭に置き，残りのデータから次に 1 番小さいデータを探し出して，それを 2 番目に置く．この手順を繰り返す方法である．全部で N 個のデータがあるとすると，操作数は，$N + (N-1) + (N-2) + \cdots + 1 \sim N^2$ となる．

これに対して，「**クィックソート**」と呼ばれる方法は，ランダムに 1 つの数 m（データの先頭の数や中央値）を選び，全データを m より大きいものと小さいものとに 2 分して m の前後に並べる，という手順を繰り返す方法である．各グループで要素数が 0 か 1 ならば，順は確定とする．例えば上記の問題では，

- 先頭の文字から $m=6$ として，データを $A_1 = \{3,5,2,1,4\}$ と $A_2 = \{6\}$ と $A_3 = \{7,9,8\}$ とに分割する．この時点で全体は，$\{3,5,2,1,4 \mid 6 \mid 7,9,8\}$ と並んでいる．
- 次に A_1 は $m=3$ として $\{2,1\}, \{3\}, \{5,4\}$ とソートされ，A_3 は $m=7$ として $\{\emptyset\}, \{7\}, \{9,8\}$ とソートされる．この時点で全体は $\{2,1 \mid 3 \mid 5,4 \mid 6 \mid 7 \mid 9,8\}$ と並んでいる．

クィックソートの操作数は，平均として $N \log N$ のオーダー（最悪の場合は N^2）になり，選択法ソートに比べて断然効率的である．

N	選択法ソート	クィックソート
10^2	4950	648
10^3	499500	10986
10^4	5×10^7	1.56×10^5
10^5	5×10^9	2.02×10^6

【Level 0】

1.1.3 組み合わせ

次に，複数のものを選び出すときに，選び出した順は問わずに，選び出された組み合わせのみに注目するときの場合の数を考えよう．

1 組み合わせ
(combination)

$\boxed{1}$ **異なる n 個のものから，重複せずに r 個選び出す場合の数．**

例 n 個の異なる果物があり，その中から3種類（例えば {梨, リンゴ, 桃}）を選び出したとする．3個を並べる順列は，${}_n\mathrm{P}_3$ 通りだが，取り出した組み合わせのみに注目するなら，{リンゴ, 梨, 桃} も {リンゴ, 桃, 梨} も同一と考えるので，3個の並べ方の数 $3!$ だけ重複して数えていることになる．したがって，3個選び出す組み合わせは，${}_n\mathrm{P}_3/3!$ 通りである．

一般には，次の2項係数で与えられる．

組み合わせ・2項係数

$${}_n\mathrm{C}_r = \frac{{}_n\mathrm{P}_r}{r!} = \frac{n!}{(n-r)!r!}$$

C は combination の頭文字．
国際的には $\begin{pmatrix} n \\ r \end{pmatrix}$ と書く．

定義 1.6（組み合わせ）

「異なる n 個のものから，重複せずに r 個選び出す $(n \geq r)$」組み合わせの数は，

$$\frac{{}_n\mathrm{P}_r}{r!} = \frac{n!}{(n-r)!r!} \quad 通り． \tag{1.1.7}$$

これを ${}_n\mathrm{C}_r$ あるいは $\begin{pmatrix} n \\ r \end{pmatrix}$ とも表す．

- ${}_n\mathrm{C}_r$ は，2項係数とも呼ばれる．2項係数と呼ぶときは，n は実数，r は非負の整数であればよい．
- 記号 $\begin{pmatrix} n \\ r \end{pmatrix}$ を使うほうが国際的だが，本書では ${}_n\mathrm{C}_r$ を用いる．
- 具体的な値は，「Pascalの三角形」（左図）でも与えられる．次に示す (1.1.9) が成り立つことが，Pascalの三角形と対応することの証明でもある．
- 次の式が成り立つ．

♂ Blaise Pascal
パスカル (1623-62)

```
            1
          1   1
        1   2   1
      1   3   3   1
    1   4   6   4   1
  1   5  10  10   5   1
```

パスカルの三角形
1 以外の数字は上段の2つの数字の和．n 段目は左から，${}_n\mathrm{C}_0, {}_n\mathrm{C}_1, \cdots, {}_n\mathrm{C}_n$ になる．

$${}_n\mathrm{C}_{n-r} = {}_n\mathrm{C}_r \tag{1.1.8}$$

$${}_n\mathrm{C}_{r-1} + {}_n\mathrm{C}_r = {}_{n+1}\mathrm{C}_r \tag{1.1.9}$$

$$\sum_{k=0}^{n} {}_\alpha\mathrm{C}_k \cdot {}_\beta\mathrm{C}_{n-k} = {}_{\alpha+\beta}\mathrm{C}_n \tag{1.1.10}$$

問題 1.9 (1.1.9) を示せ．

2 異なる n 個のものから，重複を許して r 個選び出す場合の数．

例 3 枚のカード ①②③ を袋に入れて，無作為に 1 枚取り出して番号を確認して袋に戻す．この作業を 2 回繰り返し，出てきたカードの組み合わせを考えると何通りか．

愚直にすべての場合を列挙すると，

$$\{①①\}, \{①②\}, \{①③\}, \{②②\}, \{②③\}, \{③③\}$$

の 6 通りである．このような組み合わせを上手く数えるために，{1 枚目のカード $+ 0$, 2 枚目のカード $+ 1$} とした数を考えると，

$$\{1, 2\}, \{1, 3\}, \{1, 4\}, \{2, 3\}, \{2, 4\}, \{3, 4\}$$

となる．この数の組み合わせは，4 枚の異なるカードから 2 枚を選ぶ組み合わせと同じであるから，${}_4\mathrm{C}_2$ 通りである．

同様に，3 枚選ぶときは，上手く数えるために，

{1 枚目のカード $+ 0$, 2 枚目のカード $+ 1$, 3 枚目のカード $+ 2$}

とした数を考えると，5 枚の異なるカードから 3 枚を選ぶ組み合わせと同じになる．一般化すると，

> **定義 1.7（重複組み合わせ）**
> 「異なる n 個のものから，重複を許して r 個選び出す」組み合わせの数は，
> $$ {}_{n+r-1}\mathrm{C}_r = \frac{(n+r-1)(n+r-2)\cdots(n+1)n}{r!} \text{ 通り．} \quad (1.1.11)$$
> これを ${}_n\mathrm{H}_r$ とも表す．

2 重複組み合わせ
(repeated combination)

${}_n\mathrm{H}_r = {}_{n+r-1}\mathrm{C}_r$

まとめ

順列・組み合わせに関して 4 つの記号が登場したが，n 個の箱に k 個のボールを分配する方法として，次のようにまとめよう．

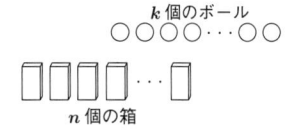

n 個の箱に k 個のボールを分配する方法

	ボールに区別	
	あり	なし
箱に 高々 1 つまで（当然 $n \geq k$ とする）	${}_n\mathrm{P}_k$	${}_n\mathrm{C}_k = \dfrac{{}_n\mathrm{P}_k}{k!}$
箱に 任意の数 OK（$n < k$ でもよい）	${}_n\Pi_k = n^k$	${}_n\mathrm{H}_k = {}_{n+k-1}\mathrm{C}_k$

例題 1.3 では，学生に区別がないときを考えた．

組み合わせの計算例

例題 1.10 同じジュース 9 缶を 3 人の学生に分ける．学生に区別をつけるとき，何通りの分け方があるか．

(1) どの学生も少なくとも 1 缶はもらう場合．
(2) 1 缶ももらわない学生がいてもよい場合．

(1) 9 缶の間の 8 箇所に「しきり板」を 2 枚

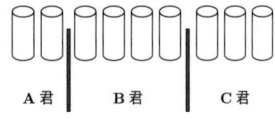

(2) 9 缶と 2 枚の板の並べ方

(1) 9 缶のジュースを一列に並べ，間の 8 箇所に，しきり板を 2 枚置いて 3 つに分ける，と考えよう．これで 3 人分に分けることになる．例えば左から順に A 君 B 君 C 君と 3 人が受け取ることにしておけば，学生に区別をつけて分けることになる．8 個から 2 個選ぶ組み合わせを考えればよく，$_8\mathrm{C}_2 = 28$ 通り．

(2) これは，9 缶のジュースと 2 枚のしきり板を並べ，例えば左から順に A 君 B 君 C 君と 3 人が受け取ることにすればよい．しきり板が 2 枚続けば，その間の人は 0 缶となる．同種のものがあるときの順列であるから，$\dfrac{(9+2)!}{2!\,9!} = 55$ 通り．

注 本問を (1) と同様に考えて，「9 缶のジュースを一列に並べ，両端を含めた 10 箇所にしきり板を 2 枚置いて分ける」とすると，$_{10}\mathrm{C}_2 = 45$ となって答えが異なる．この考えでは，しきり板が 2 枚連続して置かれることはないため，B 君が 0 缶という場合が抜けてしまうので×である．

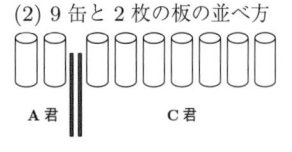

問題 1.11 10 個のリンゴを 4 つの皿に盛る．何通りの分け方があるか．

(1) 少なくとも 1 つは皿に載せる場合．
(2) 1 つもない皿があってもよい場合．

展開係数

後述する定理 1.9 の多項定理は，本問を一般化したものである．例題 1.6 も関連問題．

例題 1.12 $(a+b+c)^6$ を展開したときに，異なる項はいくつ出現するか．

展開式の各項は，$a^k b^\ell c^m$ ($k+\ell+m=6$, k, ℓ, m は 0 または正の整数) となる．3 種類の文字 a, b, c から重複を許して 6 つ取り出す重複組み合わせの数であるから，

$$_3\mathrm{H}_6 = {}_{3+6-1}\mathrm{C}_6 = {}_8\mathrm{C}_6 = \frac{8!}{6!\,2!} = 28 \text{ 項}.$$

─────── コラム 7 ───────

☕ ポーカーの役ができる確率

トランプのポーカーは，配られた 5 枚のカードから何枚かを交換してできるだけ役の高い組み合わせをつくるゲームである．役ができているフリをすることもできてポーカーフェースという言葉もある．ここでははじめに配られたときに役ができる確率を考えよう．

ジョーカーを除いた 52 枚のカードから，5 枚を取り出す組み合わせは，

$$_{52}C_5 = \frac{52 \cdot 51 \cdot 50 \cdot 49 \cdot 48}{5 \cdot 4 \cdot 3 \cdot 2 \cdot 1} = 2598960 \quad 約\ 260\ 万通り$$

である．確率計算ではこの数字が分母になる．

一番強い役はロイヤルストレートフラッシュで，同じスート（マーク）の {A K Q J 10} のカードがそろうものだ．これはスートの 4 種類しかないため，4 通りしかない．確率は 4 通り/260 万通り = 65 万分の 1 となる．次に強い役はストレートフラッシュで，同じスートで数字が連続する 5 枚の場合（上の 4 通り以外）である．各スートで {K Q J 10 9} から {5 4 3 2 A} まで 9 種類なので 36 通りとなる．

単に数字が連続すればよいストレートは，始まる数字が 10 種類あり，スートの選び方が数字ごとに 4 通りあるので，$10 \times 4^5 = 10240$ 通り．厳密には上記 2 つの強い役を除くので 10200 通りになる．

同じスートがそろえばよいフラッシュは，同じスート 13 枚から 5 枚を選ぶ組み合わせ × スート 4 種類で $_{13}C_5 \times 4 = 5148$．同様にこれより強い 40 通りを除いて 5108 通りになる．

フォーカードは，同じ数字が 4 枚そろう場合である．数字の種類の 13 の手があり，残りの 1 枚が何でもよいので，$13 \times (52 - 4) = 624$ 通り．

フルハウスは，スリーカードとワンペアとなる役である．3 枚同じ数字になる組み合わせは数字 13 手に 4 枚のうちから 3 枚を選ぶ組み合わせを乗じて $13 \times {}_4C_3$ 通り．残りのワンペアは，他の数字 12 手に $_4C_2$ を乗じて $12 \times {}_4C_2$ 通り．両者を掛けて 3744 通りとなる．

一番弱い役のワンペアは，ペアとなる数字の選び方が $13 \times {}_4C_2$ 通り，残りの 3 枚の選び方が $_{13-1}C_3 \times 4^3$ 通り の掛け合わせ．ツーペアはペアの選び方が $_{13}C_2 \times {}_4C_2 \times {}_4C_2$ 通り，残り 1 枚の選び方が 44 通りの掛け合わせ．スリーカードは，3 枚そろうカードの選び方が $13 \times {}_4C_3$ 通り，残り 2 枚の選び方が $_{12}C_2 \times 4^2$ 通りの掛け合わせとなる．厳密には上位の役との重複を除く必要があるが，複雑になるのでこれらの計算結果を結論としておこう．

順	役	組み合わせ	確率
1	ロイヤルストレートフラッシュ	4	0.00015%
2	ストレートフラッシュ（同じスートで連続する 5 枚）	36	0.0014%
3	フォーカード（同じ数字 4 枚）	624	0.024%
4	フルハウス（スリーカードとワンペア）	3744	0.14%
5	フラッシュ（同じスート 5 枚）	5108	0.20%
6	ストレート（連続する数字 5 枚）	10200	0.39%
7	スリーカード（同じ数字 3 枚）	54912	2.1%
8	ツーペア（ワンペア 2 種）	123552	4.8%
9	ワンペア（同じ数字 2 枚）	1098240	42.3%

結局，役とされているものが，初回に配られたときにできる確率は 49.9% になる．

1.1.4 2項定理

組み合わせの定義 1.6 で登場した 2 項係数 $_n\mathrm{C}_r$ の名前は，次に示す 2 項定理が由来である．

【Level 0】

2項係数
(binomial coefficient)
$$_n\mathrm{C}_r = \frac{_n\mathrm{P}_r}{r!} = \frac{n!}{(n-r)!r!}$$

2項定理
(binomial theorem)

「n 乗が出てきたらニコニコしろ」とおぼえておこう．

定理 1.8（2 項定理）
$(x+y)^n$ の展開式は，次式で表される．

$$(x+y)^n = \sum_{r=0}^{n} {_n\mathrm{C}_r}\, x^{n-r} y^r \tag{1.1.12}$$
$$= x^n + nx^{n-1}y + \frac{n(n-1)}{2}x^{n-2}y^2 + \cdots + y^n$$

- この定理は，展開式

$$(x+y)^2 = x^2 + 2xy + y^2$$
$$(x+y)^3 = x^3 + 3x^2y + 3xy^2 + y^3$$
$$(x+y)^4 = x^4 + 4x^3y + 6x^2y^2 + 4xy^3 + y^4$$

などを一般化して書いた便利な式である．

- $x=y=1$ とすれば，$2^n = \displaystyle\sum_{k=0}^{n} {_n\mathrm{C}_k}$

  $x=1, y=-1$ とすれば，$0 = \displaystyle\sum_{k=0}^{n} (-1)^k\, {_n\mathrm{C}_k}$

- 数学的帰納法で証明される．（拙著 [1] §0.4 など）

多項定理
(multinomial theorem)

例題 1.6, 1.12 にて，具体例を計算した．

2 項定理を一般化したものに，**多項定理**がある．

定理 1.9（多項定理）

$$(a+b+c+\cdots+\ell)^n = \sum_{p+q+r+\cdots+t=n} \frac{n!}{p!q!r!\cdots t!} a^p b^q c^r \cdots \ell^t \tag{1.1.13}$$

ここで，和は，$p+q+r+\cdots+t=n$ となるすべての 0 以上の整数の組 $(p,q,r,\cdots,t)$ についてとる．

- 2 項定理と数学的帰納法より示すことができる．
- 多項定理に登場する係数 $\dfrac{n!}{p!q!r!\cdots t!}$ は，同種のものを含む順列の個数（公式 1.5）と同じ式である．

1.1.5 Stirling（スターリング）の公式

組み合わせの計算に登場する階乗 $n!$ は，n が大きいと結構やっかいである．そこでよく使われる近似式を紹介しておこう．

【Level 2】

公式 1.10（Stirling の近似式）

正整数 n に対しては，次の Stirling の近似公式が成り立つことが知られている．

$$\log n! \simeq \left(n + \frac{1}{2}\right)\log n - n + \frac{1}{2}\log 2\pi$$
$$+ \frac{1}{12n} - \frac{1}{360n^3} + \frac{1}{1260n^5} - \frac{1}{1680n^7} + \cdots \quad (1.1.14)$$

👤 James Stirling
スターリング (1692-1770)

すべて自然対数である．

- これより，n が十分大きいときは，

$$n! \simeq \sqrt{2\pi n}\left(\frac{n}{e}\right)^n \quad (1.1.15)$$

あるいは，もっと精度を上げるなら，次式になる．

$$n! \simeq \sqrt{2\pi n}\left(\frac{n}{e}\right)^n\left(1 + \frac{1}{12n}\right) \quad (1.1.16)$$

- $\log n!$ の近似式

$$\log n! \simeq n\log n - n + \frac{1}{2}\log(2\pi n) \quad (1.1.17)$$

あるいは

$$\log n! \simeq n\log n - n$$

は，プログラミングでおおよその計算量を見積もるときなどによく使われる．

上図の実線は $\log n!$，点線は $n\log n - n$ の値．両者は n が大きくなるほどよく一致している．

これらの式が実際の値とどれだけ近いかを表にしておこう[1]．

n	$n!$	(1.1.15)	(1.1.16)	$\log_e n!$	(1.1.17)
1	1 10^0	0.92214 10^0	0.99898 10^0	0.0000 10^0	-0.0811 10^{-2}
5	120 10^0	118.02 10^0	119.99 10^0	4.7875 10^0	4.7708 10^0
10	3.628800 10^6	3.598697 10^6	3.628686 10^6	1.5104 10^1	1.5096 10^1
16	2.092279 10^{13}	2.081412 10^{13}	2.092253 10^{13}	3.0672 10^1	3.0667 10^1
20	2.432902 10^{18}	2.422788 10^{18}	2.432883 10^{18}	4.2336 10^1	4.2331 10^1
30	2.652529 10^{32}	2.645173 10^{32}	2.652521 10^{32}	7.4658 10^1	7.4655 10^1
50	3.041409 10^{64}	3.036349 10^{64}	3.041410 10^{64}	1.4848 10^2	1.4848 10^2
100	9.332622 10^{157}	9.324876 10^{157}	9.332647 10^{157}	3.6374 10^2	3.6374 10^2

---

[1] $50! \sim 10^{64}$ である．ちなみに，日本語の数の位の単位は次のようになる．
一，十，百，千，万 (10^4)，億 (10^8)，兆 (10^{12})，京 (けい 10^{16})，垓 (がい 10^{20})，秭 (じょ 10^{24})，穣 (じょう 10^{28})，溝 (こう 10^{32})，澗 (かん 10^{36})，正 (せい 10^{40})，載 (さい 10^{44})，極 (ごく 10^{48})，恒河沙 (ごうがしゃ 10^{52})，阿僧祇 (あそうぎ 10^{56})，那由他 (なゆた 10^{60})，不可思議 (ふかしぎ 10^{64})，無量大数 (むりょうたいすう 10^{68})．

1.2 確率

1.2.1 確率の定義

【Level 1】

確率 (probability)

確率という言葉は，日常会話でもよく登場する．「サイコロを振るとき，⚀の目が出る確率は，$\frac{1}{6}$である」などという．また，天気予報では「明日，雨が降る確率は80%」などという．実は，この2つの「確率」の定義は若干異なる．

確率の基本用語

はじめに確率の基本となる用語をいくつかまとめておこう．

定義 1.11（確率の基本用語）

- 同じ条件のもとで繰り返すことのできる実験や観測などを**試行**という．【例】「サイコロを振る」という行為．
- 試行に伴って生ずるさまざまな結果を**事象**という．【例】「⚀の目が出る」とか「偶数の目が出る」など．
- これ以上細分化されない事象の要素を**根元事象**という．**素事象・標本点・サンプル**ともいう．
- 根元事象全体の集合を**標本空間** Ω という．**全事象**ともいう．

試行 (trial)

事象 (event)

根元事象 (elementary event)

標本空間 (sample space)

- サイコロを振って「奇数の目が出る」事象（複合事象）は，「1の目が出る」「3の目が出る」「5の目が出る」という根元事象に細分される．
- サイコロの出る目の標本空間は，

$$\Omega = \{⚀, ⚁, ⚂, ⚃, ⚄, ⚅\}$$

という6つの根元事象で成り立っている．

確率の定義 $\boxed{1}$ Laplace（ラプラス）の定義

「サイコロを振るとき，⚀の目が出る確率は，$\frac{1}{6}$である」という表現は，どの目も出る頻度が同程度であるという考えに基づいている．この考えを定義としたのがLaplaceだった．

▲Pierre-Simon Laplace
ラプラス (1749–1827)

Laplace による確率の定義
「同じ程度に確からしい (equally likely)」ことを暗に仮定する定義．

定義 1.12（Laplace による確率の定義）

N 個の根元事象からなる標本空間 $\Omega = \{\omega_1, \omega_2, \cdots, \omega_N\}$ があり，それぞれが同じ程度に出現するとする．そのうちの注目する事象 $\mathbf{A}$ の個数 $n(\mathbf{A})$ が a 個のとき，事象 $\mathbf{A}$ の発生する確率 $P(\mathbf{A})$ は，

$$P(\mathbf{A}) = \frac{n(\mathbf{A})}{n(\Omega)} = \frac{\text{事象 } \mathbf{A} \text{ の根元事象の個数}}{\text{全事象 } \Omega \text{ の根元事象の個数}} = \frac{a}{N} \quad (1.2.1)$$

である．

この定義で，とりあえずは確率を計算することができる．例えば，

- サイコロを1回振る．標本空間は $\Omega_1 = \{1, 2, 3, 4, 5, 6\}$ で，各標本点の確率は $P(i) = 1/6 \ (i \in \Omega_1)$.
- サイコロを2回振る．標本空間は $\Omega_2 = \Omega_1 \times \Omega_1$ で，1回目に i，2回目に j の目が出る確率は $P(i, j) = 1/36$.

標本空間の個数が無限にあるとき，例えば，的の一部に矢を狙うけれども，的のどの場所にも等確率で矢が当たるような場合でも

$$P(\text{的の一部に当たる}) = \frac{\text{的の一部の面積}}{\text{的全体の面積}}$$

などと面積を使うような工夫をすれば，確率が計算可能である．

しかし，Laplace の定義では，不十分であることもわかる．「同じ程度に出現する」という仮定・前提があいまいなのだ．それに，各標本点が「同じ程度に出現しない」場合には扱うことができない．「明日の天気は雨が降るか降らないか，どちらかだから確率はそれぞれ 1/2」と言われても価値ある情報にならない．

確率の定義 2 　統計的な定義

「今日の降水確率は 80 % である」とか「男女が生まれる確率は 51% と 49 % である」などという表現では，等確率の根元事象が与えられているわけではない．このようなときは，

n 回の試行の結果，注目する事象が a 回生じれば，相対頻度は $\dfrac{a}{n}$

とした量を用いて，統計的に確率を定義する．

> **定義 1.13（頻度を用いた確率の定義）**
> n 回の試行で，注目する事象 **A** が a 回生じたとき，$\dfrac{a}{n}$ の相対頻度とする．n を限りなく大きくしたときに，相対頻度が一定値 p に近づくとき，p を事象 **A** の起こる確率（統計的確率）という．

しかし，現実には無限回の試行を行うことはできず，「限りなく大きく」という表現はあいまいである．この定義でも数学的な厳密さの点からは不完全ともいえる．

問題 1.13 次の文章の真偽を確かめよ．

(1) サイコロを振ったとき，事象は「⚄ の目が出る」か「1 の目が出ない」に分けられるから，「⚄ の目が出る確率は 1/2 である」．
(2) コインを 2 個投げたとき，それぞれ表か裏が出るが，「2 枚とも表」となるのは，全事象が **S** = {表と表, 表と裏, 裏と裏} の 3 つであるから 1/3 の確率である．

確率の定義 3　Kolmogorov（コルモゴロフ）の公理的な定義

Laplace による定義や，相対頻度を用いた定義の不完全さを補うため，Kolmogorov は「測度論」を用いて確率を公理的に与えた．

Andrey Kolmogorov
コルモゴロフ (1903-87)

確率の公理的定義 1933 年
(axiomatic definition)

『確率論の基礎概念』（坂本實訳，ちくま学芸文庫，2010）にて原著が翻訳されている．

確率空間
(probability space)

$A \cap B = \emptyset$ ならば，互いに排反 (exclusive, disjoint)

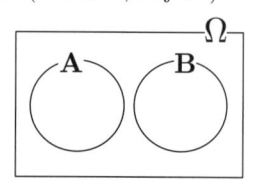

定義 1.14（Kolmogorov による公理的な確率の定義）

ω を根元事象，ω の集合 Ω を標本空間とする．Ω の部分集合を要素とする集合族を $\mathcal{F}$ とする．次の公理を与える．

(0) $\mathcal{F}$ は集合体である．すなわち，$\mathcal{F}$ に含まれる 2 つの集合の和・差・積もまた $\mathcal{F}$ に含まれる．

$\mathcal{F}$ の要素 $A, B, \cdots$ を（確率）事象という．次の 3 条件をみたす実数 $P(A)$ を事象 A の確率と呼ぶ．

(1) $P(A)$ は非負である．
(2) $P(\Omega) = 1$ である．
(3) $A \cap B = \emptyset$ なら，$P(A \cup B) = P(A) + P(B)$.

これら 4 つの公理をみたす $(\Omega, \mathcal{F}, P(A))$ の組を**確率空間**という．

- 同時に生じることのない，$A \cap B = \emptyset$ であるような 2 つの事象 A, B のことを「互いに排反である」という．

$A \subseteq B$

確率の性質　次のような，確率の性質が導かれる．

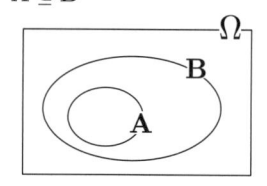

- 単調性

$$A \subseteq B \quad \text{なら} \quad P(A) \leq P(B) \tag{1.2.2}$$

- $\overline{A}$ を A の余事象とすると，

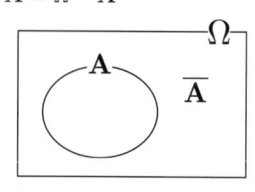

$$P(\overline{A}) = 1 - P(A) \tag{1.2.3}$$

$\overline{A} = \Omega - A$

- 確率の**加法定理**は，重なりの部分に注意して

$$P(A \cup B) = P(A) + P(B) - P(A \cap B) \tag{1.2.4}$$

$$P(A \cup B \cup C) = P(A) + P(B) + P(C)$$
$$- P(A \cap B) - P(B \cap C) - P(C \cap A)$$
$$+ P(A \cap B \cap C) \tag{1.2.5}$$

$A \cap B \cap C \neq \emptyset$

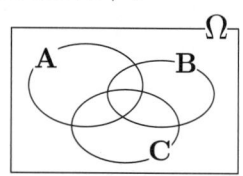

ただし，A, B, C が互いに排反ならば，加法定理は単純な和になる．

$$P(A \cup B) = P(A) + P(B) \tag{1.2.6}$$

$$P(A \cup B \cup C) = P(A) + P(B) + P(C) \tag{1.2.7}$$

$$P(\bigcup_i A_i) = \sum_i P(A_i)$$

事象の独立性

サイコロを繰り返し振っても，サイコロの目はその直前の目によらず，確率 1/6 でそれぞれの目を出す．このように，事象 **A** と事象 **B** が互いに無関係であることを「独立である」といい，次のように定義する．

> **定義 1.15（事象の独立性）**
> 2 つの事象 **A**, **B** に対し，両者が同時に発生する確率が，
> $$P(\mathbf{A} \cap \mathbf{B}) = P(\mathbf{A}) P(\mathbf{B}) \qquad (1.2.8)$$
> となるとき，「**A** と **B** は独立である」という．

事象の独立性
(independency of events)

§1.3.1 で条件つき確率との整合性を確かめる．
確率変数の独立性
　　　⟹ §2.3.3
「独立である」という言葉と，「排反である」という言葉を混同しないように．

=== コラム 8 ===

☕ 宇宙人のいる確率

「風が吹くと桶屋が儲かる」という諺がある．全く関係のないところに影響が出ること，の意味で使われたり，ほとんどあり得ない無理矢理なこじつけ，の意味で使われたりする．理屈は次のものだ．

(1) 風が吹けば，砂ぼこりが立つ．
(2) 砂ぼこりが眼に入ると，失明する人が出る．
(3) 失明した人の中には，三味線を習う人がいる．
(4) 三味線が売れると，猫の皮が必要になり，猫が多く殺される．
(5) 猫が減ると，ネズミが増える．
(6) ネズミが増えると桶がかじられる．
(7) 桶の注文が増えて，桶屋が儲かる．

それぞれの事象は独立であるから，すべてが成り立つ確率は，各確率の積になる．例えば，仮にそれぞれの確率を 1/10 とすると，風が吹いて桶屋が儲かる確率は $(1/10)^7 = 10^{-7} = 0.0000001$ （1000 万分の 1）となる．（丸山健夫『「風が吹けば桶屋が儲かる」のは 0.8%!?』PHP 新書，2006）

1960 年にアメリカの天文学者ドレイク (Frank Drake, 1930-) が発表した「地球外文明の数を推定する式」は，太陽系が属する銀河系内に現存する文明の数 N を推定する式である．

$$N = R_* \times f_p \times n_e \times f_\ell \times f_i \times f_c \times L$$

式の右辺の記号の意味と推定値を次に示すが，楽観的に考えるか悲観的に考えるかで，ずいぶんと最後の値が違ってくる．

		楽観論	中間論	悲観論
R_*	銀河系で毎年生成される星の数（個/年）	50	20	1
f_p	生成される星のうち惑星系をもつ星の割合	1.0	0.5	極めて小
n_e	星のまわりで生命にとって適当な環境をもつ惑星の数	1.0	0.1	極めて小
f_ℓ	そうした惑星上で生命が発生する確率	1.0	0.5	極めて小
f_i	生命が知的文明段階にまで進化する確率	1.0	0.1	極めて小
f_c	知的生命が星間通信可能な文明まで進化する割合	1.0	0.5	極めて小
L	そのような技術文明の平均寿命	10^8	10^4	100

とにかく，この式を根拠に，電波望遠鏡を使って，宇宙人からの信号を探査するプロジェクトが進行中だ．銀河系の星の数は約 2000 億個と言われているが，はたして生命の存在する星の数はいくつだろうか．「風が吹けば…」とどちらが確率が高いのだろうか．読者の宿題としておきたい．

確率の計算例

じゃんけん

3人なら 1/3.
4人なら 4/27 (= 14.8%).
5人なら 5/81 (=6.2%).

例題 1.14 N 人でじゃんけんをしたとき，1回で1人が勝つ確率を求めよ．

N 人が出すパターンは，3^N 通りある．
1人がグーを出して勝つのは，他の人がみなチョキに揃ったときである．同様にチョキ・パーで勝つときも含め，3通りある．誰が勝つかで N 通り．したがって求める確率は $\dfrac{3N}{3^N} = \dfrac{N}{3^{N-1}}$.

丁か半か

丁は丁度の数（偶数），半は半端な数（奇数）．

例題 1.15 サイコロを2つ投げて，「丁（偶数）か半（奇数）か」と威勢よく賭博するシーンが時代劇に見られる．
(1) 賭けているのは，サイコロの2つの目の積か，それとも和か．
(2) 2つの目の和が7となるのと8となるのはどちらが多いか．

(1) 結果が偶数なのか奇数なのか，一覧表を書くと次のようになる．

2つの目の積だとすれば，

		1つめの目					
		1	2	3	4	5	6
2つめの目	1	奇	偶	奇	偶	奇	偶
	2	偶	偶	偶	偶	偶	偶
	3	奇	偶	奇	偶	奇	偶
	4	偶	偶	偶	偶	偶	偶
	5	奇	偶	奇	偶	奇	偶
	6	偶	偶	偶	偶	偶	偶

2つの目の和だとすれば，

		1つめの目					
		1	2	3	4	5	6
2つめの目	1	偶	奇	偶	奇	偶	奇
	2	奇	偶	奇	偶	奇	偶
	3	偶	奇	偶	奇	偶	奇
	4	奇	偶	奇	偶	奇	偶
	5	偶	奇	偶	奇	偶	奇
	6	奇	偶	奇	偶	奇	偶

賭けごとは，起こり得る確率が半々でないと成り立たないから，サイコロの和のはずである．

日常使っている会話にも賭けごとに由来する言葉が多い．『いち（一）かばち（八）かやってみよう』の「一」と「八」はそれぞれ丁と半の漢字の上の部分だそうだ．『裏目に出る』という言葉もサイコロの目が由来で，上下で和が7になっているため，必ず偶奇が反転するためだそうだ．

§2.1.1 に，どの目がどのような確率で生じるかの一覧表がある．

(2) 全部で $6^2 = 36$ 通りの組み合わせがあり，そのうち，8となるのは5箇所なので，確率は $\dfrac{5}{36}$. 7となる確率は $\dfrac{6}{36}$. 7となるほうが確率が高い．

		1つめの目					
		1	2	3	4	5	6
2つめの目	1						7
	2					7	8
	3				7	8	
	4			7	8		
	5		7	8			
	6	7	8				

問題 1.16 3つのサイコロを同時に投げたとき，出た目の和が10となる確率を求めよ．

くじ引きの順番

例題 1.17 5本のくじがあり, 2本が当たりである. 5人が順にくじを引くとき, 何番目にくじを引くのが最も有利か.

- 1番目の人が当たる確率は, $\dfrac{2}{5}$.
- 2番目の人が当たる確率は, 1番目の人が当たっているときには, $\dfrac{2}{5} \cdot \dfrac{1}{4}$. 1番目の人が外れていれば, $\dfrac{3}{5} \cdot \dfrac{2}{4}$. 両者合わせて, $\dfrac{2}{5}$.
- 3番目の人が当たる確率は, 1番目の人が当たっているときには, 2番目の人が外れているときに限るので, $\dfrac{2}{5} \cdot \dfrac{3}{4} \cdot \dfrac{1}{3}$. 1番目の人が外れているときには, $\dfrac{3}{5} \cdot \left(\dfrac{2}{4} \cdot \dfrac{1}{3} + \dfrac{2}{4} \cdot \dfrac{2}{3} \right)$. すべて合わせて, $\dfrac{2}{5}$.
- 4番目の人が当たる確率は, 1番目の人が当たっているときには, 2番目と3番目の人が外れているときに限るので, $\dfrac{2}{5} \cdot \dfrac{3}{4} \cdot \dfrac{2}{3} \cdot \dfrac{1}{2}$. 1番目の人が外れているときには, $\dfrac{3}{5} \cdot \left\{ \dfrac{2}{4} \cdot \dfrac{2}{3} \cdot \dfrac{1}{2} + \dfrac{2}{4} \left(\dfrac{2}{3} \cdot \dfrac{1}{2} + \dfrac{1}{3} \cdot 1 \right) \right\}$. すべて合わせて, $\dfrac{2}{5}$.
- 同様に5番目の人が当たる確率も $\dfrac{2}{5}$.

結局, くじ引きで当たる確率は引く順番によらない.

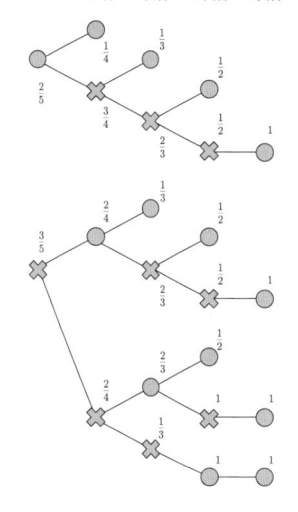

【教訓】くじ引きの当たる確率は, 引く順番によらない.

例題 1.18 A, B, C の3人が, この順に繰り返して1枚の硬貨を投げ, 最初に表が出た人を勝ちとする. A, B, C それぞれが勝つ確率 P_A, P_B, P_C を求めよ.

P_A は, 1巡目で勝つ確率 $\dfrac{1}{2}$, 2巡目が回ってきて勝つ確率 $\left(\dfrac{1}{2}\right)^3 \dfrac{1}{2}$, 3巡目で勝つ確率 $\left(\dfrac{1}{2}\right)^6 \dfrac{1}{2}$, などの和になることから

$$P_A = \dfrac{1}{2} + \left(\dfrac{1}{2}\right)^4 + \left(\dfrac{1}{2}\right)^7 + \cdots = \dfrac{1}{2} \dfrac{1}{1-(1/2)^3} = \dfrac{4}{7}.$$

B が勝つ確率 P_B は, 同様に

$$P_B = \left(\dfrac{1}{2}\right)^2 + \left(\dfrac{1}{2}\right)^5 + \left(\dfrac{1}{2}\right)^8 + \cdots = \dfrac{1}{2} P_A = \dfrac{2}{7}.$$

C が勝つ確率 P_C は, $1 - P_A - P_B = \dfrac{1}{7}$.

P_A は, 初項が $1/2$, 公比が $(1/2)^3$ の等比級数の和である. $\Longrightarrow$ 公式 0.19

この設定では, A が絶対有利になる. 初回で当たる確率が $1/2$ だから当然だ.

問題 1.19 例題 1.18 で, A, B, C が順に $1/3$ の確率で当たるくじを引き, 最初に当たりが出た人を勝ちとする場合はどうか.

ド・メレの問題

フランスの貴族シュヴァリエ・ド・メレ (Chevalier de Méré) が数学者 Pascal に相談した問題．1654 年のこと．Pascal が確率論を考える端緒になった，とも言われている．

例題 1.20 2つの賭けがある．

(A) 1つのサイコロを 4 回投げて，少なくとも 1 回⚅の目が出れば勝ち．

(B) 2つのサイコロを 24 回投げて，少なくとも 1 回⚅ ⚅のゾロ目が出れば勝ち．

貴族ド・メレは，次のように考えた．

(A) ⚅の目が出る確率は $\frac{1}{6}$ なので，4 回投げれば 4 倍して $\frac{2}{3}$．

(B) ⚅のゾロ目が出る確率は $\frac{1}{36}$．24 回投げれば 24 倍して $\frac{2}{3}$．

したがって，どちらも同じと考えた．しかし実際には，(A) では勝つことが多かったが，(B) では負けてしまうことが多かった．どう考えれば正しいか．

Pascal は「出る目の確率から計算するのではなく，出ない確率から計算せよ」と教訓を得たのであった．

【教訓】「少なくとも○○となる確率を求めよ」という問題であれば，余事象を考えるとよい．

(A) 少なくとも 1 回ということは，1 回・2 回・3 回・4 回の可能性を考えることになる．しかし，余事象を考えると早い．

⚅の目が出ない確率は $5/6$ であるから，4 回とも出ない確率は，$(5/6)^4$．したがって，この賭けで勝つ確率は，$1 - (5/6)^4 = 0.518$．

(B) これも余事象を考える．⚅のゾロ目が出ない確率は $35/36$ であるから，24 回とも出ない確率は，$(35/36)^{24}$．したがって，この賭けで勝つ確率は，$1 - (35/36)^{24} = 0.491$．

あくまでも確率の問題です．あしからず．

問題 1.21 大学受験の模擬試験で，合格可能性 50% と判定された大学が 5 校ある．5 校すべてを受験するとき，少なくとも 1 校に合格する確率はいくらか．

問題 1.22 10 枚のうち 1 枚の割合で当たる福引券がある．この福引券を何枚持つと，少なくとも 1 枚当たる確率が 90% 以上になるか．

―― コラム 9 ――

☕ 裁判員に選ばれる確率

裁判を身近でわかりやすいものとするため，そして裁判への信頼を向上させることを目的に，日本でも 2009 年度から刑事裁判に対して裁判員制度が始まった．これまで，1 つの裁判には 3 人の裁判官が関わっていたが，裁判員が入る裁判では，一般から選ばれた 6 人を含めて 9 人で判決を下すことになる．

対象となる裁判はすべてではなく，平成 21 年（2009 年）度は 2100 件程度（裁判全体の数%）だった．1 つの裁判に 6 人の裁判員と 2 人の補充裁判員が選任されるので，1 年間に約 17000 人が選ばれる．全有権者を（学生や高齢者を除いて）約 8500 万人とすれば，1 年間に選ばれる確率は 0.02%（約 5900 人に 1 人となる．読者のあなたがもし 20 歳なら今後 50 年間に裁判員に選ばれる確率は，1 % ということになる．

例題 1.23 1クラスに N 人の学生がいる．誕生日が同じ学生がいる確率はどれだけか．N を横軸にして，確率をグラフにせよ．

誕生日が同じ人がいる確率
とにかく 1 クラスに誕生日が合致する人がいる確率．

これも余事象を考える問題である．
$$\mathbf{A} = 誕生日が同じ学生がいる$$
$$\overline{\mathbf{A}} = 誕生日が同じ学生がいない$$
として，$P(\mathbf{A}) = 1 - P(\overline{\mathbf{A}})$ を考える．

- 学生が 1 人なら，$P(\overline{\mathbf{A}}) = 1$．したがって，$P(\mathbf{A}) = 0$．
- 学生が 2 人なら，2 人目の誕生日が 1 人目と異なる場合を考えて，$P(\overline{\mathbf{A}}) = \dfrac{364}{365}$．したがって，$P(\mathbf{A}) = 1 - \dfrac{364}{365}$．
- 学生が 3 人なら，2 人目の誕生日が 1 人目と異なり，さらに 3 人目が 2 人の誕生日と異なればよいので，$P(\overline{\mathbf{A}}) = \dfrac{364}{365} \times \dfrac{363}{365}$．したがって，$P(\mathbf{A}) = 1 - \dfrac{364}{365} \times \dfrac{363}{365}$．

同様に考えていくと，N 人では，
$$\begin{aligned} P(\mathbf{A}) &= 1 - \frac{364}{365} \times \frac{363}{365} \times \cdots \times \frac{365-N+1}{365} \\ &= 1 - \frac{365}{365} \cdot \frac{364}{365} \cdot \frac{363}{365} \cdot \cdots \cdot \frac{365-N+1}{365} \\ &= 1 - \frac{{}_{365}\mathrm{P}_N}{365^N}. \end{aligned}$$

結果をグラフにすると右図のようになる．確率は結構高く，40 人の学生がいれば 9 割近くの確率で該当者がいることになる．

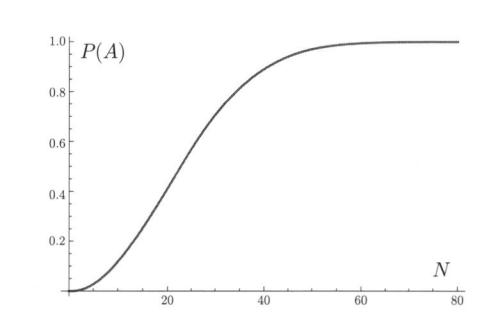

コラム 10

☕ マルチンゲール必勝法 (?)

賭けごとの必勝法として，マルチンゲール法（倍賭け法）というのが知られている．コイン投げのように，勝率 1/2 の賭けごとで，負けるとゼロ・勝てば賭けた金額の 2 倍のリターンがあるとしよう．このとき，「1 回でも勝てばそこで終了し，負ければ倍の額で賭けよ」という戦略である．

例えば，1 万円を賭けて勝てば終了（1 万円の儲け）．負ければ今度は 2 万円を賭ける．そこで勝てば 4 万円が手に入るので，賭け金に使った合計 3 万円を差し引いて結局 1 万円の儲け．負ければ今度は 4 万円を賭ける $\cdots$．だから結局いつでも 1 万円は儲かるはずだ，という理論である．

数学的には確かに正しいが，この理論は，有限のものをあたかも無限に続けられるように思わせて騙している．もし，10 回続けて負けてしまったならば，その次は $2^{10} = 1024$ 万円を賭けなければならない．そしてそのときまでに投資 (?) した合計 2047 万円を回収し 1 万円の儲けを目指すことになる．賭ける人は無限のお金をあらかじめ持っていなければならないのである．

ところで，マルチンゲール (martingale) とは，もともとアラビア語で馬具の靫（むながい，馬具の 1 つで，馬の胸から鞍にかけて渡す革紐）を意味した言葉だという．言葉の由来は定かではないが，マルチンゲールの理論は確率過程の基本原理を提供し，数理ファイナンスの分野でもオプションの価格づけの理論的な根拠を与えている．（$\Longrightarrow$§7.2.3）

Buffon の針

Georges-Louis Leclerc Comte de Buffon
ビュフォン (1707-88)

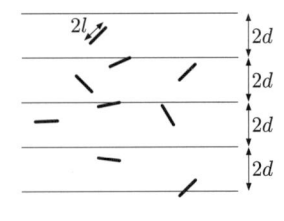

> **例題 1.24** 平行線が $2d$ の間隔で無数に引かれている平面に，長さ 2ℓ（ただし $\ell < d$）の針を何回も無作為に落とすとき，この針が平行線と交わる確率 p を実験することによって，円周率 π を求めることができる．この理由を説明せよ．

落下した針の中心から最も近い平行線までの距離を x とする．また，針が平行線となす角度（鋭角）を θ とする．針は無作為に落下するので，x と θ の範囲は $0 \leq x \leq d$, $0 \leq \theta \leq \dfrac{\pi}{2}$ が自由に選ばれると考えてよい．

また，針が平行線と交わるとき，$x \leq \ell\sin\theta$ として表すことができる．x も θ も互いに無関係に決まり，どの値をとるかは一様である．

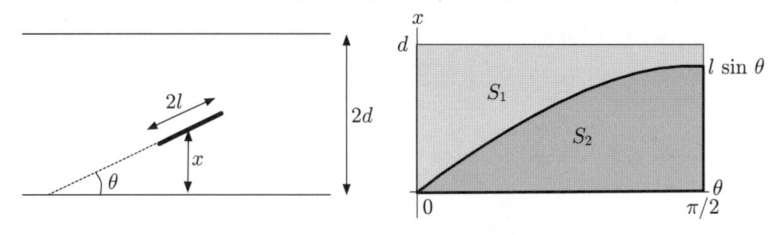

したがって，針が平行線と交わる確率 p は，

$$p = \frac{針が平行線と交わる場合の数}{起こり得るすべての場合の数}$$

$$= \frac{針が平行線と交わる x, \theta 領域の面積\ S_2}{起こり得るすべての x, \theta 領域の面積\ S_1}$$

として考えられるので，

$$p = \frac{\displaystyle\int_0^{\pi/2} \ell\sin\theta\,d\theta}{\left[\displaystyle\int_0^{\pi/2} d\theta\right]\left[\displaystyle\int_0^d dx\right]} = \frac{\left[-\ell\cos\theta\right]_0^{\pi/2}}{(\pi/2)d} = \frac{\ell}{(\pi/2)d}$$

- ゆえに，針が平行線と交わる確率は $p = \dfrac{2\ell}{\pi d}$ となる．

何回か十分な数の実験を行い，p を測定することによって，

$$\pi = \frac{2\ell}{pd}$$

として円周率 π が確かめられることになる．

=========== コラム 11 ===========

☕ パチンコは賭博ではない

賭けごとが発端で始まった確率論であるが，日本では賭博は禁止されている．刑法 185 条『賭博をした者は，50 万円以下の罰金又は科料に処する．』がその法律である．

「賭博」は偶然性に関わるものに対して金品を賭けて勝負を争うことで，「賭事（とじ）」（サイコロやルーレットのように当事者の行為に関係なく勝敗が決まるもの）と「博戯（ばくぎ）」（トランプや麻雀のように当事者の行為によって勝敗が決まるもの）を合わせた言葉である．パチンコは，勝敗が店側の支配下にあるので（偶然性がないため）賭博とはされない．そして勝った分は「景品」と交換するので法律に違反しない．

なお，刑法は国家の秩序を乱すものを罰する法律であり，個人の安全を脅すものを排する法律ではないことも知っておこう．

1.2.2 期待値

例えば、お年玉を「サイコロの出た目の 1000 倍の額であげる」と言われたとする。⚀なら 1000 円（その確率 1/6）、⚁なら 2000 円（その確率 1/6）、…. 一覧表にすると、

サイコロの目 i	⚀	⚁	⚂	⚃	⚄	⚅
分配額 x_i	1000	2000	3000	4000	5000	6000
確率 p_i	1/6	1/6	1/6	1/6	1/6	1/6

すべての場合を平均すると、

$$1000 \times \frac{1}{6} + 2000 \times \frac{1}{6} + \cdots + 6000 \times \frac{1}{6} = 3500$$

となる。このように確率が関わる試行の結果として得られる値の加重平均を期待値という。

【Level 1】

4000 円以上なら「ラッキー！」と喜べばいい。

期待値 (expectation value)

具体的には、
$m = x_1 p_1 + x_2 p_2 + \cdots$

（算術）平均 ⟹ 定義 0.3
確率分布の平均 ⟹ 定義 2.8
標本平均 ⟹ §4.1

定義 1.16（期待値）
ある試行の結果、確率 p_i で x_i という値が得られるとき、全体の平均的結果として、**期待値** m を次のように定義する。

$$m \equiv \sum_i x_i p_i \tag{1.2.9}$$

和は、値の取り得るすべての x_i についてとるものとする。

- 期待値の定義は、§2.2.1 で、確率分布の期待値 $E[X]$ に拡張される。

==コラム 12==

☕ 宝くじは「買ってはいけない」(!?)

「買わなきゃ当たらない」という心理のもと、年末ジャンボにサマージャンボ、その他の宝くじを買い集める人々は多い。しかし、宝くじは「買ってはいけない」。期待値計算をすれば、それは明らかである。

宝くじは、正式名称は「当せん金付証票」といい、当せん金付証票法に基づいて発行されている。法律上は『浮動購買力を吸収し、もつて地方財政資金の調達に資することを目的』（第 1 条）として発行されるもので、『当せん金付証票の当せん金品の金額又は価格の総額は、その発売総額の五割に相当する額をこえてはならない』（第 5 条）となっている。つまり、宝くじを買った時点で、すでに半分の金額は戻ってこないのである。この還元率はかなり悪い。どのギャンブルも胴元が儲かるようにはなっているが、半分も取り上げるのは宝くじくらいである。

年末ジャンボ宝くじは、1 組 10 万枚を 100 組まとめて 1 ユニットとし、その中から 1 等 2 億円が 1 枚出る。1000 万枚発売されて 1 等は 1 枚だけである (2010 年 12 月のジャンボ宝くじ)。しかも、当せん金の還元率は 45% 前後で、引き換えのなかった当せん金は、委託先のみずほ銀行の手元に残る。

2010 年の年末ジャンボは 74 ユニットが発売されたそうだ。筆者にはとてもそこまでの『浮動購買力』はないので自ら購入したことはない。

期待値の計算例

4勝先取で決めるプロ野球の日本シリーズ．何試合目で勝者が決まるだろうか．

例題 1.25 力の互角な A, B 2チームが，先に4勝したほうを勝者とするとき，平均して何試合で勝敗が決まるか．引き分けはないものとする．

N 試合目で勝者が決まる確率を P_N とする．

AAAA または BBBB

- 4試合で終了する確率 P_4 は，A が勝ち続けるか（その確率 $(1/2)^4$），B が勝ち続ける場合（確率同じ）なので，$(1/2)^4 \times 2 = 1/8$．

AAABA などと最後に A が勝つ場合

- 5試合で A が勝者として終了するのは，それまでの4試合中にどこかで一度だけ B が勝ち，最後に A が勝つ場合である．B がどの試合で勝つかの4通りあることを考えて，$(1/2)^5 \cdot 4 = 1/8$．したがって P_5 は，B が勝者となる場合も考えて，2倍して $P_5 = 1/4$．

ABAABA などと最後に A が勝つ場合

- 6試合で A が勝者として終了するのは，それまでの5試合中にどこかで二度 B が勝ち，最後に A が勝つ場合．B がどの試合で勝つか $_5C_2$ 通りあることを考えて，$(1/2)^6 \cdot {}_5C_2 = 5/32$．したがって，B が勝者となる場合も考えると，$P_6 = 5/16$．
- 同様に，7試合で終了する確率は，$P_7 = (1/2)^6 \cdot {}_6C_3 \times 2 = 5/16$．
- 終了試合数の期待値は，
$4 \times P_4 + 5 \times P_5 + 6 \times P_6 + 7 \times P_7 = 5.8125$ 試合．

本問も貴族ド・メレが数学者 Pascal に相談した問題．ド・メレは賭けごとが大好きでしかも几帳面に記録を残していた．確率論創始のきっかけとなった大事な貢献者である（笑）．

例題 1.26 A と B の2人が互角の力量をもつ勝負をして，3回先に勝ったほうが賭け金64ピストル（ピストルは当時のフランスの金貨の単位）を取る約束をした．A が2回連勝したところで用事により勝負を中止したので，賭け金の分配に困った．勝負に引き分けはないものとして，この時点で，賭け金をいくらに分配したらよいか．

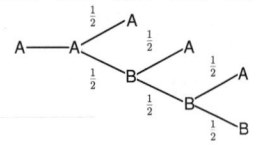

3勝先取であるから，多くても5回の勝負で分配先が決まる．次の3回目の勝負で A が勝てば（その確率は 1/2）賭け金64ピストル全額を得るはずだ．B が勝てば，4回目の勝負に持ち込まれ（その確率は 1/2），さらに A が勝てば（その確率は 1/2）賭け金は A のもの．5回目も同様である．したがって，A, B の得る賭け金の期待値 E_A, E_B は，それぞれ

$$E_A = \left\{\frac{1}{2} + \left(\frac{1}{2}\right)^2 + \left(\frac{1}{2}\right)^3\right\} \times 64 = 56, \quad E_B = \left(\frac{1}{2}\right)^3 \times 64 = 8.$$

問題 1.27 例題 1.26 で，次の場合は賭け金をいくらに分配したらよいか．
(1) A が2勝1敗で中止した場合． (2) A が1勝0敗で中止した場合．

一人っ子政策 (?)

例題 1.28 ある国で，男の子の一人っ子政策が考案された．どの家も男の子が生まれるまで子供を産み続け，男の子が生まれたら，もう子供はつくらない．男女の誕生比が 1/2 だとして，この国の男の子と女の子の人口比はどうなるか．

Google 社の入社試験問題に使われたとも言われる．（竹内薫（編）『非公認 Google の入社試験』徳間書店, 2008）

N 人目まで産むことになる状況を表にすると，次のようになる．

子の数	確率	生まれるパターン	男の子の数	女の子の数
1	$1/2$	男	1	0
2	$(1/2)^2$	女男	1	1
3	$(1/2)^3$	女女男	1	2
4	$(1/2)^4$	女女女男	1	3
⋮				
N	$(1/2)^N$	女女 ⋯ 女男	1	$N-1$

これより，ある夫婦が N 人の子供を産むとき，男の子の生まれる人数の期待値 $E_男$ は，

$$E_男 = 1 \cdot \frac{1}{2} + 1 \cdot \left(\frac{1}{2}\right)^2 + 1 \cdot \left(\frac{1}{2}\right)^3 + \cdots + 1 \cdot \left(\frac{1}{2}\right)^N$$
$$= \frac{1}{2} \frac{1 - (1/2)^N}{1 - (1/2)} = 1 - \frac{1}{2^N}$$

女の子の生まれる人数の期待値 $E_女$ は，

$$E_女 = 0 \cdot \frac{1}{2} + 1 \cdot \left(\frac{1}{2}\right)^2 + 2 \cdot \left(\frac{1}{2}\right)^3 + \cdots + (N-1) \cdot \left(\frac{1}{2}\right)^N \quad \cdots \cdots (\#)$$

(#) の値は，(#) 式を $1/2$ 倍した

$$\frac{1}{2} E_女 = 1 \cdot \left(\frac{1}{2}\right)^3 + 2 \cdot \left(\frac{1}{2}\right)^4 + \cdots + (N-1) \cdot \left(\frac{1}{2}\right)^{N+1} \quad \cdots \cdots (♭)$$

をつくり，(#) − (♭) を計算することにより，

$$\frac{1}{2} E_女 = \left(\frac{1}{2}\right)^2 + \left(\frac{1}{2}\right)^3 + \cdots + \left(\frac{1}{2}\right)^N - (N-1)\left(\frac{1}{2}\right)^{N+1}$$

これより $\quad E_女 = 1 - (N+1)\left(\frac{1}{2}\right)^N$

以上より，$N \to \infty$ の極限を考えると，

$$\lim_{N \to \infty} E_男 = 1, \quad \lim_{N \to \infty} E_女 = 1$$

となり，男女は同数になることがわかる．

$N \to \infty$ とせずに，有限であるとすれば，男女比はどうなるだろうか．

問題 1.29 A と B の 2 人がじゃんけんをする．平均して何回で勝負がつくか．

じゃんけんの勝負数

1.3 条件つき確率・Bayes（ベイズ）の定理

1.3.1 条件つき確率

【Level 1】

くじ引きは，引く順番によらずに当たる確率が等しいことをすでに説明した（例題 1.17）．しかし，それはくじ引きを始める前の段階での話である．例えば，5本中2本が当たりのくじ引きで「一番はじめの1人が当たりを引いた」ことが判明した場合，次の人の当たる確率は，残り4本のくじのうち，1本だけが当たりなので，1/4 となる．このように，「事象 A が生じた」もとでの「事象 B が生じる」確率を求めることを**条件つき確率**を求めるという．前提条件つきで確率を計算するときには，制限された標本空間での確率を考えることになる．

条件つき確率
$P(\mathbf{B}|\mathbf{A}) = P_\mathbf{A}(\mathbf{B})$
(conditional probability)

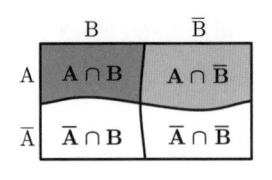

「事象 A が生じたもとで，事象 B が生じる確率」は，$\mathbf{A} = (\mathbf{A} \cap \mathbf{B}) \cup (\mathbf{A} \cap \overline{\mathbf{B}})$ を分母として，その中の $\mathbf{A} \cap \mathbf{B}$ の部分の確率を求めること．上図では，▨ が分母に，▪ が分子になる．

定義 1.17（条件つき確率）
「事象 A が生じたもとで事象 B が生じる確率」を $P(\mathbf{B}|\mathbf{A})$ または $P_\mathbf{A}(\mathbf{B})$ と表し，$P(\mathbf{A})$ を分母として，
$$P(\mathbf{B}|\mathbf{A}) \equiv \frac{P(\mathbf{A} \cap \mathbf{B})}{P(\mathbf{A})} \tag{1.3.1}$$
と計算するものとする．

- 「事象 A が生じた」ことが判明しているので，その事実の中での確率を計算する，という考えである．確率を考えるときの分母が「事象 A が生じた」ことになっている．
- $P(\mathbf{B}|\mathbf{A})$ を条件つき確率という場合，対応させて $P(\mathbf{A})$ を**周辺確率**，$P(\mathbf{A} \cap \mathbf{B})$ を**同時確率**あるいは**結合確率**と呼ぶこともある．

例題 1.30 ホテルに3部屋あり，それぞれに男2人，男と女，女2人が宿泊している．ボーイがドアをノックしたところ，女の声で「誰か来たから開けて」と聞こえた．このとき，ドアを開けるのが男である確率はいくらか．

方針1 女性は3人．そのうちの1人だけが男と同じ部屋にいる．したがって，求める確率は 1/3．

方針2 全部で6人いるが，女性の声がする確率は $P(女の声) = 3/6 = 1/2$．女性の声がして，男が出てくる場合は，6人中1人だから，
$$P(男が出る \cap 女の声) = 1/6.$$

したがって，
$$P(男が出る \,|\, 女の声) = \frac{P(男が出る \cap 女の声)}{P(女の声)} = \frac{1/6}{1/2} = \frac{1}{3}.$$

1.3 条件つき確率・Bayes（ベイズ）の定理

定理 1.18（乗法の定理）
(1.3.1) を組み替えると，次の乗法の定理が得られる．

$$P(\mathbf{A} \cap \mathbf{B}) = P(\mathbf{B}|\mathbf{A})P(\mathbf{A}) \qquad (1.3.2)$$
$$= P(\mathbf{A}|\mathbf{B})P(\mathbf{B}) \qquad (1.3.3)$$

- 第2式の等号は，図を考えるとわかるように，$\mathbf{A}$ と $\mathbf{B}$ の役割を代えても左辺を表すことになるからである．
- $P(\bigcap_{i=1}^{n} \mathbf{A}_i) \equiv P(\mathbf{A}_1 \cap \mathbf{A}_2 \cap \cdots \cap \mathbf{A}_n)$ に対しては，次式のように拡張される．

$$P(\bigcap_{i=1}^{n} \mathbf{A}_i) = P(\mathbf{A}_1) \cdot P(\mathbf{A}_2|\mathbf{A}_1) \cdot P(\mathbf{A}_3|\mathbf{A}_1 \cap \mathbf{A}_2) \times \cdots$$
$$\times P(\mathbf{A}_n|\mathbf{A}_1 \cap \mathbf{A}_2 \cap \cdots \cap \mathbf{A}_{n-1}) \qquad (1.3.4)$$

事象の独立性との整合性

定義 1.15 では，
$$P(\mathbf{A} \cap \mathbf{B}) = P(\mathbf{A})\,P(\mathbf{B})$$
が成り立つことで，「事象の独立性」を定義した．この定義との整合性を確認しておこう．

定義 1.17 に当てはめると，$\mathbf{A}$ と $\mathbf{B}$ が独立であれば，
$$P(\mathbf{B}|\mathbf{A}) = \frac{P(\mathbf{A} \cap \mathbf{B})}{P(\mathbf{A})} = P(\mathbf{B})$$
となり，これは，「事象 $\mathbf{A}$ が起きていようといまいと，事象 $\mathbf{B}$ が発生する確率は $P(\mathbf{B})$ で与えられる」ことを意味する．

- 3つの事象の場合，次のすべてが成り立つとき，「$\mathbf{A}, \mathbf{B}, \mathbf{C}$ は互いに独立である」という．

$$\begin{cases} P(\mathbf{A} \cap \mathbf{B}) &= P(\mathbf{A})\,P(\mathbf{B}) \\ P(\mathbf{B} \cap \mathbf{C}) &= P(\mathbf{B})\,P(\mathbf{C}) \\ P(\mathbf{C} \cap \mathbf{A}) &= P(\mathbf{C})\,P(\mathbf{A}) \\ P(\mathbf{A} \cap \mathbf{B} \cap \mathbf{C}) &= P(\mathbf{A})\,P(\mathbf{B})\,P(\mathbf{C}). \end{cases}$$

乗法の定理
2 通りに書ける理由は，$P(\mathbf{A} \cap \mathbf{B})$ を計算するのに，$P(\mathbf{A})$ と $P(\mathbf{B})$ のどちらから考えてもよいからである．つまり，左ページの図のように $P(\mathbf{A})$ を分母に考えてもよいが，

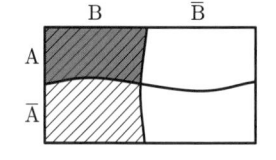

として，$P(\mathbf{B})$ に相当する図の を分母として，その中の $\mathbf{A} \cap \mathbf{B}$ の部分 の確率を求めてもよいからである．

事象の独立性 $\Longrightarrow$ 定義 1.15
確率変数の独立性
$\qquad \Longrightarrow$ §2.3.3

これが「$\mathbf{A}$ と $\mathbf{B}$ が無関係である」ということの数学的な表現である．

n 個の事象に対しても同様に拡張される．

不良品製造元の判定

条件つき確率の計算例

例題 1.31 同種の部品があり，A 社と B 社が 60%，40% の比で販売シェアを持っている．しかし，A 社製では 3%，B 社製では 4% の不合格品が発生する．いま，不合格品が発見されたとき，それが A 社製である確率を求めよ．

$$P(\text{A 社製} \cap \text{不合格}) = \underbrace{0.6}_{\text{A 社製を選ぶ}} \times \underbrace{0.03}_{\text{不合格品を選ぶ}} = 0.018,$$

$$P(\text{B 社製} \cap \text{不合格}) = \underbrace{0.4}_{\text{B 社製を選ぶ}} \times \underbrace{0.04}_{\text{不合格品を選ぶ}} = 0.016$$

であるから，

$$P(\text{不合格}) = P(\text{A 社製} \cap \text{不合格}) + P(\text{B 社製} \cap \text{不合格}) = 0.034.$$

これより，

$$P(\text{A 社製} \mid \text{不合格}) = \frac{P(\text{A 社製} \cap \text{不合格})}{P(\text{不合格})} = \frac{0.018}{0.034} = \frac{9}{17}.$$

HIV 検査薬

これも次の図をもとに考えよ．

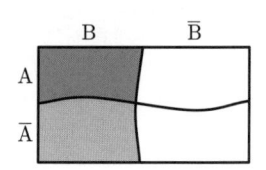

例題 1.32 ある HIV 検査薬は，本来「陰性」なのに「陽性」と誤判定する確率が 1% あり，その逆の判定はない．「HIV に感染している」という事象を A，「陽性の判定を受ける」事象を B とする．

(1) $P(B|A)$ と $P(B|\overline{A})$ を示せ．
(2) 日本人 1 億人のうち，HIV 感染者が 10 万人，すなわち $P(A) = 0.001$ とする．この検査薬で「陽性」と判定されたとき，実際に「HIV に感染している」となる有効判定の確率を求めよ．
(3) この HIV 検査薬は信頼できるだろうか，考えを述べよ．

(1) 題意より，$P(B|A) = 1$, $P(B|\overline{A}) = 0.01$.

(2) 陽性と判定される確率は，$P(B) = P(B|A)P(A) + P(B|\overline{A})P(\overline{A})$ であるから，

$$P(A|B) = \frac{P(B|A)P(A)}{P(B)} = \frac{1 \times 0.001}{1 \times 0.001 + 0.01 \times 0.999} \simeq \frac{1}{11}.$$

(3) 陽性の有効判定の確率は，(2) より $\frac{1}{11}$ と低くなってしまうが，これは国民全員が検査を行ったときの話である．例えば，HIV に心当たりのある人がこの検査を受けたとすれば，

- $P(A) = 0.01$ なら，$P(A|B) \simeq 0.5$
- $P(A) = 0.1$ なら，$P(A|B) \simeq 0.92$

となって，十分有効であると考えられる．

1.3 条件つき確率・Bayes（ベイズ）の定理

例題 1.33 酒が入ると 5 回に 1 回の割合で傘を忘れる K 君が，A, B, C 3 軒の飲み屋をはしごして，傘を忘れたことに気がついた．傘がある確率が最も高い店はどこか．

> **傘を忘れたとき**
> 早稲田大学入試問題を改題
> A,B,C どこかの店だから，1/3 というわけではない．

「傘を忘れたことに気がついた」もとでの条件つき確率の問題である．

A, B, C の店に忘れる事象をそれぞれ A, B, C とする．「傘を忘れる」事象を E とすると，「傘を忘れたことに気づいたとき，A の店に忘れた確率」は，$P(A|E)$ である．

- $P(E)$ は，明らかに $P(E) = P(A) + P(B) + P(C)$ であり，

  − A の店に忘れる確率 $P(A)$ は，$P(A) = \dfrac{1}{5}$．

  − B の店に忘れる確率 $P(B)$ は，A で忘れずに B で忘れたときなので，$P(B) = \dfrac{4}{5} \times \dfrac{1}{5}$．

  − C の店に忘れる確率 $P(C)$ は，同様に，$P(C) = \dfrac{4}{5} \times \dfrac{4}{5} \times \dfrac{1}{5}$．

  したがって，$P(E) = \dfrac{1}{5} + \dfrac{4}{25} + \dfrac{16}{125} = \dfrac{61}{125}$．

- これより，傘を忘れたことに気づいたとき，それぞれの店に忘れた確率は，

$$P(A|E) = \frac{P(A \cap E)}{P(E)} = \frac{P(A)}{P(E)} = \frac{1/5}{61/125} = \frac{25}{61} \simeq 40.9\%$$

$$P(B|E) = \frac{P(B \cap E)}{P(E)} = \frac{P(B)}{P(E)} = \frac{4/25}{61/125} = \frac{20}{61} \simeq 32.7\%$$

$$P(C|E) = \frac{P(C \cap E)}{P(E)} = \frac{P(C)}{P(E)} = \frac{16/125}{61/125} = \frac{16}{61} \simeq 26.2\%$$

結果として，A の店に忘れている可能性が最も高いことになる．

> 数学的には「まず A の店を探せ」という答えになる．A, B, C と忘れる確率が 4/5 倍に減っていくので当然かもしれない．しかし，酒を飲んでいれば 3 軒目の C が一番忘れ物が多くなるのではないか，と個人的には思います．

問題 1.34 0 と 1 の信号をそれぞれ確率 0.6, 0.4 で送る装置がある．送信信号が 0 であると，受信側で正しく 0 と受け取る確率が 0.8，誤って 1 と受け取る確率が 0.2 である．また，送信信号が 1 であると，受信側で正しく 1 と受け取る確率が 0.9，誤って 0 と受け取る確率が 0.1 である．「0 と受信したとき，送信信号が実際に 0 である確率」を求めよ．

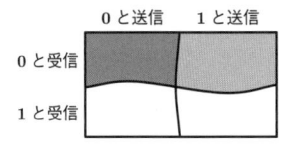

サーベロニの問題

巷では「サーベロニという所で理論生物学の国際会議があって、この問題を参加者の1人が隣の人に出題したところ、皆が面白がって会議そっちのけでこの問題に集中した」問題ということで知られている。数学エッセイストの Martin Gardner (1914-2010) は 1958 年に自分が考えた問題だ、と著書に書いている。

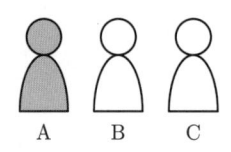

想定されるのは、以下のイロハの 3 パターンで、いずれも確率 1/3。（×印は処刑される人）

	A	B	C
イ.	×	×	○
ロ.	×	○	×
ハ.	○	×	×

看守の答えは

	「Bだ」	「Cだ」
イ.	100%	–
ロ.	–	100%
ハ.	50%	50%

本問では、A が看守に問いかけた方法が悪かった。もし、「B は処刑されるのか」と聞いて Yes の答えを聞いたなら、A が処刑される確率は 1/2 になった、といえる（No なら確実に自分が処刑だ）。将来、このような状況に遭ったら、読者も質問の仕方に注意しよう。

例題 1.35 A,B,C の 3 人の囚人のうち、2 人が処刑され 1 人は釈放されることになっているが、A にはそれが誰かは知らされていない。A は看守に
「B か C のどちらかは確実に処刑されるのだから、あなたが B か C のどちらが処刑されるかを私に教えてくれても、私自身のことについては何も教えないことになる」
と言った。その看守は、この論法を正しいと認めて「B が処刑される」と答えた。その看守が答える前は、
　　A が処刑される確率は $\dfrac{2}{3}$
であったが、答えを聞いた後では、処刑される可能性がある者は彼自身と C の 2 人しかいないことになるので、
　　A が処刑される確率は $\dfrac{1}{2}$
となるから、A は以前より幸福であると感じた。A が幸福と感じるのは正しいといえるか。

- A, B, C の 3 人が処刑されるパターンは、左に示すようなイロハの 3 パターンあり、そのうち A が含まれるのは 2 パターンだ。A の考えは、「看守の答えから、B が処刑されることがわかったので、イとハのパターンのどちらかに絞られた。そのうち、自分が処刑されるのはイのときだけなので $\dfrac{1}{2}$ の確率に減った」というものだ。

- ここで考えるべきは、「B が処刑される」と看守が答えたときに A も処刑される、という条件つき確率である。これを $P(\text{A 処刑} | \text{「B」})$ と表すことにしよう。

- 看守は「B が処刑される」とも「C が処刑される」とも回答できた。A が処刑されるかどうかは答えないことになるので、イのときは「B だ」と答えるが、ロのときは「C だ」と答え、ハのときは「B だ」あるいは「C だ」と半々の確率で答えることになる。

- すなわち、イ, ロ, ハ が同確率 $P(イ) = P(ロ) = P(ハ) = \dfrac{1}{3}$ であるとしても、看守が「B だ」と答えるのは、

$$P(\text{「B」}) = P(\text{「B」}|イ)P(イ) + P(\text{「B」}|ハ)P(ハ)$$
$$= 1 \times \dfrac{1}{3} + \dfrac{1}{2} \times \dfrac{1}{3} = \dfrac{1}{2}$$

- したがって、考えるべき条件つき確率は、

$$P(\text{A 処刑}|\text{「B」}) = \dfrac{P(\text{A 処刑} \cap \text{「B」})}{P(\text{「B」})} = \dfrac{P(イ)}{P(\text{「B」})} = \dfrac{1/3}{1/2} = \dfrac{2}{3}$$

となる。つまり、A の処刑される確率は変わっていない。看守は新しい情報を与えたことにはならなかった。

例題 1.36 ある事件の逃走犯を目撃した証人 A と B は「犯人はネクタイをしていた」と述べ，証人 C は「ネクタイをしていなかった」述べた．証人 A, B, C が真実を語る確率がそれぞれ 70%, 80%, 90% であるとき，犯人がネクタイをしていた可能性を求めよ．ただし，実際に犯人がネクタイを着用していたかいないかの確率は等しいものとする．

このような証言が得られるのは，
(イ)「A と B が真実を述べ C が誤りだった」（ネクタイあり）
(ロ)「A と B が誤りを述べ C が真実だった」（ネクタイなし）
のどちらかである．
(イ) の確率　$P(イ) = 0.5 \times 0.7 \times 0.8 \times 0.1 = 2.8\%$
(ロ) の確率　$P(ロ) = 0.5 \times 0.3 \times 0.2 \times 0.9 = 2.7\%$
であるから，求める確率は，
$$\frac{P(イ)}{P(イ) + P(ロ)} = \frac{2.8}{2.8 + 2.7} = 50.91\%$$

問題 1.37 壺の中に r 個の赤球と b 個の黒球が入っている．この中から 1 個取り出して色を見た後に，取り出した球をもとに戻すとともに同色の球を c 個入れる．これを繰り返すとき，k 番目に赤球が出る確率を R_k，黒球が出る確率を B_k とする．次の確率を求めよ．

(1) $P(R_2|R_1), P(R_2|B_1)$
(2) $P(R_2), P(B_2)$
(3) $P(R_1 \cap R_2 \cap R_3)$
(4) n 回目に赤球が取り出される確率が $P(R_n) = \dfrac{r}{r+b}$ であることを数学的帰納法によって示せ．

ポリヤの壺として知られる問題．
George Pólya
ポリヤ (1887-1985)

問題 1.38 A, B, C の 3 つの扉があり，そのうちの 1 つのドアの後ろにある豪華商品を当てるテレビ番組のコーナーがある．司会者のモンティ・ホールだけが正解の扉を知っている．
挑戦者が A の扉を選んだ．すると，司会者は残された扉のうちから B を開け，それが外れであることを挑戦者に見せ，次のように言った．
「はじめに選んだ A の扉のままでもよいが，ここで C の扉に変更してもよいですよ」
さて，挑戦者は扉を A とするのがよいか，C とするのがよいか．

モンティ・ホール問題

1960 年頃の米国のテレビ番組を題材にした，サーベロニの問題のヴァリエーションの 1 つ．

1.3.2 Bayes の定理

条件つき確率の定義 1.17 を，複数の事象に拡張し，因果関係を逆に解釈するのが Bayes の定理である．

いま，事象 **A** の発生した後に，複数の事象 $\mathbf{B}_1, \mathbf{B}_2, \cdots$ が生じるときを考えよう．i 番目の事象を $\mathbf{B}_i$ とすれば，条件つき確率の定義から

$$P(\mathbf{B}_i|\mathbf{A}) \equiv \frac{P(\mathbf{A} \cap \mathbf{B}_i)}{P(\mathbf{A})} \tag{1.3.5}$$

が成り立つ．分母の $P(\mathbf{A})$ は，その後に生じる事象 $\mathbf{A} \cap \mathbf{B}_i$ すべての和の確率だから（左図）

$$P(\mathbf{A}) = P(\mathbf{A} \cap \mathbf{B}_1) + P(\mathbf{A} \cap \mathbf{B}_2) + \cdots = \sum_k P(\mathbf{A} \cap \mathbf{B}_k) \tag{1.3.6}$$

である．ところで，$P(\mathbf{A} \cap \mathbf{B}_i)$ に対して，乗法の定理 (1.3.2) 式を使うと，

$$P(\mathbf{A} \cap \mathbf{B}_i) = P(\mathbf{B}_i|\mathbf{A})P(\mathbf{A}) = P(\mathbf{A}|\mathbf{B}_i)P(\mathbf{B}_i)$$

が成り立つ．これらを (1.3.5) に代入すると，次が成り立つ．

定理 1.19（Bayes の定理）
「事象 **A** の発生した後に，事象 $\mathbf{B}_i$ が生じる確率」 $P(\mathbf{B}_i|\mathbf{A})$ は

$$P(\mathbf{B}_i|\mathbf{A}) = \frac{P(\mathbf{A} \cap \mathbf{B}_i)}{P(\mathbf{A})} = \frac{P(\mathbf{A}|\mathbf{B}_i)P(\mathbf{B}_i)}{\sum_k P(\mathbf{A}|\mathbf{B}_k)P(\mathbf{B}_k)} \tag{1.3.7}$$

としても計算できる．

左辺は「事象 **A** を前提としたときに，事象 $\mathbf{B}_i$ が生じる条件つき確率」であるのに対し，一番右の式には「事象 $\mathbf{B}_i$ を前提としたときに，事象 **A** が生じる条件つき確率」しか登場しない．つまり，因果関係が逆の要素で表現されているのが特長である．したがって，Bayes の定理は，

- 原因 $\mathbf{B}_i$ から結果 **A** が生じるだろうことがわかっているとき，結果のデータを集めることによって，原因 $\mathbf{B}_i$ の特定を可能にする．

そのため，応用例として

- 病気の原因や治療薬の効果の特定
- 電子メールに紛れ込む迷惑メールをフィルタリングする原理
- 個人の購買履歴から，お勧めの商品を個別に提示する広告戦略

などにも使われている．

【Level 1】

▲Thomas Bayes
ベイズ (1702-61)

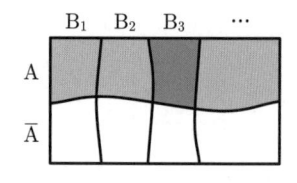

(1.3.6) は**全確率の定理**とも呼ばれる．

Bayes の定理
(Bayes' theorem)

$\mathbf{B}_1, \mathbf{B}_2, \cdots$ を**原因**という．

$P(\mathbf{B}_1), P(\mathbf{B}_2), \cdots$ を**事前確率** (prior probability) または**先験確率**という．

$P(\mathbf{B}_i|\mathbf{A})$ を**事後確率** (posterior probability) または**原因の確率**という．

例題 1.39 箱に子犬が 4 匹いて,オスとメスの割合はわからない.1 匹取り出すとオスだった.オスが全部で 3 匹いる確率はいくらか.

オスは少なくとも 1 匹いたわけなので,原因は次の 4 つ.
B_1(オス 1 匹),B_2(オス 2 匹),B_3(オス 3 匹),B_4(オス 4 匹)
これらはどれも等確率で 1/4 とする.1 匹取り出してオスとなる事象を A とすると,

$$P(A|B_1) = \frac{1}{4}, \quad P(A|B_2) = \frac{2}{4}, \quad P(A|B_3) = \frac{3}{4}, \quad P(A|B_4) = 1$$

したがって,Bayes の定理によって,求める確率 $P(B_3|A)$ は,

$$P(B_3|A) = \frac{\frac{3}{4} \times \frac{1}{4}}{\frac{1}{4} \times \frac{1}{4} + \frac{2}{4} \times \frac{1}{4} + \frac{3}{4} \times \frac{1}{4} + 1 \times \frac{1}{4}} = \frac{3}{10}$$

例題 1.40 電子メール 6 通に対し,ユーザが迷惑メールかそうでないかの判定をした.メール中に特定の(独立に出現する)単語 A と B が含まれている(○)か含まれていないか(×)の判定表がある.このデータをもとに,迷惑メールの判別ソフトを作成したい.

(1) 迷惑メールに単語 A が含まれる確率を求めよ.
(2) 通常メールに単語 A が含まれる確率を求めよ.
(3) あるメールが単語 A を含むとわかったとき(単語 B に関しては不明)そのメールが迷惑メールである事後確率と通常メールである事後確率を比較せよ.
(4) あるメールが単語 A は含むが単語 B は含まないとわかったとき,そのメールが迷惑メールである事後確率を求めよ.

迷惑メールのフィルタリング

メール	単語 A	単語 B	判定
1	○	×	迷惑
2	○	○	迷惑
3	×	×	迷惑
4	○	×	通常
5	×	○	通常
6	×	○	通常

迷惑(通常)メールを受け取る事象を S ($\overline{S}$),単語 A を含む(含まない)事象を A ($\overline{A}$) とする.
(1) 迷惑メール 3 通のうち,2 通に単語 A が含まれるから,$P(A|S) = 2/3$.
(2) 通常メール 3 通のうち,1 通に単語 A が含まれるから,$P(A|\overline{S}) = 1/3$.
(3) 迷惑メールである事後確率は $P(S|A) = \frac{P(S \cap A)}{P(A)} = \frac{2/6}{3/6} = \frac{2}{3}$.

通常メールである事後確率は $P(\overline{S}|A) = \frac{P(\overline{S} \cap A)}{P(A)} = \frac{1/6}{3/6} = \frac{1}{3}$.

(4) 求める確率は $P(S|A \wedge \overline{B}) = \frac{P(S \cap (A \wedge \overline{B}))}{P(A \wedge \overline{B})}$ である.
この式の分母は,$P(A \wedge \overline{B}) = P(A)P(\overline{B}) = \frac{1}{2}\frac{1}{2} = \frac{1}{4}$.

一方,分子は $P(S \cap (A \wedge \overline{B})) = P(A \wedge \overline{B}|S) \cdot P(S)$
$= P(A|\overline{B}) \cdot P(\overline{B}|S) \cdot P(S) = \frac{2}{3}\frac{2}{3}\frac{1}{2} = \frac{2}{9}$.

よって求める確率は,$(2/9)/(1/4) = 8/9$.

(3) は両者の比較をして,迷惑メールと判断すればよい.

(4) も (3) と同様に通常メールである事後確率を求めると,
$P(\overline{S}|A \wedge \overline{B}) = 1/9$
となるので,結局迷惑メールと判断する.

章末問題

三角形を移動する問題
P_n と P_{n+1} の関係式（漸化式 ⟹ §0.4.2）を立てて解く．

1.1 三角形 ABC の頂点 A から出発し，硬貨を投げて表が出れば右回りに，裏が出れば左回りに，頂点を 1 つずつ回る．n 回投げたとき，A にいる確率 P_n を求めよ．

火事になる確率

1.2 3 軒の家が一列に並んでいる．1 年間に 1 軒の家から出火する確率は p であり，隣の家から延焼する確率が q であるとする．それぞれの家は独立に出火するものとし，飛び火することはないとして，端の家と中央の家がそれぞれ火事になる確率を求めよ．

魔法使い探知機

1.3 学生数 1 万人の某大学には魔法使いが 1 人いた．魔法使い探知機があるが，誤判定率は 10% である．つまり，人間であっても魔法使いと判定する率が 10% あり，その逆の判定も 10% である．
(1) 1 人を調べたとき，探知機が「魔法使い」と判定する確率．
(2) 探知機が「魔法使い」と判定を下したとき，実際にその人が魔法使いである確率．

お見合い戦略
海外では「秘書選びの問題」(secretary problem) とも呼ばれる．

1.4 n 人とお見合いをする．相手には自分に合う 1 位から n 位までの順位がついている．順に 1 人ずつと出会い，結婚するかどうかの判断を下す．（当然ながら一度相手を決めたらそこで終わりであり，一度見送ったらその相手とは再び出会えない）．最後の 1 人になった場合は，その相手と結婚することになる．次の戦略を考えた．
- 最初の a 人はすべて断る．
- $a+1$ 人目からは，それまでよりも良い人が現れたら結婚する．

1 位の人を選ぶ確率を高くするためには，a をどう決めたらよいか．

プログラミング研究課題
1.5 には解答をつけない．各自で挑んでほしい．

1.5 上記の 1.4 のお見合い戦略をプログラムを組むことによってシミュレーションせよ．順位の期待値はいくらになるかを計算せよ．

=コラム 13=

☕ ロングテールな商売

一部の商品の売り上げが全体の大部分を占めることは**パレートの法則**（⟹ コラム 18）としてよく知られている．ところが，インターネットによって，商品陳列のスペースや人件費を節約できる店舗の形態が可能になった．また商品の検索も簡単になり，それまで売り上げが少なくて流通しにくかったものも購入しやすくなった．ジャーナリストの Chris Anderson は，ビッグヒット商品群の反対語をロングテール（長い尾）と名づけ，今後はロングテールからの売り上げが貢献するようなビジネスモデルが成り立つのではないか，と予想している．

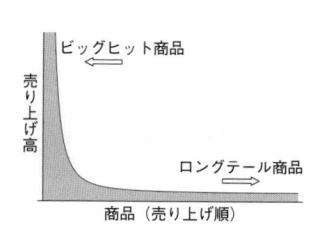

実際に amazon.com のような書店で，ビッグヒットとロングテール商品で，どちらが売り上げに貢献しているのかは不明である．服部哲弥氏は「Amazon ランキングの謎を解く」（化学同人社，2011 年）の本で，日本のアマゾン書店でも売り上げの大半はビッグヒット商品ではないか，と予想している．

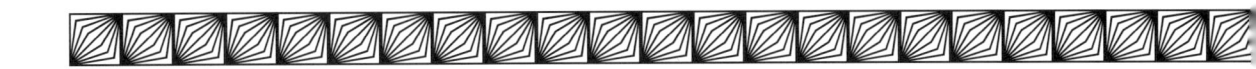

第2章
確率分布

これまでは「事象 **A**」に対する「確率 $P(\mathbf{A})$」という形で確率を説明してきたが，ここからは「値 X」に対する「確率 $P(X)$」として考え方を広げよう．つまり，（確率で決まるような）動く値 X を変数とした，関数 $P(X)$ を考えることにする．

- 関数 $P(X)$ は，X の値に対して，確率の広がり具合を表す関数である．
- $P(X)$ のグラフの形から，どのような値 X が頻繁に出現するのか，あるいは稀（まれ）なのか，というような理解が可能になる．
- また，変数 X が連続的であっても確率の定義が可能になる．例えば，「バスが 10 分以内に来る確率」のように，連続的な時間に対しても確率計算ができるようになる．

本章では，特徴のある確率分布をいくつか挙げて，工場で生産される製品の不良品率や，銀行の窓口の待ち時間など，日常でも応用される確率的な考え方を紹介する．

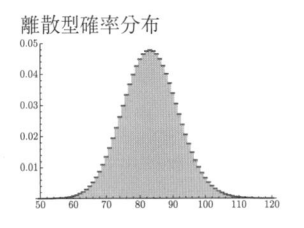

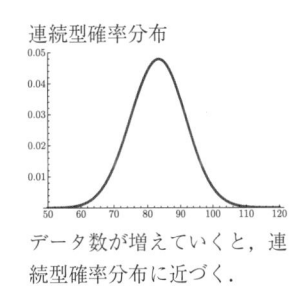

離散型確率分布

連続型確率分布

データ数が増えていくと，連続型確率分布に近づく．

		【Level】
§2.1	確率変数と確率分布	1
§2.2	確率分布を特徴づける量 (1)：1 次元の確率変数	1
§2.3	確率分布を特徴づける量 (2)：多次元の確率変数	1
§2.4	確率分布を特徴づける量 (3)：母関数・特性関数	2
§2.5	離散型確率分布	1,2
§2.6	連続型確率分布	1,2

【Level 1】 Standard レベル
【Level 2】 Advanced レベル

2.1 確率変数と確率分布

これまでは確率を「事象 $\mathbf{A}$ に対する確率 $P(\mathbf{A})$」という形で説明してきたが，ここからは「値 X に対する確率 $P(X)$」として考え方を広げよう．つまり，（確率で決まるような）動く値 X を変数とした，関数 $P(X)$ を考えることにする．

2.1.1 確率変数

これから考える確率関数 $P(X)$ の変数 X は，サイコロの目であったり，行列に並ぶ人の数だったりするし，待ち時間や商品寿命だったりとさまざまである．何らかの試行によって得られる値 X のことを総称して**確率変数**という．

【Level 1】

確率変数 X
(random variable)
「変数」と呼ぶが本当は試行結果 $\omega \in \Omega$ によって決まる関数 $X(\omega)$ である．

離散的確率変数
(discrete random variable)

連続的確率変数
(continuous random variable)

稠密（ちゅうみつ, dense）とは，ぎっちりと詰まっていること．

> **定義 2.1**（確率変数）
> 試行ごとに決まる値 X を**確率変数**と呼ぶ．次のように分類される．
>
> - X の取り得る値が離散的なとき（より正確には「X が高々可算個の場合」，簡単にいうと「数えられるとき」），X は**離散的確率変数**であるという．
> - X の取り得る値が連続的なとき（より正確には「X が連続で稠密の場合」，簡単にいうと「測定値のようなとき」），X は**連続的確率変数**であるという．

- 例えば，サイコロを 2 つ投げたときに出る目の和を考えるならば，$X = 2, 3, \cdots, 12$ である．この場合，X は離散的である．すべての組み合わせ（36 通り）を考えると，下の表のようになる．和が 2 になるのは，$P(X=2) = 1/36$ となる．
- 例えば，バス停での待ち時間を確率変数 X とすると，X は連続的である．待ち時間が 10 分以内の確率が 50% であるときには，$P(X \leq 10) = 50\%$ などと表現できる．

サイコロを 2 つ投げたときに出る目の和 X の確率分布 $P(X)$

X	2	3	4	5	6	7	8	9	10	11	12
組み合わせ											
$P(X)$	$\frac{1}{36}$	$\frac{2}{36}$	$\frac{3}{36}$	$\frac{4}{36}$	$\frac{5}{36}$	$\frac{6}{36}$	$\frac{5}{36}$	$\frac{4}{36}$	$\frac{3}{36}$	$\frac{2}{36}$	$\frac{1}{36}$

2.1.2 離散確率分布・連続確率分布

確率変数 X が生じる確率を，データ処理の頻度関数のように表したものを 確率分布 $P(X)$ という．

X が離散的であれば，$P(X)$ の値も離散的となる場合が多い．

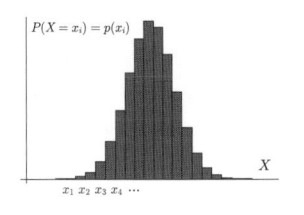

> **定義 2.2（離散確率分布・確率関数）**
> 離散的な確率変数 $X = \{x_1, x_2, \cdots\}$ に対して，それぞれの値の確率 $P(X=x_i)$ を表す関数
> $$p(x_i) = P(X=x_i) \qquad (2.1.1)$$
> を確率関数と呼び，$p(x_i)$ の値の分布を**離散型の確率分布**という．

確率分布
(probability distribution)

離散型の確率分布
(p.d. of discrete type)

確率関数
(probability function)

- 確率を表すので，当然関数値は正でなければならず，また，総和は 1 でなければならないので，

$$すべての x_i に対して \quad p(x_i) \geq 0 \qquad (2.1.2)$$
$$および \quad \sum_i p(x_i) = 1 \qquad (2.1.3)$$

の条件が存在する．

X が連続的であれば，$P(X)$ の値も連続的となる場合が多い．

> **定義 2.3（連続確率分布・確率密度関数）**
> 任意の実数 a, b に対して，$P(a \leq X \leq b)$ の値が，
> $$P(a \leq X \leq b) = \int_a^b f(x)\,dx \qquad (2.1.4)$$
> となるとき，確率変数 X は**連続型の確率分布**をもつ，といい，関数 $f(x)$ を X の**確率密度関数**という．

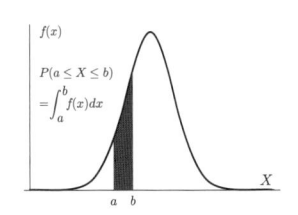

連続型の確率分布
(p.d. of continuous type)

確率密度関数 PDF $f(x)$
(probability density function)
以降本書では PDF と略す．

- この場合も，当然関数値は正でなければならず，また，総和は 1 でなければならないので，

$$すべての x に対して \quad f(x) \geq 0 \qquad (2.1.5)$$
$$および \quad \int_{-\infty}^{\infty} f(x)\,dx = 1 \qquad (2.1.6)$$

という条件がある．

このように，自然な形で，確率を関数に拡張することができる．ここでは，変数（確率変数）は X の1つだけだが，2次元 $f(x_1, x_2)$ や多次元に拡張することもできる．

多次元の確率分布 $\Longrightarrow$ §2.3

【Level 1】

累積分布関数 CDF $F(x)$
(cumulative distribution function)
以降本書では CDF と略す.

2.1.3 累積分布関数

確率変数 X が「ある値 x 以下」である確率 $P(X \leq x)$ を求めることも多い. 次の定義は, 離散型・連続型どちらの確率分布でも定義される.

> **定義 2.4（累積分布関数）**
> 確率変数 X が「ある値 x 以下すべて」の場合の確率を表す
> $$F(x) = P(X \leq x) \qquad (2.1.7)$$
> を累積分布関数という.

- $F(x)$ は, 非減少関数である. 当然ながら,

$$F(-\infty) = 0, \qquad F(+\infty) = 1 \qquad (2.1.8)$$

連続型確率分布の場合

> **公式 2.5（確率密度関数と累積分布関数）**
> 連続型確率分布の場合, 累積分布関数は
> $$F(x) = \int_{-\infty}^{x} f(t)\, dt \qquad (2.1.9)$$
> と書ける. これより, $a \leq X \leq b$ の確率は,
> $$P(a \leq X \leq b) = F(b) - F(a) \qquad (2.1.10)$$
> と表される. (2.1.9) の両辺を微分することにより, 次式を得る.
> $$\frac{d}{dx} F(x) = f(x) \qquad (2.1.11)$$

(2.1.11) より, 累積分布関数 $F(x)$ がわかれば, 確率密度関数を導出することができる.

(2.1.9) を微分して (2.1.11) になることは, 微分積分の基本定理から.
$\implies$ 定理 0.27

- (2.1.10) の導出.

$$F(b) - F(a) = \int_{-\infty}^{b} f(t)\, dt - \int_{-\infty}^{a} f(t)\, dt = \int_{a}^{b} f(t)\, dt$$

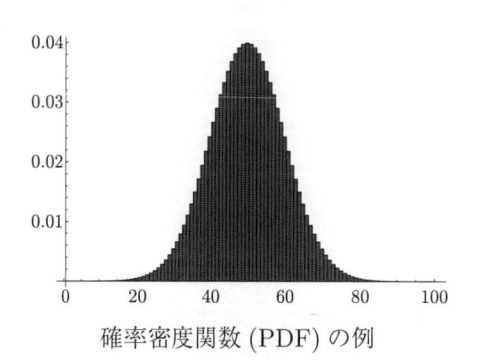

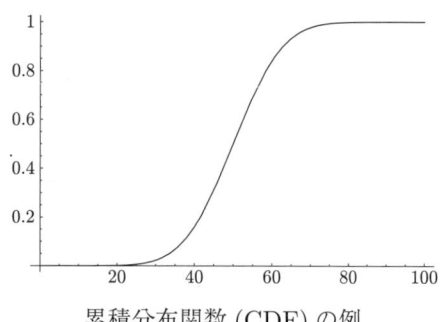

確率密度関数 (PDF) の例

累積分布関数 (CDF) の例

2.1.4 一様分布

定められた範囲で等確率，という最も簡単な確率分布を**一様分布**という．離散的な場合と連続的な場合について分けて書いておこう．

定義 2.6（離散一様分布）

n 標本点の，どの確率も等しい確率分布を**離散一様分布**という．
$$P(X=x_i) = \frac{1}{n} \quad (i=1,2,\cdots,n) \tag{2.1.12}$$

【Level 1】

離散一様分布
(uniform distribution)
　平均 $\Longrightarrow$ 例題 2.2(1)
　分散 $\Longrightarrow$ 例題 2.4

サイコロの出る目を X とすれば，$P(X) = 1/6$

離散一様分布も連続一様分布も関数形は，全面積が1となるように定めているだけである．

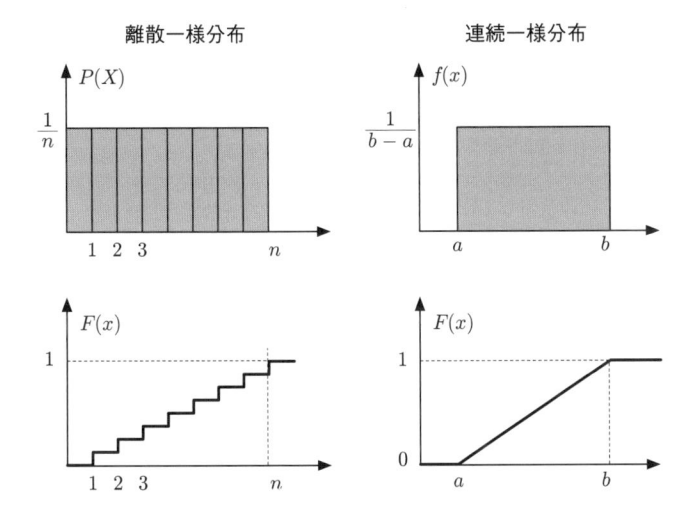

定義 2.7（連続一様分布）

確率変数 X が，区間 $[a,b]$ において，等確率で発生する場合の確率分布を**連続一様分布**という．確率密度関数 $f(x)$ と累積分布関数 $F(x)$ は，

$$f(x) = \begin{cases} \dfrac{1}{b-a} & (a \leq x \leq b) \\ 0 & (以外) \end{cases} \quad F(x) = \begin{cases} 0 & (x \leq a) \\ \dfrac{x-a}{b-a} & (a < x \leq b) \\ 1 & (b < x) \end{cases}$$
$$\tag{2.1.13}$$

連続一様分布
(uniform distribution)
分布を表す記号は $U(a,b)$, すなわち U(下端 a, 上端 b)
　平均 $\Longrightarrow$ 例題 2.2(2)
　分散 $\Longrightarrow$ 例題 2.4

問題 2.1 確率密度分布が，$x = [0, x_0]$ で定義される「上に凸の2次関数」であるとする．

(1) 確率密度関数 $f(x)$ を求めよ．
(2) 累積分布関数 $F(x)$ を求めよ．

2.1.5 ガイド いろいろな確率分布

これから本書でいろいろな確率分布を紹介するが，それらをあらかじめ一覧にしておこう．★印は特に重要なもの．☆印はその次に重要なもの．表では，$q=1-p$ とする．スペースの関係で記号の説明が十分でない箇所もあるが，該当する説明を見ていただきたい．

離散型確率分布	記号	確率関数 $P(X=k)$	定義域	平均	分散	参照
一様分布		$\dfrac{1}{n}$	n 標本点	$\dfrac{n+1}{2}$	$\dfrac{n^2-1}{12}$	§2.1.4
ベルヌーイ分布	$\mathrm{Ber}(p)$	0 または 1		p	pq	§2.5.2
★2項分布	$B(n,p)$	${}_nC_k p^k q^{n-k}$	$k=0,1,\cdots,n$	np	npq	§2.5.3
★ポアソン分布	$\mathrm{Po}(\lambda)$	$e^{-\lambda}\dfrac{\lambda^k}{k!}$	$k=0,1,2,\cdots$	λ	λ	§2.5.4
☆幾何分布	$G(p)$	pq^k	$k=0,1,2,\cdots$	q/p	q/p^2	§2.5.5
ファーストサクセス分布	$\mathrm{FS}(p)$	pq^{k-1}	$k=1,2,\cdots$	$1/p$	q/p^2	§2.5.5
パスカル分布	$\mathrm{Pas}(p,r)$	${}_{k-1}C_{r-1} p^r q^{k-r}$	r：回数	r/p	rq/p^2	§2.5.6
負の2項分布	$\mathrm{NB}(r,p)$	${}_{r+k-1}C_k p^r q^k$	r：回数	rq/p	rq/p^2	§2.5.7
超幾何分布	$H(N,n,p)$	$\dfrac{{}_{Np}C_k \times {}_{Nq}C_{n-k}}{{}_N C_n}$	$k=0,1,\cdots,Np$	np	$\dfrac{npq(N-n)}{N-1}$	§2.5.8

連続型確率分布	記号	確率密度関数 $f(x)$	定義域	平均	分散	参照
一様分布	$U(a,b)$	$\dfrac{1}{b-a}$	$a \le x \le b$	$\dfrac{a+b}{2}$	$\dfrac{(b-a)^2}{12}$	§2.1.4
★正規分布	$N(\mu,\sigma^2)$	$\dfrac{1}{\sqrt{2\pi\sigma^2}}\exp\left[-\dfrac{(x-\mu)^2}{2\sigma^2}\right]$	x 全域	μ	σ^2	§2.6.1
★標準正規分布	$N(0,1^2)$	$\dfrac{1}{\sqrt{2\pi}}\exp\left[-\dfrac{x^2}{2}\right]$	x 全域	0	1	§2.6.2
対数正規分布	$\Lambda(\mu,\sigma^2)$	$\dfrac{1}{\sqrt{2\pi}\sigma x}\exp\left[-\dfrac{(\log x-\mu)^2}{2\sigma^2}\right]$	$x \ge 0$	$e^{(\mu+\frac{\sigma^2}{2})}$	定義 2.47	§2.6.5
ベキ分布		$Cx^{-\alpha}$	$x \ge x_{\min}$	$\dfrac{\alpha-1}{\alpha-2}x_{\min}$	定義 2.48	§2.6.6
☆指数分布	$\mathrm{Exp}(\lambda)$	$\lambda e^{-\lambda x}$	$x \ge 0$	$1/\lambda$	$1/\lambda^2$	§2.6.7
アーラン分布	$E_k(\lambda)$	$\dfrac{\lambda^k}{(k-1)!}e^{-\lambda x}x^{k-1}$	$x \ge 0$	k/λ	k/λ^2	§2.6.8
カイ2乗分布 自由度 n	$\chi^2_{(n)}$	$\dfrac{1}{2^{n/2}\Gamma(n/2)}x^{n/2-1}e^{-x/2}$	$x>0$	n	$2n$	§4.8.1
t 分布 自由度 n	$t_{(n)}$	$\dfrac{1}{\sqrt{n}}\dfrac{1}{B\left(\frac{n}{2},\frac{1}{2}\right)}\left(1+\dfrac{x^2}{n}\right)^{-\frac{n+1}{2}}$	x 全域	0	$\dfrac{n}{n-2}$	§4.8.2
F 分布 自由度 (m,n)	F^m_n	$\dfrac{(m/n)^{\frac{m}{2}}}{B\left(\frac{m}{2},\frac{n}{2}\right)}\dfrac{x^{\frac{m}{2}-1}}{\left(1+\frac{m}{n}x\right)^{\frac{m+n}{2}}}$	$x>0$	$\dfrac{n}{n-2}$	(4.8.13)	§4.8.3

最後の3つ（χ^2 分布，t 分布，F 分布）は，統計で活躍する．

これらの確率分布の間にある関係を図として示しておこう．

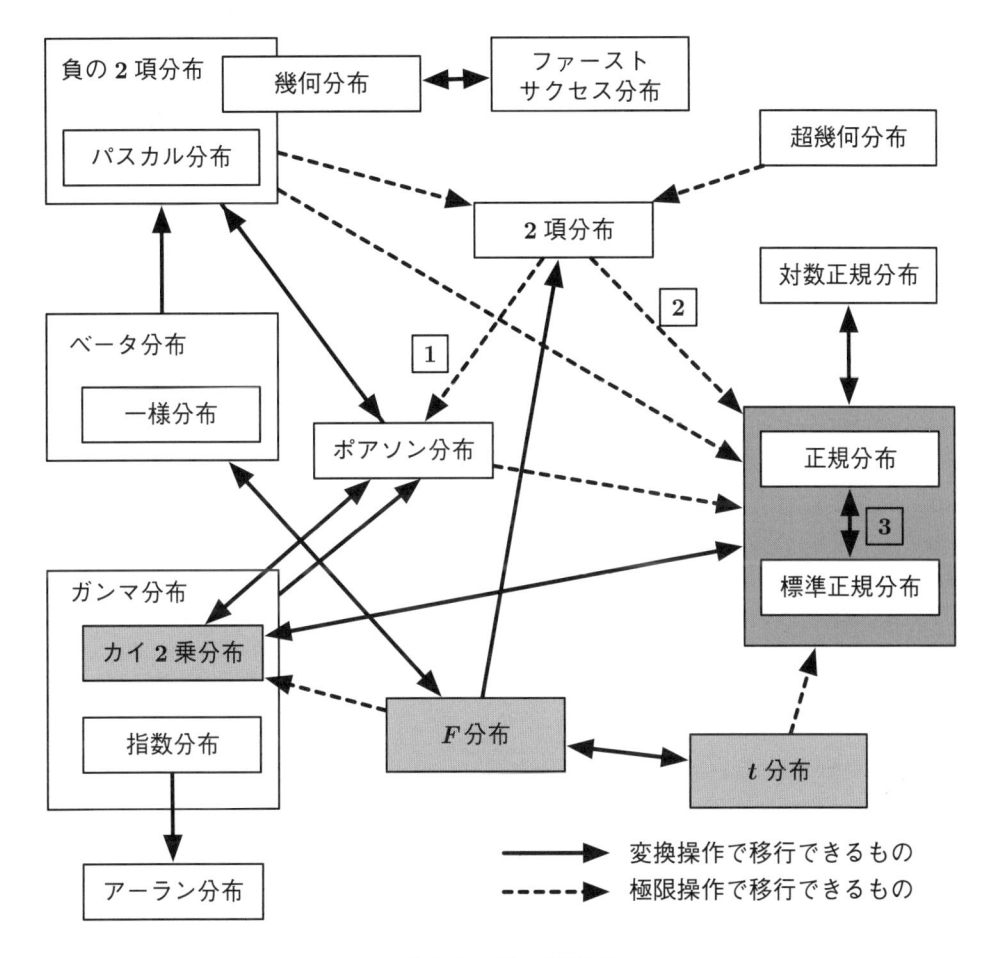

確率分布間の関係図

上の図の中で，現れる極限操作の代表的なものとして，

[1] 2項分布 $B(n,p)$ において，p が小さく，n が大きいときには，分布は近似的に Poisson 分布 $\mathrm{Po}(\lambda)$ に近づく．ただし，$\lambda = np$. [1] $\Longrightarrow$ §2.5.4

[2] 2項分布 $B(n,p)$ において，n が大きいときには，分布は近似的に正規分布 $N(np, npq)$ に近づく．ただし，$q = 1 - p$. [2] $\Longrightarrow$ §3.2.1

[3] 正規分布と標準正規分布は，標準化変換で結ばれている． [3] $\Longrightarrow$ §2.6.2

という関係は，本書でよく登場する．

2.2 確率分布を特徴づける量（1）：1次元の確率変数

【Level 1】

確率関数 $p(x_i)$ や確率密度関数 $f(x)$ がわかれば，確率分布が決まる．そして，分布を特徴づける量として，平均や分散・積率（モーメント）などが計算できるようになる．本章で紹介するこれらの量は，統計処理でも活用されることになる．

2.2.1 平均値（期待値）

平均値 (mean, average)
期待値 (expectation value)

分布の平均値 μ は，次のように定義される．

μ は，ギリシャ文字の m.

（算術）平均 $\implies$ 定義 0.3
期待値 $\implies$ 定義 1.16
標本平均 $\implies$ §4.1.1

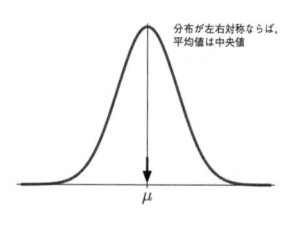

定義 2.8（確率分布の平均値（期待値））

$$E[X] = \mu \equiv \begin{cases} \displaystyle\sum_i x_i\, p(x_i) & \text{離散型分布のとき} \\ \displaystyle\int_{-\infty}^{\infty} x\, f(x)\, dx & \text{連続型分布のとき} \end{cases} \quad (2.2.1)$$

- $E[X]$ の記号は，上記の場合分けにより，$\sum$ または $\int$ 記号に対応して計算されるものとする．
- (2.2.1) で定義された $E[X]$ は，関数のように表現しているところが便利な記号で，例えば，$E[X^2]$ は，次式のようになる．

$$E[X^2] = \sum_i (x_i)^2 p(x_i) \quad \text{または} \quad E[X^2] = \int_{-\infty}^{\infty} x^2 f(x)\, dx.$$

離散一様分布 $\implies$ 定義 2.6
分散 $\implies$ 例題 2.4

連続一様分布 $\implies$ 定義 2.7
分散 $\implies$ 例題 2.4

例題 2.2 次の 2 つの一様分布について，平均値を求めよ．

(1) 離散一様分布．
$$P(X=x_i) = \frac{1}{n} \quad (i=1,2,\cdots,n)$$

(2) 連続一様分布．確率密度関数 $f(x)$ は次式とする．
$$f(x) = \begin{cases} \dfrac{1}{b-a} & (a \le x \le b) \\ 0 & (\text{上記以外}) \end{cases}$$

---

(1) $\displaystyle E[X] = \sum_{i=1}^{n} i \times \frac{1}{n} = \frac{1}{n}\sum_{i=1}^{n} i = \frac{1}{n}\frac{n(n+1)}{2} = \frac{n+1}{2}.$

(2) $\displaystyle E[X] = \int_a^b x\,\frac{1}{b-a}\,dx = \frac{1}{b-a}\int_a^b x\,dx$
$\displaystyle \qquad\quad = \frac{1}{b-a}\left[\frac{x^2}{2}\right]_a^b = \frac{a+b}{2}.$

2.2.2 分散・標準偏差

平均値だけでは，全体の様子を説明できないことを §0.1 で説明した．データ処理では，分布の散らばり具合を表す量として「分散」や「標準偏差」が定義された．確率分布に対しても分散・標準偏差が定義される．

> **定義 2.9（確率分布の分散・標準偏差）**
> 確率分布に対し，「平均値からのずれの 2 乗の平均値」を**分散**（$V[X]$ または σ^2）といい，次のように定義する．
> $$V[X] = \sigma^2 \equiv E[(X - E[X])^2] \qquad (2.2.2)$$
> 具体的には，離散型確率分布・連続型確率分布に対し，取り得る値すべてについての和をとって，次のようになる．
> $$V[X] \equiv \begin{cases} \sum_i (x_i - \mu)^2 p(x_i) & \text{離散型分布のとき} \\ \int_{-\infty}^{\infty} (x - \mu)^2 f(x)\, dx & \text{連続型分布のとき} \end{cases} \qquad (2.2.3)$$
> また，分散の平方根 σ を**標準偏差**という．
> $$\sigma = \sqrt{V[X]} \qquad (2.2.4)$$

【Level 1】

分散 (variance)
分布の広がりを表す．必ず正の数になる．

データの分散・標準偏差
$\Longrightarrow$ 定義 0.7
標本分散 $\Longrightarrow$ §4.1.2

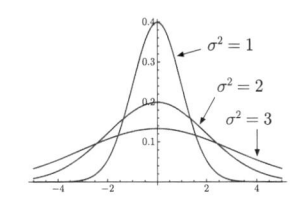

標準偏差 (SD)
(standard deviation)

分散の計算公式

次の公式は，分散を計算する際によく使う．

> **公式 2.10（分散の計算公式）**
> 分散 $V[X]$ の計算は，期待値 $E[X]$ を用いて，次のように表される．
> $$V[X] = E[X^2] - (E[X])^2 \qquad (2.2.5)$$

分散の計算公式
計算を簡略化してくれる便利な公式である．本書では，「分散の計算公式」と呼ぶことにする．
データ処理の分散公式
$\Longrightarrow$ 公式 0.8

証明 離散型分布について示そう．$\mu = E[X] = \sum_i x_i p_i$ とすると，定義式 (2.2.3) より，

$$\begin{aligned} V[X] &\equiv \sum_i (x_i - \mu)^2 p_i = \sum_i (x_i^2 - 2\mu x_i + \mu^2) p_i \\ &= \sum_i x_i^2 p_i - 2\mu \sum_i x_i p_i + \mu^2 \sum_i p_i \\ &= \sum_i x_i^2 p_i - 2\mu^2 + \mu^2 = E[X^2] - \mu^2 \end{aligned}$$
∎

p_i は $p(x_i)$ の意味．

$\sum_i p_i = 1$ を用いた．

問題 2.3 連続型分布について (2.2.5) を示せ．

例題 2.4 例題 2.2 で扱った離散一様分布と連続一様分布について，分散を求めよ．

どちらも，分散の計算公式 $V[X] = E[X^2] - (E[X])^2$ を用いることにする．

- 離散一様分布について．

$$E[X^2] = \sum_{i=1}^{n} i^2 \frac{1}{n} = \frac{1}{n} \sum_{i=1}^{n} i^2 = \frac{1}{n} \frac{n(n+1)(2n+1)}{6} \quad \text{より}$$

$$V[X] = \frac{(n+1)(2n+1)}{6} - \left(\frac{n(n+1)}{2}\right)^2 \cdot \cdot \cdot ... = \frac{n^2-1}{12}.$$

離散一様分布 $\implies$ 定義 2.6
平均値 $\mu = \dfrac{n(n+1)}{2}$ は例題 2.2(1) で求めた．

- 連続一様分布について．

$$E[X^2] = \int_a^b x^2 \frac{1}{b-a} dx = \frac{1}{b-a} \int_a^b x^2 dx$$

$$= \frac{1}{b-a} \left[\frac{x^3}{3}\right]_a^b = \frac{a^2 + ab + b^2}{3} \quad \text{より}$$

$$V[X] = \frac{a^2 + ab + b^2}{3} - \left(\frac{a+b}{2}\right)^2 = \cdots = \frac{(b-a)^2}{12}.$$

連続一様分布 $\implies$ 定義 2.7
平均値 $\mu = \dfrac{a+b}{2}$ は例題 2.2(2) で求めた．

(2.2.6), (2.2.7) を本書では，「期待値の合成公式」「分散の合成公式」と呼ぶ．

例題 2.5（期待値・分散の合成公式）
次の式が成り立つことを示せ．a, b を定数とする．

$$E[aX + b] = a E[X] + b \tag{2.2.6}$$

$$V[aX + b] = a^2 V[X] \tag{2.2.7}$$

離散型分布について示す．

- $E[aX+b] = \sum_i (ax_i + b)p_i = a \sum_i x_i p_i + b \sum_i p_i = aE[X] + b$.
- $V[aX+b] = E[(aX+b)^2] - [E(aX+b)]^2$ であるから，

分散の計算公式 (2.2.5) を使う．

$$E[(aX+b)^2] = \sum_i (ax_i+b)^2 p_i = \sum_i (a^2 x_i^2 + 2abx_i + b^2) p_i$$

$$= a^2 \sum_i x_i^2 p_i + 2ab \sum_i x_i p_i + b^2 \sum_i p_i$$

$$= a^2 E[X^2] + 2ab\mu + b^2$$

であることを用いると，

$$V[aX+b] = a^2 E[X^2] + 2ab\mu + b^2 - (a\mu + b)^2$$

$$= a^2 \left(E[X^2] - \mu^2\right) = a^2 V[X]$$

連続型分布についても同様である．

例題 2.6 期待値が $\mu = E[X]$, 分散が $\sigma^2 = V[X]$ である確率変数 X があるとする.

(1) $Z = \dfrac{X-a}{b}$ で定義された確率変数 Z の平均値と分散を求めよ. ただし, a, b は定数として, $b \neq 0$ とする.

(2) さらに, $a = \mu$, $b = \sigma$ とすると, Z の平均値と分散はどうなるか.

(1) 平均値 $E[Z]$ は,
$$E[Z] = E\left[\frac{X-a}{b}\right] = E\left[\frac{1}{b}X - \frac{a}{b}\right] = \frac{1}{b}E[X] - \frac{a}{b}.$$
分散 $V[Z]$ は,
$$V[Z] = V\left[\frac{X-a}{b}\right] = V\left[\frac{1}{b}X - \frac{a}{b}\right] = \frac{1}{b^2}V[X].$$

例題 2.5 で導出した公式を使った.

(2) $a = \mu$, $b = \sigma$ とすると,
$$E[Z] = \frac{1}{\sigma}(E[X] - \mu) = 0.$$
$$V[Z] = \frac{1}{\sigma^2}\sigma^2 = 1.$$
すなわち, 期待値は 0, 分散は 1 になる.

(2) より,
$$Z = \frac{X - \mu}{\sigma}$$
という確率変数の変換により, 期待値は 0, 分散は 1 となる. これは **標準化変換** または **規格化変換** といい, 後で標準正規分布をつくるときに登場する.
$\implies$ §2.6.2

例題 2.7 サイコロを 2 回振るとき, 1 回目に出る目を X_1, 2 回目に出る目を X_2 とする. $X_1 + X_2$ を 5 で割るときのあまりを Y として,

(1) Y の分布表をつくれ.
(2) $E[Y], V[Y]$ を求めよ.

(1) まず, $X_1 + X_2$ の分布表をつくると, 次のようになる.

$X_1 + X_2$	2	3	4	5	6	7	8	9	10	11	12
Y	2	3	4	0	1	2	3	4	0	1	2
$P(X_1 + X_2)$	$\frac{1}{36}$	$\frac{2}{36}$	$\frac{3}{36}$	$\frac{4}{36}$	$\frac{5}{36}$	$\frac{6}{36}$	$\frac{5}{36}$	$\frac{4}{36}$	$\frac{3}{36}$	$\frac{2}{36}$	$\frac{1}{36}$

これより, Y の分布表をつくり直すと,

Y	0	1	2	3	4
$P(Y)$	$\frac{7}{36}$	$\frac{7}{36}$	$\frac{8}{36}$	$\frac{7}{36}$	$\frac{7}{36}$

(2) $E[Y] = 0 \cdot \dfrac{7}{36} + 1 \cdot \dfrac{7}{36} + 2 \cdot \dfrac{8}{36} + 3 \cdot \dfrac{7}{36} + 4 \cdot \dfrac{7}{36} = 2$. また, 分散は,
$$E[Y^2] = 0^2 \cdot \frac{7}{36} + 1^2 \cdot \frac{7}{36} + 2^2 \cdot \frac{8}{36} + 3^2 \cdot \frac{7}{36} + 4^2 \cdot \frac{7}{36} = \frac{214}{36} = \frac{107}{18}$$
より, $V[Y] = E[Y^2] - (E[Y])^2 = \dfrac{107}{18} - 2^2 = \dfrac{35}{18}$

(2) の計算は, 分散の計算公式 (2.2.5) を使わないと結構たいへんになる.

電車の待ち時間

例題 2.8 毎時 0 分と 40 分に発車する電車がある．このことを知らずに T さんが駅に行くとき，彼女の平均待ち時間を求めよ．駅に到着する確率は，各分 1/60 であるとせよ．

駅に着く時刻を t 分とし，待ち時間を x 分とすると，

$$\begin{cases} 0 \leq t \leq 40 \text{ のとき}, & x = 40 - t \\ 40 < t \leq 60 \text{ のとき}, & x = 60 - t \end{cases}$$

なので，平均待ち時間 $E[X]$ は，

$$E[X] = \int_0^{40} (40-t)\frac{1}{60} dt + \int_{40}^{60} (60-t)\frac{1}{60} dt$$

$$= \frac{1}{60}\left(40\int_0^{40} dt + 60\int_{40}^{60} dt - \int_0^{60} t\, dt\right)$$

$$= \frac{1}{60}\left(40\Big[t\Big]_0^{40} + 60\Big[t\Big]_{40}^{60} - \Big[\frac{t^2}{2}\Big]_0^{60}\right) = \cdots$$

$$= \frac{50}{3} = 16 \text{ 分 } 40 \text{ 秒}$$

バスの待ち時間

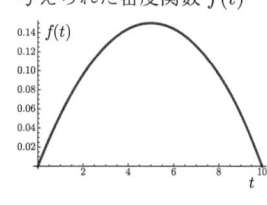

例題 2.9 あるバス停では，到着するバスの間隔（t 分）が

$$f(t) = \begin{cases} \dfrac{3}{500} t(10-t) & (0 \leq t \leq 10) \\ 0 & (\text{else}) \end{cases}$$

の確率密度関数で与えられる．

(1) $0 \leq t \leq 10$ での累積分布関数を求めよ．
(2) 1 分以内に次のバスが来る確率はいくらか．
(3) バスの平均間隔を求めよ．

与えられた密度関数 $f(t)$

(1) で求めた累積分布関数 $F(t)$

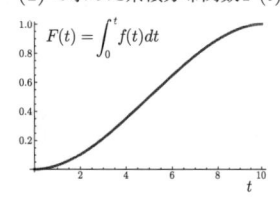

$F(t) = \int_0^t f(t) dt$

(3) は，グラフが対称だから 5 分，と即答してもよい．

(1) 累積分布関数 $F(t)$ は，

$$F(t) = \int_{-\infty}^t f(t)\, dt = \int_0^t \frac{3}{500} t(10-t)\, dt$$

$$= \frac{3}{500}\Big[5t^2 - \frac{1}{3}t^3\Big]_0^t = \frac{3}{500}\left(5t^2 - \frac{1}{3}t^3\right) = \frac{3}{100}t^2 - \frac{1}{500}t^3$$

(2) $\int_0^1 f(t)\, dt = \dfrac{3}{500}\Big[5t^2 - \dfrac{1}{3}t^3\Big]_0^1 = \dfrac{7}{250} = 2.8\%$．

(3) 平均値 $\int_0^{10} t\, f(t)\, dt = \int_0^x \dfrac{3}{500} t^2(10-t)\, dt = \cdots = 5$ 分．

例題 2.10
次の確率密度関数をもつ確率変数 X の平均値と分散を求めよ．
$$f(x) = \begin{cases} 4xe^{-2x^2} & (x > 0) \\ 0 & (x \leq 0) \end{cases}$$

平均値 $E[X]$ は

$$E[X] = \int_{-\infty}^{\infty} x f(x)\, dx = \int_0^{\infty} 4x^2 e^{-2x^2}\, dx$$
$$= \int_0^{\infty} x(-e^{-2x^2})'\, dx = \left[x(-e^{-2x^2})\right]_0^{\infty} - \int_0^{\infty} (-e^{-2x^2})\, dx$$
$$\underbrace{=}_{\#} 0 + \int_0^{\infty} e^{-t^2} \frac{1}{\sqrt{2}}\, dt \underbrace{=}_{\flat} \frac{\sqrt{2\pi}}{4}$$

分散 $V[X]$ は，$V[X] = E[X^2] - (E[X])^2$ を用いることを考えて

$$E[X^2] = \int_{-\infty}^{\infty} x^2 f(x)\, dx = \int_0^{\infty} 4x^3 e^{-2x^2}\, dx$$
$$= \int_0^{\infty} x^2 (-e^{-2x^2})'\, dx = \left[x^2(-e^{-2x^2})\right]_0^{\infty} - \int_0^{\infty} 2x(-e^{-2x^2})\, dx$$
$$= 0 - \int_0^{\infty} \frac{1}{2}(e^{-2x^2})'\, dx = \frac{1}{2}\left[e^{-2x^2}\right]_0^{\infty} = \frac{1}{2}$$

より，$V[X] = E[X^2] - (E[X])^2 = \dfrac{1}{2} - \left(\dfrac{\sqrt{2\pi}}{4}\right)^2 = \dfrac{4-\pi}{8}$．

$E[X]$ の計算は部分積分（$\Longrightarrow$ 公式 0.30）を用いている．
$\#$ は後半を $t = \sqrt{2}x$ と置換積分（$\Longrightarrow$ 公式 0.29）．
$\flat$ は Gauss 積分（$\Longrightarrow$ §0.6.6）
$$\int_0^{\infty} e^{-x^2}\, dx = \frac{\sqrt{\pi}}{2}$$
を用いている．

$E[X^2]$ の計算は部分積分を 2 回．

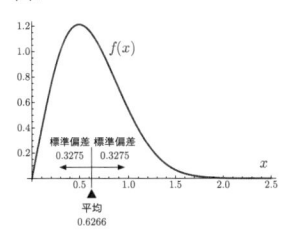

=== コラム 14 ===

☕ 地震が発生する確率

2011 年 3 月 11 日，東日本に大地震が発生し，その後の福島第一原子力発電所の事故で，我が国は長く震災復興に向き合わざるを得ない状況になっている．地震の発生を予知するのは難しい．地震の発生する確率は，「東海地震は今後 30 年の間に 80%」「東南海地震は今後 30 年の間に 60%」などと言われているが，その計算方法は以下のようだ．

これまでにその地域での地震発生が何年ごとか，あるいはその周期がどのくらいばらつきをもっているのか，という情報から，前回発生した地震の t 年後の地震発生確率を表す密度関数 $f(t)$ をおおまかに描くことができる．そして，現在，前回の地震から n 年経っており，未だに地震が起きていなければ，これから x 年以内に地震が発生する確率 p は，

$$p = \frac{\text{これから } x \text{ 年後までに発生する確率}}{\text{今後発生する確率}} = \frac{\displaystyle\int_n^{n+x} f(t)\, dt}{\displaystyle\int_n^{\infty} f(t)\, dt}$$

となる．平均的な周期がすでに過ぎていれば，この確率も非常に高くなる．しかし，もとの密度関数がよほど正確に決まっていないと，確率も正確ではないことも明らかだ．

2.2.3 積率（モーメント）

平均値 μ は確率変数 X の 1 次の量，分散 σ^2 は確率変数 X の 2 次の量である．さらに高次の量を考えることができる．

【Level 2】

積率（モーメント）
(moment)

データの積率（モーメント）
$\Longrightarrow$ §4.1.4

良い推定量の見つけ方の 1 つ，
モーメント法 $\Longrightarrow$ §5.2.3

定義 2.11（積率（モーメント））

- X の **原点のまわりの n 次のモーメント**を次式で定義する．

$$\alpha_n \equiv E[X^n] \tag{2.2.8}$$

- X の **平均値のまわりの n 次のモーメント**を次式で定義する．

$$m_n \equiv E[(X-\mu)^n] \tag{2.2.9}$$

- α_1 は平均値 $E[X] = \mu$ である．
- 絶対値をつけて定義される $\beta_n \equiv E[|X|^n]$ を，**n 次の絶対モーメント**と呼ぶ．
- 平均と分散の定義から，$m_1 = 0$, $m_2 = \sigma^2$ である．
- 分布が平均値 μ を中心に左右対称であれば，奇数次のモーメントは 0 になる．

n 次の絶対モーメント
(n-th absolute moment)

高次のモーメントを含めて，すべての次数のモーメントを指定すれば，確率分布は一意に決定されることになる．

公式 2.12（積率の計算公式）

確率変数 X の平均を μ とするとき，次の関係式が成り立つ．

(1) $E[X-\mu] = 0$
(2) $E[(X-\mu)^2] = E[X^2] - \mu^2$
(3) $E[(X-\mu)^3] = E[X^3] - 3\mu E[X^2] + 2\mu^3$
(4) $E[(X-\mu)^4] = E[X^4] - 4\mu E[X^3] + 6\mu^2 E[X^2] - 3\mu^4$

いずれも，期待値の合成公式 (2.2.6) を用いて導出できる．
(2) は，分散の計算公式 (2.2.5) である．

上記のような公式は，高次のモーメントに対しても導くことができるが，すべての次数のモーメントに対してこの方法で求めていくのは得策ではない．§2.4.2 では，高次のモーメント $E[X^n]$ を簡単に産み出す「積率母関数」を紹介する．

2.2.4 歪度・尖度

分布の形状を表すのに，歪度（わいど）と尖度（せんど）の量がある．　【Level 2】

定義 2.13（歪度）

分布のひずみ具合（左右の非対称性）を表す量として，3 次のモーメント m_3 を標準偏差の 3 乗で割った **歪度** a を次式で定義する．

$$a \equiv \frac{m_3}{\sigma^3} = \frac{E\left[(X-\mu)^3\right]}{(V[X])^{3/2}} = \frac{E\left[(X-E[X])^3\right]}{(E[(X-E[X])^2])^{3/2}} \quad (2.2.10)$$

歪度（わいど，ゆがみ）
(skewness)

- 歪度は左右対称ならば 0，正（負）ならば右裾（左裾）広がりとなる．

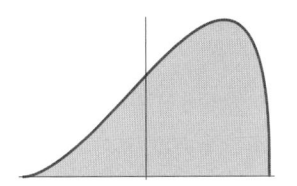

歪度 $a = -0.5$
$a < 0$ は左裾広がり

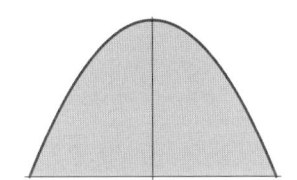

歪度 $a = 0.0$
$a = 0$ は左右対称

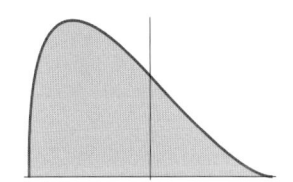

歪度 $a = +0.5$
$a > 0$ は右裾広がり

定義 2.14（尖度）

分布の尖（とが）り具合を表す量として，次の量を **尖度** b と呼ぶ．

$$b \equiv \frac{m_4}{\sigma^4} = \frac{E\left[(X-\mu)^4\right]}{(V[X])^2} \quad (2.2.11)$$

尖度（せんど，とがり）
(kurtosis)

正規分布の尖度が 0 となるように，あらかじめ 3 を引いて定義する流儀もある．
正規分布 ⟹ §2.6.1

- 尖度は 3 ならば正規分布と同じ．大きければ尖った分布となる．

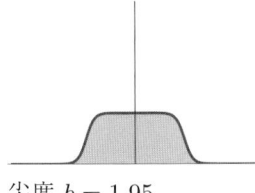

尖度 $b = 1.95$
$b < 3$ は正規分布より尖らない

尖度 $b = 3.0$
$b = 3$ は正規分布と同じ

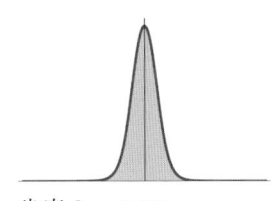

尖度 $b = 3.50$
$b > 3$ は正規分布より尖り

第 4 章以降では，統計データの処理について解説するが，§4.1 では 1 変数 $\{x_i\}$ のデータ処理について，§4.2 では 2 変数 $\{x_i, y_i\}$ のデータ処理について，それぞれ平均値や分散などを再び定義する．

2.3 確率分布を特徴づける量（2）：多次元の確率変数

2つ以上の確率変数についても確率分布を考えることができる．ここでは主に確率変数が X, Y の2つの場合を中心に分布を特徴づける量を紹介しよう．

2.3.1 同時確率分布，周辺確率分布

【Level 2】

確率変数 X, Y の取り得る値がそれぞれ x, y であるとする．大小2つのサイコロを投げ，それぞれの目を x, y とするならば，2つの離散型確率変数を考えることになる．通学に2つのバスを乗り継ぐとき，それぞれのバスの所要時間を x, y とするならば，2つの連続型確率変数を考えることになる．どちらにしても，確率 $P(X=x), P(Y=y)$ が定義されているものとする．

このとき，x と y の2つの確率変数によって決まる第3の確率分布 $P(X=x \cap Y=y)$ を考えることもでき，**同時確率分布**あるいは**結合確率分布**と呼ばれる．

同時確率分布
(joint distribution)

2次元の確率分布の例

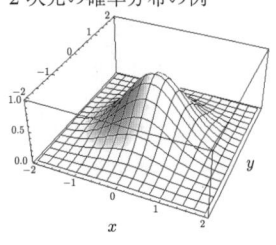

$$\text{離散型なら} \quad P(X=x_i \cap Y=y_i) = p(x_i, y_i)$$

$$\text{連続型なら} \quad P(x \leq X \leq x+\Delta x \cap y \leq Y \leq y+\Delta y)$$

$$= \int_x^{x+\Delta x} \int_y^{y+\Delta y} f(x,y)\, dx\, dy$$

のように確率関数 $p(x_i, y_i)$ または確率密度関数 $f(x,y)$ が定義され，例えば確率密度関数は，

$$f(x,y) \geq 0 \quad \text{かつ} \quad \int_{-\infty}^{\infty} \int_{-\infty}^{\infty} f(x,y)\, dx\, dy = 1$$

の条件をみたすものとする．確率分布のグラフは2次元の定義域をもち，左図のようになる．

同時確率分布に対して，1変数に関して和をとったものを**周辺確率分布**と呼ぶ．例えば，確率変数 y に関して和をとれば

周辺確率分布
(marginal distribution)

⟹ 定義 1.17 の「条件つき確率」でもコメントした．

$$\text{離散型なら} \quad P(X=x_i) = p(x_i) = \sum_j p(x_i, y_j)$$

$$\text{連続型なら} \quad P(x \leq X \leq x+\Delta x) = \int_x^{x+\Delta x} dx \int_{-\infty}^{\infty} f(x,y)\, dy$$

となる．

2.3.2 共分散，相関係数

2つの確率変数 X, Y の関係を示す量として，次の量がある．

定義 2.15（共分散，相関係数）
2つの確率変数 X, Y の平均値と分散が次の値とする．

$$m_X = E[X], \quad m_Y = E[Y], \qquad \sigma_X^2 = V[X], \quad \sigma_Y^2 = V[Y] \tag{2.3.1}$$

共分散 $\mathrm{Cov}[X, Y]$ と相関係数 r を次式で定義する．

$$\mathrm{Cov}[X, Y] \equiv E[(X - m_X)(Y - m_Y)] \tag{2.3.2}$$

$$= \begin{cases} \displaystyle\sum_i \sum_j (x_i - m_X)(y_i - m_Y)\, p(x_i, y_j) & \text{(離散型)} \\ \displaystyle\int_{-\infty}^{\infty} \int_{-\infty}^{\infty} (x - m_X)(y - m_Y) f(x, y)\, dx\, dy & \text{(連続型)} \end{cases}$$

$$r \equiv \frac{\mathrm{Cov}[X, Y]}{\sigma_X \sigma_Y} \tag{2.3.3}$$

【Level 2】

共分散 $\mathrm{Cov}[X, Y]$
(covariance)

相関係数 r
(correlation)

統計データの共分散
$\Longrightarrow$ 定義 4.1
統計データの相関係数
$\Longrightarrow$ 定義 4.2

相関係数 r の値は，
$$-1 \le r \le +1$$
である．$\Longrightarrow$ §4.2

例題 2.11 定義 2.15 で登場した量を用いて，次式を示せ．

$$E[X + Y] = E[X] + E[Y] \tag{2.3.4}$$
$$V[X + Y] = V[X] + V[Y] + 2\,\mathrm{Cov}[X, Y] \tag{2.3.5}$$

離散型確率分布について示す．連続型でも同様である．

$$\begin{aligned} E[X + Y] &= \sum_i \sum_j (x_i + y_j)\, p(x_i, y_j) = \sum_i \sum_j x_i\, p(x_i, y_j) + \sum_i \sum_j y_j\, p(x_i, y_j) \\ &= \sum_i x_i \left(\sum_j p(x_i, y_j) \right) + \sum_j y_j \left(\sum_i p(x_i, y_j) \right) \\ &= \sum_i x_i\, p(x_i) + \sum_j y_j\, p(y_j) = E[X] + E[Y]. \end{aligned} \tag{2.3.4}$$

1変数で和をとって周辺確率に．

$$\begin{aligned} V[X+Y] &= E\left[(X + Y - (E[X] + E[Y]))^2\right] = E\left[(X + Y - (m_X + m_Y))^2\right] \\ &= E\left[(X - m_X)^2 + 2(X - m_X)(Y - m_Y) + (Y - m_Y)^2\right] \\ &= E\left[(X - m_X)^2\right] + E\left[(Y - m_Y)^2\right] + E\left[2(X - m_X)(Y - m_Y)\right] \\ &= V[X] + V[Y] + 2\,\mathrm{Cov}[X, Y]. \end{aligned} \tag{2.3.5}$$

最後から2行目は期待値の合成公式 (2.2.6) を使っている．

問題 2.12 次式を示せ．

$$\mathrm{Cov}[X, Y] = E[XY] - E[X]\, E[Y] \tag{2.3.6}$$

2.3.3 確率変数の独立性

2つの事象 $\mathbf{A}$ と $\mathbf{B}$ が独立であるとは，

$$P(\mathbf{A} \cap \mathbf{B}) = P(\mathbf{A})\,P(\mathbf{B})$$

が成り立つことだった．この拡張として，確率変数の独立性を次のように定義する．

> **定義 2.16（確率変数の独立性 (1)）**
> 「確率変数 X と Y が独立である」とは，任意に選んだ変数 $x \in X$, $y \in Y$ に対し，もととなる事象が独立であるときにいう．

あるいは次のように定義してもよい．

> **定義 2.17（確率変数の独立性 (2)）**
> 確率変数 $x \in X$, $y \in Y$ があり，それぞれの変数で決まる確率関数（または確率密度関数）$f(x)$ および $g(y)$ があるとする．2つの変数からなる確率関数（または確率密度関数）$h(x,y)$ について，
> $$h(x,y) = f(x)\,g(y) \tag{2.3.7}$$
> がすべての x, y に対して成り立つとき，「確率変数 X と Y は独立である」という．

> **公式 2.18**
> X, Y が互いに独立な確率変数ならば
> $$E[XY] = E[X]\,E[Y] \tag{2.3.8}$$

定義 2.17 で用いた記号 $f(x)$, $g(y)$, $h(x,y)$ を使って離散型確率変数の場合に示す．連続型でも同様である．

$$\begin{aligned}
E[XY] &= \sum_i \sum_j x_i y_j h(x,y) \qquad E[XY] \text{ の定義} \\
&= \sum_i \sum_j x_i y_j f(x)\,g(y) \qquad X, Y \text{ の独立性から} \\
&= \sum_i x_i f(x) \sum_j y_j g(y) = E[X]\,E[Y].
\end{aligned}$$

- (2.3.6) と (2.3.8) より，X と Y が独立な確率変数ならば，共分散は $\mathrm{Cov}[X,Y] = 0$, さらに相関係数も $r = 0$ となる．（逆は必ずしも成立しない）．

【Level 2】
サイコロを2回振るとき，2回目に出る目は，1回目の結果に左右されず，それぞれの出る目は独立である．

事象の独立性
$\Longrightarrow$ 定義 1.15

確率変数の独立性
(independency of random variables)

「独立である」ことがいえないときは「従属である」という．

確率変数 X, Y が離散型なら $f(x), g(y)$ は確率関数，連続型なら確率密度関数とせよ．

X, Y が独立な確率変数ならば共分散は 0．（逆は必ずしも成立しない）

3つ以上の確率変数 $X_1, X_2, X_3, \cdots$ の独立性については次のように定義される.

n 個の独立な確率変数の和を §3.1.2 で考える.

定義 2.19（確率変数の独立性 (3)）
確率変数 $X_1, X_2, \cdots, X_n$ $(n \geq 3)$ が互いに独立であるとは, $X_1, X_2, \cdots, X_n$ の中から任意に選んだ 2 つの確率変数が独立であるときにいう.

あるいは次のように定義してもよい.

定義 2.20（確率変数の独立性 (4)）
確率変数 $X_1, X_2, \cdots, X_n$ $(n \geq 3)$ が独立である条件は, それぞれの変数で決まる確率関数（または確率密度関数）$f_1(x_1), \cdots, f_n(x_n)$ と, すべての変数からなる確率関数（または確率密度関数）$h(x_1, \cdots, x_n)$ とに

$$h(x_1, x_2, \cdots, x_n) = f_1(x_1) f_2(x_2) \cdots f_n(x_n) \quad (2.3.9)$$

が成り立つことである.

例 サイコロを何回も振ることは独立な試行を繰り返すことである.
- 2回振って, ⚃, ⚀ となる確率は, $P(⚃, ⚀) = P(⚃) \cdot P(⚀)$
- 3回振って, ⚃, ⚀, ⚄ となる確率は,
  $P(⚃, ⚀, ⚄) = P(⚃) \cdot P(⚀) \cdot P(⚄)$ などとなる.

独立試行 (independent trials)

例題 2.13
1組 52 枚のトランプから 1 枚のカードを引いたとき,
$$X = \begin{cases} 0 & (ダイヤ) \\ 1 & (else) \end{cases} \quad Y = \begin{cases} 0 & (絵札) \\ 1 & (else) \end{cases}$$
とするとき, 確率変数 X, Y は独立か.

X と Y のそれぞれの確率を表にすると右のようになる.
$P(X = 1 \cap Y = 1)$ を $P_{XY}(1, 1)$ などと表すと, $P_{XY}(1, 1) = \dfrac{30}{52}$
であり, これは, $P(X=1) \cdot P(Y=1) = \dfrac{3}{4} \dfrac{10}{13} = \dfrac{30}{52}$ と等しい.
同様に

$$P_{XY}(1, 0) = \frac{10}{52} = P(X=1) \cdot P(Y=0)$$
$$P_{XY}(0, 1) = \frac{9}{52} = P(X=0) \cdot P(Y=1)$$
$$P_{XY}(0, 0) = \frac{3}{52} = P(X=0) \cdot P(Y=0)$$

	$Y=0$	$Y=1$	合計
$X=0$	3/52	10/52	1/4
$X=1$	9/52	30/52	3/4
合計	3/13	10/13	1

以上より, 確率変数 X, Y は独立である.

2.4 確率分布を特徴づける量（3）：母関数・特性関数

【Level 2】
初読の際は飛ばしてもよい．

母関数（ぼかんすう）
(generating function)

積率（モーメント）⟹ §2.2.3

確率分布関数が与えられると，平均値や分散・高次のモーメントが計算でき，分布の特徴がわかる．しかし，高次のモーメントを計算するのはなかなか大変である．そこで，これらの量を「生み出す関数」をつくる，というツールが開発されている．**母関数**と呼ばれ，分布間の比較や関係式を導くときにもよく使われる．

2.4.1 確率母関数

まず，離散型確率分布を考えよう．確率変数 X が値 $x = 0, 1, 2, \cdots$ をとり，$p(x)$ がその確率関数であるとする．ここでさらに，新しい確率変数 z^X を導入しよう．z を $-1 \leq z \leq +1$ の範囲の任意の数とすれば，次に定義される関数 $G(z)$ は，無限級数であるが収束し，何回も項別に微分できる．

確率母関数 $G(z)$
(probability generating function)

定義 2.21（確率母関数）
離散型確率変数 X が値 $x = 0, 1, 2, \cdots$ をとり，$p(x)$ がその確率関数であるとする．このとき，$|z| \leq 1$ である任意の数 z を考え，

$$G(z) \equiv E[z^X] = \sum_{k=0}^{\infty} p(k)\, z^k \tag{2.4.1}$$

$$= p(0) + p(1)\,z + p(2)\,z^2 + p(3)\,z^3 + \cdots$$

を $p(x)$ に対する**確率母関数**と呼ぶ．

$G(z)$ を z で微分してみよう．

$$G'(z) = \sum_{k=1}^{\infty} p(k)\, k\, z^{k-1} = p(1) + 2p(2)\,z + 3p(3)\,z^2 + \cdots$$

$$G''(z) = \sum_{k=2}^{\infty} p(k)\, k(k-1)\, z^{k-2} = 2p(2) + 3 \cdot 2 \cdot p(3) z + \cdots$$

等号 $\underset{*}{=}$ で $\sum$ 記号の範囲が変わったのは，$k = 0$ を代入してもシグマ記号の中の式が 0 だから．次式も同じ．

となり，$z = 1$ を代入すると

$$G'(1) = \sum_{k=1}^{\infty} p(k)\, k \underset{*}{=} \sum_{k=0}^{\infty} p(k)\, k = E[X]$$

$$G''(1) = \sum_{k=2}^{\infty} p(k)\, k(k-1) = \sum_{k=0}^{\infty} p(k)\, k(k-1) = E[X^2] - E[X]$$

となる．これらより，分布の平均と分散が

$$E[X] = G'(1) \tag{2.4.2}$$

$$V[X] = E[X^2] - (E[X])^2 = G''(1) + G'(1) - \{G'(1)\}^2 \tag{2.4.3}$$

となって，確率母関数から計算できるようになる．

確率関数 $p(x)$ と確率母関数 $G(z)$ は 1 対 1 に対応することを示そう．$p(x)$ から $G(z)$ は (2.4.1) で得られる．$G(z)$ から $p(x)$ は，次のようにすればよい．$G(z)$ を z で ℓ 階微分すると，

$$G^{(\ell)}(z) = \sum_{k=\ell}^{\infty} p(k)\, k(k-1)\cdots(k-\ell+1)\, z^{k-\ell} = \sum_{k=\ell}^{\infty} p(k) \frac{k!}{(k-\ell)!} z^{k-\ell}$$

である．$z=0$ とすれば $k=\ell$ のみが残り，$G^{(\ell)}(0) = p(\ell)\ell!$．

したがって，$p(\ell) = G^{(\ell)}(0)/\ell!$ として，$G(z)$ から $p(x)$ を再構成することができる．

> **例題 2.14** 2 項分布 $B(n,p)$ に対する確率母関数 $G(z)$ を求め，2 項分布の平均値 $E[X]$ と分散 $V[X]$ を求めよ．

- 確率母関数は，$q = 1-p$ として

$$G(z) = \sum_{k=0}^{n} z^k \cdot {}_n\mathrm{C}_k p^k q^{1-k} = \sum_{k=0}^{n} {}_n\mathrm{C}_k (pz)^k q^{1-k} = (pz+q)^n.$$

- 平均値 $E[X]$ は，(2.4.2) を使う．

$$G'(z) = \frac{d}{dz}(pz+q)^n = n(pz+q)^{n-1}p \quad \text{より}$$

$$E[X] = G'(1) = n(p+q)^{n-1}p = np.$$

分散 $V[X]$ は，(2.4.3) を使う．

$$G''(z) = \frac{d^2}{dz^2}(pz+q)^n = n(n-1)(pz+q)^{n-2}p^2$$

$$G''(1) = n(n-1)p^2 \quad \text{より} \quad V[X] = G''(1) + G'(1) - \{G'(1)\}^2 = npq.$$

複数の確率分布の和を考えることを後述するが，その際，確率母関数は次の性質をもつことが使われる．

> **定理 2.22（独立な確率変数の和と確率母関数）**
> 確率変数 $X_1, X_2, \cdots, X_n$ が互いに独立で，それぞれの取り得る値が非負の整数値であるとする．これらの和である
>
> $$S = X_1 + X_2 + \cdots + X_n$$
>
> の分布を考えると，X_i の確率母関数を $G_i(z)$，S の確率母関数を $G_S(z)$ とすれば，
>
> $$G_S(z) = G_1(z)\, G_2(z) \cdots G_n(z) \tag{2.4.4}$$
>
> が成り立つ．

問題 2.15 $n=2$ の場合について，定理 2.22 を示せ．

確率関数 $p(x)$ と確率母関数 $G(z)$ は 1 対 1 に対応する．

2 項分布の確率母関数
2 項分布 $\Longrightarrow$ §2.5.3

2 項分布の説明は先になるが，確率母関数の例として挙げる．2 項分布 $B(n,p)$ は，$k = 0,1,\cdots,n$ で定義されるので，シグマ記号の上限は n．

独立な確率変数の和と確率母関数

応用例として
　積率母関数版
　　$\Longrightarrow$ 定理 2.26
　特性関数版
　　$\Longrightarrow$ 定理 2.26
　2 項分布の再生性
　　$\Longrightarrow$ 定理 2.31

証明はまず $n=2$ の場合に成立することを示し，後は数学的帰納法で示せばよい．

2.4.2 積率母関数

【Level 2】

関数の級数展開 ⟹ §0.5.6

確率母関数の考えを少し拡張しよう．

指数関数の級数展開として，

$$e^x = \sum_{k=0}^{\infty} \frac{x^k}{k!} = 1 + x + \frac{1}{2!}x^2 + \frac{1}{3!}x^3 + \cdots$$

という式がある．確率変数 X に対して，実数のパラメータ t を用いて

$$e^{tX} = 1 + tX + \frac{1}{2!}(tX)^2 + \frac{1}{3!}(tX)^3 + \cdots$$

とする量を考えよう．X が離散的な場合，この量の平均値を求めると，

$$M(t) = \sum_{i=1}^{n} e^{tx_i}p(x_i) = \sum_{i=1}^{n}\left(1 + tx_i + \frac{1}{2!}(tx_i)^2 + \frac{1}{3!}(tx_i)^3 + \cdots\right)p(x_i)$$

$$= \sum_{i=1}^{n} p(x_i) + \left(\sum_{i=1}^{n} x_i p(x_i)\right)t + \left(\sum_{i=1}^{n} x_i^2 p(x_i)\right)\frac{1}{2!}t^2 + \cdots$$

$$= 1 + E[X]t + \frac{E[X^2]}{2!}t^2 + \frac{E[X^3]}{3!}t^3 + \frac{E[X^4]}{4!}t^4 + \cdots$$

などと書くことができる．$M(t)$ の式を t で微分し，$t=0$ を代入すると，

$$M'(t) = E[X] + E[X^2]t + \frac{E[X^3]}{2!}t^2 + \cdots \quad \text{より，} \quad M'(0) = E[X]$$

同様に，さらに微分して $t=0$ を代入すると，

$$M''(t) = E[X^2] + E[X^3]t + \frac{E[X^4]}{2!}t^2 + \cdots \quad \text{より，} \quad M''(0) = E[X^2]$$

などとなって，一般に

$$\left.\frac{d^n}{dt^n}M(t)\right|_{t=0} = E[X^n]$$

として高次のモーメント $E[X^n]$ が簡単に求められることになる．このような関数 $M(t)$ を**積率母関数**あるいは**モーメント母関数**という．

積率母関数・モーメント母関数 $M(t)$
(moment-generating function)

高次のモーメント $E[X^n]$ が簡単に求められるのが嬉しい．

定義 2.23（積率母関数：離散型確率変数の場合）

離散型確率変数 X が値 $x = 0, 1, 2, \cdots$ をとり，$p(x)$ がその確率関数とする．任意の実数 t を考えて，

$$M(t) \equiv E[e^{tX}] = \sum_{k=0}^{\infty} p(k)e^{tk} = p(0) + p(1)e^t + p(2)e^{2t} + \cdots \quad (2.4.5)$$

を**積率母関数**という．積率母関数を t で展開すると，高次のモーメント $E[X^n]$ を展開係数にもつ．

$$M(t) = 1 + E[X]t + \frac{E[X^2]}{2!}t^2 + \frac{E[X^3]}{3!}t^3 + \cdots \quad (2.4.6)$$

これより $\quad E[X^n] = \left.\dfrac{d^n}{dt^n}M(t)\right|_{t=0} \quad (2.4.7)$

連続型確率変数の場合も同様に拡張される．

> **定義 2.24（積率母関数：連続型確率変数の場合）**
> 連続型確率変数 X が値 x をとり，$f(x)$ がその確率密度関数とする．任意の実数 t を考えて，次式で**積率母関数**を定義する．
> $$M(t) \equiv E[e^{tX}] = \int_{-\infty}^{\infty} e^{tx} f(x)\, dx \tag{2.4.8}$$

積率母関数：連続型確率変数の場合

ただし，確率分布によっては，$M(t)$ の値が収束しない場合もあり，そのときは $M(t)$ は定義されない．

> **例題 2.16** 2項分布 $B(n,p)$ に対する積率母関数 $M(t)$ を求め，2項分布の平均値と分散を求めよ．

2項分布の積率母関数

2項分布 $\Longrightarrow$ §2.5.3

2項分布の説明は先になるが，積率母関数の例として挙げる．

- 積率母関数は，$q=1-p$ として
$$M(t) = \sum_{k=0}^{n} e^{tk} \cdot {}_nC_k p^k q^{1-k} = \sum_{k=0}^{n} {}_nC_k (pe^t)^k q^{1-k}$$
$$= (pe^t + q)^n. \tag{2.4.9}$$

- 平均値 μ は，
$$M'(t) = \frac{d}{dt}(pe^t+q)^n = n(pe^t+q)^{n-1}pe^t \quad \text{より}$$
$$\mu = E[X] = M'(0) = n(p+q)^{n-1}p = np$$

分散 σ^2 は，
$$M''(t) = \frac{d^2}{dt^2}(pe^t+q)^n = n(n-1)(pe^t+q)^{n-2}p^2 e^{2t} + n(pe^t+q)^{n-1}pe^t$$
$$E[X^2] = M''(0) = n(n-1)p^2 + np \quad \text{を用いて} \quad \sigma^2 = E[X^2] - \mu^2 = npq.$$

> **例題 2.17** 正規分布 $N(\mu, \sigma^2)$ に対する積率母関数 $M(t)$ を求め，正規分布の平均値と分散を求めよ．

正規分布の積率母関数

正規分布 $\Longrightarrow$ §2.6.1

正規分布の説明は先になるが，積率母関数の例として挙げる．

積率母関数の定義より，$M(t) = \dfrac{1}{\sqrt{2\pi\sigma^2}} \displaystyle\int_{-\infty}^{\infty} e^{tx} e^{-(x-\mu)^2/(2\sigma^2)}\, dx$

被積分関数の e の指数を x で平方完成させると，
$$M(t) = \frac{1}{\sqrt{2\pi\sigma^2}} e^{\mu t + (\sigma^2/2)t^2} \int_{-\infty}^{\infty} e^{-(x-(\mu+t\sigma^2))^2/(2\sigma^2)}\, dx$$

積分の値は $\sqrt{2\pi\sigma^2}$ である．したがって，積率母関数は，
$$M(t) = e^{\mu t + (\sigma^2/2)t^2}. \tag{2.4.10}$$

- $M'(t) = (\mu + \sigma^2 t)e^{\mu t + (\sigma^2/2)t^2}$ より，$E[X] = M'(0) = \mu$．
- $M''(t) = \sigma^2 e^{\mu t + (\sigma^2/2)t^2} + (\mu + \sigma^2 t)^2 e^{\mu t + (\sigma^2/2)t^2}$ より，
  $E[X^2] = M''(0) = \sigma^2 + \mu^2$．したがって，
$$V[X] = E[X^2] - (E[X])^2 = \sigma^2 + \mu^2 - \mu^2 = \sigma^2.$$

この積分は，$z = x-(\mu+t\sigma^2)$ と変数変換すれば，

x	$-\infty \to +\infty$
z	$-\infty \to +\infty$

となり，Gauss 積分の計算公式 (0.6.16) が利用できる．

【Level 2】

2.4.3 特性関数

積率母関数は高次のモーメント $E[X^n]$ が簡単に計算できて，便利な関数である．しかし，どんな分布に対しても存在するわけではない．そこで，もうひと工夫された母関数がある．

虚数単位 $i=\sqrt{-1}$ を用いて，t を形式的に it に置き換えた関数 $\hat{M}(t)$ を**特性関数**と呼ぶ．

特性関数 $\hat{M}(t)$
(characteristic function)

定義 2.25（特性関数）

積率母関数 (2.4.8) の t を it に形式的に置き換えた関数

$$\hat{M}(t) \equiv E[e^{itX}] = \int_{-\infty}^{\infty} e^{itx} f(x)\, dx \tag{2.4.11}$$

を**特性関数**という．特性関数を t で展開すると，高次のモーメント $E[X^n]$ を展開係数にもち，

$$\hat{M}(t) = 1 + iE[X]\,t - \frac{E[X^2]}{2!}t^2 - i\frac{E[X^3]}{3!}t^3 + \cdots \tag{2.4.12}$$

これより $\quad E[X^n] = \dfrac{1}{i^n} \dfrac{d^n}{dt^n} \hat{M}(t)\bigg|_{t=0} \tag{2.4.13}$

このように定義すると，$\hat{M}(t)$ は，どのような分布に対しても存在する．なぜなら

$$|\hat{M}(t)| \leq E\left[|e^{itX}|\right] = E[1]$$

となって有限値に保たれているからである．

なお，複数の独立な確率変数の和に対して，定理 2.22 に対応して次の定理が成り立つ．

独立な確率変数の和と積率母関数・特性関数

確率母関数版 $\Longrightarrow$ 定理 2.22

応用例として
　正規分布の再生性
　　$\Longrightarrow$ 定理 2.44
　中心極限定理
　　$\Longrightarrow$ 定理 3.7

定理 2.26（独立な確率変数の和と積率母関数・特性関数）

確率変数 $X_1, X_2, \cdots, X_n$ が互いに独立であるとする．これらの和である

$$S = X_1 + X_2 + \cdots + X_n$$

の分布を考えると，X_i の積率母関数を $M_i(t)$，S の積率母関数を $M_S(t)$ とすれば，

$$M_S(t) = M_1(t)\, M_2(t) \cdots M_n(t) \tag{2.4.14}$$

が成り立つ．同様に X_i の特性関数を $\hat{M}_i(t)$，S の特性関数を $\hat{M}_S(t)$ とすれば，

$$\hat{M}_S(t) = \hat{M}_1(t)\, \hat{M}_2(t) \cdots \hat{M}_n(t) \tag{2.4.15}$$

が成り立つ．

積率母関数・特性関数の例

それぞれの確率分布の説明は次ページより始まるが，代表的な確率分布について，積率母関数と特性関数を表にしておく．

分布		積率母関数 $M(t)$		特性関数 $\tilde{M}(t)$	備考
2項分布	$B(n,p)$	$(pe^t+q)^n$	例題 2.16	$(pe^{it}+q)^n$	§2.5.3 n に関する再生性
Poisson 分布	Po (λ)	$e^{\lambda(e^t-1)}$		$e^{\lambda(e^{it}-1)}$	§2.5.4 λ に関する再生性
幾何分布	$G(p)$	$p/(1-qe^t)$	問題 2.28	$p/(1-qe^{it})$	§2.5.5
正規分布	$N(\mu,\sigma^2)$	$e^{\mu t+(\sigma^2/2)t^2}$	例題 2.17	$e^{i\mu t-(\sigma^2/2)t^2}$	§2.6.1 μ,σ^2 に関する再生性

===== コラム 15 =====

☕ 乱数のつくり方

確率計算のシミュレーションでは，乱数を発生させることが必要である．乱数とは，

- **不規則性**　数字の並び方がどれをとってもランダムである
- **一様性**　どの数字も同じ割合で現れる

という2つの性質をもつ数字の列である．乱数をきちんと乱数として発生させるのはとても難しく，多くの研究がなされてきた．代表的な3つのタイプの乱数のつくり方を紹介しよう．

(1) **一様乱数**　一様分布 $f(x) = \begin{cases} 1 & (0 \leq x < 1) \\ 0 & (\text{else}) \end{cases}$ にしたがう乱数のこと．

- **合同式法**が有名である．自然数 a,c,m と，出発点の自然数 r_0 を決め，次の乱数を
$$r_{n+1} = \{ar_n + c\} \pmod{m}$$
として定めていく方法である．$(\bmod\ m)$ とあるのは，ar_n+c を m で割った余りを r_{n+1} とせよ，という記号である．よく使われる値は，$\{\ a=1229,\ c=351750,\ m=1664501\ \}$ である．例えば $r_0=1$ として，$x_n = r_n/m$ を次々に計算すると，$0 \leq x_n < 1$ の一様分布にしたがう乱数が得られる．

(2) **正規乱数**　標準正規分布 $N(0,1)$　$f(x) = \dfrac{1}{\sqrt{2\pi}}e^{-x^2/2}$ にしたがう乱数のこと．

- **簡便法**は，区間 $0 \leq x < 1$ の一様乱数を12個用意し，その和から6を引く，という方法である．
- **Box-Muller**（ボックス・ミュラー）**法**は，同じく一様乱数を2つ (x_1, x_2) 用意して
$$y_1 = \sqrt{-2\log x_1}\cos(2\pi x_2)$$
$$y_2 = \sqrt{-2\log x_1}\sin(2\pi x_2)$$
とすれば，y_1, y_2 は標準正規分布にしたがう乱数になる，という方法である．

(3) **Poisson**（ポアソン）**乱数**　Poisson 分布 Po(λ)　$f(x) = \dfrac{e^{-\lambda}}{x!}\lambda^x$ にしたがう乱数のこと．

- **一様乱数法**と呼ばれる方法は，まず，区間 $0 \leq x < 1$ の一様乱数列を $\{x_0, x_1, \cdots\}$ として，
$$y_0 = e^\lambda x_0,\ y_1 = e^\lambda x_0 x_1,\ y_2 = e^\lambda x_0 x_1 x_2,\ \cdots$$
によって数列 $\{y_0, y_1, \cdots\}$ をつくる．そしてはじめて，$y_n \leq 1$ となる n を求めると，n は Poisson 乱数となる，という方法である．

章末問題 3.4 にて，上記の一様乱数と正規乱数が，どの程度理論通り分布を実現するかを問題とした．プログラムを組んでみよう．

2.5 離散型確率分布

2.5.1 2項確率, Bernoulli（ベルヌーイ）試行

【Level 1】

👤Jakob Bernoulli
ベルヌーイ (1654-1705)

独立試行のうち, 事象が2つのみに限られるものを **Bernoulli** 試行と呼ぶ. 例えば, コインを投げて表が出るか裏が出るか, じゃんけんをして勝つか負けるか, サイコロを振って⚀が出るかそれ以外が出るか, など, 事象を2つに限っただけでも応用範囲は広い.

> **定義 2.27（Bernoulli 試行, 2項確率）**
> - 事象が2つのみに限られる独立試行を **Bernoulli** 試行と呼ぶ.
> - 事象を **S** と **F** とし, それぞれの生じる確率を p, q （ただし, $p+q=1$）とすれば, n 回の Bernoulli 試行の結果, ちょうど k 回 **S** が起こる確率 $P(X=k)$ は,
> $$P(X=k) = {}_nC_k\, p^k q^{n-k} \quad (k=0,1,2,\cdots,n) \quad (2.5.1)$$
> となり, **2項確率**と呼ばれる.

Bernoulli 試行
(Bernoulli trials)
最も簡単な独立試行.

S は Success,
F は Failure

${}_nC_x \Longrightarrow$ 定義 1.6

10回の試行で **S** が4回出る例として,
SFFSFFFSSF
SFSSFFFSFF
SSFSFFFFSF
などがある. このように **S** が4回出る組み合わせは, 全部で ${}_{10}C_4$ 通りある. いずれも確率 $p^4 q^6$ で生じる.

2項定理 $\Longrightarrow$ §1.1.4

- **S**（確率 p）となる事象が k 回, **F**（確率 q）となる事象が $n-k$ 回発生する確率は, $p^k q^{n-k}$. さらに, n 回のうち, k 回の **S** がどこで生じるかの組み合わせが ${}_nC_k$ 通りあることから, (2.5.1) となる.
- 2項定理より, $\sum_{k=0}^{n} {}_nC_k\, p^k q^{n-k} = (p+q)^n = 1^n = 1$ となって, すべての確率を加えたら1になっている.

2項確率の計算例

> **例題 2.18** サイコロを10回振るとき, ⚀の目が8回出る確率.

$$P(X=2) = {}_{10}C_2 \left(\frac{1}{6}\right)^8 \left(\frac{5}{6}\right)^2 = \frac{10!}{2!8!}\frac{25}{6^{10}} = \frac{45\cdot 25}{6^{10}}$$
$$= \frac{1125}{6^{10}} \simeq 1.86\times 10^{-5}. \quad \text{ほぼゼロに近い.}$$

> **問題 2.19** サイコロを10回振るとき, ⚀の目が5回以上出る確率.

> **例題 2.20** あるマークシート形式の問題には5つの答えの選択肢があり，正答は1つである．問題が難しかったので，10人の受験生全員が無作為に答えた．このとき，正解者が少なくとも2人いる確率を求めよ．

誰も正解者がいない確率 P_0 は，${}_{10}C_0 \left(\dfrac{1}{5}\right)^0 \left(\dfrac{4}{5}\right)^{10} = \left(\dfrac{4}{5}\right)^{10}$，

1人しか正解者がいない確率 P_1 は，${}_{10}C_1 \left(\dfrac{1}{5}\right)^1 \left(\dfrac{4}{5}\right)^9 = \left(\dfrac{4}{5}\right)^{10} \dfrac{5}{2}$，

これより，求める確率 p は，$p = 1 - P_0 - P_1 = \cdots \simeq 0.624$.

無作為に答えたマークシート

「少なくとも」型の確率であるから，余事象を考えればよい．

結構正解するのでけしからん．

2.5.2 Bernoulli 分布

成功か失敗か事象が2つに分かれる Bernoulli 試行において，成功した場合の確率変数を $X=1$，失敗した場合を $X=0$ とする確率分布を Bernoulli 分布という．

【Level 1】

> **定義 2.28（Bernoulli 分布）**
> 1回の試行で事象 **A** の起こる確率を $P(\mathbf{A}) = p$ とする．事象 **A** が起きれば $X=1$，そうでなければ $X=0$ となる確率変数 X の分布
> $$P(X=1) = p, \quad P(X=0) = 1-p \tag{2.5.2}$$
> を **Bernoulli 分布**といい，$\mathrm{Ber}(p)$ の記号で表す．

Bernoulli（ベルヌーイ）分布
(Bernoulli distribution)

分布の表記は，$\mathrm{Ber}(確率\ p)$

例 当たる確率が同じ p で与えられるくじ引きがあるとき，当たれば1，外れれば0とする確率分布に相当する．

例 品質管理において，各ロットごとに不良品が同じ割合 p で含まれるとき，抜き取り調査を行って不良品を見つける確率分布も Bernoulli 分布である．

> **例題 2.21** Bernoulli 分布の平均 $E[X]$，分散 $V[X]$ を求めよ．

平均値は，$E[X] = 1 \cdot p + 0 \cdot (1-p) = p$.

分散は，$E[X^2] = 1^2 \cdot p + 0^2 \cdot (1-p) = p$ であることを用いて，
$$V[X] = E[X^2] - (E[X])^2 = p - p^2 = p(1-p).$$

標準偏差 σ は
$$\sigma = \sqrt{V[X]} = \sqrt{p(1-p)}$$

2.5.3 2項分布

【Level 1】

前節で紹介した Bernoulli 試行は，成功か失敗かのように，事象を2つに限る場合であった．しかし，注目するものの確率が p，それ以外は $q = 1 - p$ とするならば，事象が2つに限られていなくても2項確率の計算が適用できる．ここでは確率分布としてもう一度触れておこう．

n 回の試行のうち，成功する回数を x 回 $(x = 0, 1, 2, \cdots, n)$ とするとき，回数 x の確率分布を2項分布という．

2項分布
(binomial distribution)
式は (2.5.1) と同じ．後で登場する他の確率分布にもつながる重要な分布．

2項分布を表す記号は $B(n, p)$. すなわち

$B(回数\ n, 確率\ p)$.

> **定義 2.29（2項分布）**
> 1回の試行で事象 **A** の起こる確率が $P(\mathbf{A}) = p$ とする．この試行を独立に n 回繰り返したとき，**A** の発生する回数を X とすると，確率変数 X の分布は，$q = 1 - p$ として，
> $$P(X = k) = {}_n C_k\, p^k q^{n-k} \quad (k = 0, 1, 2, \cdots, n) \tag{2.5.3}$$
> となる．この確率分布を **2項分布** といい，$B(n, p)$ の記号で表す．

事象が2つの繰り返し
$\Longrightarrow$ 2項分布

例　サイコロを10回投げたとき，⚀ の目が k 回出る確率は，
$$P(X = k) = {}_{10} C_k \left(\frac{1}{6}\right)^k \left(\frac{5}{6}\right)^{n-k} \quad (k = 0, 1, 2, \cdots, 10),$$
である．これを「2項分布 $B(10, 1/6)$ にしたがう」と表現する．

例　同様に，サイコロを100個投げたとき，⚀ の目が出る個数の分布は，2項分布 $B(100, 1/6)$ にしたがう．

例　不良品製造率が2%である生産ラインで，50個の製品をつくったとき，不良品の個数は2項分布 $B(50, 0.02)$ にしたがう．

分布の総和が1
＝確率の総和が1

この分布の総和が1であることは，2項定理を用いて次式で示される．
$$\sum_{k=0}^{n} {}_n C_k\, p^k q^{n-k} = (p + q)^n = 1^n = 1 \tag{2.5.4}$$

2項定理 $\Longrightarrow$ §1.1.4

グラフは，n が大きくなるほど，左右対称の形になっていく．

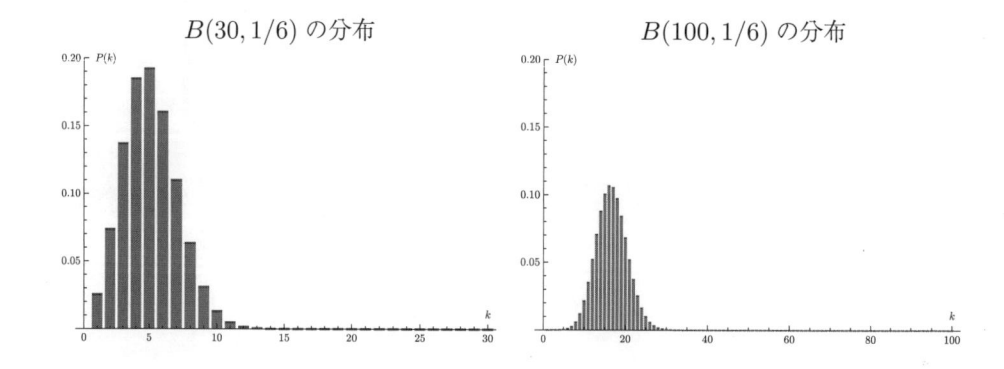

$B(30, 1/6)$ の分布　　　　　　　$B(100, 1/6)$ の分布

公式 2.30（2項分布の平均・分散）

2項分布 $B(n,p)$ に対して，$q = 1-p$ とすると，

- 平均は np である．
- 分散は npq，標準偏差は $\sqrt{npq}$ である．

2項分布の平均値・分散

左下の分布図から，平均値が分布のピーク値とほぼ一致することがわかる．

証明 やや長くなるが，きちんと計算して示しておこう．

- 平均 $\mu = E[X]$ は，定義より，

$$\mu = \sum_{k=0}^{n} k \cdot {}_n C_k\, p^k q^{n-k} = \sum_{k=0}^{n} k \frac{n!}{k!(n-k)!} p^k q^{n-k}$$
$$= np \sum_{k=1}^{n} \frac{(n-1)!}{(k-1)!(n-k)!} p^{k-1} q^{n-k}$$

ここで $\ell = k-1$ とすると，

$$\mu = np \sum_{\ell=0}^{n-1} \frac{(n-1)!}{\ell!(n-1-\ell)!} p^\ell q^{n-1-\ell} = np(p+q)^{n-1} = np.$$

ここでの証明は直接計算する方法である．
確率母関数を用いる方法
　　$\Longrightarrow$ 例題 2.14
積率母関数を用いる方法
　　$\Longrightarrow$ 例題 2.16

k	$1, \cdots, n$
ℓ	$0, \cdots, n-1$

- 分散 $V[X]$ を求めるために，まず $E[X^2]$ を求める．

$$E[X^2] = \sum_{k=0}^{n} k^2 \cdot {}_n C_k\, p^k q^{n-k}$$

であるが，$k^2 = k(k-1) + k$ であることに注意して，まず，

$$E[X^2] = \sum_{k=0}^{n} k(k-1) {}_n C_k\, p^k q^{n-k} + E[X] \cdots\cdots\cdots (\#)$$

としておこう．天下り的だが，

$$f(x) = (px+q)^n = \sum_{k=0}^{n} {}_n C_k (px)^k q^{n-k}$$

という関数を考えると，両辺を微分することにより，

$$f'(x) = n(px+q)^{n-1} \cdot p = \sum_{k=1}^{n} {}_n C_k\, p^k k x^{k-1} q^{n-k} \quad \cdots\cdots (\flat)$$
$$f''(x) = n(n-1)(px+q)^{n-2} \cdot p^2$$
$$= \sum_{k=2}^{n} {}_n C_k\, p^k k(k-1) x^{k-2} q^{n-k}$$

$V[X]$ は，計算公式 (2.2.5) の
$$V[X] = E[X^2] - (E[X])^2$$
を用いる．

最後の式 より，$f''(1) = n(n-1)p^2 = \sum_{k=0}^{n} k(k-1){}_n C_k\, p^k q^{n-k}$

となる．したがって，$(\#)$ 式 $= n(n-1)p^2 + np$．ゆえに，

$$V[X] = E[X^2] - (E[X])^2 = n(n-1)p^2 + np - (np)^2$$
$$= -np^2 + np = np(1-p) = npq.$$

$(\flat)$ 式に $x=1$ を代入しても，2項分布の平均が np であることが示される．

- 標準偏差は，分散の平方根であるから，$\sqrt{npq}$．　∎

2 項分布の計算例

血液型
⟹ コラム 35

この結果，大まかに 30 ± 4.58 人と予測することができる．

例題 2.22 日本人の血液型は 10 人に 3 人の割合で O 型である．100 人の日本人を任意に選んだとき，そのうちの O 型の人数を X とする．X の平均値と標準偏差を求めよ．

血液型が O 型である確率は，$p = 0.3$ であるから，$B(n=100, p=0.3) = B(100, 0.3)$ の 2 項分布を考えることになる．
平均は，$m = np = 100 \cdot 0.3 = 30$ 人．
分散は，$\sigma^2 = np(1-p) = 100 \cdot 0.3 \cdot 0.7 = 21$．
標準偏差は，$\sqrt{21} \sim 4.58$ 人．

酔歩問題
(random walk)

例題 2.23 ある酔っ払いが，1 歩進むごとに，右か左へそれぞれ $1/2$ の確率でよろけながら進んでいる．10 歩進んだとき，右または左へ何歩分よろけているか．

$B(10, 1/2)$ のグラフ

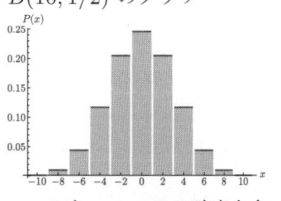

$x = 0$ と $x = \pm 2$ の確率を合わせると，実に約 65% である．酔っ払いは，その場に放っておいても遠くへ行かないことがわかる．

酔歩問題は，§7.1.3 にて，確率過程としても扱う．

n が大きくなると，2 項分布は正規分布 (§2.6.1) に近づいていくことを §3.2.1 で学ぶ．
⟹ 章末問題 2.9

10 歩では，$x = [-10, 10]$ に分布する．

$x = \pm 10$ $\quad {}_{10}C_0 \left(\frac{1}{2}\right)^{10} \left(\frac{1}{2}\right)^0 = \frac{10!}{0!\, 10!} \frac{1}{2^{10}} = \frac{1}{1024}$

$x = \pm 8$ $\quad {}_{10}C_1 \left(\frac{1}{2}\right)^9 \left(\frac{1}{2}\right)^1 = \frac{10!}{1!\, 9!} \frac{1}{2^{10}} = \frac{10}{1024}$

$x = \pm 6$ $\quad {}_{10}C_2 \left(\frac{1}{2}\right)^8 \left(\frac{1}{2}\right)^2 = \frac{10!}{2!\, 8!} \frac{1}{2^{10}} = \frac{45}{1024}$

$x = \pm 4$ $\quad {}_{10}C_3 \left(\frac{1}{2}\right)^7 \left(\frac{1}{2}\right)^3 = \frac{10!}{3!\, 7!} \frac{1}{2^{10}} = \frac{120}{1024}$

$x = \pm 2$ $\quad {}_{10}C_4 \left(\frac{1}{2}\right)^6 \left(\frac{1}{2}\right)^4 = \frac{10!}{4!\, 6!} \frac{1}{2^{10}} = \frac{210}{1024}$

$x = 0$ $\quad {}_{10}C_5 \left(\frac{1}{2}\right)^5 \left(\frac{1}{2}\right)^5 = \frac{10!}{5!\, 5!} \frac{1}{2^{10}} = \frac{252}{1024}$

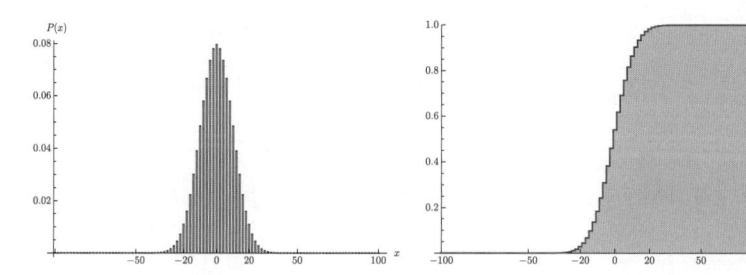

同様の計算を 100 歩で行うと，2 項分布 $B(100, 1/2)$ であるが，そのグラフは下のようになる．左が確率関数，右が累積分布関数である．

2 項分布の再生性

定理 2.31（2 項分布の再生性）
X_1, X_2 が独立な確率変数で，それぞれ 2 項分布 $B(n_1, p), B(n_2, p)$ にしたがうとき，$X_1 + X_2$ は 2 項分布 $B(n_1+n_2, p)$ にしたがう．

証明 例題 2.14 で求めた 2 項分布の確率母関数を使って示そう．
$B(n_1, p), B(n_2, p)$ の確率母関数を $G_1(z), G_2(z)$ とすると，それぞれ

$$G_1(z) = (pz+1-p)^{n_1}, \quad G_2(z) = (pz+1-p)^{n_2}$$

である．定理 2.22 より，X_1, X_2 が独立なとき，$Y = X_1 + X_2$ の確率母関数 $G_Y(z)$ は

$$G_Y(z) = G_1(z)\,G_2(z) = (pz+1-p)^{n_1}(pz+1-p)^{n_2}$$

であるが，これを書き直すと

$$G_Y(z) = (pz+1-p)^{n_1+n_2}$$

となり，これは，2 項分布 $B(n_1+n_2, p)$ の確率母関数に他ならない．■

一般に，同じ確率分布にしたがう独立な複数の確率変数があり，それらの和の分布が再び同じ確率分布になるとき，その分布は**再生性**をもつ，という．2 項分布の他に，Poisson（ポアソン）分布・正規分布なども再生性をもつ．

再生性 (reproducibility)

2 項分布の再生性
n に関する再生性をもつ．

2 項分布の確率母関数
$\implies$ 例題 2.14

独立変数の和と確率母関数
$\implies$ 定理 2.22

積率母関数を使っても示すことができる．
正規分布の再生性の証明
$\implies$ 定理 2.44

---

2 項分布の統計量のまとめ

記号	$B(n, p)$ n は試行回数，p は注目する確率
確率関数	$P(X=k) = {}_n\mathrm{C}_k\, p^k\, q^{n-k}$ $q = 1-p,\quad (k = 0, 1, 2, \cdots, n)$
特徴	n に関して再生性をもつ． p が小さいときは Poisson 分布で近似できる．

平均	np
分散	npq
標準偏差	$\sqrt{npq}$
確率母関数	$G(z) = (pz+q)^n$
積率母関数	$M(t) = (pe^t+q)^n$
特性関数	$\hat{M}(t) = (pe^{it}+q)^n$
モーメント	$m_2 = npq$ $m_3 = npq(q-p)$ $m_4 = npq[1-3pq(n+2)]$
歪度	$(q-p)/\sqrt{npq}$
尖度	$3 - \dfrac{6}{n} + \dfrac{1}{npq}$

2.5.4 Poisson（ポアソン）分布

2項分布 $B(n,p)$ において，確率 p の値が小さいときの極限として，次のPoisson分布がよく使われる．

【Level 1】

👤Siméon Denis Poisson
ポアソン (1781-1840)

Poisson 分布
(Poisson distribution)

分布の表記は Po (λ)，すなわち Po (係数 λ)

> **定義 2.32（Poisson 分布）**
> $\lambda > 0$ である定数に対し，
> $$P(X=k) = e^{-\lambda}\frac{\lambda^k}{k!} \quad (k=0,1,2,\cdots) \qquad (2.5.5)$$
> で与えられる確率分布を **Poisson 分布**（ポアソン分布）といい，Po(λ) の記号で表す．

実際に利用するときには，次の関係を知っておくと便利である．

Poisson 分布と 2 項分布

2項分布で $p = \dfrac{\lambda}{n}$ として，$n \to \infty$ の極限をとった分布である．

> **定理 2.33（Poisson 分布と 2 項分布）**
> 確率 p で試行回数が n の 2 項分布 $B(n,p)$ で，$\lambda = np$ とおき，$p \to 0, n \to \infty$ とした極限が Poisson 分布 Po (λ) である．すなわち，
> $$2\text{項分布}\quad B(n, \frac{\lambda}{n}) \xrightarrow[n\to\infty]{} \text{Poisson 分布 Po}(\lambda) \qquad (2.5.6)$$

証明 2項分布の式 (2.5.3) から上記を示す．$k = 0, 1, 2, \cdots, n$ に対して，

$$\begin{aligned}P_{2\text{項}}(X=k) &= {}_n\mathrm{C}_k\, p^k(1-p)^{n-k} = \frac{n!}{k!(n-k)!}p^k(1-p)^{n-k} \\ &= \frac{n(n-1)\cdots(n-k+1)}{k!}p^k(1-p)^{n-k} \\ &= \frac{n^k}{k!}1\cdot\left(1-\frac{1}{n}\right)\left(1-\frac{2}{n}\right)\cdots\left(1-\frac{k-1}{n}\right)p^k(1-p)^{n-k}\end{aligned}$$

ここで，$\lambda = np$ とおいて，$n \to \infty$ の極限を考えるが，最後の項は，

$$\lim_{n\to\infty}(1-p)^{n-k} = \lim_{n\to\infty}\left(1-\frac{\lambda}{n}\right)^{n(1-k/n)} = e^{-\lambda}$$

となることから，

$$P_{2\text{項}} \to \frac{\lambda^k}{k!}e^{-\lambda}$$

となって，Poisson 分布になる． ∎

Poisson 分布は稀な現象を記述する．不良品の生産率・故障発生率とか，交通事故死亡率など例外的に発生する現象に適用される．

- $n \to \infty, p \to 0$ の極限だから，
  Poisson 分布は「稀な現象を記述する」確率分布であるといえる．

- 巻末の付表1に代表的な λ, k に対して (2.5.5) の値を示す「Poisson 分布表」を用意した．

- この分布の総和が 1 であることは，次式で示される．

$$\sum_{k=0}^{\infty} e^{-\lambda} \frac{\lambda^k}{k!} = e^{-\lambda} \left(\sum_{k=0}^{\infty} \frac{\lambda^k}{k!} \right) = e^{-\lambda} e^{\lambda} = 1 \qquad (2.5.7)$$

グラフは，λ が大きくなるほど，左右対称の形になっていく．

分布の総和が 1
　＝確率の総和が 1

$\sum_{k=0}^{\infty} \dfrac{x^k}{k!} = e^x$ は，自然対数の底 e の定義 $\Longrightarrow$ §0.5.6

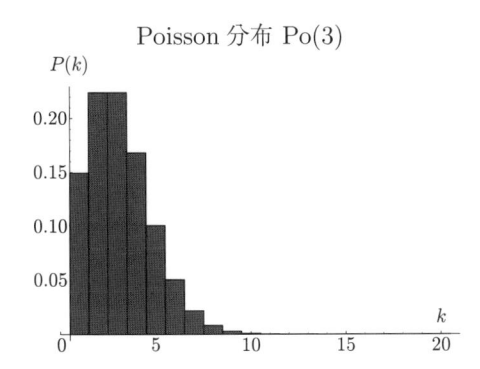

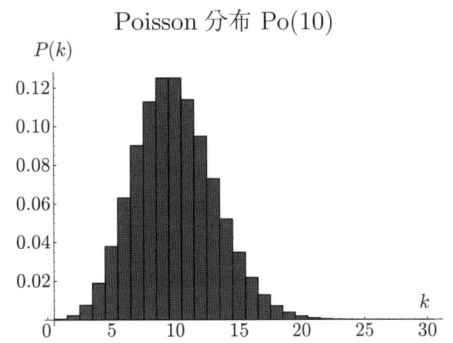

Poisson 分布 Po(3)

Poisson 分布 Po(10)

公式 2.34（Poisson 分布の平均値・分散）
Poisson 分布 Po(λ) の平均は λ，分散も λ，標準偏差は $\sqrt{\lambda}$ である．

Poisson 分布の平均値・分散

- 平均 $\mu = E[X]$ は，定義より，

$$\mu = \sum_{k=0}^{n} k P(X = k) = \sum_{k=0}^{n} k e^{-\lambda} \frac{\lambda^k}{k!}$$
$$= \left(0 \cdot \lambda^0 + 1 \cdot \frac{\lambda^1}{1!} + 2 \cdot \frac{\lambda^2}{2!} + 3 \cdot \frac{\lambda^3}{3!} + \cdots \right) e^{-\lambda}$$
$$= \lambda \left(1 + \lambda + \frac{\lambda^2}{2!} + \frac{\lambda^3}{3!} + \cdots \right) e^{-\lambda} = \lambda e^{\lambda} e^{-\lambda} = \lambda$$

- 次に分散 $V[X]$ を求める．$E[X^2]$ の部分は，定義より

$$E[X^2] = \sum_{k=0}^{n} k^2 e^{-\lambda} \frac{\lambda^k}{k!}$$

であるが，$k^2 = k(k-1) + k$ であることに注意して，

$$E[X^2] = \sum_{k=0}^{n} k(k-1) e^{-\lambda} \frac{\lambda^k}{k!} + \sum_{k=0}^{n} k e^{-\lambda} \frac{\lambda^k}{k!}$$
$$= \lambda^2 \left(1 + \lambda + \frac{\lambda^2}{2!} + \frac{\lambda^3}{3!} + \cdots \right) e^{-\lambda} + E[X] = \lambda^2 + \lambda$$

分散 $V[X]$ は，計算公式 (2.2.5) の
$$V[X] = E[X^2] - (E[X])^2$$
を用いる．

したがって，

$$V[X] = E[X^2] - (E[X])^2 = \lambda^2 + \lambda - (\lambda)^2 = \lambda.$$

- 標準偏差はこの平方根である．

Poisson 分布の計算例

まずは,「稀な現象は Poisson 分布」という事実の確認から.

例題 2.24 50 人いるクラスの中で, 誕生日が 1 月 1 日の人の人数 $k=0,1,\cdots,4$ 人の確率を, 2 項分布にしたがうとする場合, Poisson 分布にしたがうとする場合のそれぞれについて求めよ.

2 項分布にしたがうとすれば $B(n=50, p=1/365)$, Poisson 分布にしたがうとすれば, $\text{Po}(\lambda=np=50/365)$ である. 両者を比較すると右の表のようになり, よく似た数字を出していることがわかる.

k	$B(50,1/365)$	$\text{Po}(50/365)$
0	0.871818	0.871982
1	0.119755	0.119449
2	0.008060	0.008181
3	0.000354	0.000373
4	0.000011	0.000012

どちらの分布でも同じ結果になることを確かめる問題.

例題 2.25 ある製品の生産ラインの不良品発生率は 0.03 である. このラインで生産された製品からランダムに 100 個を取り出すとき, 不良品が 3 個以上ある確率はいくらか.

(1) 2 項分布にしたがうとして求めよ.
(2) Poisson 分布にしたがうとして求めよ.

不良品の個数 X の分布を $P(X)$ とする. 求める確率 $P(X \geq 3)$ は, 余事象を用いて, $P(X \geq 3) = 1 - P(X=0) - P(X=1) - P(X=2)$.

厳密に行うならば 2 項分布を計算すべきであるが, どちらも約 58% となり, 近似的な表現である Poisson 分布でもかなり良い値を出すことがわかる.

(1) $P(X)$ が 2 項分布 $B(100, 0.03)$ にしたがうとすれば,

$$P(X=0) = {}_{100}\text{C}_0\, 0.03^0\, 0.97^{100} = 0.04755,$$
$$P(X=1) = {}_{100}\text{C}_1\, 0.03^1\, 0.97^{99} = 0.1471,$$
$$P(X=2) = {}_{100}\text{C}_2\, 0.03^2\, 0.97^{98} = 0.2251$$

これより, $P(X \geq 3) = 1 - 0.0476 - 0.1471 - 0.2251 = 0.5802$.

(2) は巻末の付表 1(Poisson 分布表) を用いて計算した.

(2) $P(X)$ が Poisson 分布にしたがうとすれば, $\lambda = 100 \times 0.03 = 3$ の分布 Po(3) で表されると考えられる.

$$P(X=0) = e^{-3} 3^0/0! = 0.04979,$$
$$P(X=1) = e^{-3} 3^1/1! = 0.1494,$$
$$P(X=2) = e^{-3} 3^2/2! = 0.2240$$

これより, $P(X \geq 3) = 1 - 0.0498 - 0.1494 - 0.2240 = 0.5768$.

なお, 不良品が 1 個以上発生する確率は, $1 - P(X=0)$ だから, 約 95%である.

2.5 離散型確率分布

例題 2.26 あるスーパーコンピュータは，8万台の CPU を持つシステムである．1つの CPU の故障頻度は 10 年に一度の割合（1時間あたりの故障率 $p = 1/(10 \times 365 \times 24)$）である．システム全体では，1時間あたり，故障頻度はどのくらいか．

理化学研究所が推進する次世代スーパーコンピュータ「京」は，8万台の CPU を用いた並列計算を可能にする．

確率 $p = 1/(10 \times 365 \times 24)$ であり，頻度は非常に少ないので，Poisson 分布を適用して考える．$n = 80000$ であるから，$\lambda = np = 1.027 \simeq 1$ と対応し，Po(1) の分布を当てはめる．巻末の付表 1 より，右表の数字を得る．

k	Po(1)
0	0.3679
1	0.3679
2	0.1839
3	0.06131
4	0.01533

これより，1時間あたり故障が 0 台なのは 36.8% であり，残りの 63.2% は故障が存在していることになる．

- 実際，常にメンテナンスを行い，故障している箇所は並列計算に利用しない，などの管理ソフトウェアで対応するそうである．

問題 2.27
Poisson 分布は，ロシアの統計学者 Bortkiewicz によって再発見された．彼は馬に蹴られて死亡するプロシア軍の兵士の数を 20 年間にわたって調べ，そのデータが Poisson 分布と一致することを発表した (1898 年)．右のデータは，1 年あたり 1 師団ごとにその死亡者数をまとめたものである．
このデータの標本平均値が 0.61 であることから，Po(0.61) で近似せよ．（電卓使用可）

死亡者数	師団数
0	109
1	65
2	22
3	3
4	1
5 以上	0

👤 Ladislaus von Bortkiewicz ヴォルトケービッチ (1868-1931)

Poisson 分布の統計量のまとめ

記号	Po(λ)　λ は定数．
確率関数	$P(X=k) = e^{\lambda} \dfrac{\lambda^k}{k!}$ $(k = 0, 1, 2, \cdots, n)$
特徴	2 項分布 $B(n, p)$ と $\lambda = np$ の対応 p が小さいときの極限 『稀な現象は Poisson 分布』 λ に関して再生性をもつ 巻末に付表 1　Poisson 分布表

平均	λ
分散	λ
標準偏差	$\sqrt{\lambda}$
確率母関数	$G(z) = e^{\lambda(z-1)}$
積率母関数	$M(t) = e^{\lambda(e^t - 1)}$
特性関数	$\hat{M}(t) = e^{\lambda(e^{it} - 1)}$
モーメント	$m_2 = \lambda$ $m_3 = \lambda$ $m_4 = \lambda(1 + 3\lambda)$
歪度	$1/\sqrt{\lambda}$
尖度	$3 + 1/\lambda$

2.5.5 幾何分布

成功（○）か失敗（×）かの Bernoulli 試行を繰り返すとき，「はじめて成功するまでの失敗の試行回数 k」を表す確率分布が幾何分布である．

【Level 1】

幾何分布
(geometric distribution)

「k 回失敗して，$k+1$ 回目の試行ではじめて成功」

$$\underbrace{\times\times\times\cdots\times}_{k \text{ 回の失敗}}\bigcirc\cdots$$

という試行列を考えること．

ここでも事象 S と事象 F のアルファベットは，Success（成功）と Failure（失敗）をイメージしている．
分布を表す記号は，$G(p)$，すなわち $G(\text{確率 }p)$．

> **定義 2.35（幾何分布）**
> 事象 S（確率 p）と事象 F（確率 $q=1-p$）に分かれる Bernoulli 試行列で，はじめて事象 S が起こる直前までの試行回数（すなわち事象 F の発生回数）X の確率分布は，
> $$P(X=k) = pq^k \qquad (k=0,1,2,\cdots) \tag{2.5.8}$$
> で与えられる．これを **幾何分布** といい，$G(p)$ の記号で表す．

- 事象 S が $k+1$ 回目にはじめて発生する場合は，それまでに事象 F が k 回連続して発生しているので，$q^k \times p$ となる，という式．
  例 サイコロを振り続けていくとき，はじめて⚄が出るまでの回数は，$G(1/6)$ で与えられる．

- 確率の総和は 1 であることは，数列の和の公式を用いて示される．

無限等比数列の和
$\implies$ 公式 0.19

$$\sum_{k=0}^{\infty} pq^k = p\sum_{k=0}^{\infty} q^k = p\lim_{n\to\infty}\frac{1-q^n}{1-q} = p\frac{1}{1-q} = 1$$

- 積率母関数は $M(t) = \dfrac{p}{1-qe^t}$, 特性関数は $\hat{M}(t) = \dfrac{p}{1-qe^{it}}$.

- 幾何分布は途中で止めて再開しても全く同じ分布が続く．独立な事象を仮定しているからである．このように，確率で続く過程が，現在の状態のみに依存し，過去の状態に無関係なとき，「**Markov 性をもつ**」あるいは「**Markov 過程**」という．

Markov 性 $\implies$ 定義 7.9
(Markov property)

Andrei Andreyevich Markov マルコフ
(1856-1922)

(2.5.8) の値は，n が大きくなるほど，当然ながら小さい値になる．

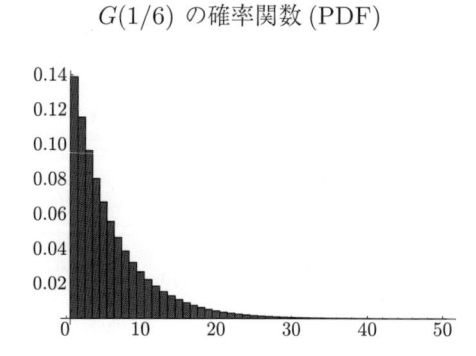

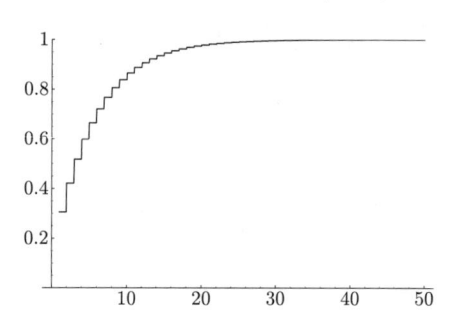

$G(1/6)$ の確率関数 (PDF)　　　　$G(1/6)$ の累積分布関数 (CDF)

2.5 離散型確率分布

> **公式 2.36（幾何分布の平均値・分散）**
> $q=1-p$ とすると，幾何分布の平均値は $\dfrac{q}{p}$，分散は $\dfrac{q}{p^2}$．

幾何分布の平均値・分散

- 平均 $\mu = E[X]$ は，定義より，

$$\mu = \sum_{k=0}^{n} k\,pq^k = p(0\cdot q^0 + 1\cdot q^1 + 2\cdot q^2 + 3\cdot q^3 + \cdots)$$
$$= pq(1 + 2q^1 + 3q^2 + 4q^3 + \cdots)$$

この式を q 倍した $q\mu = pq(q + 2q^2 + 3q^3 + \cdots)$ との差を考えると，

$$\mu - q\mu = pq(1 + q + q^2 + q^3 + \cdots) = \frac{pq}{1-q} = q$$

これより，$\mu = \dfrac{q}{1-q} = \dfrac{q}{p}$．

ここでは直接示すが，積率母関数を用いて計算する方法を問題 2.28 とした．

無限等比級数
$\implies$ 公式 0.19

- 次に分散 $V[X]$ を求める．$E[X^2]$ の部分は，定義より

$$E[X^2] = \sum_{k=0}^{n} k^2\,pq^k = pq(1 + 4q + 9q^2 + 16q^3 + \cdots) \equiv pq\cdot y$$

y と置いた部分は，q 倍した $qy = q + 4q^2 + 9q^3 + \cdots$ との差を考えて，$(1-q)y = py = 1 + 3q + 5q^2 + \cdots$．この式を再び q 倍して，$pqy = q + 3q^2 + 5q^3 + \cdots$ との差を考え，

$$p^2 y = 1 + 2q + 2q^2 + \cdots = 1 + 2\frac{q}{1-q} = 1 + 2\frac{q}{p}.$$

したがって，$y = \dfrac{p+2q}{p^3}$ となるので，$E[X^2] = \dfrac{q(p+2q)}{p^2} = \dfrac{q(1+q)}{p^2}$．これより分散 $V[X]$ は，

$$V[X] = \frac{q(1+q)}{p^2} - \left(\frac{q}{p}\right)^2 = \frac{q}{p^2}$$

$V[X]$ は，計算公式 (2.2.5) の
$V[X] = E[X^2] - (E[X])^2$
を用いる．

階差数列を 2 回とる．
階差数列 $\implies$ §0.4.1

標準偏差は，分散の平方根である．

問題 2.28 幾何分布の積率母関数が $M(t) = \dfrac{p}{1-qe^t}$ であることを示し，これを用いて $E[X], V[X]$ を求めよ．

「はじめて成功するまでの試行回数」を表す分布も似た形になる．

> **定義 2.37（ファーストサクセス分布）**
> 事象 **S**（確率 p）と事象 **F**（確率 $q=1-p$）に分かれる Bernoulli 試行列で，はじめて事象 **S** が起こるまでの試行回数 X の確率分布は，次式となる．
>
> $$P(X=k) = p\,q^{k-1} \qquad (k=1,2,\cdots) \tag{2.5.9}$$
>
> これを**ファーストサクセス分布**といい，FS(p) の記号で表す．

分布の平均値は $1/p$．分散，標準偏差は幾何分布と同じ．

ファーストサクセス分布
k の範囲に注意．
「k 回目の試行ではじめて成功」

$$\underbrace{\times \times \times \cdots \times}_{k-1 \text{ 回の失敗}} \bigcirc \cdots$$

という試行列を考えること．

分布を表す記号は，FS(p)，すなわち FS(確率 p)．
$\implies$ 章末問題 2.8

幾何分布の計算例

> **例題 2.29** ⚀の目が出るまで1つのサイコロを投げ続ける.
>
> (1) はじめて⚀の目が出るのは，平均して何回目か.
> (2) 15 回以上投げる確率を求めよ.

(1) $G(1/6)$ の幾何分布 $P(X=k) = pq^k = \dfrac{1}{6} \cdot \left(\dfrac{5}{6}\right)^k$

にしたがうと考える. ⚀の目が出るのは $k+1$ 回目なので，

$$E[X=k+1] = \sum_{k=0}^{\infty}(k+1)\frac{1}{6} \cdot \left(\frac{5}{6}\right)^k = \frac{q}{p} + \sum_{k=0}^{\infty}\frac{1}{6} \cdot \left(\frac{5}{6}\right)^k$$

$$= \frac{5/6}{1/6} + \frac{1}{6} \cdot \frac{1}{1-5/6} = 6 \text{ 回}$$

（別解）FS(1/6) のファーストサクセス分布にしたがうと考え，平均値 $1/p = 6$ 回.

(2) $G(1/6)$ の幾何分布で $P(X \geq 14)$ を求める. （あるいは，FS(1/6) のファーストサクセス分布で $P(X \geq 15)$ を求める.）

$$P(X \geq 14) = \sum_{k=14}^{\infty}\frac{1}{6} \cdot \left(\frac{5}{6}\right)^k = \frac{1}{6} \cdot \left(\frac{5}{6}\right)^{14} \sum_{\ell=1}^{\infty}\left(\frac{5}{6}\right)^{\ell-1}$$

$$= \frac{1}{6}\left(\frac{5}{6}\right)^{14}\frac{1}{1-5/6} = \left(\frac{5}{6}\right)^{14} = \text{約 } 6.50\%$$

$\ell = k - 13$ とおくと，

k	14, 15, $\cdots$
ℓ	1, 2, $\cdots$

2.5.6 Pascal (パスカル) 分布

【Level 1】

👤 Blaise Pascal
パスカル (1623-62)

成功 (○) か失敗 (×) かの Bernoulli 試行を繰り返すとき，「確率 p で成功する事象が，はじめから r 回成功するまでの試行回数」を表す確率分布を Pascal 分布という. k 回目の試行で r 回目の成功があった，とすれば，次のような試行列になる.

$$\underbrace{\times\times○\times○\times\times\times○○\times\times\cdots\cdots}_{k-1 \text{ 回中 } r-1 \text{ 回の成功}} \underbrace{○}_{\text{成功!}} \cdots$$

Pascal 分布
(Pascal distribution)

分布を表す記号は，
Pas (p, r), すなわち
Pas (確率 p, 回数 r).

> **定義 2.38（Pascal 分布）**
> 事象 S（確率 p）と事象 F（確率 $q = 1-p$）に分かれる Bernoulli 試行列において，事象 S が r 回起こるまでの試行回数 X の確率分布は，
>
> $$P(X=k) = {}_{k-1}\mathrm{C}_{r-1}\, p^r q^{k-r} \qquad (r \leq k) \qquad (2.5.10)$$
>
> となる. これを **Pascal 分布**といい，Pas (p, r) の記号で表す.

- 平均値は r/p, 分散は rq/p^2. 母関数は $M(t) = \left(\dfrac{pe^t}{1-qe^t}\right)^r$.

2.5.7 負の2項分布

【Level 1】

負の2項分布
(negative binomial distribution)

> **定義 2.39（負の2項分布）**
> 事象 **S**（確率 p）と事象 **F**（確率 $q = 1-p$）に分かれる Bernoulli 試行で，**S** が r 回起こるまでに，**F** の起こる回数 X の確率分布は，
> $$P(X=k) = {}_{r+k-1}C_k\, p^r q^k \quad (k = 0, 1, 2, \cdots) \quad (2.5.11)$$
> となる．これを**負の2項分布**といい，$NB(r,p)$ の記号で表す．

分布を表す記号は，
$NB(r, p)$，すなわち
$NB(\text{回数 } r, \text{確率 } p)$
$\Longrightarrow$ 章末問題 2.3

- 平均は rq/p，分散は rq/p^2．母関数は $M(t) = p^r(1-qe^t)^{-r}$．
- 例 平均して 15% の人が受け取ってくれる路上の広告配布において，10 人の人に受け取ってもらうまでに手渡そうと努力しなければならない人数は，$NB(10, 0.15)$ である．

2.5.8 超幾何分布

【Level 2】

超幾何分布
(hyper-geometrical distribution)

> **定義 2.40（超幾何分布）**
> 全体で N 個のうち，確率 p に相当する Np 個に印があり，残り Nq 個には印がない（すなわち $p+q=1$）．この中から n 個取り出したとき，印がついているものの個数 X の確率分布は
> $$P(X=k) = \frac{{}_{Np}C_k \times {}_{Nq}C_{n-k}}{{}_N C_n} \quad (k=0,1,2,\cdots,\min(n, Np)) \quad (2.5.12)$$
> となる．これを**超幾何分布**といい，$H(N,n,p)$ の記号で表す．

分布を表す記号は，
$H(N, n, p)$，すなわち
$H(\text{全数 } N, \text{取出し数 } n, \text{確率 } p)$
$\Longrightarrow$ 章末問題 2.5
$\Longrightarrow$ 問題 5.5

- 平均は np，分散は $npq(N-n)/(N-1)$．

コラム 16

☕ 2つの抜き取り調査法

品質管理の抜き取り（抽出）調査には，**復元抽出**と**非復元抽出**の 2 つがある．例えば，全部で N 個の商品の中に良品が A 個，不良品が $B\,(=N-A)$ 個あるとする．そのうち，n 個を抽出するとしよう．

復元抽出とは，全体から 1 つ抽出して不良品かどうかを調べ，それをもとに戻して（かき混ぜて）から次の 1 つを抽出する方法である．この場合，不良品は確率 $p = B/N$ の一定値で現れるはずなので，2 項分布（§2.5.3）が適用できる．つまり，n 回の試行で，k 個の不良品が発見される確率 $P(X=k)$ は，
$$P(X=k) = {}_n C_k\, p^k (1-p)^{n-k} \quad (k=0,1,2,\cdots,n)$$

非復元抽出とは，取り出したものをもとの集合に戻さない方法である．このときに相当する分布が超幾何分布であり，
$$P(X=k) = \frac{{}_A C_k \times {}_B C_{n-k}}{{}_N C_n} \quad (k=0,1,2,\cdots,n)$$
となる．n を一定として，A も B も十分大きな数とすれば，復元抽出と非復元抽出の区別はなくなる．したがって，超幾何分布は 2 項分布で近似されるようになる．

2.6 連続型確率分布

2.6.1 正規分布

正規分布は，左右対称で美しい関数

$$y = e^{-x^2} \tag{2.6.1}$$

の形から考え出されたもので，Gauss が誤差を論じるために使い始めたため Gauss 分布とも呼ばれる．中心極限定理（§3 参照）によって，独立な多数のデータは正規分布に近づいていくことが証明されているため，統計処理の中心的存在となる重要な分布である．

> **定義 2.41（正規分布）**
> $-\infty < x < \infty$ の区間で，確率変数 $X = x$ が，密度関数
> $$f(x) = \frac{1}{\sqrt{2\pi\sigma^2}} \exp\left(-\frac{(x-\mu)^2}{2\sigma^2}\right) \tag{2.6.2}$$
> で与えられる分布を**正規分布**といい，$N(\mu, \sigma^2)$ と表す．
> 正規分布の平均値は μ，分散は σ^2 である．

【Level 1】

♣ Johann Carl Friedrich Gauss ガウス (1777-1855)

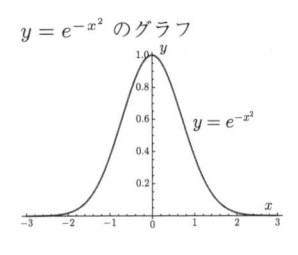

$y = e^{-x^2}$ のグラフ

正規分布
(normal distribution)

分布記号は $N(\mu, \sigma^2)$，すなわち N(平均値 μ, 分散 σ^2).

確率分布の式 (2.6.2) を次のように導こう．

- (2.6.1) の関数を確率分布とするためには，
  - (i) 面積の総和が 1 である

  ことが必要である．また，後の扱いを容易にするために，
  - (ii) 平均値が μ である
  - (iii) 分散が σ^2 である

  こともみたす関数形を求めよう．(ii) の条件をみたすためには，対称軸が $x = \mu$ であればよく，関数形は，A, B を定数として

  $$y = Ae^{-B(x-\mu)^2} \tag{2.6.3}$$

  とすればよい．(i), (iii) をみたすように A, B を定めよう．

- (i) の条件は，積分公式を用いると

  $$1 = \int_{-\infty}^{\infty} Ae^{-B(x-\mu)^2} dx = \int_{-\infty}^{\infty} Ae^{-Bz^2} dz = A\sqrt{\frac{\pi}{B}}$$

  これより，$A^2\pi = B$ $\cdots\cdots\cdots\cdots\cdots\cdots\cdots\cdots\cdots\cdots\cdots\cdots$ (♯)

- (iii) の条件も，積分公式を用いると

  $$\sigma^2 = \int_{-\infty}^{\infty} (x-\mu)^2 Ae^{-B(x-\mu)^2} dx = \int_{-\infty}^{\infty} z^2 Ae^{-Bz^2} dx = \frac{A}{2}\sqrt{\frac{\pi}{B^3}}$$

  これより，$A^2\pi = (2\sigma^2)^2 B^3$ $\cdots\cdots\cdots\cdots\cdots\cdots\cdots\cdots$ (♭)

- (♯), (♭) より，$A = 1/\sqrt{2\pi\sigma^2}$, $B = 1/2\sigma^2$ となる．

§0.6.6 で導いた Gauss 積分

$$\int_{-\infty}^{\infty} e^{-x^2} dx = \sqrt{\pi}$$

と，これより導かれる積分公式 (0.6.16) と (0.6.17)

$$\int_{-\infty}^{\infty} e^{-ax^2} dx = \sqrt{\frac{\pi}{a}}$$

$$\int_{-\infty}^{\infty} x^2 e^{-ax^2} dx = \frac{1}{2}\sqrt{\frac{\pi}{a^3}}$$

を準備しておこう．

右の積分では，$z = x - \mu$ と置換した．$dz = dx$ かつ

x	$-\infty \to \infty$
z	$-\infty \to \infty$

を用いている．

正規分布 $N(50, 5^2)$, $N(50, 10^2)$, $N(50, 20^2)$ のグラフ

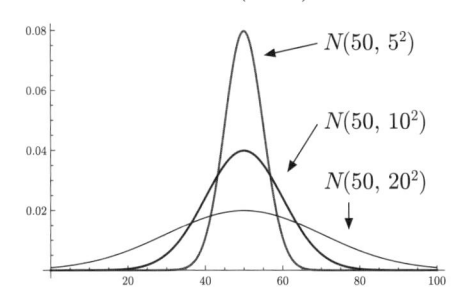

確率密度関数 (PDF)　　　　　　　　累積分布関数 (CDF)

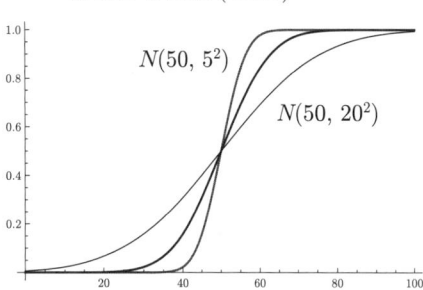

2.6.2　標準正規分布

定義 2.42（標準正規分布）
正規分布のうち，特に平均値 μ を 0，分散 σ^2 を 1 とする分布を**標準正規分布**という．確率密度関数は (2.6.2) より
$$\phi(z) = \frac{1}{\sqrt{2\pi}} e^{-z^2/2} \quad (-\infty < z < \infty) \tag{2.6.4}$$
となる．分布を表す記号は $N(0, 1)$．

【Level 1】

標準正規分布
(standard normal distribution)

例題 2.6 で示したように，一般に，確率変数 X が与えられたとき，次の標準化変換によって変数を Z に変えることにより，平均値が 0，分散が 1 になるように，確率分布を変換することができる．

定義 2.43（標準化変換）
平均値 μ，分散 σ^2 で分布する確率変数 $X = x$ に対し，
$$Z = \frac{X - \mu}{\sigma} \tag{2.6.5}$$
として変数を Z に**標準化変換**すると，確率変数 $Z = z$ の分布は，平均値が 0，分散が 1 になる．

標準化変換
規格化変換ともいう．
(standardization)

平均 μ，分散 σ^2 で分布する確率変数 X を，平均 0，分散 1 となる確率変数 Z に変数変換する重要な式である．
導出 $\Longrightarrow$ 例題 2.6

正規分布 $f(x)$ が与えられたとき，(2.6.5) を用いれば標準正規分布 $\phi(z)$ に変換され，逆に標準正規分布 $\phi(z)$ からもとの正規分布にも変数変換によって戻ることが可能である．

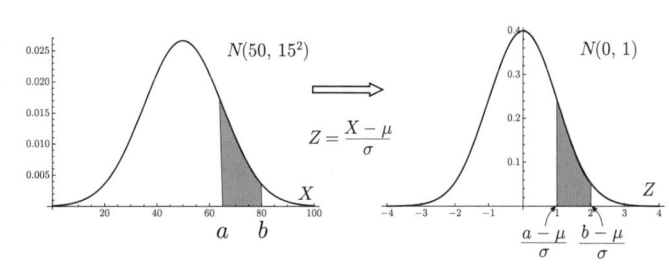

2.6.3　標準正規分布表

【Level 1】

例えば，50万人近くが受験するセンター試験の合計点数分布などは，ほとんど正規分布に近い関数で表される．

あらゆる分布は，データ数が多くなれば正規分布に近づいていくことが中心極限定理で知られているので，正規分布は，確率分布としてだけではなく，実際のデータ処理でもよく登場する．

(2.6.5) の標準化変換によって，すべての正規分布は，標準正規分布と対応させることができる．また，いくつか異なる分布があっても，分布を標準化することによって，各データの比較が可能になる．したがって，標準正規分布 $\phi(z)$ のグラフの面積が詳細にわかっていれば，どんな正規分布に対しても，その結果が応用できることになる．

具体的には以下のような積分値が手元にあれば有用である．より詳しい値は，巻末の**標準正規分布表**にて与えた．以降の例題・問題や，統計処理では標準正規分布表を使うことがしばしば必要となる．

$\phi(\alpha) = \int_\alpha^\infty \frac{1}{\sqrt{2\pi}} e^{-z^2/2} \, dz$ の値

「上側（右側）確率」とも呼ばれる．

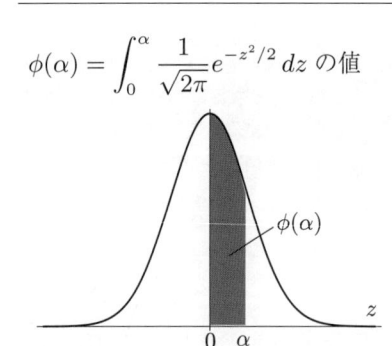

α を基準にすると，

α	$\phi(\alpha)$
0.0	.5000
0.5	.3085
1.0	.1587
1.5	.06681
2.0	.02275
2.5	.006210
3.0	.001350
3.5	.0002326

詳しくは $\Longrightarrow$ 付表 2

$\phi(\alpha)$ を基準にすると，

α	$\phi(\alpha)$
1.6449	.05
1.2816	.10
1.0364	.15
0.8416	.20
0.6745	.25
0.5244	.30
0.3853	.35
0.2533	.40
0.1257	.45

詳しくは $\Longrightarrow$ 付表 3

$\phi(\alpha) = \int_0^\alpha \frac{1}{\sqrt{2\pi}} e^{-z^2/2} \, dz$ の値

α を基準にすると，

α	$\phi(\alpha)$
0.0	.0000
0.5	.1915
1.0	.3413
1.5	.4332
2.0	.4773
2.5	.4938
3.0	.4987
3.5	.4998

詳しくは $\Longrightarrow$ 付表 4

$\phi(\alpha)$ を基準にすると，

α	$\phi(\alpha)$
0.0000	.00
0.2533	.10
0.3853	.15
0.5244	.20
0.6745	.25
0.8416	.30
1.0364	.35
1.2816	.40
1.6449	.45

詳しくは $\Longrightarrow$ 付表 5

標準正規分布の密度関数の面積は，前のページや巻末に標準正規分布表を与えたが，よく使われる指標を下図に示す．

例えば，中心の値（平均値）から標準偏差 σ だけ左右に広がる部分の面積は分布全体の約 68.3% である．同様に，平均値から $\pm 2\sigma$ の範囲では，全体の 約 95.5% の面積をカバーする．$\pm 3\sigma$ の範囲では，約 99.7% である．（「3σ の法則」とも呼ばれる）．

逆にあるデータに注目するとき，そのデータが，中心から σ の何倍の位置にあるかを調べれば，上位から（あるいは平均値から）どの位の位置にいるのかが判定できることになる．このような考え方でデータの標準化がさまざまに行われる．

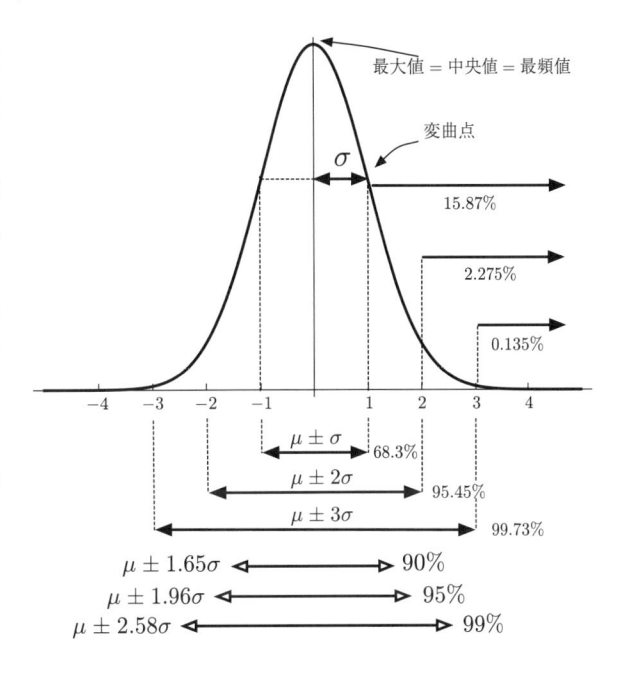

偏差値・知能指数

- 試験の成績などで，しばしば用いられる **偏差値** (SS) は，得点の分布が正規分布で与えられると仮定し，平均を 50，標準偏差を 10 として，もとのデータを標準化した指標である．
  すなわち，平均が m 点，標準偏差が σ 点だったテストで，x 点だった人の偏差値 S は，
  $$S = 50 + 10 \times \frac{x-m}{\sigma}. \tag{2.6.6}$$
  各科目で平均点や分散が違う結果になるのはよくあることだが，各科目のデータを平均点を 50 点，分散を 10 点となるように点数を調整した，と考えればよい．偏差値 60 は上位 16% に位置し，偏差値 70 は上位 2%程度 に位置することになる．

  偏差値 SS
  (standard score, deviation score)
  日本では個人の学力指標として悪名高いが，もともとアメリカ軍が，ミサイルの的中率を表現するのにつくり出した数字とのことである．

- **知能指数** (IQ) は，知能検査の結果を示す代表的な指標である．次第に解くのが難しくなるようなテスト問題を用意して同年齢の結果データを集計する．そして得点の分布が正規分布で与えられると仮定し，$\mu = 100$，$\sigma = 15$ とするようにテスト結果のデータを標準化した指標である．計算式は，偏差値と同様に
  $$\text{IQ} = 100 + 15 \times \frac{x-m}{\sigma}. \tag{2.6.7}$$
  IQ=115 は上位 16% に位置し，IQ=130 は上位 2%程度 に位置することになる．

  知能指数 IQ
  (intelligence quotient)

正規分布の計算例

偏差値 (SS)

> **例題 2.30** テストの採点結果，平均点 μ が 70 点，標準偏差 σ が 15 点となった．人数分布が正規分布にしたがうとして，偏差値（平均値を 50，標準偏差を 10 とするデータの標準化）を計算する．
>
> (1) 80 点，90 点，100 点の人の偏差値はそれぞれいくらか．
> (2) 上位 10% の人の成績を A とするとき，何点以上が A となるか．
> (3) 50 点未満の人を不合格とするとき，不合格者は全体の何% か．

偏差値 $\Longrightarrow$ (2.6.6)

偏差値を z とする．

(1) 80 点の人は，$z = 50 + 10 \times (80 - 70)/15 \simeq 56.67$．
90 点の人は，$z = 50 + 10 \times (90 - 70)/15 \simeq 63.33$．
100 点の人は，$z = 50 + 10 \times (100 - 70)/15 \simeq 70$．

(2) 標準正規分布表より，上位 10% の人の偏差値は，62.82．テストの点数に換算すると，89.22 点．

(3) 得点 50 点は，平均点から，標準偏差 σ の $(50 - 70)/15 = -1.33$ 倍だけ下にある．標準正規分布表より，約 9.2% の人を不合格にすることに相当する．

知能指数 (IQ)

世界 70 億人のうち，IQ 最高の人は，IQ 値はいくつになるだろうか．宿題．
$\Longrightarrow$ 章末問題 2.10

問題 2.31 知能指数（平均値を 100，標準偏差を 15 とするデータの標準化）について答えよ．

(1) 知能指数が 125 の人がいる．偏差値相当ではいくつか．
(2) 1 万人のうち，知能指数が 150 以上の人はおよそ何人いると考えられるか．
(3) 世界に知能指数 200 以上の人は何人いると考えられるか．

成績の 5 段階評価

問題 2.32 学校教育現場では，成績を 5 段階評価することがしばしばある．試験成績が平均 μ 点，標準偏差 σ 点であるとき，下の表のように 5 段階評価を行った．空欄を埋めよ．

評価	素点	偏差値	人数比
5	$\mu + 1.5\sigma$ 以上		
4	$\mu + 0.5\sigma$ から $\mu + 1.5\sigma$		
3	$\mu - 0.5\sigma$ から $\mu + 0.5\sigma$		
2	$\mu - 1.5\sigma$ から $\mu - 0.5\sigma$		
1	$\mu - 1.5\sigma$ 以下		

定理 2.44（正規分布の再生性）
X_1, X_2 が独立で，それぞれ正規分布 $N(\mu_1, \sigma_1^2), N(\mu_2, \sigma_2^2)$ にしたがうとき，$X_1 + X_2$ は正規分布 $N(\mu_1 + \mu_2, \sigma_1^2 + \sigma_2^2)$ にしたがう．

> 正規分布の再生性
> (reproducibility of normal distribution)
> μ と σ^2 に関して再生性をもつ．

証明 X_i $(i=1,2)$ の積率母関数は
$$M_{X_i}(t) = \exp\left(\mu_i t + \frac{\sigma_i^2 t^2}{2}\right) \qquad (i=1,2).$$
X_1, X_2 が独立なので，$X_1 + X_2$ の積率母関数は
$$M_{X_1+X_2}(t) = M_{X_1}(t)\, M_{X_2}(t) = \exp\left(\mu_1 t + \frac{\sigma_1^2 t^2}{2}\right) \exp\left(\mu_2 t + \frac{\sigma_2^2 t^2}{2}\right)$$
$$= \exp\left((\mu_1 + \mu_2)t + \frac{(\sigma_1^2 + \sigma_2^2)t^2}{2}\right)$$
これは，正規分布 $N(\mu_1 + \mu_2, \sigma_1^2 + \sigma_2^2)$ の積率母関数と一致する．■

> 2 項分布の再生性
> $\Longrightarrow$ 定理 2.31
>
> 正規分布の積率母関数
> $\Longrightarrow$ 例題 2.17
> 独立変数の和と積率母関数
> $\Longrightarrow$ 定理 2.26

正規分布の統計量のまとめ

記号	$N(\mu, \sigma^2)$ μ は平均，σ^2 は分散．
密度関数	$f(x) = \dfrac{1}{\sqrt{2\pi\sigma^2}} \exp\left(-\dfrac{(x-\mu)^2}{2\sigma^2}\right)$ $(-\infty < x < \infty)$
特徴	2 項分布 B(試行回数 n, 確率 p) は，n が十分大きいとき，$N(np, npq)$ で近似される．中心極限定理により，すべての確率分布の和がしたがう基本的で重要な分布．μ と σ^2 に対して再生性をもつ．

平均	μ
分散	σ^2
標準偏差	σ
積率母関数	$M(t) = e^{\mu t + (\sigma^2/2)t^2}$
特性関数	$\hat{M}(t) = e^{i\mu t + (\sigma^2/2)t^2}$
モーメント	$m_2 = \sigma^2$, $m_3 = 0$, $m_4 = 3\sigma^4$
歪度	0
尖度	3

標準正規分布の統計量のまとめ

記号	$N(0,1)$ 0 は平均，1 は分散．
密度関数	$\phi(z) = \dfrac{1}{\sqrt{2\pi}} \exp\left(-\dfrac{z^2}{2}\right)$ $(-\infty < z < \infty)$
特徴	正規分布 $N(\mu, \sigma^2)$ の確率変数 x を標準化変換 $z = \dfrac{x-\mu}{\sigma}$ を用いて標準正規分布 $N(0,1)$ に対応させることができる．

平均	0
分散	1
標準偏差	1
積率母関数	$M(t) = e^{t^2/2}$
特性関数	$\hat{M}(t) = e^{-t^2/2}$
モーメント	$m_2 = 1$, $m_3 = 0$ $m_4 = 3$
歪度	0
尖度	3

巻末に付表 2-5 標準正規分布表

---コラム 17---

☕ 少子化と学力低下

大学生の学力低下が言われて久しい．その理由を分布関数で考えてみよう．仮定は単純である．

- 18 歳の学力の分布は，今も昔も変わらずに，Gauss 分布 $F(x) = \dfrac{1}{\sqrt{2\pi}}e^{-x^2/2}$ とする．
- すなわち，平均学力は今も昔も不変で ±0 であるとする．また標準偏差も不変とする．

大学の入学試験の合格最低点を X 点とすれば，合格者の割合 $A(X)$ は，

$$A(X) = \int_X^\infty F(x)dx$$

である．また，合格者の入試テストの平均点 M は，総得点 $S(X)$ が

$$S(X) = \int_X^\infty x\,F(x)dx = \frac{1}{\sqrt{2\pi}}e^{-X^2/2}$$

だから，

$$M = \frac{S(X)}{A(X)}$$

	18 歳 人口	大学短大 進学者	大学短大 進学率
1990 年	201 万	73 万	36%
1995 年	177 万	80 万	45%
2000 年	151 万	74 万	49%
2005 年	137 万	71 万	52%
2010 年	122 万	68 万	56%
2015 年	120 万	68 万	57%

となる．つまり，昔と今で同じ試験をしたときの平均点の推移が，各年度の大学生の率から予想できることになる．

いま，右のような 18 歳人口と大学入学率のデータがあるとき，1990 年の平均点を 100 とすれば，各年度での平均点はどうなるだろうか．

1990 年は大学入学者は人口の 36% なので，$A(X) = 0.36$ である．正規分布表より，この値を与える X は，$X = 0.3585$ であるから，

$$M_{1990} = \frac{\frac{1}{\sqrt{2\pi}}e^{-0.3585^2/2}}{0.36} = \frac{2.604}{\sqrt{2\pi}}$$

である．この値を 100 と考えて，各年度の平均点を算出すればよい．1995 年は $A(X) = 0.45$，この値を与える X は $X = 0.1257$ なので，

$$M_{1995} = \frac{\frac{1}{\sqrt{2\pi}}e^{-0.1257^2/2}}{0.45} = \frac{2.205}{\sqrt{2\pi}}$$

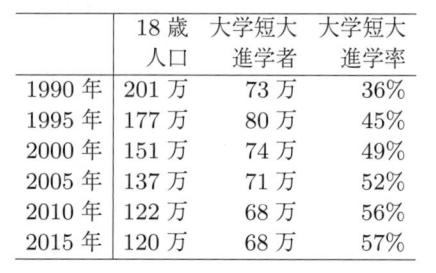

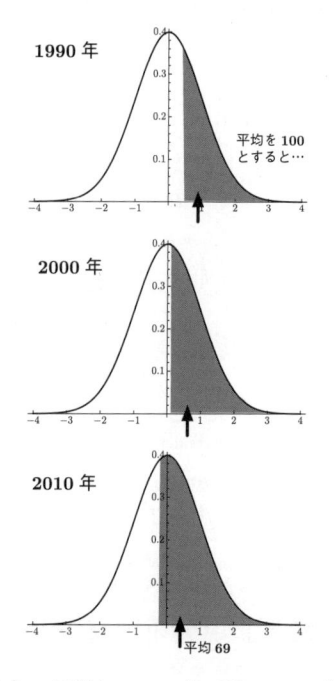

したがって，1995 年のテストでは平均点が 84.68 点になってしまう．同様に 2000 年では 78.38 点，2005 年では 73.94 点，2010 年では 67.80 点，2015 年では 66.33 点である．

こう考えると，「昔の大学生はもっと賢かった」という教授の嘆きももっともである．少子化でしかも大学進学率が上昇しているのにもかかわらず，大学入学者定員の削減が不十分なのが原因なのである．学力低下は，大学の大衆化が原因なのだ．

筆者が大学生だった頃も「昔の大学生はもっと勉強した」と言われた．きっと，その頃の教授たちも同じことを言われたはずである．きっとその前の世代も同じことを言われていたはずだ．日本に大学ができた明治のはじめは，大学生であることは，ほんの一握りのエリートだったからだ．

(有馬朗人「大学の物理教育」誌 (日本物理学会, 1999) を参考にデータを最近のものに置き換えた．)

2.6.4 多変量正規分布

確率変数が 2 つ以上のときの正規分布を紹介しよう．

定義 2.45（2 変量（2 次元）正規分布）

$-\infty < x, y < \infty$ の区間で，確率変数 $X = x, Y = y$ が，密度関数

$$f(x,y) = \frac{1}{2\pi\sqrt{\sigma_1^2 \sigma_2^2 (1-\rho^2)}} \exp\left[-\frac{z}{2(1-\rho^2)}\right] \quad (2.6.8)$$

$$z = \frac{(x-\mu_1)^2}{\sigma_1^2} - 2\rho\frac{(x-\mu_1)(y-\mu_2)}{\sigma_1\sigma_2} + \frac{(y-\mu_2)^2}{\sigma_2^2}$$

で与えられる分布を **2 変量（2 次元）正規分布**という．ρ は相関係数（2 変量の結合の大きさを表す定数）である．

---

2 変量（2 次元）正規分布
(bivariate normal distribution)

相関係数（$\Longrightarrow$ 定義 2.15）

$$\rho = \frac{V_{12}}{\sigma_1\sigma_2}$$

$V_{12} = E[(X-\mu_1)(Y-\mu_2)]$ は共分散

$\rho = 0$ のときの $f(x,y)$　　$\rho = -0.5$ のときの $f(x,y)$

確率変数 X と Y が独立のとき，$\rho = 0$．

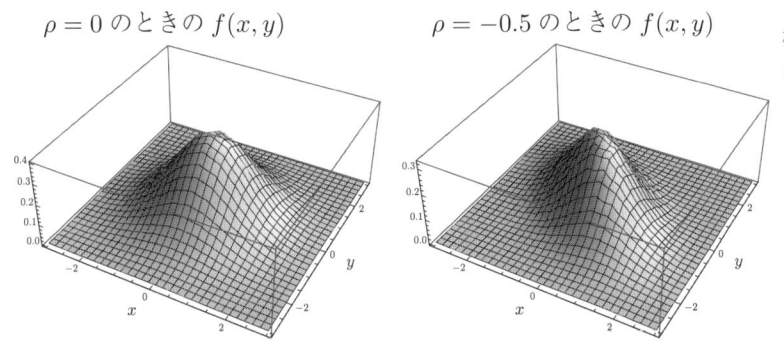

定義 2.46（多変量（多次元）正規分布）

確率変数 $X_1, \cdots, X_n$ が，密度関数

$$f(x_1, \cdots, x_n) = \frac{1}{(2\pi)^{n/2}|R|^{1/2}} \exp\left[-\frac{1}{2}\sum_{i,j=1}^{n} R_{ij}^{-1}(x_i - \mu_i)(x_j - \mu_j)\right] \quad (2.6.9)$$

で与えられる分布を**多変量（多次元）正規分布**という．R_{ij} は，それぞれの変量がどのように結合しているのかを表す定数行列で各成分が正である対称行列，$|R|$ はその行列式である．

多変量（多次元）正規分布
(multivariate normal distribution)

3 成分のときは，次のようになる．

$$f(x_1, x_2, x_3) = \frac{e^{-w/2(\alpha - 2\beta - 1)}}{(2\pi)^{3/2}\sqrt{1-\alpha+2\beta}}, \qquad \alpha = \rho_{12}^2 + \rho_{13}^2 + \rho_{23}^2, \qquad \beta = \rho_{12}\rho_{13}\rho_{23}$$

$$w = x_1^2(\rho_{23}^2 - 1) + x_2^2(\rho_{13}^2 - 1) + x_3^2(\rho_{12}^2 - 1)$$
$$\quad + 2[x_1 x_2(\rho_{12} - \rho_{13}\rho_{23}) + x_1 x_3(\rho_{13} - \rho_{12}\rho_{23}) + x_2 x_3(\rho_{23} - \rho_{12}\rho_{13})]$$

2.6.5 対数正規分布

【Level 2】

第3章で述べる中心極限定理が示すように，正規分布は，統計学でも非常に重要で基本的な分布である．この重要さに付随して，自然界や社会現象では**対数正規分布**で表される確率分布もよく登場する．

対数正規分布
(log-normal distribution)

作文の文章の長さや学習効果に対する反応時間などは対数正規分布にしたがうことが知られている．
確率過程の中で，**乗算過程**と呼ばれるものは結果として対数正規分布を生じさせる．
$\Longrightarrow$ §7.3.4

定義 2.47（対数正規分布）
確率変数 X が，密度関数

$$f(x) = \begin{cases} \dfrac{1}{\sqrt{2\pi}\sigma x} \exp\left(-\dfrac{(\log x - \mu)^2}{2\sigma^2}\right) & (x > 0) \\ 0 & (x \leq 0) \end{cases} \quad (2.6.10)$$

で与えられる分布を**対数正規分布**といい，$\Lambda(\mu, \sigma^2)$ と表す．対数正規分布の平均値は $e^{\mu+(\sigma^2/2)}$，分散は $e^{2\mu}\left(e^{2\sigma^2} - e^{\sigma^2}\right)$ である．

- 対数正規分布は，分散が小さいときは正規分布とほぼ同じ関数形である．しかし，分散が大きくなると左右非対称となり，右裾広がりの分布となる．
- 所得の分布は，低い方にはある程度下限があるが，上限はない．そのため，対数正規分布にあてはまる．

対数正規分布のグラフ

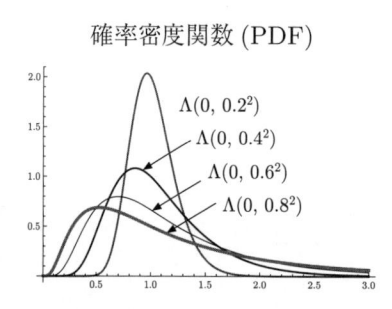

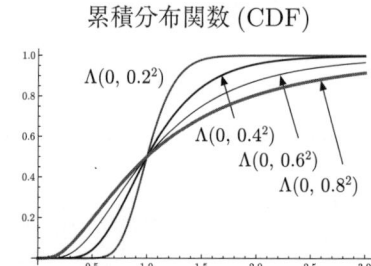

確率密度関数 (PDF)　　累積分布関数 (CDF)

$\Lambda(0, 0.2^2)$
$\Lambda(0, 0.4^2)$
$\Lambda(0, 0.6^2)$
$\Lambda(0, 0.8^2)$

対数正規分布 $\Lambda(0, 0.2^2)$ と 正規分布 $N(0, 0.2^2)$ の比較

正規分布と対数正規分布は，分散が小さいときはほぼ同じ関数形だが，縦軸を対数スケールにすると，値が小さいときには違いが生じていることがわかる．

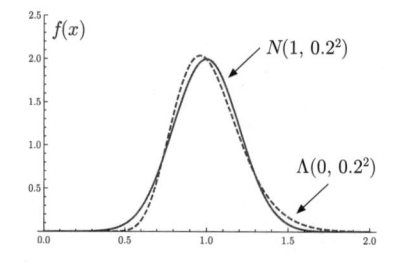

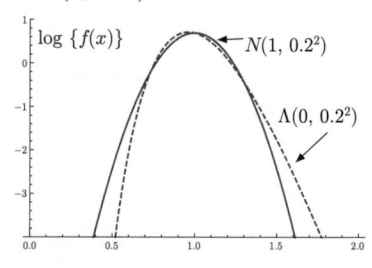

$f(x)$　　　$N(1, 0.2^2)$　　$\log\{f(x)\}$　　$N(1, 0.2^2)$
$\Lambda(0, 0.2^2)$　　　　$\Lambda(0, 0.2^2)$

縦軸を log スケールにしたもの

2.6.6 ベキ分布

19世紀末頃の統計学研究では，すべての事象が正規分布で説明できると考えられていた．しかし，自然現象や社会現象において，右裾広がりの分布が多く発見され，さまざまな名前がついている．

定義 2.48（ベキ分布）

確率変数 X が，密度関数
$$f(x) = C x^{-\alpha} \qquad (C:定数, \alpha > 0) \qquad (2.6.11)$$
で与えられる分布を**ベキ分布**という．分布の範囲を $x = [x_{\min}, \infty)$ とするなら，定数 C は全面積を 1 とするように，$C = (\alpha-1)x_{\min}^{\alpha-1}$ と決まる．このとき，平均値と分散は
$$E[X] = \frac{\alpha-1}{\alpha-2} x_{\min} \quad (\alpha>2), \quad V[X] = \frac{(\alpha-1)x_{\min}^2}{(\alpha-2)^2(\alpha-3)} \quad (\alpha>3)$$

- (2.6.11) の対数をとると
$$\log f(x) = -\alpha \log x + \log C. \qquad (2.6.12)$$
つまり，両対数グラフで表すと，傾き $-\alpha$ の直線になる．

ベキ分布
(power-law distribution)

$x_{\min}=1$ で，$\alpha=2,3,4$ としたときの確率密度関数 (PDF)

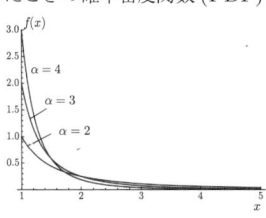

同じ PDF を両対数でプロットしたもの

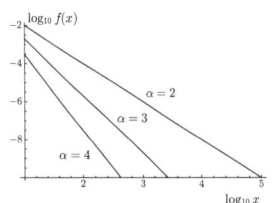

コラム 18

☕ あちこちで登場する「ベキ分布」

ベキ分布は，**Pareto**（パレート）**分布** とも呼ばれる．経済学者 Vilfredo Pareto (1848-1923) が，高額所得者の所得分布として当てはまることを示したことが由来である．「20%の高額所得者が，全体の80%の所得を占める」という **Pareto の法則**（**80:20 の法則**）がある．ロングテールの法則（⟹ コラム 13）も参照のこと．（なお，全集団の所得分布は対数正規分布に当てはまる．）

離散分布にしたものは **Zipf**（ジフ）**分布** とも呼ばれる．言語学者 George K. Zipf (1902-50) が提案した英単語の使用頻度とその順位について「n 番目の要素が全体に占める割合が $1/n$ に比例する」とする **Zipf の法則** が由来である．指数 α が $\alpha=1$ のときを Zipf 分布ということもある．（計量文献学 ⟹ コラム 25）

研究論文の影響力に対しても同様の法則が見られる．この場合は，**Bradford**（ブラッドフォード）**分布** とも呼ばれる．ある 1 つの研究分野に注目すると，各論文掲載誌の論文数 n は，n が多い順に掲載誌を 3 等分すると，論文数が $n^2 : n : 1$ になっているという法則が由来だが，最近では各論文の引用件数でこの傾向がより顕著になっていることが知られている．

この他，地震の規模と頻度に関しては，**Gutenberg-Richter**（グーテンベルク・リヒター）**則**，生物のサイズに関するスケーリング則（アロメトリー，allometry），自己相似的な構造をもつフラクタルにも，ベキ乗則が当てはまることが知られている．

このような法則があちこちで成り立つのは非常に興味深い．これらの起源についての研究も活発に行われている．（⟹ §7.3.5）

2.6.7 指数分布

【Level 1】

製品の寿命や故障率を考えるときによく使われるのが指数分布である. $e^{-\lambda x}$ 型の関数で与えられるので,積分計算も容易で扱いやすい.

指数分布
(exponential distribution)

分布を表す記号は,Exp(λ) すなわち,Exp(変数λ)

> **定義 2.49(指数分布)**
> $\lambda > 0$ である定数に対し,$0 \leq x < \infty$ の区間で,確率密度関数が
> $$f(x) = \lambda e^{-\lambda x} \qquad (x \geq 0) \qquad (2.6.13)$$
> で与えられる確率分布を**指数分布**といい,Exp(λ) の記号で表す.

(2.6.14) で定義すると,平均値と標準偏差がそのまま変数と同じ σ となることが理由であるが,本書では,応用面を考えて (2.6.13) の定義を採用する.他書に Exp(2) と書かれていても定義の仕方によって平均値や分散の値が変わってくるので注意.

- $\sigma > 0$ である定数に対し,
$$f(x) = \frac{1}{\sigma} e^{-x/\sigma} \qquad (x \geq 0) \qquad (2.6.14)$$
で与えられる確率分布を**指数分布**といい,Exp(σ) の記号で表す,という方法もある.

- 累積分布関数 $F(x)$ は,(2.6.13) を積分して,
$$F(x) = \int_0^x \lambda e^{-\lambda x}\,dx = \Big[-e^{-\lambda x}\Big]_0^x = 1 - e^{-\lambda x} \qquad (2.6.15)$$

Markov 性
$\Longrightarrow$ §2.5.5, §7.2.2

- どこから始めても同じ分布形であるので,Markov 性をもつ.

指数分布の平均値・分散

> **公式 2.50(指数分布の平均値・分散)**
> 指数分布 Exp(λ) の平均は $1/\lambda$,分散は $1/\lambda^2$,標準偏差は $1/\lambda$ である.

問題 2.33 公式 2.50 を示せ.

指数分布 Exp(1), Exp(1/2), Exp(1/3) のグラフ

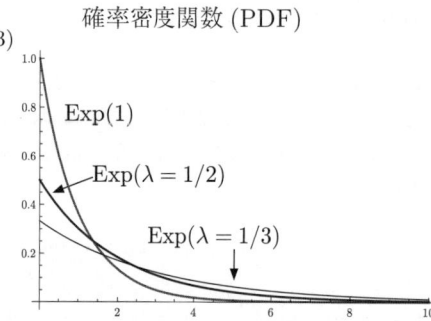

確率密度関数 (PDF)

累積分布関数 (CDF)

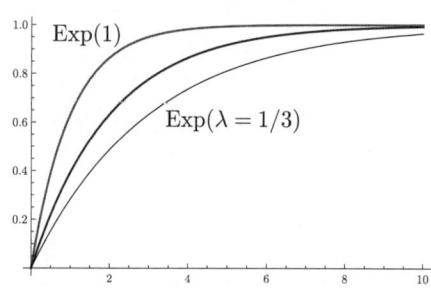

─── コラム 19 ───

☕ 商品の信頼度・寿命分布の一般論

ある商品が発売されてから時間が x だけ経過したときに，その商品が故障していない確率を**残存確率** (survival probability) あるいは**信頼度** (reliability) と呼ぶ．残存確率（信頼度関数）を $R(x)$ として，

$$R(x) = 1 - F(x) \tag{2.6.16}$$

とすれば，それまでに失った確率 $F(x)$ が表せる．$F(x)$ の分布は**寿命分布** (lifetime distribution) とも呼ばれる．$F(x)$ を微分した関数を事故確率 $f(x) = F'(x)$ としよう．

時刻 x での商品の**故障率** (failure rate) を，

$$\text{故障率}\quad \lambda(x) = \frac{\text{事故確率}}{\text{残存確率}} = \frac{f(x)}{R(x)} \tag{2.6.17}$$

と定義する．この式の分子は，$f(x) = F'(x) = -R'(x)$ となるので，(2.6.17) は，$-\lambda(x) = R'(x)/R(x)$ となり，両辺を積分すると，

$$-\int_0^x \lambda(y)dy = \int_0^x \frac{R'(y)}{R(y)}dy = \log R(x) + C$$

$R(0) = 1$ より，積分定数は $C = 0$ となるので，

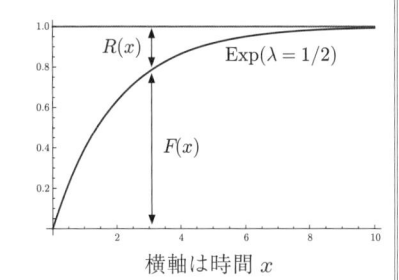

$$R(x) = \exp\left[-\int_0^x \lambda(y)dy\right] \tag{2.6.18}$$

となる．すなわち，故障率 $\lambda(x)$ がわかれば信頼度関数 $R(x)$ がわかり，(2.6.16) より寿命分布 $F(x)$ が，$R'(x)$ より事故確率 $f(x)$ がわかる．

いま，時刻 x までに故障した商品の割合が，指数分布の累積分布関数 $F(x)$ で表されるとすれば，

$$\text{寿命分布}\quad F(x) = 1 - e^{-\lambda x} \tag{2.6.19}$$

$$\text{信頼度}\quad R(x) = 1 - F(x) = e^{-\lambda x} \tag{2.6.20}$$

$$\text{故障率}\quad \lambda(x) = \frac{-R'(x)}{R(x)} = \frac{\lambda e^{-\lambda x}}{e^{-\lambda x}} = \lambda \quad (\text{一定}) \tag{2.6.21}$$

となる．すなわち，指数分布は，常に同じ割合でモノが故障していく状況を表す確率分布である．

例題 2.34 ある冷蔵庫の寿命 X は，平均が 10 年の指数分布にしたがっている．運悪く，5 年以内に壊れてしまう確率はいくらか．

冷蔵庫の寿命

平均が 10 年の指数分布であれば，密度関数は，$f(x) = \dfrac{1}{10}e^{-x/10}$ で与えられる．5 年以内に故障してしまう割合は，

$$P(X \leq 5) = \int_0^5 f(x)\,dx = \int_0^5 \frac{1}{10}e^{-x/10}\,dx$$
$$= \left[-e^{-x/10}\right]_0^5 = -e^{-1/2} + 1 = 1 - \frac{1}{\sqrt{e}} \simeq 0.394.$$

寿命が 10 年といわれても，実に 4 割近くが 5 年以内に故障していることになる．

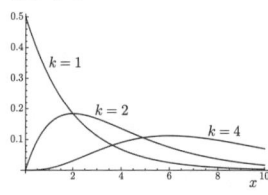

2.6.8 Erlang（アーラン）分布

銀行や病院では一度に対応できる窓口が限られており，サービスを受けようとする人が同時に殺到すると，待たなければいけない人が発生する．コンピュータ内の演算処理でもインターネットの混み具合でも同様に「行列」が発生する．このような混雑具合を確率的に取り扱うモデルとして「**待ち行列理論**」がある．待ち行列理論を創った Erlang による確率分布を次に紹介する．

定義 2.51（Erlang（アーラン）分布）

$\lambda > 0$ である定数および正の整数 k に対し，$0 \leq x < \infty$ の区間で，確率変数 $X = x$ が，密度関数

$$f(x) = \frac{\lambda^k}{(k-1)!} e^{-\lambda x} x^{k-1} \tag{2.6.22}$$

で与えられる分布を「位相 k の **Erlang 分布** $E_k(\lambda)$」という．
Erlang 分布の平均値は k/λ，分散は k/λ^2 である．

- $k = 1$ のときは，指数分布と同じである．k が大きくなると，分布が右のほうへ移動する．

例題 2.35 平均 λt の Poisson 分布にしたがって発生する事象がある．時刻 $t = 0$ から始まって最初に事象が発生するまでの時間を T_1，$i-1$ 回目から i 回目の事象が発生するまでの時間を T_i とする．

(1) T_1 の分布が指数分布になることを確かめよ．
(2) $S_k = T_1 + T_2 + \cdots + T_k$ とすると，S_k は k 回目の事象が発生する時刻である．S_k の分布が Erlang 分布になることを示せ．

---

(1) 時刻が $T_1 \leq t$ となる累積分布関数 $F_1(t) = P(T_1 \leq t)$ は，

$$F_1(t) = \sum_{i=1}^{\infty} e^{-\lambda t} \frac{(\lambda t)^i}{i!} = e^{-\lambda t}\left(\sum_{i=0}^{\infty} \frac{(\lambda t)^i}{i!} - \frac{(\lambda t)^0}{0!} \right) = 1 - e^{-\lambda t}$$

これより密度関数は $f_1(t) = F_1'(t) = \lambda e^{-\lambda t}$ $(t > 0)$ となり，これは指数分布である．

(2) (1) と同様にして，時刻が $S_k \leq t$ となる累積分布関数 $F_k(t)$ は，

$$F_k(t) = P(S_k \leq t) = \sum_{i=k}^{\infty} e^{-\lambda t} \frac{(\lambda t)^i}{i!}$$

この密度関数 $f_k(t) = F_k'(t)$ は，S_k の密度関数と同じである．

$$f_k(t) = F_k'(t) = \sum_{i=k}^{\infty}(-\lambda)e^{-\lambda t}\frac{\lambda^i t^i}{i!} + \sum_{i=k}^{\infty}e^{-\lambda t}\frac{\lambda^i t^{i-1}}{(i-1)!}$$

$$= \sum_{i=k}^{\infty}(-\lambda)e^{-\lambda t}\frac{\lambda^i t^i}{i!} + \sum_{i=k}^{\infty}\lambda e^{-\lambda t}\frac{\lambda^{i-1} t^{i-1}}{(i-1)!}$$

$$= \sum_{i=k-1}^{k-1}\lambda e^{-\lambda t}\frac{\lambda^i t^i}{i!} = e^{-\lambda t}\frac{\lambda^k t^{k-1}}{(k-1)!}$$

となり，これは位相 k の Erlang 分布である．

厳密には，無限に続く和と微分演算が交換可能なことを示す必要があるが，ここではよい．

上記例題 2.35(2) より，Erlang 分布は次のように利用される．

> **公式 2.52**（指数分布と Erlang 分布）
> $X_1,\cdots,X_k$ が独立に平均 $1/\lambda$ の指数分布にしたがうとき，$X_1 + \cdots + X_k$ の密度関数は，位相 k の Erlang 分布 $E_k(\lambda)$ にしたがう．

指数分布と Erlang 分布
位相 k の Erlang 分布は，行列している k 人目の待ち時間を表す．

> **例題 2.36** ある個人経営の歯医者では，待合室で診察を待つ患者の数は平均 5 人の幾何分布にしたがう．また，患者 1 人の診察時間は平均 12 分の指数分布にしたがう．新たに到着した患者の平均待ち時間はどれだけか．

待ち行列の問題例

- 幾何分布 $G(p)$ の平均値は $(1-p)/p$ である．平均 5 人の幾何分布の場合，$p = 1/6$ となるので 診察を待つ患者の数 N がしたがう分布関数は
$$P(N=k) = \frac{1}{6}\left(\frac{5}{6}\right)^k \quad (k=0,1,2,\cdots) \quad \cdots\cdots (\#)$$
また，患者 1 人の診察時間は，平均が 12 分 $= 1/5$ 時間の指数分布 $\mathrm{Exp}(\lambda = 5)$ にしたがうことから，確率密度関数 は $f(x) = 5e^{-5x}$．

- 患者 k 人の診察終了までにかかる時間は，$\lambda = 5$ とした位相 k の Erlang 分布
$$g(x) = \frac{5^k}{(k-1)!}e^{-5x}x^{k-1} \cdots\cdots\cdots\cdots (\flat)$$
にしたがう．

公式 2.52

- したがって，患者の平均待ち時間 X の確率分布は，

$$h(x) = \sum_{k=1}^{\infty}\frac{1}{6}\left(\frac{5}{6}\right)^k \cdot \frac{5^k}{(k-1)!}e^{-5x}x^{k-1}$$
$$= \frac{1}{6}\frac{25}{6}e^{-5x}\sum_{k=1}^{\infty}\frac{(25/6)^{k-1}}{(k-1)!}x^{k-1} = \frac{25}{36}e^{-5x}e^{(25/6)x} = \frac{25}{36}e^{-(5/6)x}$$

$\sum_{n=0}^{\infty}\frac{a^n}{n!}x^n = e^{ax}$
級数展開 $\Longrightarrow$ §0.5.6

これより，平均待ち時間 $E[X]$ は，

$$E[X] = \int_0^{\infty}xh(x)\,dx = \int_0^{\infty}\frac{25}{36}xe^{-(5/6)x}\,dx$$
$$= \frac{25}{36}\int_0^{\infty}x\left(-\frac{6}{5}e^{-(5/6)x}\right)'\,dx$$
$$= \frac{25}{36}\frac{6}{5}\left[-\frac{6}{5}e^{-(5/6)x}\right]_0^{\infty} = \frac{25}{36}\frac{6}{5}\frac{6}{5} = 1(時間)．$$

部分積分 $\Longrightarrow$ 公式 0.30

結果はある程度予想していた通り．

章末問題

平均値・分散

2.1 確率変数 X の密度関数が $f(x) = \begin{cases} a\cos x & (-\frac{\pi}{2} \leq x \leq \frac{\pi}{2}) \\ 0 & (\text{else}) \end{cases}$ で与えられるとき，a を求め，この分布の平均値と分散を求めよ．

オーバーブッキングの確率

2.2 ある航空路線では，予約客のうち平均 4% の客が予約を取り消す．そこで，97 人乗りの飛行機に対して，100 枚の予約券を発売した．予約券を持っているのに乗れない客が出る確率はどれだけか．

Banach のマッチ箱の問題
👤 Stefan Banach バナッハ
(1892-1945)

2.3 ある人が左右のポケットにマッチ箱を入れていて，マッチが必要なとき，どちらかから適当に選んで 1 本取り出して使う．はじめに両方のマッチ箱に N 本入っていた．一方の箱が空になったとき，他方の箱に $0, 1, 2, \cdots, N$ 本のマッチが入っている確率を求めよ．

不良品の個数

2.4 10 個の不良品を含む 50 個の製品の中から同時に 10 個取り出すとき，その中に含まれている不良品の個数の期待値を求めよ．

どのくらい稀か

2.5 実験結果のデータ x が平均値 $\mu = 100$，分散 $\sigma^2 = 25$ の正規分布にしたがうとき，$x = 90, 80, 70$ のデータはどのくらい稀な現象か．

通話時間

2.6 ある調査では，女性の電話での会話の長さを X 分とすると，X の確率密度関数は $f(x) = \dfrac{1}{5}e^{-x/5}$ $(x > 0)$ であるという．通話時間が 5 分以内である確率と，10 分以上である確率を求めよ．

電話料金の期待値

2.7 ある公衆電話では，料金が「はじめの 3 分以内は a 円，3 分以上は 1 分ごとに b 円追加」となっている．1 分未満は切り上げになる．
(1) 利用者の通話時間 X が平均 $1/\lambda$ の指数分布にしたがうとき，料金 Y の平均値を求めよ．
(2) その電話の 1 日の通話数が，平均 μ の Poisson 分布にしたがうとき，料金の合計値 Z の平均値を求めよ．

カード集め

2.8 あるスナック菓子には，n 種類のカードのうち 1 枚だけカードがランダムに入っている．全種類を集めるためには，スナック菓子を平均いくつ買わなければならないか．

プログラミング研究課題
2.9 2.10 には解答をつけない．各自で挑んでほしい．

2.9 2 項分布で表される確率分布をグラフ表示するプログラムを作成せよ．酔歩問題（例題 2.23）において，右向きに進む確率が $p = 0.6$ のとき，100 歩後の分布はどうなるか．

2.10 標準正規分布で，右側確率 $\phi(\alpha)$ を与えたときの $z = \alpha$ を求めるプログラムを作成せよ．世界の人口を 70 億人としたとき，世界最高の IQ はいくつになるか．

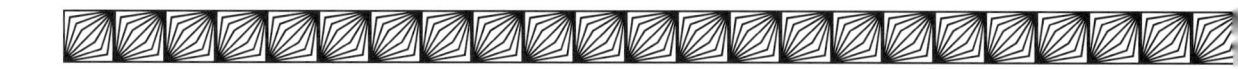

第 3 章
大数の法則と中心極限定理

　正しいサイコロの出る目の確率はそれぞれ 1/6 である，ということを前提にこれまで確率の話をした．確率分布を考えることにより，サイコロを 30 回や 100 回投げたとき，⚀の目が出る回数を 2 項分布で議論することができた．サイコロを投げる回数を多くすれば，経験的にそれぞれの目が出る確率は 1/6 に近づいていく．この事実を表現するのが，大数（たいすう）の法則である．大数の法則がいえてこそ，確率が数学的に無矛盾に議論できるようになる．

「確率収束」という言葉を紹介する．

　大数の法則を拡張したものが，中心極限定理である．独立な確率変数 $X_1, X_2, \cdots$ を重ね合わせていくと，その和の分布は正規分布に近づいていく，という強力な結論を導く．正規分布が，世の中すべての「中心」となる「極限」分布だ，ということだ．

「分布収束」「法則収束」という言葉を紹介する．

　中心極限定理を根拠に，統計的処理の多くは正規分布を用いて議論されることになる．

	【Level】
§3.1　大数の法則	1, 2
§3.2　中心極限定理	1, 2

【Level 1】Standard レベル
【Level 2】Advanced レベル

3.1 大数の法則

3.1.1 Chebyshev（チェビシェフ）の不等式

分布の上側・下側または両端にある確率を**末端確率**と呼ぶ．「生じた現象がどのくらい稀（まれ）なのか」とか「確率変数が平均値からどれだけばらついているか」などを評価するときに使う．

次に紹介する Chebyshev の不等式は，確率論でとても重要な「大数の法則」を導くためのツールとなる．

【Level 1】

末端確率 (tail probability)

♟ Pafnuty Lvovich Chebyshev チェビシェフ (1821-94)

Chebyshev の不等式

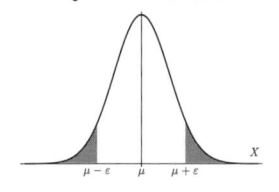

平均値 μ から ε 以上離れた部分の両端の確率は，上限値 $(\sigma/\varepsilon)^2$ で抑えられている，という不等式．

どんな分布に対しても成立するところが魅力の不等式である．

定理 3.1（Chebyshev の不等式）
確率変数 X の期待値を μ，分散を σ^2 とすると，正の実数 ε について

$$P(|X - \mu| \geq \varepsilon) \leq \frac{\sigma^2}{\varepsilon^2} \tag{3.1.1}$$

- Chebyshev の不等式は，平均値 μ から ε 以上離れた値 X が生じる確率 $P(|X - \mu| \geq \varepsilon)$ は，上限値で抑えることができる，という意味をもつ．具体的な密度関数を全く仮定せずに成り立っていることに注意しておこう．

証明（ここでは連続確率分布に対して示す．）
確率密度関数を $f(x)$ とする．分散の定義式から

$$\sigma^2 = \int_{-\infty}^{\infty} (x - \mu)^2 f(x)\, dx$$
$$\geq \int_{|x-\mu| \geq \varepsilon} (x - \mu)^2 f(x)\, dx$$
$$\geq \int_{|x-\mu| \geq \varepsilon} \varepsilon^2 f(x)\, dx$$
$$= \varepsilon^2 \int_{|x-\mu| \geq \varepsilon} f(x)\, dx = \varepsilon^2 P(|x - \mu| \geq \varepsilon)$$

ここで，2 行目の不等式は積分領域を小さくしたため，3 行目は積分する関数が $|x - \mu| \geq \varepsilon$ をみたすところで最小値 ε で評価したことによる．■

- 離散確率分布に対しても同様に示すことができる．

Chebyshev の不等式 (3.1.1) の余事象をとることによって，

$$P(|X - \mu| < \varepsilon) \geq 1 - \left(\frac{\sigma}{\varepsilon}\right)^2 \tag{3.1.2}$$

が成り立つ．この式を後ほど使う．

3.1.2 独立な確率変数の和

一般に，2つの確率変数 X, Y に対して，期待値と分散は，

$$E[X+Y] = E[X] + E[Y] \tag{3.1.3}$$

$$V[X+Y] = V[X] + V[Y] + 2\operatorname{Cov}[X,Y] \tag{3.1.4}$$

が成り立つことを例題 2.11 で示した．さらに，2つの確率変数 X, Y が独立であれば，$\operatorname{Cov}[X,Y] = 0$ なので

$$V[X+Y] = V[X] + V[Y] \tag{3.1.5}$$

が成り立つ．

n 個の独立な確率変数 $X_1, X_2, \cdots, X_n$ に対しても同様に

$$E[X_1 + X_2 + \cdots + X_n] = E[X_1] + E[X_2] + \cdots + E[X_n] \tag{3.1.6}$$

$$V[X_1 + X_2 + \cdots + X_n] = V[X_1] + V[X_2] + \cdots + V[X_n] \tag{3.1.7}$$

が成り立つ．以降は確率変数は独立であるとする．

同じ確率分布のとき

例えば，サイコロを投げてどのような目が出るかの実験を n 人が行うとき，同じ確率分布にしたがうデータであるから，期待値や分散も同一である．i 番目の人の確率変数を X_i，期待値を $\mu = E[X_i]$，分散を $\sigma^2 = V[X_i]$ としよう．この場合，(3.1.6), (3.1.7) より，

$$E[X_1 + X_2 + \cdots + X_n] = n\mu \tag{3.1.8}$$

$$V[X_1 + X_2 + \cdots + X_n] = n\sigma^2 \tag{3.1.9}$$

となる．標準偏差は $\sqrt{n}\sigma$ となって，$\sqrt{n}$ に比例する．

平均のデータ

それぞれの確率変数から平均値

$$\overline{X} = \frac{X_1 + X_2 + \cdots + X_n}{n}$$

を考えると，$\overline{X}$ の期待値と分散は，(3.1.8), (3.1.9) より，

$$E[\overline{X}] = E[X_1/n] + \cdots + E[X_n/n] = \mu \tag{3.1.10}$$

$$V[\overline{X}] = V[X_1/n] + \cdots + V[X_n/n]$$
$$= \left(\frac{1}{n}\right)^2 (V[X_1] + \cdots + V[X_n]) = \frac{\sigma^2}{n} \tag{3.1.11}$$

すなわち，平均値はデータ n が増えても μ のままであるが，分散はデータ n が増えるとゼロに収束していく．この事実を公式 3.2 として次のページにまとめる．

【Level 1】

ここからは，複数の確率変数の和や，多くのデータの集計を行うことを考えていこう．

$\Longrightarrow$ §2.3.2 共分散，相関係数

$\Longrightarrow$ §2.3.3 確率変数の独立性
X, Y が独立な確率変数ならば共分散は $\operatorname{Cov}[X,Y] = 0$.
(逆は必ずしも成立しない．)

同じ確率分布にしたがうデータが n 個あれば，平均値は n 倍，標準偏差は $\sqrt{n}$ 倍．

分散の合成公式 (2.2.7)
$$V[aX] = a^2 V[X]$$

データ数が増すと平均値の分散・標準偏差はゼロに収束する．

3.1.3　弱い大数の法則

前ページの結論をまとめると次のようになる．

【Level 1】

n 個抽出されたデータの期待値と分散

この事実は，母集団から抽出した標本の取り扱いで，重要となる．
$\Longrightarrow$ §5 推定
$\Longrightarrow$ §6 検定

> **公式 3.2（n 個抽出されたデータの期待値と分散）**
> 期待値が μ，分散が σ^2 である確率分布から，事象を n 個抽出したとき，その抽出したデータの平均値 $\overline{X} = (X_1 + X_2 + \cdots + X_n)/n$ の期待値と分散は
> $$E[\overline{X}] = \mu, \qquad V[\overline{X}] = \frac{\sigma^2}{n} \qquad (3.1.12)$$

以下では，同じ確率分布にしたがう多くの試行結果の平均値 $\overline{X}$ を考える．すなわち，(3.1.12) が成り立ち，しかも（現実的な値として）有限であるとする．

Chebyshev の不等式の余事象をとった式 (3.1.2) に当てはめよう．

$$P(|\overline{X} - \mu| < \varepsilon) \geq 1 - \frac{\sigma^2/n}{\varepsilon^2} \qquad (3.1.13)$$

となり，右辺は $n \to \infty$ の極限で 1 に近づく．このことは，n が大きくなると，次第に $P(|\overline{X} - \mu| < \varepsilon)$ の確率が 1 に近づくことを意味しており，結果として，実験回数やデータ数を多くしていくとそれらの平均値は $\overline{X} \to \mu$ となって，計算上の期待値に近づいていくことになる．これを **弱い大数の法則** (たいすうのほうそく) という．

弱い大数の法則
(weak law of large numbers)
「大数」は日常使わない言葉だが，large numbers の訳の業界用語．

ここでは，期待値 μ も分散 σ^2 も有限な値として存在するものと考えている．

確率収束
(converge in probability)

「だいたい確率が 1 になる」ということを almost surely といい，a.s. と略す方法もある．

> **定理 3.3（弱い大数の法則）**
> 期待値を μ，分散を σ^2 とする同じ確率分布にしたがう独立な n 個の確率変数 X_i に対し，その平均 $\overline{X} = (X_1 + X_2 + \cdots + X_n)/n$ を考えると，正の実数 ε に対し，十分大きな n では
> $$\lim_{n \to \infty} P(|\overline{X} - \mu| \leq \varepsilon) = 1 \qquad (3.1.14)$$
> となって，$\overline{X}$ は μ に近づく．

- 「$\overline{X}$ は μ に **確率収束** する」ともいう．
- Chebyshev の不等式 (3.1.1) でも，この法則でも ε の大きさについては「正の実数」としかコメントされていない．だから，どんなに小さい ε を考えてもよいことになる．
- したがって，$\overline{X}$ の値が μ となる確率が，試行回数 n を大きくすることによって，次第に 1 に近づくことを意味する．

つまり，弱い大数の法則は，「**事象の確率は，試行を限りなく繰り返したときに，その事象が起きる相対頻度である**」という確率の意味を，確率論の中で無矛盾に証明したことになる．

サイコロを投げて「⚀が出る確率が 1/6」という表現が，試行回数 n を大きくすれば実現すると，証明されたのである．

なお，『$X_1, X_2, \cdots$ が同じ分布にしたがわなくても（独立でなくてもよい），(3.1.10) と (3.1.11) で定義された $E[\overline{X}]$ と $V[\overline{X}]$ が有限な値として存在し，$n \to \infty$ で $V[\overline{X}] \to 0$ ならば，$\overline{X}$ は μ に**確率収束**する』ことも知られている．

さらに，分散に対する条件を外した「強い」大数の法則が Kolmogorov によって導かれている．

> **定理 3.4（Kolmogorov の強い大数の法則）**
> 期待値 μ の共通な確率分布にしたがう独立な n 個の確率変数 X_i に対し，その平均 $\overline{X} = (X_1 + X_2 + \cdots + X_n)/n$ を考えると，正の実数 ϵ に対し，十分大きな n では
> $$\lim_{n \to \infty} P(|\overline{X} - \mu| \leq \epsilon) = 1 \qquad (3.1.15)$$
> となって，$\overline{X}$ は μ に近づく．

これも**弱い大数の法則 (2)**

強い大数の法則
(strong law of large numbers)
👤 Andrey Nikolaevich Kolmogorov コルモゴロフ (1903–87)
ここでも期待値 μ は有限な値として存在するものと考えている．

次節で紹介する法則を含めてまとめた表を示す．分散の条件を外せる点では，大数の法則は中心極限定理よりも一般的であるといえる．

法則	もとの確率分布	結論	平均値の条件	分散の条件
弱い大数の法則	共通	確率収束	有限で存在	有限で存在
弱い大数の法則 (2)	任意	確率収束	有限で存在	$n \to \infty$ で 0 に収束
強い大数の法則	共通	確率収束	有限で存在	—
de Moivre-Laplace 定理	2 項分布	法則収束	有限で存在	有限で存在
中心極限定理	共通	法則収束	有限で存在	有限で存在
一般的な中心極限定理	任意	法則収束	有限で存在	有限で存在

---コラム 20---

☕ 飛行計画と乗客重量

航空会社にとって，飛行機の燃料の節約は切実な問題である．2011 年には炭素繊維複合材料を機体に利用して軽量化したジェット旅客機が登場して話題になった．実際の運航でも，飛行計画と旅客機全体の総重量を毎回十分に検討して燃料を必要以上に多く積んで浪費しないようにしているという．

ところで，飛行機には太った人も痩せた人も乗る．乗客重量のばらつきはどのくらい生じるのだろうか．成人 1 人の体重の平均値を $\mu = 58$ kg，標準偏差を $\sigma = 6.0$ kg としよう．例えば $n = 500$ 人乗りの旅客機を考えると，乗客重量の期待値は $n\mu = 500 \cdot 58 = 29$ t となる．（ちなみに 470 座席あるボーイング 777-300 は最大離陸重量は 237 t という．）標準偏差は $\sqrt{n}\sigma = \sqrt{500} \cdot 6 = 134.2$ kg となり，総重量の分布はたったの 2 人分強の誤差で収まることがわかる．データが多いと平均値で代表されることがよく表れている．

筆者が研究員として滞在した米国の大学の 1 つは，山の中の小さな町にあり，その町の飛行場は 30 人乗りのプロペラ機しか離着陸できなかった．毎回離陸する直前に，フライトアテンダントが乗客の体格を見て，大柄な人が左右に偏らないように「席替え」を指示していた（実話）．こちらはデータが少ないとばらつきが大きくなる例といえよう．⟹ 章末問題 3.1

3.2 中心極限定理

大数の法則は，試行回数 n が十分大きければ，期待値は確率分布から計算される理論値に近づいていくことを示す．これは，統計の立場で考えると，標本の大きさ n が十分大きくなれば，標本平均の確率分布は母集団の平均値（母平均 μ）に近づいていくことを意味する．

3.2.1 de Moivre-Laplace（ド・モアブル-ラプラス）の定理

まず，「2項分布は，n が無限大の極限で，標準正規分布に収束する」という定理を紹介しよう．

【Level 1】

👤Abraham de Moivre
ド・モアブル (1667-1754)

👤Pierre-Simon Laplace
ラプラス (1749-1827)

de Moivre-Laplace の定理
2項分布であっても，試行回数が多ければ，対応する正規分布表を用いてよい，ということ．
2項分布 $\Longrightarrow$ §2.5.3

定理 3.5（de Moivre-Laplace の定理）
成功の確率が p（失敗の確率が $q = 1-p$）の Bernouilli 試行を n 回行い，成功する回数を X とする．X は2項分布 $B(n,p)$（平均 $\mu = np$, 分散 $\sigma^2 = npq$）にしたがうが，n を大きくする極限では，

$$P(a \leq X \leq b) \simeq \frac{1}{\sqrt{2\pi}} \int_\alpha^\beta e^{-x^2/2} dx \tag{3.2.1}$$

が成り立つ．ここで，右辺の積分範囲は次のように対応する．

$$\alpha = \frac{a-\mu}{\sigma}, \quad \beta = \frac{b-\mu}{\sigma} \tag{3.2.2}$$

- (3.2.1) の右辺は，標準正規分布 $N(\mu=0, \sigma^2=1)$ の面積計算で与えられることを示す．
- この定理を一般化したのが中心極限定理（定理 3.7）である．証明はそこで述べる．
- 連続補正より，(3.2.2) を次式とすると，さらに精密になる．

$$\alpha = \frac{a-\mu}{\sigma} - \frac{1}{2\sigma}, \quad \beta = \frac{b-\mu}{\sigma} + \frac{1}{2\sigma} \tag{3.2.3}$$

(3.2.3) の補正項 $1/(2\sigma)$ は，$n \to \infty$ の極限では 0 になる．

試行回数が多ければ，2項分布は正規分布と近似できる．2項分布で決まる確率現象の和の計算をしなければならないとき，その面倒な計算が正規分布を使って簡単に求められることになる．下図は，右ページの例題 3.1 をもとにその対応イメージを描いたものである．

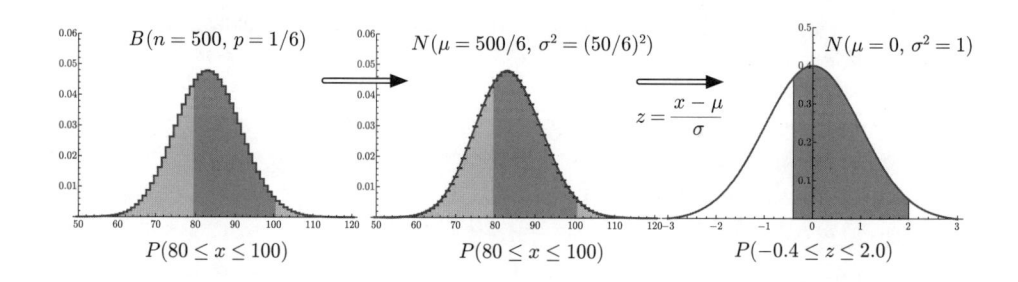

$B(n=500, p=1/6)$　→　$N(\mu=500/6, \sigma^2=(50/6)^2)$　$z=\frac{x-\mu}{\sigma}$　→　$N(\mu=0, \sigma^2=1)$

$P(80 \leq x \leq 100)$　　$P(80 \leq x \leq 100)$　　$P(-0.4 \leq z \leq 2.0)$

de Moivre-Laplace の定理の利用方法を次のようにまとめておこう．

2 項分布を正規分布で近似
当然，試行回数 n が大きいほど，近似は良くなる．（現実には，$np > 5$ および $npq > 5$ 程度だと，近似が良いとされる．$\Longrightarrow$ コラム 21）

公式 3.6（2 項分布を正規分布で近似）
2 項分布 $B(n,p)$ で表される確率 $P(a \leq X \leq b)$ を標準正規分布表で計算するステップ．

手順 1　2 項分布の平均 μ と標準偏差 σ を求める．
$$\mu = np, \qquad \sigma = \sqrt{\sigma^2} = \sqrt{np(1-p)}$$

手順 2　標準化変換した変数 $Z = \dfrac{X - \mu}{\sigma}$ を考え，注目する事象の範囲 $a \leq X \leq b$ の上端と下端に対応する標準正規分布の上端と下端 $[\alpha, \beta]$ を求める．
$$\alpha = \frac{a - \mu}{\sigma}, \qquad \beta = \frac{b - \mu}{\sigma}$$

手順 3　標準正規分布表にて $P_{\text{標準正規}}(\alpha \leq Z \leq \beta)$ の面積を求める．

標準化変換 $\Longrightarrow$ 定義 2.43
　導出 $\Longrightarrow$ 例題 2.6

標準正規分布表
　$\Longrightarrow$ 付表 2 または 4
　使い方 $\Longrightarrow$ §2.6.3

例題 3.1　サイコロを 500 回投げるとき，⋅の目が 80 回以上 100 回以下の回数で出現する確率はいくらか．

確率分布は，2 項分布 $B(n=500, p=1/6)$ で与えられる．500 回の試行回数は十分多いので，正規分布で近似して考えてよい．2 項分布の確率変数を X とすると，平均 μ と標準偏差 σ は，

$$\mu = E[X] = np = 500 \cdot \frac{1}{6},$$

$$\sigma = \sqrt{V[X]} = \sqrt{np(1-p)} = \sqrt{500 \cdot \frac{1}{6} \cdot \frac{5}{6}} = \frac{50}{6}$$

これより，対応する標準正規分布の上端と下端は，

$$P_{2項}(80 \leq X \leq 100)$$
$$\simeq P_{\text{標準正規}}\left(\frac{80 - 500/6}{50/6} \leq Z \leq \frac{100 - 500/6}{50/6}\right)$$
$$= P_{\text{標準正規}}(-0.4 \leq Z \leq 2.0)$$
$$= P_{\text{標準正規}}(-0.4 \leq Z \leq 0.0) + P_{\text{標準正規}}(0.0 \leq Z \leq 2.0)$$
$$= 0.1554 + 0.4772 = 0.6326.$$

2 項分布 $B(500, 1/6)$ の
$P(80 \leq X \leq 100)$

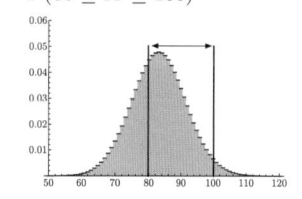

標準正規分布 $N(0,1)$ の
$P(-0.4 \leq X \leq 2.0)$

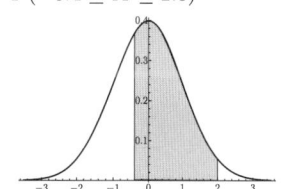

面積計算は付表を使う．

問題 3.2　サイコロを 1000 回投げるとき，⋅の目が 160 回以上 200 回以下の回数で出現する確率はいくらか．

問題 3.2 は例題 3.1 の数値を倍にした問題である．はたして例題 3.1 と比べて確率は大きくなるか小さくなるか．

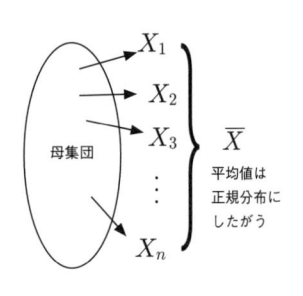

3.2.2 中心極限定理

大数の法則を精密化したもの（前節の de Moivre-Laplace の定理を一般化したもの）が**中心極限定理**である．「互いに独立な $X_1, X_2, \cdots, X_n$ の確率変数があるとき，その平均値（中心）$\overline{X}$ の分布は，$n \to \infty$ の極限で正規分布に近づく」ことを述べる定理である．

まずは，「確率変数がすべて同じ分布にしたがう場合」という条件のもとでの定理を述べる．

定理 3.7（中心極限定理）

互いに独立な $X_1, X_2, \cdots, X_n$ の確率変数があり，すべて同じ分布にしたがって，平均 $E[X_i] = \mu$，分散 $V[X_i] = \sigma^2$ の値が存在するとする．このとき，その平均 $\overline{X} = (X_1 + X_2 + \cdots + X_n)/n$ を考えると，十分大きな n では

$$\lim_{n \to \infty} P\left(\frac{\overline{X} - \mu}{\sigma/\sqrt{n}} \le \beta\right) = \frac{1}{\sqrt{2\pi}} \int_{-\infty}^{\beta} e^{-x^2/2} \, dx \tag{3.2.4}$$

が成り立つ．

- 確率変数 $\overline{X}$ の平均と分散は，$E[\overline{X}] = \mu$，$V[\overline{X}] = \sigma^2/n$ になることを公式 3.2 にて述べた．
- (3.2.4) の左辺の意味は，確率変数 $\overline{X}$ を「標準化変換」した変数 $Z = \dfrac{\overline{X} - \mu}{\sigma/\sqrt{n}}$ を考え，その $Z \le \beta$ となる確率を $n \to \infty$ の極限で考えよ，ということである．
- 右辺の意味は，その確率が，標準正規分布の面積計算で与えられる，ということである．

つまり，中心極限定理は，同じ分布を繰り返し足し合わせていくと，正規分布に近づいていくことを示している．これを「**法則収束**する」あるいは「**分布収束**する」ともいう．

(3.2.4) と同じことだが，$S_n = X_1 + X_2 + \cdots + X_n$ とすれば，

$$\lim_{n \to \infty} P\left(\frac{S_n - n\mu}{\sigma\sqrt{n}} \le \beta\right) = \frac{1}{\sqrt{2\pi}} \int_{-\infty}^{\beta} e^{-x^2/2} \, dx \tag{3.2.5}$$

とも書ける．

定理 3.7 の証明

X_i $(i = 1, 2, \cdots, n)$ が同じ確率分布にしたがうということは，同じ積率母関数をもつということである．それぞれの確率変数に対して $Y_i = X_i - \mu$ とおくと，

$$E[Y_i] = E[X_i] - \mu = 0$$
$$E[Y_i^2] = V[Y_i] + (E[Y_i])^2 = \sigma^2 + 0 = \sigma^2$$

であるから，Y_i の積率母関数 $M(t)$ は，

$$M(t) = 1 + \frac{E[Y_i]}{1!}t^1 + \frac{E[Y_i^2]}{2!}t^2 + \cdots = 1 + \frac{\sigma^2}{2}t^2 + O(t^3)$$

$O(t^3)$ は，t^3 以上の項を省略している，という記号．

また，(3.2.4) の左辺に登場する確率変数を Z とすると

$$Z = \frac{\overline{X} - \mu}{\sigma/\sqrt{n}} = \frac{X_1 + X_2 + \cdots + X_n - n\mu}{\sigma\sqrt{n}}$$
$$= \frac{Y_1 + Y_2 + \cdots + Y_n}{\sigma\sqrt{n}} = \frac{Y_1}{\sigma\sqrt{n}} + \frac{Y_2}{\sigma\sqrt{n}} + \cdots + \frac{Y_n}{\sigma\sqrt{n}}$$

となるが，Z の積率母関数 $M_z(t)$ は，

$$M_z(t) = \left\{M\left(\frac{t}{\sigma\sqrt{n}}\right)\right\}^n = \left\{1 + \frac{1}{2n}t^2 + O\left(\frac{t^3}{\sqrt{n^3}}\right)\right\}^n$$

独立な確率変数と積率母関数
$\Longrightarrow$ 定理 2.26

ここで，$x = \frac{1}{2n}t^2$, $R = O\left(t^3/\sqrt{n^3}\right)$ とおくと，

$$M_z(t) = (1 + x + R)^{t^2/(2x)} = \left\{(1 + x + R)^{1/x}\right\}^{t^2/2}$$

R は t を固定して $n \to \infty$ とすると 0 になるから

$$M_z(t) \sim \left\{(1+x)^{1/x}\right\}^{t^2/2} \longrightarrow e^{t^2/2} \quad (n \to \infty)$$

$\lim_{x \to 0}(1+x)^{1/x} = e$
e の定義 $\Longrightarrow$ 定義 0.20

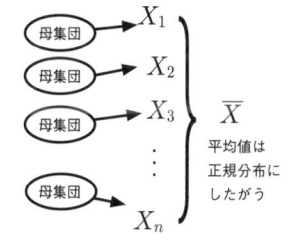

得られた確率母関数は，標準正規分布の確率母関数である．したがって，Z は $n \to \infty$ の極限で標準正規分布に近づいていく．

一般的な中心極限定理

さらに一般的に，同じ分布にしたがわなくても，$\overline{X}$ の分布は，$n \to \infty$ の極限で正規分布に近づいていくことがいえる．

一般的な中心極限定理

> **定理 3.8**（一般的な中心極限定理）
> 互いに独立な $X_1, X_2, \cdots, X_n$ の確率変数があり，$S_n = X_1 + X_2 + \cdots + X_n$ とすれば，十分大きな n では
> $$\lim_{n\to\infty} P\left(\frac{S_n - E[S_n]}{\sqrt{V[S_n]}} \leq \beta\right) = \frac{1}{\sqrt{2\pi}}\int_{-\infty}^{\beta} e^{-x^2/2}\,dx \quad (3.2.6)$$
> が成り立つ．

この定理の証明は，本書の範囲を超えるので省略するが，事実として，『多くの確率変数の和は正規分布に収束する』，すなわち『多数のデータの総和は正規分布として近似できる』ことを理解しておきたい．

章末問題

エレベータの設計
コラム 20 参照.

3.1 10 人乗りのエレベータの設計を依頼された．成人 1 人の体重の平均値を $\mu = 58$ kg, 標準偏差を $\sigma = 6.0$ kg とする．エレベータの乗客重量の想定は, 4σ レベルで最大どれだけを考えればよいか.

下駄を投げる

3.2 下駄を投げて逆さに落ちる確率は p である. n 回投げて逆さに落ちる回数を k とするとき, k/n の値が $p \pm 0.1p$ 以内に収まる確率が 95% 以上になるためには, n は何回以上にすればよいか.

プログラミング研究課題
3.3 3.4 にはプログラムの解答をつけない．各自で挑んでほしい.

3.3 サイコロを投げて 6 つの目のどれかを出すプログラムを作成し, サイコロを投げる回数を増やすと, それぞれの出現が等確率に近づいていくかどうか確かめよ.

3.4 コラム 15 (p.89) を参照して, 一様乱数と正規乱数を発生させるプログラムをつくり, 次を確かめよ.
(1) 一様乱数の出現頻度が一様分布に近づいていくかどうか.
(2) 正規乱数の出現頻度が正規分布に近づいていくかどうか.

=コラム 21=

☕ どこから近似が良くなるのか

大数の定理にしろ, 中心極限定理にしろ, 概念はすっきりしているが, 実際のところ, どこから近似が良くなるといえるのだろうか.

試行回数 n を大きくすると, 2 項分布 $B(n, p)$ が正規分布 $N(np, npq)$ に近づく, という de Moivre-Laplace の定理（定理 3.5）に関しては, 期待される成功回数 np と失敗する回数 nq がともに 5 以上

$$np \geq 5, \qquad n(1-p) \geq 5$$

になるくらいの試行回数 n に達したときとされている. $p = 0.1$ のとき, 2 項分布と正規分布のグラフを重ねてみたのが次の図である.

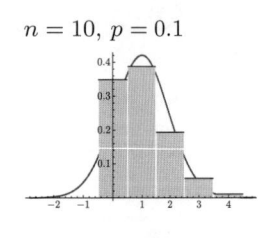

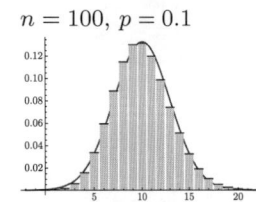

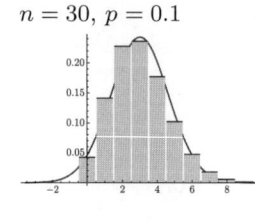

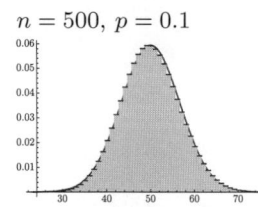

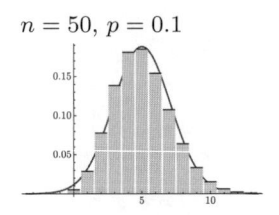

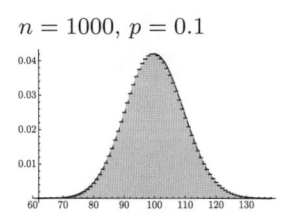

$n = 10, p = 0.1$　　$n = 30, p = 0.1$　　$n = 50, p = 0.1$

$n = 100, p = 0.1$　　$n = 500, p = 0.1$　　$n = 1000, p = 0.1$

$n = 50$ 以下のときには, 両者があまり一致していないことがわかる.

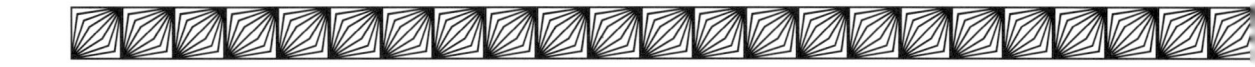

第4章
標本分布・多変量解析

　本章から後半の『統計学』である．統計学とは，手元のデータ（標本，sample）から全体のデータ（母集団, population）を推測する学問である．「木を見て森を知る」方法に 数学的裏付けを行うことが目的である．

　データには，1クラス内の学生のテスト成績結果や国勢調査など母集団のデータ（**全数データ**）を把握している場合もあるし，実験結果や街頭アンケート調査のように，何らかの手段によって抽出された**標本データ**しか手元にない場合がある．現実には後者のほうが圧倒的に多い．本章から先は，手元の標本データから，いかにして母集団の特徴を特定し得るか，の方法論である．

　§0.1では「データ処理の基本」として，平均値や分散などの統計処理の基礎についてまとめておいた．第4章では，それらの応用として，データの相関や回帰分析・主成分分析など，実際のデータから何らかの結論を導き出すための統計処理について，いくつか手法を紹介する．§4.8は，第5章以降でしばしば登場する「χ^2（カイ2乗）分布」「t分布」「F分布」について概略を示したもので，初読の際は飛ばしてもよい．

言わずもがな．「木を見て森を見ず」ということわざのもじり．

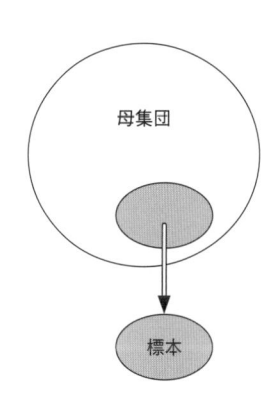

	【Level】
§4.1　1変量のデータ処理	0,1
§4.2　多変量のデータ処理	1,2
§4.3　回帰分析	1,2
§4.4　主成分分析	2
§4.5　因子分析	2
§4.6　判別分析	2
§4.7　クラスター分析	1
§4.8　標本がしたがう分布	2

【Level 0】Basic レベル
【Level 1】Standard レベル
【Level 2】Advanced レベル

4.1　1変量のデータ処理

§0.1 でまとめた「データ処理の基本」を含めて，まず，統計処理の用語についてまとめておこう．

まず，1種類だけの変量（変数）である場合のデータ処理法について説明しよう．1科目のテストの平均点や，生徒の身長データが並んでいる場合を想定してほしい．全数データであっても，標本データであってもどちらでもよい．変量を x として，データ数が n 個であるとする．すなわち，データとして，

$$x = \{x_i\} = \{x_1, x_2, x_3, \cdots, x_n\}$$

があるとする．

4.1.1　データの代表点を示す統計量

【Level 1】

データの中心的なふるまいを論じるときに使う要約値である．

□1 **平均値**

算術平均（定義 0.3）を考えるのが普通である．（いろいろな平均値については，§0.1.3 参照）．扱うデータが全数データ（すなわち母集団）ならば**母平均** μ，手元のデータが標本データならば**標本平均** $\bar{x}$ と呼ぶ．どちらも計算方法は同じで，

平均値 (average, mean)
　⟹ §0.1.3

母平均 (population mean)

標本平均 (sample mean)

$$\left.\begin{array}{ll}\text{標本ならば} & \bar{x} \\ \text{母集団ならば} & \mu\end{array}\right\} = \frac{1}{n}\sum_{i=1}^{n} x_i \quad (4.1.1)$$

普通は母平均は未知の量である．標本から母平均を推定する方法が第5章の目的の1つである．

平均値だけでは「???」
　⟹ コラム 1

□2 **中央値・メディアン**

データの値を順に並べたとき，ちょうど中央に位置する値のことである．

中央値 (median)

最頻値 (mode)

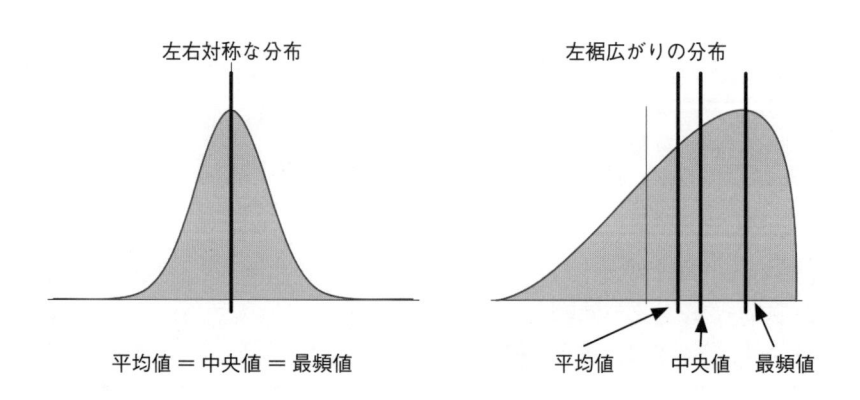

□3 **最頻値・モード**

最も多く発生する値のことである．

分布が左右対称である正規分布では「平均値＝中央値＝最頻値」である．しかし，一般には異なる．

左右対称な分布　　　　　　　左裾広がりの分布

平均値＝中央値＝最頻値　　　平均値　中央値　最頻値

---コラム 22---

☕ 物価指数

ニュースでよく耳にする**物価指数** (price index) も，データを処理して計算される統計量である．総務省や日本銀行・シンクタンクなどがさまざまに発表している．

物価指数は，基準となる年（基準年）と比較する年（比較年）とで，物価が上がったのか下がったのかを示す量として用いられる．n 種類の商品について，物価と購入された量を，基準年と比較年とで集計して算出される．次の表のように変数を定義しよう．

	i 番目の商品価格	i 番目の商品購入量
基準年（例えば 20 年前）	$p_i(0)$	$q_i(0)$
比較年（例えば今年）	$p_i(t)$	$q_i(t)$

1 つの商品にのみ注目するのなら，物価指数は $p_i(t)/p_i(0)$ でよい．複数の品目についての物価を総合的にまとめるならば，何らかのウェイト（重み）つきの平均値をとることが望ましい．よく知られている代表的なものに，**ラスパイレス指数** (Laspeyres index) L_P と，**パーシェ指数** (Paasche index) P_P がある．それぞれ，

$$L_P \equiv \frac{\sum_{i=1}^{n} p_i(t)q_i(0)}{\sum_{i=1}^{n} p_i(0)q_i(0)}, \qquad P_P \equiv \frac{\sum_{i=1}^{n} p_i(t)q_i(t)}{\sum_{i=1}^{n} p_i(0)q_i(t)}$$

として定義される．どちらも 2 つの年次の総支出額の比であるが，L_P は品目流通量を基準年のものとし，P_P は比較年のものとしている．したがって P_P は，（対象となる財やサービスの）今年の購入数量がわからないと計算できないので速報性に劣る．そこで，L_P のほうがよく使われることになるが，経験上，消費者物価指数などでは L_P のほうが大きい値になるそうだ．

L_P と P_P の差が大きいときは，例えば生活習慣が大きく変化したものの比較をしているなど 2 つの年次間に構造的な差があると考えられる．L_P と P_P の中間の値をとる指数として，2 者の幾何平均をとる**フィッシャー指数** (Fisher index) F_P

$$F_P = \sqrt{L_P \, P_P}$$

も提案されている．F_P は，**理想算式** (ideal formula) と呼ばれている．その理由は，基準年と比較年を入れ替えた**時点逆転テスト** (time reversal test) や，価格指数と数量指数の積が金額指数

$$V_P \equiv \frac{\sum_{i=1}^{n} p_i(t)q_i(t)}{\sum_{i=1}^{n} p_i(0)q_i(0)}$$

に等しくならなければいけない，とする**要素逆転テスト** (factor reversal test) の 2 つのテストに合格するためである．

参考：『人文・社会科学の統計学』（東京大学教養学部統計学教室編，東京大学出版会，1994）

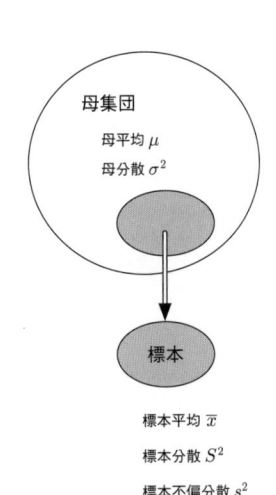

4.1.2 データの広がりを示す統計量

データの代表値だけでは，情報が足りない．そこで，データの広がり（散布度）を表す統計量を次に用意するのが普通である．

1 分散

分布の広がりを示す統計量として，平均の次によく使われる．次の3種類がある．

- 母分散 σ^2

  データ x_i が母集団の全数データならば，次式で母分散 σ^2 が得られる．

  $$\sigma^2 = \frac{1}{n}\sum_{i=1}^{n}(x_i - \mu)^2 \tag{4.1.2}$$

- 標本分散 S^2

  データ x_i が標本であれば，通常は母平均 μ は未知である．（そもそも全数調査ができないから標本をとるのであり，標本から母集団を推定するのが統計学である）．把握できるのは，標本平均 $\overline{x}$ であるから，次式で標本分散を計算する．

  $$S^2 = \frac{1}{n}\sum_{i=1}^{n}(x_i - \overline{x})^2 \tag{4.1.3}$$

  しかし，この式は，標本データの分散を論じるには構わないが，標本から母分散を推測するときには，誤差を生じることがわかっている．（多数の標本を想定したときに，$E[S^2] \neq \sigma^2$ であることを例題 5.1 にて示す）．母分散を推測するときは次の標本不偏分散を使う．

- 標本不偏分散 s^2

  (4.1.3) で，データ数 n ではなく，$n-1$ で割るという定義である．

  $$s^2 = \frac{1}{n-1}\sum_{i=1}^{n}(x_i - \overline{x})^2 \tag{4.1.4}$$

  この定義にすると，$E[s^2] = \sigma^2$ となり，母分散を偏りなく（不偏に）推定することができるようになる．

2 標準偏差 SD

分散は，平均値からの差を2乗しているため，データと単位が異なってしまう．そこで，分散のルートをとると，データの平均的なゆらぎ・分布を表す量となる．

$$\text{標準偏差}\quad \text{SD} = \sqrt{\text{分散}} \tag{4.1.5}$$

ここでの「分散」は，上記の (4.1.2), (4.1.3) または (4.1.4) に対応する式が入る．

3 変動係数 CV

平均値も標準偏差もデータの単位をもつ．しかし，身長データと体重データの散らばり具合を比較したいときなどは，単位をもつものを比べるのは厄介である．そこで，

$$\text{変動係数} \quad \mathrm{CV} = \frac{\text{標準偏差}}{\text{平均値}} \times 100 \tag{4.1.6}$$

とすれば，単位は消え，分布の比較ができるようになる．

変動係数 CV (coefficient of variation)

×100 としない流儀もある．

4 平均偏差 MD

分散は平均値との差の 2 乗を平均したものだが，平均値との差の絶対値の平均をとるのが，平均偏差である．

$$\text{母集団に対して} \quad \mathrm{MD} = \frac{1}{n} \sum_{i=1}^{n} |x_i - \mu| \tag{4.1.7}$$

$$\text{標本に対して} \quad \mathrm{MD} = \frac{1}{n} \sum_{i=1}^{n} |x_i - \overline{x}| \tag{4.1.8}$$

平均偏差 MD (mean variation, mean absolute variation)

5 範囲 Range

分布の広がりを表すのに，当然，データの最大値と最小値の差を使うときもある．

$$\text{範囲} = \max\{x_i\} - \min\{x_i\} \tag{4.1.9}$$

範囲 (range)

6 四分偏差 QD

データの値を順に並べ，4 等分した点のうち，$n/4$ 点（Q_1 点）と $3n/4$ 点（Q_3 点）の範囲の半分の値のことである．

$$\text{四分偏差} \quad \mathrm{QD} = \frac{|Q_1 - Q_3|}{2} \tag{4.1.10}$$

正規分布の場合，QD は標準偏差の 0.674 倍となる．正規分布との違いを示すときに，QD を用いることも多い．

四分偏差 QD (quartile deviation)

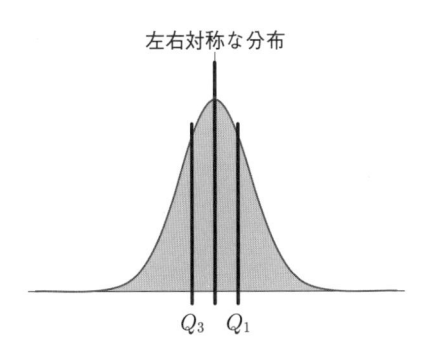

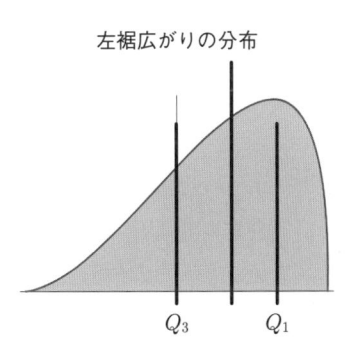

4.1.3 データ分布の形状を示す統計量

高次の統計量として，分布の形状を表す歪度と尖度がある．

- **歪度**（わいど，ゆがみ）

  分布の左右非対称性を測る量として，歪度 a を次式で定義する．

  $$a = \sqrt{n} \frac{\sum_i (x_i - \overline{x})^3}{\left(\sum_i (x_i - \overline{x})^2\right)^{3/2}} \tag{4.1.11}$$

- **尖度**（せんど，とがり）

  分布の尖り具合を測る量として，尖度 b を次式で定義する．

  $$b = n \frac{\sum_i (x_i - \overline{x})^4}{\left(\sum_i (x_i - \overline{x})^2\right)^2} \tag{4.1.12}$$

正規分布の場合，尖度は 3 となる．

4.1.4 データ分布の高次の積率（モーメント）

§2.2.3 で紹介したように，確率分布に対しては，平均値 $\mu = E[X]$ や分散 $\sigma^2 = E[(X - \mu)^2]$ を一般化して，高次の積率（モーメント）が定義された．データ処理でも同様である．

平均値 (4.1.1) は，「1 次の（原点のまわりの）モーメント」といい，分散 (4.1.2) は，「2 次の（μ のまわりの）モーメント」という．k 次の（原点のまわりの）モーメント μ_k は

$$\mu_k = \frac{1}{n} \sum_i x_i^k \tag{4.1.13}$$

となる．

4.1.5 データ個々の位置づけを示す量

個々のデータ x_i が，全体の中でどこに位置づけられるかを示す量として，**偏差値** S がある．

データの平均値を $\overline{x}$，標準偏差を σ とすると，データ x_i の偏差値 S は，

$$S = 50 + 10 \times \frac{x_i - \overline{x}}{\sigma} \tag{4.1.14}$$

である．$x_i = \overline{x}$ のとき $S = 50$，$x_i = \overline{x} \pm \sigma$ のとき $S = 50 \pm 10$ となる．

分布が正規分布に近ければ，偏差値が与えられると，そのデータが中央値からどれだけ外れた位置にあるのかがわかることになる．

【Level 1】

見やすさのため，ここでは，$\sum_{i=1}^{n}$ を $\sum_i$ と略記する.

歪度（わいど）
(skewness)

尖度（せんど）
(kurtosis)

確率分布の歪度・尖度
$\Longrightarrow$ §2.2.4

歪度・尖度と分布形状については，§2.2.4 を参照のこと．

【Level 1】

積率（モーメント）
(moment)

確率分布の積率（モーメント）
$\Longrightarrow$ §2.2.3

良い推定量の見つけ方の 1 つ，モーメント法 $\Longrightarrow$ §5.2.3

【Level 1】

偏差値 (SS)
(standard score)
$\Longrightarrow$ (2.6.6)

例題 4.1 次のデータは，父親・母親とその成人した子供の身長データ (cm) である．

(1) 父親データの標本平均，標本分散，標準偏差を求めよ．
(2) 母親データの標本平均，標本分散，標準偏差を求めよ．
(3) 息子データの標本平均，標本分散，標準偏差を求めよ．
(4) 娘データの標本平均，標本分散，標準偏差を求めよ．

i	父親 身長 x_i	母親 身長 y_i	息子 身長 z_i	娘 身長 w_i
1	171	150	163	154
2	174	149	168	153
3	172	151	169	153
4	172	156	162	158
5	170	153	172	155
6	173	153	174	158
7	173	160	175	165
8	176	155	168	163
9	178	160	175	165
10	175	162	172	164
11	170	160	178	162
12	181	155	172	162
13	183	156	185	160
14	171	154	173	163
15	173	159	166	162
16	175	150	167	160
17	170	160	173	163
18	169	161	170	164
19	175	152	178	159
20	165	155	168	160

親と子供の身長データ 1
このデータは，筆者の講義を受講した学生アンケートから，兄妹あるいは姉弟の組み合わせの家族構成をもつデータ 20 家族分を抽出した．

例題 4.3 で，このデータを用いて相関係数を計算する．
例題 4.4 で，このデータを用いて回帰直線を算出する．

平均 $\bar{x} = \dfrac{1}{20}\sum_{i=1}^{20} x_i$，分散 $S_x^2 = \dfrac{1}{20}\sum_{i=1}^{20}(x_i - \bar{x})^2$，標準偏差 $\sigma_x = \sqrt{S_x^2}$
などから求める．

		標本平均	標本分散	標準偏差
父親	x_i	$\bar{x} = 173.3$	$S_x^2 = 17.17$	$\sigma_x = 4.14$
母親	y_i	$\bar{y} = 155.6$	$S_y^2 = 16.68$	$\sigma_y = 4.08$
息子	z_i	$\bar{z} = 171.4$	$S_z^2 = 29.52$	$\sigma_z = 5.43$
娘	w_i	$\bar{w} = 160.2$	$S_w^2 = 15.19$	$\sigma_w = 3.89$

- 身長はどれだけ遺伝するのだろうか．男女の差はあるのだろうか．一般にはどのような傾向になるのだろうか．…
  次節から，「相関係数」と「回帰分析」を用いて，このような解析をしていこう．

4.2 多変量のデータ処理

見やすさのため，本節では，$\sum_{i=1}^{n}$ を $\sum_{i}$ と略記する．

次に，変量が2個以上の場合を扱おう．しばらくは，(身長, 体重) のデータのように，大きさが n の2変量データ

$$(x_1, y_1), \quad (x_2, y_2), \quad (x_3, y_3), \quad \cdots, \quad (x_n, y_n)$$

が与えられたとして，話を進める．

【Level 1】

4.2.1 散布図

n 組のデータ (x_i, y_i) を x-y グラフ面に記入したものを**散布図**という．ページ下にデータ点の散らばり具合が異なる例を5枚示す．

4.2.2 平均，分散，共分散

定義 4.1（標本平均・標本分散・共分散）

- 標本平均 $\overline{x}, \overline{y}$ および 標本分散 $\sigma_{xx}^2, \sigma_{yy}^2$

$$\overline{x} = \frac{1}{n}\sum_i x_i, \quad \sigma_{xx}^2 = \frac{1}{n}\sum_i (x_i - \overline{x})^2 \equiv \frac{1}{n}S_{xx} \quad (4.2.1)$$

$$\overline{y} = \frac{1}{n}\sum_i y_i, \quad \sigma_{yy}^2 = \frac{1}{n}\sum_i (y_i - \overline{y})^2 \equiv \frac{1}{n}S_{yy} \quad (4.2.2)$$

- x と y の共分散 σ_{xy}^2

$$\sigma_{xy}^2 = \frac{1}{n}\sum_i (x_i - \overline{x})(y_i - \overline{y}) \equiv \frac{1}{n}S_{xy} \quad (4.2.3)$$

標本平均
(sample average)

標本分散
(sample variance)
1変数のときと同じ定義．

共分散 (covariance)
　確率変数の共分散
　$\Longrightarrow$ §2.3.2

積和
本書の定義は，
$$S_{xx} = \sum_i (x_i - \overline{x})^2$$
$$S_{xy} = \sum_i (x_i - \overline{x})(y_i - \overline{y})$$
データ数 n で割ったものを積和とする本もある．

具体的な計算 $\Longrightarrow$ 問題 4.2

- このような，S_{xx} や S_{xy} の記号は，**積和**と呼ばれる．
- 共分散は，次ページの「相関係数」（$\Longrightarrow$ 定義 4.2）の定義式を簡略にする．

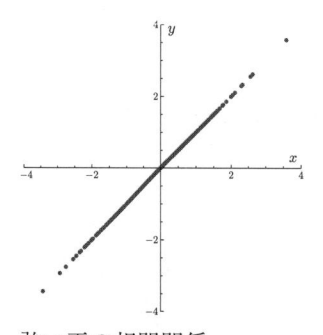

強い正の相関関係
（相関係数 $r = 1$）

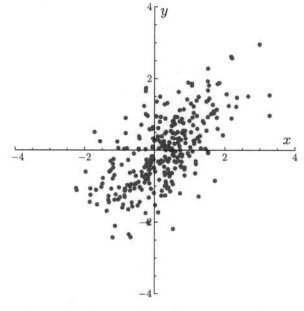

正の相関関係（$r = 0.7$）

4.2.3 相関

2つの変量 x と y の関係を考えよう.

- 「x が増加すると, y も増加する」関係があるならば,「**正の相関関係がある**」という.
- 逆に「x が増加すると, y が減少する」関係ならば,「**負の相関関係がある**」という.
- そもそも x と y の間には, 何の関係も見られない場合もある.

このように,「相関関係がある」「相関関係がない」や,「相関が強い」「相関が弱い」を表すために次の係数を定義する.

定義 4.2（相関係数）
x と y の対からなる標本 (x_i, y_i) $(i = 1, \cdots, n)$ の相関係数 r を

$$r = \frac{\sum_i (x_i - \overline{x})(y_i - \overline{y})}{\sqrt{\left[\sum_i (x_i - \overline{x})^2\right]\left[\sum_i (y_i - \overline{y})^2\right]}} = \frac{S_{xy}}{\sqrt{S_{xx}S_{yy}}} \quad (4.2.4)$$

とする. 相関係数は, 常に

$$-1 \leq r \leq 1 \quad (4.2.5)$$

であり, 特に次のような関係を示す.

$$\begin{cases} r = 1 \text{ のとき} & \text{正の相関が最も強い（ぴったり直線の関係）} \\ r = 0 \text{ のとき} & \text{相関関係がない} \\ r = -1 \text{ のとき} & \text{負の相関が最も強い（ぴったり直線の関係）} \end{cases}$$

- 上記の不等式 (4.2.5) は, Cauchy-Schwarz の不等式より, 証明される.（次のページ参照）

【Level 1】

相関 (correlation)

「相関関係がある」または「相関がある」といっているだけであり, 因果関係をいっているわけではない. 使い方に注意.

$\Longrightarrow$ コラム 27

相関係数 r
(correlation coefficient)

$$-1 \leq r \leq 1$$

詳しくは, ピアソンの相関係数あるいは積率相関係数ともいう.

👤 Karl Pearson ピアソン
(1857-1936)

$|r| = 0.00 \sim 0.20$
　$\Longrightarrow$ ほとんど相関なし
$|r| = 0.20 \sim 0.40$
　$\Longrightarrow$ 弱い相関がある
$|r| = 0.40 \sim 0.70$
　$\Longrightarrow$ 相関がある
$|r| = 0.70 \sim 1.00$
　$\Longrightarrow$ 強い相関がある

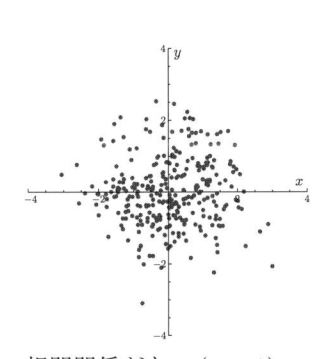

確率変数の相関係数
　$\Longrightarrow$ §2.3.2

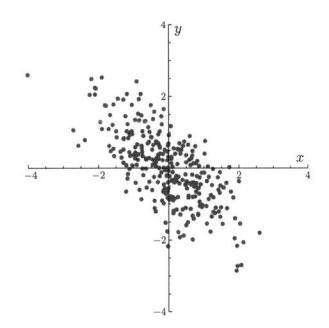

相関関係がない $(r = 0)$　　　負の相関関係 $(r = -0.7)$　　　強い負の相関関係 $(r = -1)$

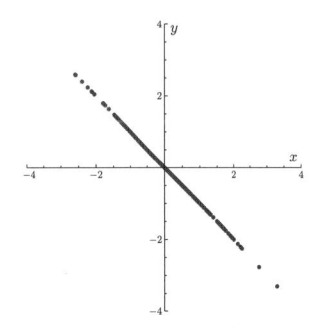

Cauchy-Schwarz の不等式

相関係数 r が $-1 \leq r \leq +1$ の範囲であることと，Cauchy-Schwarz の不等式は同値である．

> **定理 4.3（Cauchy-Schwarz の不等式）**
>
> $$\left[\sum_i (x_i - \overline{x})^2\right] \cdot \left[\sum_i (y_i - \overline{y})^2\right] \geq \left|\sum_i (x_i - \overline{x}) \cdot (y_i - \overline{y})\right|^2$$
>
> すなわち，$\quad S_{xx} S_{yy} \geq S_{xy}^2 \quad$ (4.2.6)

Cauchy-Schwarz の不等式
(Cauchy-Schwarz's inequality)

👤 Augustin Louis Cauchy コーシー (1789-1857)

👤 Karl Hermann Amandus Schwarz シュワルツ (1843-1921)

証明 α, β を任意の定数として

$$s = \sum_i \{\alpha(x_i - \overline{x}) + \beta(y_i - \overline{y})\}^2 \quad \cdots\cdots\cdots\cdots (\#)$$

という量を考えよう．2 乗された数の和なので，総和は必ず 0 以上になるから，$s \geq 0$ が常に成り立つ．(#) の右辺を展開すると，

$$s = \left[\sum_i (x_i - \overline{x})^2\right]\alpha^2 + 2\left[\sum_i (x_i - \overline{x})(y_i - \overline{y})\right]\alpha\beta + \left[\sum_i (y_i - \overline{y})^2\right]\beta^2$$
$$= S_{xx}\alpha^2 + 2S_{xy}\alpha\beta + S_{yy}\beta^2$$

この式を α の 2 次式と考えれば，式全体が $s \geq 0$ であることは，判別式 D が 0 以下であることを意味する．したがって，

$$D = (S_{xy}\beta)^2 - S_{xx}S_{yy}\beta^2 \leq 0$$
$$\text{ゆえに} \quad S_{xy}^2 \leq S_{xx}S_{yy}.$$

等号が成立するのは，(#) の各項がゼロのときで，(x_i, y_i) が直線上に分布するときである．

- この不等式から，相関係数について $|r| \leq 1$ であること，および $|r| = 1$ となるのが「データが直線状に分布するとき」であることがわかった．

問題 4.2 で得られた式は，具体的なデータが与えられたときの積和の計算として便利である．

問題 4.2 積和記号について，次の式が成り立つことを示せ．

$$S_{xx} = \sum_i x_i^2 - \frac{1}{n}\left(\sum_i x_i\right)^2 \quad (4.2.7)$$

$$S_{xy} = \sum_i x_i y_i - \frac{1}{n}\left(\sum_i x_i\right)\left(\sum_j y_j\right) \quad (4.2.8)$$

例題 4.3 例題 4.1 の親と子供の身長データを用いて，父親・母親・息子・娘のうちから 2 者を取り出し，相関係数をそれぞれ求めよ．

親と子供の身長データ 2
データは例題 4.1.
例題 4.4 で，このデータを用いて回帰直線を算出する．

例えば父親と母親の相関係数 r_{xy} は，
$$S_{xx} = \sum_{i=1}^{20}(x_i - \overline{x})^2 = 326.20, \quad S_{yy} = \sum_{i=1}^{20}(y_i - \overline{y})^2 = 316.95,$$
$$S_{xy} = \sum_{i=1}^{20}(x_i - \overline{x})(y_i - \overline{y}) = -9.3 \text{ より,}$$

$$r_{xy} = \frac{S_{xy}}{\sqrt{S_{xx}S_{yy}}} = -0.0289.$$

他の積和は，$S_{zz} = 560.8$, $S_{ww} = 288.55$, $S_{xz} = 182.60$, $S_{xw} = 47.10$, $S_{yz} = 121.6$, $S_{yw} = 245.35$, $S_{zw} = 130.80$ となる．
表形式にして相関係数をまとめると，次のようになる．

	父親 x	母親 y	息子 z	娘 w
父親 x	——	-0.029	0.427	0.154
母親 y		——	0.288	0.811
息子 z			——	0.325
娘 w				——

父親と母親のデータ分布図

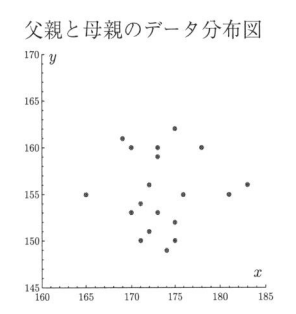

母親と娘のデータ分布図

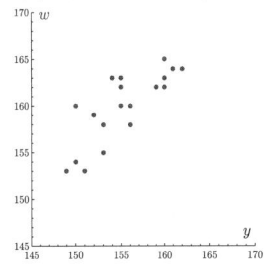

- 母親と娘の相関は非常に強く，父親と息子の間にも相関が見られる．夫婦間に相関は見られない．

===コラム 23===

☕ 「相関がある」と「因果関係がある」は異なる

　相関係数を計算して，2 つの変数の間に「何らかの相関関係が見られる」と判定したとしても，それはあくまで「相関関係が見られる」だけだ．両者の間の因果関係を証明したわけではない．

　身長と体重には高い相関があると想像できるが，「身長が高いことが体重が重い原因」なわけではない．「消防士が多い火災現場ほど火事の規模が大きい．だから，消防士が火災の原因である」は明らかに誤謬である．このくらいならすぐに見破れるのでかわいいのだが，世間一般，この点を誤解したり悪用したりするケースが多く見られるので，読者にも注意を促したい．

　「『ありがとう』という文字を見せた水の結晶は美しく，『ばかやろう』という文字を見せた水の結晶は醜い」という写真集が一時期ベストセラーになったが，これはただのニセ科学である．（ちなみにこの話を道徳の教材に用いる小学校の先生がいるようで，大いに問題である）．「マイナスイオン」「磁気アクセサリー」は科学的に効用が証明されたものではない．「地球温暖化」「地震予知」「遺伝子組み換え」「環境ホルモン」などは複雑すぎて未だきちんと因果関係が解明されていないからグレーゾーンといえよう．

　因果関係があるかどうかを見極めるには，その要素を断ち切ったときに関連がなくなるかどうかを確かめるのが手っ取り早い．しかし，すべてについてそのような実験ができるとは限らない．投薬による治療でも，人間には心理的な効果（プラセボ効果；何の効果もない偽薬を処方しても患者が薬だと信じ込むことで効果が発揮されること）が見られる場合もあり，その点につけ込んだ商売が繁盛する．

　相関関係と因果関係は違う (Correlation is not Causation)．もっと正確には「相関関係は因果関係の単なる必要条件の 1 つにすぎない」という認識を我々は明確にもつべきだ．

4.2.4 ガイド 多変量解析の概略

【Level 1】
多変量解析
(multivariate analysis)

データを手に入れたとき，我々が行うのは，そのデータから「予測を立てる」か「要約を行う」作業をすることである．複数の変量（変数）によって表されているデータから，「予測」や「要約」を行う統計的手法を総称して**多変量解析**と呼ぶ．本書では次節以降，いくつかの解析法を具体的に紹介するが，ここでは概略を記しておこう．

データの種類

扱うデータについて，**量的**データか**質的**データか，という区別がある．

名義尺度 (nominal scale)

順序尺度 (ordinal scale)

間隔尺度 (interval scale)

比率尺度 (ratio scale)

質的	名義尺度	『分類』を目的としたデータで『順序』に意味がないもの．「男女」「職業」「居住地区」など．
質的	順序尺度	『順序』に意味があるが『間隔』が等しいとは限らないもの．「長男・次男」「1位・2位・3位」など．
量的	間隔尺度	『順序』も『間隔』も意味があるが『原点』の位置はどこでもよいもの．比較して何倍大きいなどといえないもの．「摂氏温度 °C」など．
量的	比率尺度	間隔尺度であり，『原点』に意味があるもの．比較して何倍大きいなどといえるもの．「距離」「大きさ」「金額」「絶対温度 K」など．

多変量解析の種類

解析であるから，当然インプット（入力）とアウトプット（出力）がある．

説明変数（独立変数）
(explanatory variable, independent variable)

- 解析に用いるデータを**説明変数（独立変数）**という．

基準変数（従属変数）
(criterion variable, regressand)

- 解析結果として得られるデータを**基準変数（従属変数）**という．

これらの組み合わせや目的に応じてさまざまな多変量解析がある．本書で説明しないものを含め，一般によく用いられるものの一覧を表で記す．

目的		基準変数	説明変数	
			量的	質的
予測	関係式をつくりたい	量的	回帰分析　§4.3	数量化1類
予測	関係式をつくりたい（量の推定）	量的	正準相関分析	数量化1類
予測	グループ分けしたい（質の推定）	質的	判別分析　§4.6	数量化2類
予測	グループを構成したい	質的	クラスター分析　§4.7	クラスター分析
要約	変量を統合して整理したい	−	主成分分析　§4.4	数量化3類
要約	代表的な変量を発見したい	−	因子分析　§4.5	数量化4類

代表的な多変量解析法

- **回帰分析**
  2変量で与えられるデータから直線の式を構成したり（**単回帰分析**），3変量で与えられるデータから平面の式を構成するなど（**重回帰分析**），変量間の代表的な関係式をつくり，その関係式からデータを特徴づける方法.

  回帰分析
  (regression analysis)
  $\Longrightarrow$§4.3

- **主成分分析**
  多くの変量から新たに少数の主成分（合成変量）を求め，情報を集約する手法．変量を要約することで隠れた変量を見つけ出したり，総合的な指標を得ることができる.

  主成分分析
  (PCA; principal component analysis)
  $\Longrightarrow$§4.4

- **因子分析**
  多くの変量から，データに共通して影響を与えていると考えられる少数の変量（共通因子）を誤差つきで構成する方法.

  因子分析
  (factor analysis)
  $\Longrightarrow$§4.5

- **判別分析**
  データをグループ分けしているとき，そのグループの境界を明らかにして，新たなデータに対して所属するグループを見つける手法.

  判別分析
  (discriminant analysis)
  $\Longrightarrow$§4.6

- **クラスター分析**
  データの間の距離を定義して，関連の近いものどうしをグループにまとめる手法.

  クラスター分析
  (cluster analysis)
  $\Longrightarrow$§4.7

なお，本書では省略するが，次の2つの分析法もある.

- **正準相関分析**
  データ間の相関だけではなく，変量群の間の相関も考えるときに用いる手法である．例えば入学試験成績の各データ・1年次成績の各データ・卒業時成績の各データなど異なる変量群に対して，相互の関連を最大にするような解を得ることができる.

  正準相関分析
  (canonical correlation analysis)

- **数量化法**
  質的なデータに数値を与えて解析を行う手法である．成績表の「A/B/C/D/F」評価を「5/4/3/2/1」に変換するとか，薬投与の「有/無」を「1/0」に置換するなど，何らかの基準をつくってダミーの数値データをつくってから解析を行う方法である.

  数量化法
  (quantification theory)

なお，複数の変数を扱う場合は，分析の結果，必ずしも期待した結論が得られないこともある．「有効な結論が出ない」ことも重要な結論である.

4.3 回帰分析

4.3.1 最小2乗法による回帰直線解析

実験をしたり，統計をとったりした後にデータをグラフにする．生のデータは，たいてい分布の幅をもつが，そこから情報を得るためには，何らかのモデル化が必要だ．

例えば，データの分布を表すような代表的な直線

$$y = ax + b \tag{4.3.1}$$

が求められたら，全体の傾向が把握できる．このように，与えられたデータから線形の表現（今の場合は直線の式 (4.3.1)）を抽出することを**線形回帰分析**といい，得られた式を**回帰方程式**あるいは**回帰関数**という．

(4.3.1) の係数 a, b を決める方法として，次の**最小2乗法**がある．

定理 4.4（最小2乗法（回帰直線））

データの組 (x_i, y_i)（ただし $i = 1, \cdots, n$）が与えられているとき，データ分布を xy 平面上で，最も良く近似する直線（回帰直線）を $y = ax + b$ とすると，

$$a = \frac{S_{xy}}{S_{xx}}, \qquad b = \overline{y} - a\overline{x} \tag{4.3.2}$$

$$\text{すなわち} \quad y = \frac{S_{xy}}{S_{xx}}(x - \overline{x}) + \overline{y} \tag{4.3.3}$$

である．ただし，以下の記号を用いた．

$$\overline{x} = \frac{1}{n}\sum_i x_i, \quad S_{xx} = \sum_i (x_i - \overline{x})^2$$

$$\overline{y} = \frac{1}{n}\sum_i y_i, \quad S_{xy} = \sum_i (x_i - \overline{x})(y_i - \overline{y})$$

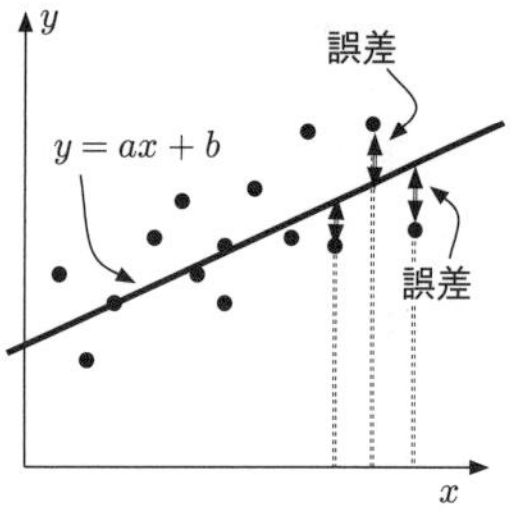

(4.3.2) を導こう．直線 $y = ax + b$ を考えたとき，各データとの誤差 e_i は $e_i = |y_i - (ax_i + b)|$ である．これを2乗して和をとり

$$E(a, b) = \sum_i e_i^2 = \sum_i \{y_i - (ax_i + b)\}^2$$

としよう．「最も良い近似直線」の条件として，$E(a, b)$ が最小となるような a, b を求めればよい．

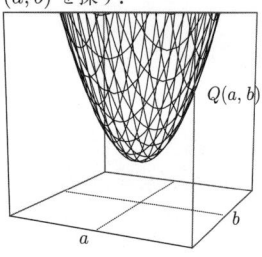

a, b の必要条件は，$\dfrac{\partial E}{\partial a} = 0$ および $\dfrac{\partial E}{\partial b} = 0$ をみたすことである．これら2式を計算すると，

$$\sum_i x_i y_i - a\sum_i x_i^2 - b\sum_i x_i = 0,$$

$$\sum_i y_i - a\sum_i x_i - nb = 0$$

の連立方程式が得られる．

【Level 1】

見やすさのため，本節でも，$\sum_{i=1}^{n}$ を $\sum_i$ と略記する．

線形回帰分析
(liner regression analysis)
回帰方程式
(regression equation)
回帰関数
(regression function)
最小2乗法
(least squares method)

$y = ax + b$ は，点 $(\overline{x}, \overline{y})$ を通り，傾きが S_{xy}/S_{xx} の直線である．

$Q(a, b)$ の最小値を与える (a, b) を探す．

a, b について解くと,

$$a = \frac{\sum_i (x_i y_i - \overline{xy})}{\sum_i (x_i^2 - \overline{x}^2)} \equiv \frac{(\#)}{(\flat)}, \qquad b = \overline{y} - a\overline{x}$$

「回帰」という言葉の由来 $\Longrightarrow$ コラム 29

となる. a の式の分母 $(\flat)$・分子 $(\#)$ を詳しく見ると

$$(\#) = \sum_i (x_i y_i - \overline{xy}) = \sum_i \{(x_i - \overline{x})(y_i - \overline{y}) + x_i \overline{y} + y_i \overline{x} - 2\overline{xy}\}$$

$$= S_{xy} + \sum_i x_i \overline{y} + \sum_i y_i \overline{x} - \sum_i 2\overline{xy} = S_{xy} + n\overline{xy} + n\overline{xy} - 2n\overline{xy} = S_{xy}$$

$$(\flat) = \sum_i (x_i^2 - \overline{x}^2) = \sum_i \{(x_i - \overline{x})^2 + 2x_i \overline{x} - 2\overline{x}^2\}$$

$$= S_{xx} + \sum_i 2x_i \overline{x} - 2\sum_i \overline{x}^2 = S_{xx} + 2n\overline{x}^2 - 2n\overline{x}^2 = S_{xx}$$

と求められる.

決定係数 R^2

(4.3.2) の係数で得られた回帰直線 $y = ax + b$ が, どの程度良くデータの分布を表しているのかを示す指標として, **決定係数** R^2 がある. もともとの y のデータの変動のうち, 回帰直線で説明できる変動の割合を示す量であり,

$$R^2 = \frac{\sum_i (ax_i + b - \overline{y})^2}{\sum_i (y_i - \overline{y})^2} \qquad (4.3.4)$$

決定係数 (coefficient of determination)

相関係数 $\Longrightarrow$ 定義 4.2

で定義される. $R^2 = 1$ であれば, 回帰直線はデータ点すべての上を通っている. $R^2 = 0$ であれば, 回帰分析は意味がないと考えられる.

$R^2 = (\text{相関係数})^2$ となることを示すことができる.

回帰直線法の応用

データ (x_i, y_i) の分布が直線で表現できない場合でも, 適当な変数変換で直線近似できる場合がある. 例えば,

- 回帰方程式が $y = ba^x$ の場合 (指数回帰型) ならば, 両辺の対数をとることにより,

$$\log y = (\log a)x + \log b$$

となって, $(x_i, \log y_i)$ のデータに線形回帰分析が適用できる.

- 回帰方程式が $y = bx^a$ の場合 (弾性モデル型) ならば, 両辺の対数をとることにより,

$$\log y = a \log x + \log b$$

となって, $(\log x_i, \log y_i)$ のデータに線形回帰分析が適用できる.

$y = ba^x$ 指数回帰型
細菌の増殖など, 一定の比率で指数関数的に増大していくものの分析が相当する.

$y = bx^a$ 弾性モデル型
価格の変化に対する消費量と生産量の変化の分析などが相当する.

4.3.2 重回帰分析

§4.3.1 の回帰分析は，x と y の 2 つの変数間の解析だった．これを**単回帰分析**という．データ y が p 個の変量 $(x_1, x_2, \cdots, x_p)$ を用いて表される場合は，回帰方程式として線形の式

$$y(x_1, x_2, \cdots, x_p) = a_1 x_1 + a_2 x_2 + \cdots + a_p x_p + b \tag{4.3.5}$$

を用いて，最適な係数 $a_1, a_2, \cdots, a_p, b$ を求めればよい．複数の変量に対する回帰分析を**重回帰分析**という．

係数は，単回帰分析と同様で，(4.3.5) と実際のデータ（n 個あると考え，添字 i をつけて表す）の誤差

$$e_i = |y_i - y| = |y_i - (a_1 x_{1i} + a_2 x_{2i} + \cdots + a_p x_{pi} + b)|$$

が最小になるように，最小 2 乗法を用いて定める．すなわち，誤差の 2 乗和 $E = \sum_i e_i^2$ を各係数で偏微分して

$$\frac{\partial E}{\partial a_1} = 0, \quad \frac{\partial E}{\partial a_2} = 0, \quad \cdots, \quad \frac{\partial E}{\partial a_p} = 0, \quad \frac{\partial E}{\partial b} = 0,$$

の $p+1$ 本の式を連立して，$p+1$ 個の係数 $a_1, a_2, \cdots, a_p, b$ を求めることになる．

決定係数 R^2 も，(4.3.4) と同様に定義される．

$$R^2 = \frac{\sum_i (a_1 x_{1i} + a_2 x_{2i} + \cdots + a_p x_{pi} + b - \overline{y})^2}{\sum_i (y_i - \overline{y})^2} \tag{4.3.6}$$

2 変数に対する回帰方程式

特に，データ y を，2 個のデータ (x_1, x_2) を用いて表現する回帰方程式

$$y(x_1, x_2) = a_1 x_1 + a_2 x_2 + b \tag{4.3.7}$$

について，具体的に係数を求めた結果を示す．$S_{x_1 y}$ などの記号は定義 4.4 と同じものである．

$$a_1 = \frac{\det \begin{vmatrix} S_{x_1 y} & S_{x_1 x_2} \\ S_{x_2 y} & S_{x_2 x_2} \end{vmatrix}}{\det \begin{vmatrix} S_{x_1 x_1} & S_{x_1 x_2} \\ S_{x_1 x_2} & S_{x_2 x_2} \end{vmatrix}}, \quad a_2 = \frac{\det \begin{vmatrix} S_{x_1 x_1} & S_{x_1 y} \\ S_{x_1 x_2} & S_{x_2 y} \end{vmatrix}}{\det \begin{vmatrix} S_{x_1 x_1} & S_{x_1 x_2} \\ S_{x_1 x_2} & S_{x_2 x_2} \end{vmatrix}} \tag{4.3.8}$$

$$b = \overline{y} - a_1 \overline{x}_1 - a_2 \overline{x}_2 \tag{4.3.9}$$

【Level 2】

単回帰分析
$y = y(x)$
(simple regression analysis)
2 変数間の関係を直線近似する方法．

重回帰分析
$y = y(x_1, x_2, \cdots, x_p)$
(multiple regression analysis)
多くの変数間の代表的な関係を求める方法．

ここでも $\sum_{i=1}^n$ を $\sum_i$ と略記した．

(4.3.7) は，(x_1, x_2, y) 空間の平面の式．$\Longrightarrow$ 例題 4.4

$\det \begin{vmatrix} a & b \\ c & d \end{vmatrix} = ad - bc$

例題 4.4 例題 4.1 の親と子供の身長データを用いて，次を求めよ．

(1) 父親・母親・息子・娘のうちから 2 者を取り出し，回帰直線を求めよ．

(2) 父親・母親の身長に対する息子の身長，および娘の身長について，重回帰分析をせよ．

親と子供の身長データ 3
データは，例題 4.1．
例題 4.3 で，このデータを用いて相関係数を計算した．

(1) 例えば，父親 x と息子 z の身長データの回帰直線 $z = ax + b$ は，(4.3.2) より，$a = S_{xz}/S_{xx} = 182.60/326.20 = 0.5597$, $b = \bar{z} - a\bar{x} = 171.4 - 0.5597 \times 173.3 = 74.40$ となる．

回帰直線は，次のようになる．

(父親 x, 母親 y)　　$y = -0.029\,x + 160.50$
(父親 x, 息子 z)　　$z = +0.560\,x + 74.40$　右図参照
(父親 x, 娘 w)　　　$w = +0.144\,x + 135.13$
(母親 y, 息子 z)　　$z = +0.384\,y + 111.72$
(母親 y, 娘 w)　　　$w = +0.774\,y + 39.74$　右図参照
(息子 z, 娘 w)　　　$w = +0.233\,z + 120.17$

父親と息子のデータ分布図

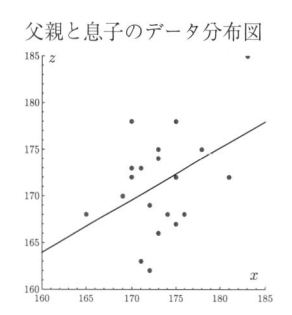

母親と娘のデータ分布図

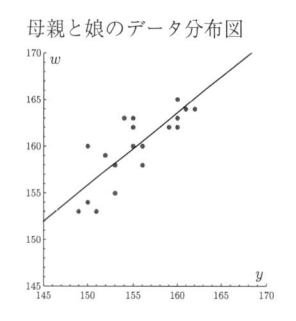

(2) 父親 x と母親 y の身長に対する息子の身長 z の回帰方程式は，(4.3.7) にならって，$z = a_1 x + a_2 y + b$ とおける．(4.3.8) と (4.3.9) より，係数を定めると，

$$z = 0.57\,x + 0.40\,y + 10.13 \cdots\cdots\cdots\cdots\cdots (\#)$$

となる．(x_i, y_i, z_i) の 3 次元データプロットを下図に示す．得られた回帰方程式は，(x, y, z) 空間内の平面の方程式である．データの点に平面を重ねた図も示す．データの散らばり具合を代表する平面になっていることがわかる．

父親 x と母親 y の身長に対する娘の身長 w は，同様に

$$w = 0.17\,x + 0.78\,y + 10.11 \cdots\cdots\cdots\cdots\cdots (\flat)$$

となる．

(2) で得られた (#) は父親と母親から息子の身長 (cm) を予測する式，(♭) は娘の身長 (cm) を予測する式であるといえる．サンプル数が少ないので誤差は多いと考えられるが，このデータからは，男の子は父親の影響を強く受け，女の子は母親の影響を強く受けて身長が決まるという結果になった．

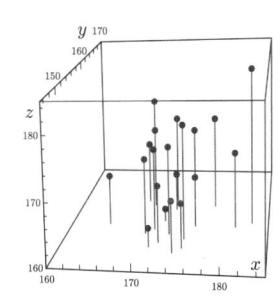

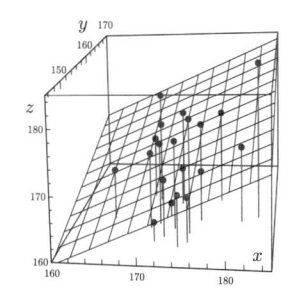

4.4 主成分分析

【Level 2】
主成分分析
(PCA; principal component analysis)
多くの変量からなるデータを少ない合成変量で表す方法．情報を集約する方法である．

主成分分析とは，多くの変量（変数）で統計データが与えられているとき，それらを少ない個数の変量で構成し直す方法である．データの特徴を少ない変量で表現できれば，背景にある本質を抜き出すことにもなり，統計データの活用が進むことになる．

例えば，複数の科目の試験成績や，複数のスポーツ種目のスコアとか，企業の業績指標など，それぞれのデータが互いに同質な場合に有効な分析である．

4.4.1 2変量データの主成分分析

主成分分析が威力を発揮するのは 3 変量以上の場合だが，ここでは 2 変量として，概略をまず説明する．

簡単のため，まず，データが 2 種類の変量 (x,y) で与えられているとしよう．各データを (x_i,y_i)（ただし，$i=1,2,\cdots,n$）とする．主成分分析では，線形結合した新しい変量（**合成変量**と呼ぶ）

合成変量

例題 4.4 のデータに分析を行った例．データの分散に応じて主軸 $\boldsymbol{a}_1,\boldsymbol{a}_2$ が決まり，対応する楕円を考えることでデータの特徴を理解することができる．

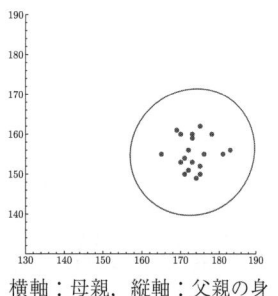

$$z = a_1 x + a_2 y = \boldsymbol{a}\cdot\boldsymbol{x} \tag{4.4.1}$$

を仮定して，データを特徴づけるのに最適な係数 a_1, a_2 を求めることになる．右の等号は，ベクトル $\boldsymbol{a}=(a_1,a_2)^T$，$\boldsymbol{x}=(x,y)^T$ を定義したときに，内積としても書けることを示す．

a_1, a_2 の係数の条件として，

$$a_1^2 + a_2^2 = 1 \tag{4.4.2}$$

をみたすことも仮定する．(4.4.2) は，$a_1 = \cos\theta, a_2 = \sin\theta$ と対応させられるので，1 つの変数 θ を決めることと同じである．つまり，(4.4.1) の合成変量は，(x,y) のデータの散らばり具合を，角度 θ だけ回転させた新しい座標軸で表現していることに対応する．(x,y) 座標では，データは相関係数の値に応じて楕円のように分布するが，新しい座標軸の方向は，楕円の長軸と一致するようにする．長軸の方向がデータの特徴を最も良く示すと考えられるからである．

横軸：母親，縦軸：父親の身長

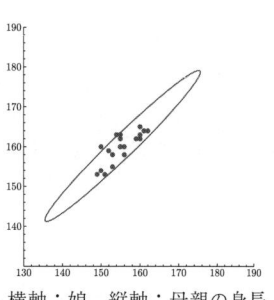

横軸：娘，縦軸：母親の身長

長軸の方向を決めるには，合成変量 (4.4.1) の分散が最大となる方向を求めればよい．(x_i, y_i) の各データに応じて合成変量 z_i を (4.4.1) によって求めたとすれば，z_i の分散は

$$\begin{aligned}V[Z] &= \frac{1}{n}\sum_i (z_i - \overline{z})^2 = \frac{1}{n}\sum_i \{(a_1 x_i + a_2 y_i) - (a_1 \overline{x} + a_2 \overline{y})\}^2 \\ &= \frac{1}{n}\sum_i \{a_1(x_i - \overline{x}) + a_2(y_i - \overline{y})\}^2 \\ &= a_1^2 V[X] + 2a_1 a_2 \mathrm{Cov}[X,Y] + a_2^2 V[Y] \\ &\equiv a_1^2 S_{11} + 2a_1 a_2 S_{12} + a_2^2 S_{22}\end{aligned} \tag{4.4.3}$$

共分散 $\mathrm{Cov}[X,Y]$
$\Longrightarrow$ 定義 2.15

となる．S_{11} などは後のためここで新たに定義した．(4.4.3) を (4.4.2) の制約のもとで最大にするような，a_1, a_2 を求めよう．

制約条件つきの極値問題の解法には，**Lagrange 乗数法**と呼ばれる方法がある．極値を求めたい関数に制約条件の式を定数 λ（**Lagrange 乗数**）を乗じて加えた関数（**Lagrange 関数**）

$$L(a_1, a_2, \lambda) = a_1^2 S_{11} + 2a_1 a_2 S_{12} + a_2^2 S_{22} + \lambda(1 - a_1^2 - a_2^2) \quad (4.4.4)$$

をつくり，L の式が極値になるように，(a_1, a_2, λ) を求める方法である．

極値の条件は，L の a_1, a_2, λ それぞれの偏微分がゼロとなることで，

$$0 = \frac{\partial L}{\partial a_1} = 2(a_1 S_{11} + a_2 S_{12}) - 2\lambda a_1$$

$$0 = \frac{\partial L}{\partial a_2} = 2(a_1 S_{12} + a_2 S_{22}) - 2\lambda a_2$$

$$0 = \frac{\partial L}{\partial \lambda} = 1 - a_1^2 - a_2^2$$

となる．最後の式は (4.4.2) と同じである．共分散の定義から $S_{12} = S_{21}$ であることも考えると，はじめの 2 つの式は，

$$S_{11} a_1 + S_{12} a_2 = \lambda a_1$$
$$S_{21} a_1 + S_{22} a_2 = \lambda a_2$$

となる．行列とベクトルの積で表すと，これらは

$$\begin{pmatrix} S_{11} & S_{12} \\ S_{21} & S_{22} \end{pmatrix} \begin{pmatrix} a_1 \\ a_2 \end{pmatrix} = \lambda \begin{pmatrix} a_1 \\ a_2 \end{pmatrix} \implies \boldsymbol{S}\boldsymbol{a} = \lambda \boldsymbol{a} \quad (4.4.5)$$

となり，行列 $\boldsymbol{S}$ の固有値 λ と固有ベクトル $\boldsymbol{a}$ を求める問題になる．

固有値は 2 つ求められるが，楕円の長軸方向を求めるためには，分散を最大にするように絶対値が大きい固有値 λ_1（と，λ_1 に対応する固有ベクトル $\boldsymbol{a}_1 = (a_{1x}, a_{1y})^T$）を選ぶ．このときの合成変量

$$z_1 = a_{1x} x + a_{1y} y = \boldsymbol{a}_1 \cdot \boldsymbol{x} \quad (4.4.6)$$

を**第 1 主成分**と呼ぶ．小さなほうの固有値 λ_2（と，その固有値に対応する固有ベクトル $\boldsymbol{a}_2 = (a_{2x}, a_{2y})^T$）を用いた

$$z_2 = a_{2x} x + a_{2y} y = \boldsymbol{a}_2 \cdot \boldsymbol{x} \quad (4.4.7)$$

を**第 2 主成分**と呼ぶ．

第 1 主成分が，もとのデータの何％程度の変動を説明できるかを示す指標として，**寄与率** μ_1 と呼ばれる量がある．固有値の比をとるもので，

$$\mu_1 = \frac{\lambda_1}{\lambda_1 + \lambda_2} \quad (4.4.8)$$

で与えられる．

👤Joseph-Louis
Lagrange ラグランジュ
(1736-1813)

Lagrange の未定乗数法
(Lagrange's undetermined multipliers method)
未定係数法とも呼ばれる．

$\varphi(x, y) = 0$ という制約下での $f(x, y)$ の極値問題，という設定が，
$L(x, y, \lambda)$
 $= f(x, y) + \lambda \varphi(x, y)$
とおくことで，3 変数関数 $L(x, y, \lambda)$ の条件なしの極値問題に変わった．
$\implies$ 拙著 [1]§5.3.4

固有値問題 $\implies$ §0.7.2

主成分
(principal component)
第 1 主成分は，分散を最大にする射影軸方向の長さを表す．すなわち，データ分布を特徴づける軸である．
2 成分のデータの場合，第 2 主成分は分散を最小にする射影軸方向の長さを表すので，分析上の意味はない．
射影 $\implies$ §0.7.1

寄与率
(contribution rate)

4.4.2 一般の場合の主成分分析

n 組のデータがあり，それぞれ p 個の変量 $(x_1, x_2, \cdots, x_p)$ で表されているとする．i 組目のデータは添字をつけて $(x_{1i}, x_{2i}, \cdots, x_{pi})$ とする．合成変量を

$$z = a_1 x_1 + a_2 x_2 + \cdots + a_p x_p = \boldsymbol{a} \cdot \boldsymbol{x} \tag{4.4.9}$$

と定義し，係数には制約条件として

$$a_1^2 + a_2^2 + \cdots + a_p^2 = 1 \tag{4.4.10}$$

を課すことにしよう．この制約条件のもとに変量の分散

$$\begin{aligned} V[Z] &= \frac{1}{n} \sum_i (z_i - \overline{z})^2 \\ &= \frac{1}{n} \sum_i \{(a_1 x_{1i} + \cdots + a_p x_{pi}) - (a_1 \overline{x}_1 + \cdots + a_p \overline{x}_p)\}^2 \\ &= \frac{1}{n} \sum_i \{a_1(x_{1i} - \overline{x}_1) + \cdots + a_p(x_{pi} - \overline{x}_p)\}^2 \end{aligned} \tag{4.4.11}$$

を最大にするような係数 $(a_1, a_2, \cdots, a_p)$ を求めることが目的になる．この分散を計算すると，計算はやや複雑だが

$$V[Z] = (a_1, a_2, \cdots, a_p) \begin{pmatrix} S_{11} & S_{12} & \cdots & S_{1p} \\ S_{21} & S_{22} & \cdots & S_{2p} \\ \vdots & \vdots & & \vdots \\ S_{p1} & S_{p2} & \cdots & S_{pp} \end{pmatrix} \begin{pmatrix} a_1 \\ a_2 \\ \vdots \\ a_p \end{pmatrix} \equiv \boldsymbol{a}^T \boldsymbol{S} \boldsymbol{a} \tag{4.4.12}$$

となる．行列 $\boldsymbol{S}$ は共分散を成分とする行列であり，**分散共分散行列**と呼ばれる．先と同様に Lagrange 乗数法を適用すると，これも行列の固有値問題，すなわち，

$$\boldsymbol{S}\boldsymbol{a} = \lambda \boldsymbol{a} \tag{4.4.13}$$

をみたす固有値 λ と固有ベクトル $\boldsymbol{a}$ を求める問題に帰着する．(4.4.13) の両辺に左から $\boldsymbol{a}^T$ を乗じると

$$\boldsymbol{a}^T \boldsymbol{S} \boldsymbol{a} = \lambda \boldsymbol{a}^T \boldsymbol{a} \quad \text{すなわち} \quad V[Z] = \lambda$$

となり，(4.4.11) から $V[Z] \geq 0$ なので，すべての固有値は非負である．固有値・固有ベクトルは p 個求められるが，絶対値の大きい固有値から順に $\lambda_1, \lambda_2, \cdots$ としよう．

$\boldsymbol{S}$ は対称行列なので，異なる固有値に対応する固有ベクトルは必ず直交する．つまり，λ_1, λ_2 に属する固有ベクトルを $\boldsymbol{a}_1, \boldsymbol{a}_2$ とすれば，

$$\boldsymbol{a}_1 \cdot \boldsymbol{a}_2 = 0 \tag{4.4.14}$$

となる．このことを使うと，合成変量 $z_1, z_2, \cdots$ はそれぞれが無相関であり，各量がデータを特徴づける**主成分**であるといえる．

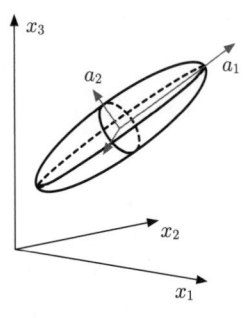

一般に，第 N 番目の主成分の**寄与率**を

$$\mu_N = \frac{\lambda_N}{\lambda_1 + \lambda_2 + \cdots + \lambda_p} \tag{4.4.15}$$

として表し，はじめの M 個の主成分でどれだけ全体の特徴づけができたかどうかを**累積寄与率**

$$\mu_1 + \mu_2 + \cdots + \mu_M \tag{4.4.16}$$

として表す．

なお，各変量 $x_1, x_2, \cdots$ が，例えば長さと重さのように，測定単位が異なっていたり，分散が大きく異なっているときには，上記の方法では都合が悪くなる．そのようなときは，変量を標準化して

$$y_{1i} = \frac{x_{1i} - \overline{x}_1}{\sqrt{S_{11}}}, \quad y_{2i} = \frac{x_{2i} - \overline{x}_2}{\sqrt{S_{22}}}, \quad \cdots \tag{4.4.17}$$

とした，新しい変量 $(y_1, y_2, \cdots)$ を用いるとよい．変量 y_k は，分散が 1 で，共分散がもとの変量の相関係数になる，すなわち

$$V[y_k] = 1, \quad \mathrm{Cov}[y_k, y_{k'}] = r(x_k, x_{k'}) \tag{4.4.18}$$

となる変量であり，この変量を用いる主成分分析は**相関係数行列を用いた主成分分析**と呼ばれる．

> **公式 4.5（主成分分析法のまとめ）**
> 多くの変量 $(x_1, x_2, \cdots)$ からなる統計データを，少ない変量 $(z_1, z_2, \cdots)$ で特徴づけする分析方法．
>
> - 変量 $(x_1, x_2, \cdots)$ から分散共分散行列 $\boldsymbol{S}$ をつくる．あるいは，(4.4.17) で標準化した変量 $(y_1, y_2, \cdots)$ から分散共分散行列（相関行列）$\boldsymbol{S}$ をつくる．
> - $\boldsymbol{S}$ に関する固有値問題 (4.4.13) を解く．固有値 λ を求め，それらを大きい順に $\lambda_1, \lambda_2, \cdots$ とする．それぞれに属する固有ベクトル $\boldsymbol{a}$ を求め，$\boldsymbol{a}_1, \boldsymbol{a}_2, \cdots$ とする．
> - N 番目の固有ベクトル $\boldsymbol{a}_N$ からつくられる合成変量 (4.4.9) を**第 N 主成分**という．
> - 第 N 主成分の寄与率 (4.4.15)，あるいは M 番目までの累積寄与率 (4.4.16) を計算し，選び出した主成分がどれだけもとのデータを説明するかの目安とする．

累積寄与率
(accumulative contribution rate)
例えば，データ変数が 10 種類でも，第 3 主成分で累積寄与率が 90% になるのであれば，データは実質的に 3 次元空間の変動と考えてよい．分析の際にはあらかじめ累積寄与率を 70% とか 90% とかに設定して，主成分をいくつか取り出すことになる．

計算練習
$\Longrightarrow$ 章末問題 $\boxed{4.2}$

4.5 因子分析

4.5.1 因子分析の目的

因子分析は，データに潜む共通因子を探し出す方法である．主成分分析と似ているが思想が全く異なる．ここでは一般的な扱いを記しておく．

- n 組のデータがあり，p 個の変量 $(x_1, x_2, \cdots, x_p)$ で表されているとする．データには添字 i ($i = 1, 2, \cdots, n$) をつけることにする．すなわち，i 番目のデータの組は $(x_{1i}, x_{2i}, \cdots, x_{pi})$ である．

- 因子分析では，それぞれのデータを上手く特徴づける共通の q 個の因子 $(f_1, f_2, \cdots, f_q)$ を見つけ出し，変量 x_k を

$$x_k = a_{k1}f_1 + a_{k2}f_2 + \cdots + a_{kq}f_q + e_k \quad (4.5.1)$$

のように表現することを目的とする．$f_1, f_2, \cdots$ を**共通因子**と呼び，係数 $a_{11}, a_{12}, \cdots$ を**因子負荷量**と呼ぶ．

- (4.5.1) に登場した e_k は共通因子と因子負荷量だけでは説明しきれない部分を表す「誤差」である．誤差も因子の 1 つとして考えるのが因子分析の特徴である．誤差は他の変量とは無関係な p 個の $e_1, e_2, \cdots, e_p$ となるため，**独自因子**とも呼ぶ．

- 以下では，データをあらかじめ標準化して，

$$y_{1i} = \frac{x_{1i} - \overline{x}_1}{\sqrt{V[x_1]}} \quad (i = 1, 2, \cdots, n) \quad (4.5.2)$$

などとしておこう．i 番目のデータは，$(y_{1i}, y_{2i}, \cdots, y_{pi})$ となる．$y_1, y_2, \cdots$ それぞれの変量は平均 0，分散 1 の量になる．

- それぞれのデータに対し，(4.5.1) の分解を書き出すと

$$\begin{cases} y_{1i} &= a_{11}f_{1i} + a_{12}f_{2i} + \cdots + a_{1q}f_{qi} + e_{1i} \\ y_{2i} &= a_{21}f_{1i} + a_{22}f_{2i} + \cdots + a_{2q}f_{qi} + e_{2i} \\ &\vdots \quad \vdots \\ y_{pi} &= a_{p1}f_{1i} + a_{p2}f_{2i} + \cdots + a_{pq}f_{qi} + e_{pi} \end{cases} \quad (4.5.3)$$

となる．ここで，具体的なデータを表すために，値が入った共通因子 $f_{1i}, f_{2i}, \cdots$ を**因子得点**と呼ぶ．

因子分析の目的は，最終的には q 個の共通因子の因子負荷量（pq 個の成分）を求めることである．しかし，(4.5.1) の右辺は未知の量ばかりなので，このままでは求められない．そこで，いくつかの仮定をしよう．

4.5.2 相関係数行列と主因子法

変量 y から 2 つ $y_k, y_{k'}$ を選び出し，相関係数 $r_{kk'}$ を計算すると，

【Level 2】
因子分析
(factor analysis)
多くの変量から，データに共通して影響を与えていると考えられる少数の変量 (因子) を抽出する方法．Spearman が 1904 年に 1 因子分析を提案したのが始まり．

👤 Charles E. Spearman
スピアマン (1863-1945)

変量 x は p 科目のテスト得点 (数学 x_1, 英語 x_2, 物理 x_3, $\cdots$)
これらのデータが n 人分あると考えよう．

新たな変量 f は例えば
(理系能力 f_1, 文系能力 f_2, $\cdots$)
などを想定しよう．

共通因子 $f_1, f_2, \cdots$
(common factor)
因子負荷量 $a_{11}, a_{12}, \cdots$
(factor loading)
独自因子 $e_1, e_2, \cdots$
(unique factor)
因子得点 $f_{1i}, f_{2i}, \cdots$
(factor score)

誤差の項を表す独自因子の仮定が，主成分分析との決定的な違いである．

$$r_{kk'} = \frac{1}{n}\sum_{i=1}^{n} y_{ki}y_{k'i}$$
$$= \frac{1}{n}\sum_{i=1}^{n}(a_{k1}f_{1i}+\cdots+a_{kq}f_{qi}+e_{ki})(a_{k'1}f_{1i}+\cdots+a_{k'q}f_{qi}+e_{k'i})$$

y は平均 0, 分散 1 となるように標準化されていることから $r_{kk'}$ は少し簡単な式になっている.

となる. この式が簡略化されるように 3 つの仮定をおこう.

仮定 1 共通因子 f_{ki} は平均が 0 で, 分散が 1 となる分布にしたがう.
独自因子 e_{ki} は平均が 0 で, 分散が $(d_k)^2$ の分布にしたがう.

$$\frac{1}{n}\sum_{i=1}^{n} f_{ki} = 0, \qquad \frac{1}{n}\sum_{i=1}^{n}(f_{ki})^2 = 1$$
$$\frac{1}{n}\sum_{i=1}^{n} e_{ki} = 0, \qquad \frac{1}{n}\sum_{i=1}^{n}(e_{ki})^2 = (d_k)^2$$

仮定 2 独自因子と共通因子は無相関 (共分散が 0) である.
独自因子どうしは互いに無相関 (共分散が 0) である.

$$\frac{1}{n}\sum_{i=1}^{n} e_{ki}f_{k'i} = 0, \qquad \frac{1}{n}\sum_{i=1}^{n} e_{ki}e_{k'i} = 0 \ (k \neq k')$$

仮定 3 共通因子どうしも互いに無相関 (共分散が 0) である.

$$\frac{1}{n}\sum_{i=1}^{n} f_{ki}f_{k'i} = 0 \quad (k \neq k')$$

仮定 3 を用いて (4.5.3) の分解を求めることを「**直交解** (orthogonal solution) を求める」という. この仮定をせずに求める解を**斜交解** (oblique solution) という.

以上の仮定をおくと, 上記の相関係数 $r_{kk'}$ は

$$r_{kk'} = a_{k1}a_{k'1} + a_{k2}a_{k'2} + \cdots + a_{kq}a_{k'q} + \delta_{kk'}d_kd_{k'} \tag{4.5.4}$$

のように簡単になる.

(4.5.4) の $\delta_{kk'}$ は**クロネッカー** (Kronecker) **のデルタ記号**で,

$$\delta_{kk'} = \begin{cases} 1 & (k=k') \\ 0 & (k \neq k') \end{cases}$$

$r_{kk'}$ を第 k 行 k' 列の成分とする**相関係数行列** $\boldsymbol{V}$ を考えよう.

相関係数行列 $\boldsymbol{V}$

例えば, もとの変数が 3 つで, 共通因子が 2 つの場合

$$\boldsymbol{V} = \begin{pmatrix} a_{11}^2 + a_{12}^2 + d_1^2 & a_{11}a_{21} + a_{12}a_{22} & a_{11}a_{31} + a_{13}a_{32} \\ a_{21}a_{11} + a_{22}a_{12} & a_{21}^2 + a_{22}^2 + d_2^2 & a_{21}a_{31} + a_{22}a_{32} \\ a_{31}a_{21} + a_{32}a_{12} & a_{31}a_{21} + a_{32}a_{22} & a_{31}^2 + a_{32}^2 + d_3^2 \end{pmatrix} \tag{4.5.5}$$

となる. これを (4.5.3) に出てきた因子負荷量を縦にまとめたベクトル

$$\boldsymbol{a}_1 = \begin{pmatrix} a_{11} \\ a_{21} \\ a_{31} \end{pmatrix}, \quad \boldsymbol{a}_2 = \begin{pmatrix} a_{12} \\ a_{22} \\ a_{32} \end{pmatrix} \quad \text{および} \quad \boldsymbol{D} = \begin{pmatrix} d_1^2 & & 0 \\ & d_2^2 & \\ 0 & & d_3^2 \end{pmatrix} \tag{4.5.6}$$

を定義して書き直すと

$$\boldsymbol{V} = \boldsymbol{a}_1\boldsymbol{a}_1^T + \boldsymbol{a}_2\boldsymbol{a}_2^T + \boldsymbol{D} = [\boldsymbol{a}_1\ \boldsymbol{a}_2]\begin{bmatrix} \boldsymbol{a}_1^T \\ \boldsymbol{a}_2^T \end{bmatrix} + \boldsymbol{D} \tag{4.5.7}$$

$\boldsymbol{a}_1\boldsymbol{a}_1^T$
$= \begin{pmatrix} a_{11} \\ a_{21} \\ a_{31} \end{pmatrix}(a_{11}, a_{21}, a_{31})$
は 3×3 の行列になる.

となる. 成分で書くと次式のように記していることと同じである.

$$\boldsymbol{V} = \begin{pmatrix} a_{11} & a_{12} \\ a_{21} & a_{22} \\ a_{31} & a_{32} \end{pmatrix} \begin{pmatrix} a_{11} & a_{12} & a_{13} \\ a_{21} & a_{22} & a_{23} \end{pmatrix} + \begin{pmatrix} d_1^2 & & 0 \\ & d_2^2 & \\ 0 & & d_3^2 \end{pmatrix}$$

因子負荷量行列 A

一般の場合でも同様の記法が成り立つ．(4.5.3) の係数行列としてつくる $[a_1\, a_2\, a_3\, \cdots]$ を**因子負荷量行列**と呼ぶ．もとの変量が p 個で，共通因子が q 個の場合，p 行 q 列の行列である．以後 A と表す．

因子分析の分解 (4.5.3) を求める作業は，結局，$p \times p$ の相関係数行列 V を

$$\underset{p \times p}{V} = \underset{p \times q}{A}\ \underset{q \times p}{A^T} + \underset{p \times p}{D} \tag{4.5.8}$$

と分解するような行列 A と非負な対角行列 D を求めることに帰着する．

具体的な手法については，いくつかの方法が提案されているが，ここでは**主因子法**を紹介する．

主因子法 (principal factor analysis)

> **公式 4.6（主因子法）**
>
> (4.5.8) を $V - D = AA^T$ と変形し，この式の右辺が $p \times q$ 行列とその転置行列の積となり，かつ残余 D がなるべく最小になるような解を求める手法である．具体的には，D が変化しなくなるまで繰り返し計算を実行することになる．手順は次のようになる．
>
> step 1　独自因子の分散行列 D の値を適当に設定する．$m = 0$ 回目の繰り返し値として $D^{(0)}$ と表記する．
>
> step 2　m 回目の繰り返しでの値 $D^{(m)}$ を用いて，行列 $R \equiv V - D^{(m)}$ に対し，固有値問題を解く．すなわち，$Rx = \lambda x$ をみたす固有値と固有ベクトルを求める．絶対値の大きな固有値から順に $\lambda_1 \geq \lambda_2 \geq \cdots \geq \lambda_q$ として，対応する固有ベクトルを $x_1, x_2, \cdots, x_q$ とする．
>
> step 3　固有値と固有ベクトルから因子負荷量行列を
>
> $$A = [\sqrt{\lambda_1}x_1\ \sqrt{\lambda_2}x_2\ \cdots\ \sqrt{\lambda_q}x_q] \tag{4.5.9}$$
>
> とする．AA^T を求め，$D^{(m+1)} \equiv V - AA^T$ とする．
>
> step 4　$D^{(m+1)}$ が $D^{(m)}$ とほとんど変わらないのであれば，計算が収束したとして終了．そうでなければ，$D^{(m+1)}$ を新たに $D^{(m)}$ として step 2 へ戻る．

相関係数行列 V の対角項を見ると（例えば 3×2 行列の場合は，(4.5.5)），d_k^2 の正の値が登場している．したがって，行列 $R \equiv V - D^{(m)}$ の対角項（例えば (4.5.5) の 11 成分では $a_{11}^2 + a_{12}^2$）は，必ず 0 から 1 の間になる．この値は，変量 y_i のすべての分散のうち，共通因子で説明される割合を示すので，変量 y_i の**共通性**と呼ばれる．

共通性 (communality)

主因子法は，共通性を繰り返し推定しながら因子負荷量を探す手法である．

4.5.3 回転の不定性と単純構造の構成

因子負荷量が求められ因子得点が得られた,ということは,もとのデータが,変量 x の座標ではなく,新しい共通因子 f の座標で表現された,ということである.しかし,残念ながら,左ページの手順で求められた解では,まだ不定性が残っている. f の座標を回転させてもそれに応じた因子得点が自動的に決まるため,**回転の不定性**が残っているのだ.

例えば先に示した 3 変量 2 因子のモデルで,因子負荷量 $a_{11}, \cdots, a_{32}$ が求まり,因子得点 f_{1i}, f_{2i} $(i = 1, 2, \cdots, n)$ が得られたとする.(4.5.3) に相当する式を行列表示すれば

$$\begin{pmatrix} y_{1i} \\ y_{2i} \\ y_{3i} \end{pmatrix} = \begin{pmatrix} a_{11} & a_{12} \\ a_{21} & a_{22} \\ a_{31} & a_{23} \end{pmatrix} \begin{pmatrix} f_{1i} \\ f_{2i} \end{pmatrix} + \begin{pmatrix} e_{1i} \\ e_{2i} \\ e_{3i} \end{pmatrix} \quad (4.5.10)$$

となる.ここで,座標系に相当する共通因子 f_1, f_2 の軸が角度 θ だけ回転したとすれば,座標値にあたる因子得点 (f_{1i}, f_{2i}) は角度 $-\theta$ だけ回転した値として

$$\begin{pmatrix} \tilde{f}_{1i} \\ \tilde{f}_{2i} \end{pmatrix} = \begin{pmatrix} \cos\theta & \sin\theta \\ -\sin\theta & \cos\theta \end{pmatrix} \begin{pmatrix} f_{1i} \\ f_{2i} \end{pmatrix} \quad (4.5.11)$$

になる.(4.5.10) の右辺第 1 項は,

$$\begin{pmatrix} a_{11} & a_{12} \\ a_{21} & a_{22} \\ a_{31} & a_{23} \end{pmatrix} \begin{pmatrix} \cos\theta & -\sin\theta \\ \sin\theta & \cos\theta \end{pmatrix} \begin{pmatrix} \tilde{f}_{1i} \\ \tilde{f}_{2i} \end{pmatrix}$$

$$= \begin{pmatrix} a_{11}\cos\theta + a_{12}\sin\theta & -a_{11}\sin\theta + a_{12}\cos\theta \\ a_{21}\cos\theta + a_{22}\sin\theta & -a_{21}\sin\theta + a_{22}\cos\theta \\ a_{31}\cos\theta + a_{23}\sin\theta & -a_{31}\sin\theta + a_{23}\cos\theta \end{pmatrix} \begin{pmatrix} \tilde{f}_{1i} \\ \tilde{f}_{2i} \end{pmatrix} \quad (4.5.12)$$

となり,これは因子負荷量行列 $\boldsymbol{A}$ を,回転行列を $\boldsymbol{R}(\theta)$ として

$$\boldsymbol{A}\boldsymbol{R}(\theta) = \boldsymbol{B} \quad (4.5.13)$$

と,変換していることと同じである.したがって,得られた解には回転の不定性が残っている.

それでは,回転を行えば無数に存在する解の中から,どのような解を選べばよいのだろうか. Thurstone の提案では,『各変量が,より少数の共通因子と高い相関をもつ』ような**単純構造**と呼ばれる形が望ましいとのことだ.単純構造となれば,共通因子としての性格が明確になる,と考えられるからである.その求め方を次に紹介しよう.

回転の不定性
得られた解には回転の不定性が残っている.共通因子としての解釈がしやすいものを選び出す自由度が残った,と考えてもよい.

回転行列 $\Longrightarrow$ §0.7.2

単純構造
(simple structure)

👤Louis Leon Thurstone
サーストン (1887-1955)

バリマックス法

バリマックス法
(varimax method)
variance and maximize からできた造語. Kaiserによって, 1958年に提案された.

Henry Felix Kaiser
カイザー (1927-92)

単純構造を求めるために使われる代表的な方法がバリマックス法である. 回転後の因子負荷量行列 $\boldsymbol{B}$ の各要素の2乗 $(b_{jk})^2$ を大きいものと小さいものとに2極化させようとする方法である. 例えば $\boldsymbol{B}$ の第 k 列で考えると,

$$V_k = \frac{1}{p}\sum_{j=1}^{p}\{(b_{jk})^2\}^2 - \frac{1}{p^2}\left\{\sum_{j=1}^{p}(b_{jk})^2\right\}^2 \tag{4.5.14}$$

を最大にするような $\boldsymbol{B}$ がその成分の2極化に対応していると考えられる. そこで全部で q 列分を加えた, バリマックスと呼ばれる基準値

$$V = \sum_{k=1}^{q} V_k = \sum_{k=1}^{q}\left[\frac{1}{p}\sum_{j=1}^{p}(b_{jk})^4 - \frac{1}{p^2}\left\{\sum_{j=1}^{p}(b_{jk})^2\right\}^2\right] \tag{4.5.15}$$

を考え, これを最大にするような $\boldsymbol{B}$ が単純構造をもつ, と考えるのである. 実際には, 回転角 θ を少しずつ変えながら V を計算し, その最大値を与える θ を決定すればよい. この方法を粗バリマックス法と呼ぶ.

粗バリマックス法
(raw varimax method)

しかし, この V は, 共通性が大きいときには不都合が生じる. 因子負荷量の絶対値も平均的に大きくなるので, V で計算すると, 共通性の大きい変量の影響が強く出てしまうのだ. そこで, V を修正し, 各項を共通性 $h_j^2 = 1 - d_j{}^2$ で割った $(b_{jk}/h_j)^2$ の分散を最大化する

$$S = \sum_{k=1}^{q}\left[\frac{1}{p}\sum_{j=1}^{p}\frac{(b_{jk})^4}{(h_j)^4} - \frac{1}{p^2}\left\{\sum_{j=1}^{p}\frac{(b_{jk})^2}{(h_j)^2}\right\}^2\right] \tag{4.5.16}$$

基準バリマックス法
(normalized varimax method)

を最大にする θ を求める方法が普通になっている. この方法を基準バリマックス法と呼ぶ.

> **公式 4.7（因子分析法のまとめ）**
> 変量 $(x_1, x_2, \cdots, x_p)$ からなるデータを, 共通因子 $(f_1, f_2, \cdots, f_q)$ とその変換誤差（独自因子）$e_1, \cdots, e_p$ で特徴づけする分析方法.
>
> - もとの変量を (4.5.2) で標準化し, (4.5.3) の分解で誤差を最小にするような共通因子の係数（因子負荷量）を求めることが目的.
> - 共通因子どうしが無相関であることを仮定（直交解）して, 主成分分析を補助的に用いる主因子法（公式4.6）がある.
> - しかし, 得られた解には, 回転の自由度がある. 単純構造をもつものがよいと考える指標がある.
> - 単純構造をもつ解を求める方法の1つに, バリマックス法がある. 基準バリマックス法 (4.5.16) を用いて, 回転角を決める手法が一般的である.

なお，因子分析法では，分析を始める前に，共通因子の数をあらかじめ決めておかないと，計算することができない．いくつの因子を想定するかの目安として，はじめに主成分分析を行うのも一法である．累積寄与率や固有値の大きさから意義のありそうな主成分の数を検討し，それと同数の因子を想定するのである．

実際の計算は複雑で，繰り返しの手法も必要である．プログラムを組むか，統計計算パッケージをもつソフトウェアを用いることになる．

主成分分析と因子分析

主成分分析と因子分析はよく混同されるが，思想も手法も違う．

	主成分分析	因子分析
目的	多くの変量から新たに少数の合成変量を求め，情報を集約すること．	多くの変量から新たに少数の共通因子を求め，情報を集約すること．
導出計算	分散共分散行列（または相関行列）の分解	分散共分散行列（または相関行列）の分解
設定相違	分析には誤差を認める概念がない．誤差を含めて主成分の結果が出る．	共通因子の他に独自因子（誤差）の設定がある．
目的変数	主成分（合成変量）の個数は，あらかじめ決めていなくてもよい．累積寄与率を計算していくつの主成分を採用するかを決める．	共通因子の数は，あらかじめ決めておく必要がある．はじめに主成分分析を実行して因子数を想定するのもよい．

━━━ コラム 24 ━━━

☕ 競馬の勝因分析を卒業研究した学生

筆者の専門は物理だが，卒業研究のゼミにはさまざまな学生がやってくる．ある年には「競馬が好きなので競走馬の勝因分析を卒業研究にしたい」という強い意志をもつ H 君がいた．筆者は競馬を全く知らなかったが，H 君は「競馬は血統がすべてで騎手にはよらないはずだ．それを証明したい．」と主張する．主成分分析と因子分析というツールの存在を教え，後は見守ることにした．

H 君は，過去 4 年分の有馬記念レースと，その開催地である中山競馬場のレースで勝った馬のデータから，それぞれの馬の右回りレース・左回りレースの勝敗，競馬場の状態（芝か土か），距離での勝率，重賞競争の成績などから 3 要素を選び出し，馬ごとの勝因を判定するプログラムを作成した．そして，競馬好きが年度末最大の楽しみとする有馬記念の出走馬が 2 日前に発表されるや否や，そのプログラムで馬の着順を予想したのである．彼の予想は，オッズでいうと『1 番人気，4 番人気，10 番人気』の馬の順だった．人気を集める馬が 2 頭と穴馬が 1 頭である．

はたしてレースは H 君の予想通りに展開し，最終的には 1 着と 3 着の馬をその順で当てた．2 着予想の馬はゴール直前で遅れて 8 着となった．H 君の「馬好きは 3 連単（上位 3 着の順で馬を当てること）で馬券を買うものです」との忠告にしたがって研究室の皆で彼の予想通りに応援したのだが，残念ながら外れてしまった．H 君予想の 3 連単馬券のオッズは 551 のもので，この年のレースの当たった 3 連単馬券はオッズ 9855（1052 番人気）のものだった．このレース自体が番狂わせだった．

「惜しかったね」とレース後に会ったときに話しかけたが，彼はホクホク顔だった．H 君本人は他のレースでは当てていて，自分のプログラムの正しさを実感したそうである．（ちなみに，20 歳未満の人は馬券を買ってはいけないことになっています．ご注意ください．）

4.6 判別分析

【Level 2】
判別分析
(discriminant analysis)
群（グループ）分けされているデータの判別基準を得る方法．

次に紹介する統計処理法は，グループ分けの方法である．入学試験の合否予測を模擬試験のデータから予備校が行ったり，犯人特定のための筆跡鑑定や写真照合でも，統計的な裏付けを行っている．

判別分析とは，すでに存在するデータがいくつかのグループに分類されている場合に，新しいデータがどのグループに属するものかという基準を与える方法である．

4.6.1 判別関数

判別関数
(discriminant function)

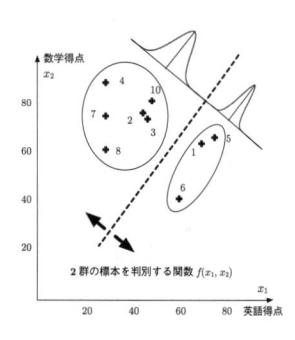

求める基準のことを**判別関数**という．

- 1 変量（変数）で 2 群（グループ）に分けるとき：例えばマラソン競技で，あるタイム以内の記録をもつ選手に出場権を与えるときなどは，判別関数は「ある値」になる．
- 2 変量で 2 群に分けるとき：例えば身長と体重の 2 つのデータから，男性か女性かはある程度区別ができるかもしれない．そのような状況のときは，2 次元面に広がるデータを 2 つに分けることになるので，判別関数は「直線」になる．
- 3 変量で 2 群に分けるときには，判別関数は「平面」になる．

以下では少し一般的な扱いを考えよう．

母集団が $G_1, G_2, \cdots, G_m$ の m 個の群（グループ）に分けられているとする．新たに p 個の変量をもつデータ $\boldsymbol{x} = (x_1, x_2, \cdots, x_p)^T$ が加わり，このデータをどこかの群に分類することを考える．判別関数を $f(\boldsymbol{x})$ とする．判別の根拠としては，次の 3 種類がある．

線形判別関数 $f(\boldsymbol{x})$
a_0 は定数項である．
$f(\boldsymbol{x})$ は上記の例で示した，「ある値」「直線」「平面」などに対応する関数である．

方針 1　線形結合で表される判別関数

$$f(\boldsymbol{x}) = a_0 + \sum_{k=1}^{p} a_k x_k = a_0 + a_1 x_1 + a_2 x_2 + \cdots + a_p x_p$$
$$\equiv a_0 + \boldsymbol{a} \cdot \boldsymbol{x} \qquad (4.6.1)$$

を考え，群ごとに $f(\boldsymbol{x})$ を計算したときに，最も大きな違いを生じるように係数 $\boldsymbol{a} = (a_1, \cdots, a_p)^T$ を決める方法．$f(\boldsymbol{x})$ は群の境界として機能する．

距離の定義 $\Longrightarrow$ §4.7.2

方針 2　データとそれぞれの群の距離に相当するような判別関数 $d(\boldsymbol{x}; G_i)$ を定義する方法．この場合は，「距離」を最小にするような群に判別することになる．

方針 3　データを分類することによって生じる損失（リスク）を最小にするような判別方法．これは母集団のデータ分布とは別に，損得計算の基準が別に存在する場合である．

以下では，方針 1 に基づいた，線形判別関数による方法を紹介する．

4.6.2 p 個の変量で 2 群に分けるときの判別分析

2 つの群 G_1, G_2 にそれぞれ N_1, N_2 個のデータがあり，各データは p 個の変量 $\boldsymbol{x} = (x_1, \cdots, x_p)^T$ で表されているとする．

G_1 群に属するデータを　　$(x^{(1)}_{1i}, x^{(1)}_{2i}, \cdots, x^{(1)}_{pi})$　　$(i = 1, 2, \cdots, N_1)$

G_2 群に属するデータを　　$(x^{(2)}_{1i}, x^{(2)}_{2i}, \cdots, x^{(2)}_{pi})$　　$(i = 1, 2, \cdots, N_2)$

とする．線形判別関数として (4.6.1) の形を仮定する．係数 $\boldsymbol{a}$ を求める手順は次のようになる．

例えばデータを
(数学 x_1, 英語 x_2, $\cdots$)
として，N_1 人分が群 G_1 に，N_2 人分が群 G_2 に属しているとする．

- G_1, G_2 (G_ℓ と表す) 群についてそれぞれ平均 $\overline{x}^{(\ell)}_k$ と積和 $S^{(\ell)}_{kk'}$ を求める．

$$\overline{x}^{(1)}_k = \frac{1}{N_1} \sum_{i=1}^{N_1} x^{(1)}_{ki}, \quad \overline{x}^{(2)}_k = \frac{1}{N_2} \sum_{i=1}^{N_2} x^{(2)}_{ki} \quad (4.6.2)$$

$$S^{(\ell)}_{kk'} = \sum_{i=1}^{N_\ell} (x^{(\ell)}_{ki} - \overline{x}^{(\ell)}_k)(x^{(\ell)}_{k'i} - \overline{x}^{(\ell)}_{k'}) \quad (4.6.3)$$

(4.6.2) k は変量の p 種類分．
(4.6.3) は $k = k'$ のときは p 種類分．$k \neq k'$ のときは p 種変量の組み合わせの $p(p-1)/2$ 通り，ℓ は群ごと．

- 2 群の積和を，同じ 2 変量について重みつき平均をとる．

$$\overline{S}_{kk'} = \frac{1}{N_1 + N_2 - 2}(S^{(1)}_{kk'} + S^{(2)}_{kk'}) \quad (4.6.4)$$

- $\overline{S}_{kk'}$ を k 行 k' 列の成分とする**分散共分散行列 $\boldsymbol{S}$** をつくる．

分散共分散行列 S は，$p \times p$ の対称行列．

- 各変量の群ごとの平均値の差をベクトル

$$\boldsymbol{X} = (\overline{x}^{(1)}_1 - \overline{x}^{(2)}_1, \overline{x}^{(1)}_2 - \overline{x}^{(2)}_2, \cdots, \overline{x}^{(1)}_p - \overline{x}^{(2)}_p)^T$$

とすると次の関係が成り立つ．

$$\boldsymbol{Sa} = \boldsymbol{X} \quad \text{すなわち} \quad \boldsymbol{a} = \boldsymbol{S}^{-1}\boldsymbol{X}. \quad (4.6.5)$$

この式により係数 $\boldsymbol{a}$ が決まる．

- 定数項 a_0 は，

$$a_0 = -\frac{1}{2}\left\{a_1(\overline{x}^{(1)}_1 - \overline{x}^{(2)}_1) + \cdots + a_p(\overline{x}^{(1)}_p - \overline{x}^{(2)}_p)\right\}. \quad (4.6.6)$$

こうして，判別関数 (4.6.1) の係数が決まる．

新たなデータ $\boldsymbol{x}$ に対して (4.6.1) を計算したとき，

計算例 $\Longrightarrow$ 章末問題 $\boxed{4.3}$

$$\begin{cases} f(\boldsymbol{x}) > 0 \text{ のとき，データ } \boldsymbol{x} \text{ は } G_1 \text{ 群} \\ f(\boldsymbol{x}) < 0 \text{ のとき，データ } \boldsymbol{x} \text{ は } G_2 \text{ 群} \end{cases} \quad (4.6.7)$$

と判別できることになる．

4.7 クラスター分析

4.7.1 分析例

関連のあるものを近くに配し，全体の構造を俯瞰するようにできれば，さまざまな分析にも応用できる．**クラスター分析**は，2つのデータが似ているかどうかを「距離」の概念を用いて判定し，似たものどうしを順にグループ化していく手法である．DNA の解析で生物種の進化の様子が明らかになったり，インターネット上の商品販売店から「お勧め商品」が提示されるのも，クラスター分析が関係している．

例えば，学生 10 人の英語と数学のテスト成績データが左の表のように得られたとする．分布図で近い所にいる学生どうしをグループ化（クラスター形成）したい．i 番目と j 番目の学生の距離 d を何らかの方法で定義すれば学生どうしの近さが判定できる．例えば，後述する (4.7.1) 式の Euclid 距離（いわゆる普通の距離）を用いて，(英語 x_1, 数学 x_2) 座標での学生どうしの距離

$$d(i,j) = \sqrt{(英語の点数差)^2 + (数学の点数差)^2}$$

を計算すると，②と③の学生が最も近い．したがって，学生は，

$$\{②, ③\}, ①, ④, ⑤, ⑥, ⑦, ⑧, ⑨, ⑩$$

とグループ化できる．$\{②, ③\}$ の平均値と他の学生どうしの距離を再度比較すると，次に近い距離となるのは，$\{②, ③\}$ と⑩，その次は①と⑤，というようにグループ化が見つかる．この時点で

$$\{\{②, ③\}, ⑩\}, \{①, ⑤\}, ④, ⑥, ⑦, ⑧, ⑨$$

などとなる．このようにグループ化を続けた結果，距離ごとにどのようにグループ化できたのかを示すのが下図左の**デンドログラム**（樹形図）である．この図で，例えば縦軸の距離 $d_{ij} = 50$ の位置で見ると，その時点でグループ化されているものがわかる．下図右は散布図でグループ化された様子を示したものである．

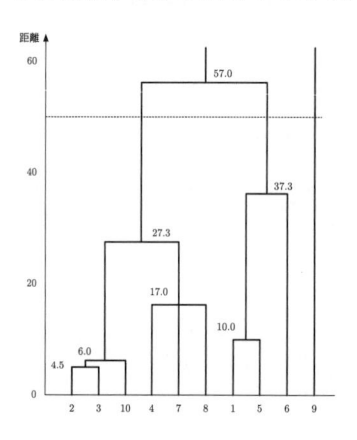

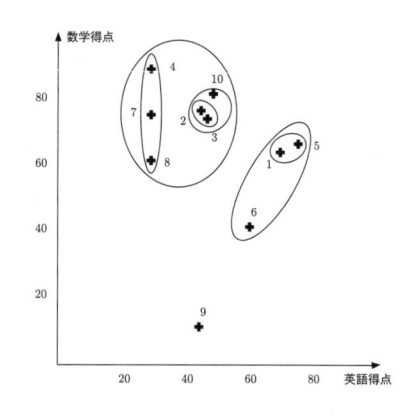

【Level 1】
クラスター分析
(cluster analysis)
似ているものをグループ化する方法．クラスターは英語で「房」．複数のものの集合体を表す．

学生 10 人の成績データ

学生 i	英語 x_1	数学 x_2
①	67	64
②	43	76
③	45	72
④	28	92
⑤	77	64
⑥	59	40
⑦	28	76
⑧	28	60
⑨	45	12
⑩	47	80

デンドログラム（樹形図）
(dendrogram)

ここで示した分析例は，§4.7.2 の Euclid 距離，§4.7.3 の重心法を用いたものである．
⟹ 章末問題 4.4

4.7.2 データ間の距離の定義

i 番目と j 番目のデータ間の「距離」d の定義にはいろいろな候補がある．どの場合にどの定義を用いたらよいのか，ということは明確ではないので，扱う問題に応じて試行錯誤が必要になるだろう．

以下では，p 個の変量 $(x_1, x_2, \cdots, x_p)$ で表されている n 組のデータがあるとする．データには添字 i $(i = 1, 2, \cdots, n)$ をつけて，i 番目のデータの組は $\boldsymbol{x}_i = (x_{1i}, x_{2i}, \cdots, x_{pi})$ としよう．

- **Euclid（ユークリッド）距離**
  普通に使う距離である．
  $$d(\boldsymbol{x}_i, \boldsymbol{x}_j) = \sqrt{\sum_{k=1}^{p}(x_{ki} - x_{kj})^2} \qquad (4.7.1)$$

- **Minkowskii（ミンコフスキー）距離**
  Euclid 距離を一般化したもので，
  $$d(\boldsymbol{x}_i, \boldsymbol{x}_j) = \left(\sum_{k=1}^{p}|x_{ki} - x_{kj}|^r\right)^{1/r} \qquad (4.7.2)$$
  で定義される．$r = 2$ のときは Euclid 距離である．$r = 1$ のときは $d(\boldsymbol{x}_i, \boldsymbol{x}_j) = \sum_{k=1}^{p}|x_{ki} - x_{kj}|$ となり，**市街地距離**とも呼ばれる．

- **標準化 Euclid 距離**
  変量間のばらつきが大きいときに生じる Euclid 距離の問題点を解決するために，各変量の分散で割って標準化する定義である．
  $$d(\boldsymbol{x}_i, \boldsymbol{x}_j) = \sqrt{\sum_{k=1}^{p}\frac{(x_{ki} - x_{kj})^2}{s_k^2}} \qquad (4.7.3)$$
  ここで $s_k^2 = \dfrac{1}{n}\sum_{i=1}^{n}(x_{ki} - \overline{x}_k)^2$，$\overline{x}_k = \dfrac{1}{n}\sum_{i=1}^{n}x_{ki}$ である．

- **Mahalanobis（マハラノビス）汎距離**
  次式で定義された距離である．
  $$d(\boldsymbol{x}_i, \boldsymbol{x}_j) = \sum_{k=1}^{p}\sum_{k'=1}^{p}(x_{ki} - x_{kj})s^{kk'}(x_{k'i} - x_{k'j}). \qquad (4.7.4)$$
  ここで，$s^{kk'}$ は，分散共分散行列（成分 $s_{kk'}$ を次式に示す）の逆行列の (k, k') 成分である．
  $$s_{kk'} = \frac{1}{n}\sum_{i=1}^{n}(x_{ki} - \overline{x}_k)(x_{k'i} - \overline{x}_{k'}) \qquad (4.7.5)$$

Euclid 距離
(Euclid distance)
👤Euclid ユークリッド
(B.C. 3 世紀?)

変量間のばらつきが同程度のときには問題がないが，1 つの変量だけ他よりも大きくばらつくときは，その変量に大きく影響されてしまうので注意を要する．

Minkowskii 距離
👤Hermann Minkowskii
ミンコフスキー (1864-1909)

市街地距離
(Manhattan distance)

標準化 Euclid 距離
(standardized Euclidean distance)

Mahalanobis 汎距離
(Mahalanobis's generalized distance)
👤Prasanta Chandra Mahalanobis マハラノビス
(1893-1972)

データの分布に応じた距離の定義である．例えば，データがグラフで楕円状に分布しているとき，長軸方向と短軸方向の比に応じた距離測定となる．

4.7.3 クラスター間の距離の定義

前節でデータ間の距離の定義をいろいろ紹介したが，その次のステップとして，クラスター間の「どこの距離を測るのか」という問題が生じる．この問題は「クラスターの代表点はどこか」と言い替えてもよい．これに対してもさまざまな提案があり，どれが良いかは試行錯誤が必要である．クラスター G_ℓ と G_m に含まれるデータを $(\boldsymbol{x}_1^{(\ell)}, \boldsymbol{x}_2^{(\ell)}, \cdots)$ および $(\boldsymbol{x}_1^{(m)}, \boldsymbol{x}_2^{(m)}, \cdots)$ として，距離 D を定義しよう．

最短距離法
(nearest neighbor method)

- **最短距離法**
  2つのクラスターそれぞれが含むデータのうち，互いの距離が最小となる2つのデータ点をクラスターの代表点と決め，その2つの距離を判定する方法である．

$$D(G_\ell, G_m) = \min\{d(\boldsymbol{x}_i^{(\ell)}, \boldsymbol{x}_j^{(m)})\} \quad \text{(for all } i, j\text{)} \quad (4.7.6)$$

計算は簡単であるが，分類の感度が悪くなりがちで，鎖のような長いクラスターができやすい．

最長距離法
(furthest neighbor method)

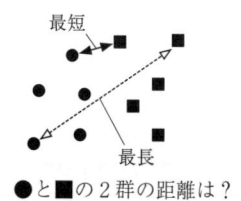

- **最長距離法**
  最短距離法の反対で，2つのクラスターの中で，互いの距離が最大となる2つのデータ点から距離を判定する方法である．

$$D(G_\ell, G_m) = \max\{d(\boldsymbol{x}_i^{(\ell)}, \boldsymbol{x}_j^{(m)})\} \quad \text{(for all } i, j\text{)} \quad (4.7.7)$$

分類の感度は比較的良いとされる．

群平均法
(group average method)

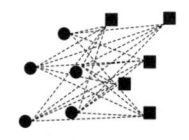

- **群平均法**
  2つのクラスター内のすべてのデータ点どうしの距離の平均値をクラスター間の距離とする方法で，上記2つの方法の中間的な値を出す．G_ℓ, G_m のデータ点の数を N_ℓ, N_m として

$$D(G_\ell, G_m) = \frac{1}{N_\ell N_m} \sum_{i=1}^{N_\ell} \sum_{j=1}^{N_m} d(\boldsymbol{x}_i^{(\ell)}, \boldsymbol{x}_j^{(m)}). \quad (4.7.8)$$

重心法
(centroid method)

- **重心法**
  1つのクラスター内のデータ点から重心を求め，2つのクラスターの重心どうしの距離をクラスター間の距離とする方法である．重心点はクラスター内の平均値であり，$\overline{\boldsymbol{x}}^{(\ell)} = (\overline{x}_1^{(\ell)}, \cdots, \overline{x}_p^{(\ell)})$ で与えられ，

$$D(G_\ell, G_m) = d(\overline{\boldsymbol{x}}^{(\ell)}, \overline{\boldsymbol{x}}^{(m)}) \quad (4.7.9)$$

となる．この方法では合併されたクラスタ間の距離が必ずしも増加しないので，デンドログラムが縦方向に成長しない場合も生じてしまう．

- **Ward（ウォード）法・最小分散法**

  クラスターが合併すると，必ずクラスター内のデータ点の分散 S は大きくなる．そこで分散の増加分 ΔS が小さい順に合併を行う，という方法である．分散を $S^{(\cdot)} = \sum_{i=1}^{N} \sum_{k=1}^{p} (x_{ki}^{(\cdot)} - \overline{x}_k^{(\cdot)})^2$ とすれば，分散の増加分は次式で与えられる．

$$\Delta S_{\ell m} = S^{(\ell,m)} - S^{(\ell)} - S^{(m)} = \frac{N_\ell N_m}{N_\ell + N_m} \sum_{k=1}^{p} (\overline{x}_k^{(\ell)} - \overline{x}_k^{(m)})^2$$

Ward（ウォード）法
(Ward method)

最小分散法
(minimum variance method)

👤Joe H. Ward ウォード (1923-2011) が 1963 年に発表した．

前節のデータ間の距離の定義と併せ，上記のどの距離を採用するかによって，さまざまなクラスター分析結果が得られることになる．

―――― コラム 25 ――――

☕ 計量文献学による『源氏物語』の研究

データ解析とは最も遠いと思われた人文学でも「計量文献学」の名のもとに，統計的な研究が進んでいる．計量文献学とは，文章（文体）の特徴を数値データで表現し，統計解析を行うことで，文献の著者の特定や著者の思想の変化過程，書かれた年代などを検討する研究分野である．

数学者の de Morgan（ド・モルガン）が「文に用いられる単語の長さの平均値に著者の特徴が出るのではないか」と 1851 年に示唆したのが始まりで，実際の解析は「シェークスピア=ベーコン説」を検討した Mendenhall（メンデンフォール）による 1901 年の論文が最初らしい．当時，シェークスピアの戯曲は，同時代の哲学者・政治家のベーコンではないかという説があり，彼は両者の著作に登場する単語の長さを調べた．その結果，シェークスピアは平均 4 文字の単語が一番多く出現し，ベーコンは平均 3 文字の単語だったことからこの説を否定したのだという．（英単語の使用頻度はベキ分布に ⟹ コラム 18）

この研究に触発され，文の長さの平均値・単語の出現率・単語の長さの分布などの推定法や検定法を用いた研究が進み，偽名をつかって新聞投稿された政府批判の公開質問状の執筆者の推定や，新約聖書のパウロの手によるとされる書簡 14 通が少なくとも 7 人の手によって書かれているとする研究などへ発展した．そして，コンピュータを用いて統計的解析ができるようになると，単語出現率から判別関数や尤度関数を用いた分析や，文長・品詞出現率などを含めたクラスター分析・主成分分析・回帰分析などの多変量解析を用いた研究へと発展している．

日本では例えば『源氏物語』の作者複数説や成立順序の検討が研究されている．54 巻からなる源氏物語の最後の 10 巻『宇治十帖』が紫式部以外の作者によるのではないか，という説が古くからあり，同志社大学の村上征勝は，全文を計量分析することでこの謎に答えようとしている．村上の研究によると，源氏物語のすべての単語数は 37 万 6425 語であり，頻度の多い自立語は「こと（事）」（4497 回）と「いと」（4224 回）で約 100 語に 1 回出現する．「あはれ」は活用形まで区別すると 41 種で計 1036 回出現する．このようなデータをもとに，はじめの 44 巻と最後の 10 巻での言葉の使用率や品詞の使用率の比較（母平均の差の検定 ⟹ §6.2.5）を行うと，たしかに使用率の高い名詞や助動詞の出現比率には差があり（公式 6.13 の t 値が 2 以上），名詞や助動詞の使用頻度が後の巻になるほど高くなる（t 値が 5 以上）傾向が見られ，読者に違和感を与えていることがわかるという．（章末問題 6.5 では χ^2 検定で分析）

同様の解析を源氏物語の各巻の成立順序の問題として考えると，通常 3 部構成とされる源氏物語の第 1 部は登場人物の違いから A『紫の上系物語』と B『玉鬘系物語』とに分けられるという説もあり，全巻が紫式部の手によるものならば，助動詞の使用率の変化から考えると，書かれた順は，

第 1 部 A『紫の上系物語』→ 第 2 部と『匂宮三帖』→ 第 1 部 B『玉鬘系物語』→ 第 3 部『宇治十帖』

の順となる結果が得られるという．『宇治十帖』が最後になることは確からしいが，作者複数説については，同じ著者でも歳とともに文体が変化することもあり，必ずしも否定できないという．

参考：村上征勝『文化を計る 文化計量学序説』（朝倉書店，2002）
　　　村上征勝『シェークスピアは誰ですか』（文藝春秋社，文春新書，2004）

4.8 標本がしたがう分布

【Level 2】
ここで紹介する χ^2 分布, t 分布, F 分布は, §5 推定・§6 検定の章で使う. 初読の際は飛ばしてもよい.

前節までは標本から「統計量を取り出し, 分析を行う」ことについて述べてきた. ここからは, 標本から「母集団を知る」ことがテーマとなる. 本節では, 推定や検定によく利用される代表的な3つの分布を紹介する. 具体的な利用法については, §5 推定・§6 検定の章にて述べる.

4.8.1 χ^2 分布

♠ Karl Pearson ピアソン
(1857-1936)

標本を手にしたとき, 標本分散がどのような分布にしたがうのか, を扱うことがある. そのために Pearson が導いたのが, χ^2 分布（カイ2乗分布）である. 正規分布（平均 μ, 分散 σ^2）にしたがう母集団から, 大きさ1の標本 X を得たとき, X の母集団での位置づけは, 標準化して2乗した

$$Z^2 = \left(\frac{X-\mu}{\sigma}\right)^2 \quad (=\chi^2_{(1)} \text{ とする}) \tag{4.8.1}$$

が典型的な値となろう. この量がしたがう分布を自由度1の χ^2 分布とする. 大きさ n の標本に拡張して次のように定義する. 以下では変数が標準化されたものとしよう.

χ^2 分布（カイ2乗分布）
(chi-squared distribution)
$\chi^2_{(n)}$ (n:自由度)

通常, 密度関数の式は知らなくてもよい. χ^2 分布表（付表6）を参考に面積から確率を算出する.

定義 4.8（χ^2 分布）

- 標準正規分布にしたがう n 個の独立な変数を $Z_1, Z_2, \cdots, Z_n$ とするとき, それらの2乗の和

$$\chi^2_{(n)} = Z_1^2 + Z_2^2 + \cdots + Z_n^2 \tag{4.8.2}$$

のしたがう確率分布を,「自由度 n の χ^2 分布 $\chi^2_{(n)}$」という.

- $\chi^2_{(n)}$ の平均と分散は

$$E[\chi^2_{(n)}] = n, \quad V[\chi^2_{(n)}] = 2n \tag{4.8.3}$$

$\Gamma(x)$ はガンマ関数
$\Longrightarrow$ 定義 0.36

χ^2 分布の密度関数（下図参照）は, $x = \chi^2$ として,

$$f(x) = \frac{1}{2^{n/2}\Gamma(n/2)} x^{\frac{n}{2}-1} e^{-x/2} \quad (x > 0) \tag{4.8.4}$$

自由度 $n = 2, 3, 4, 5$ の $\chi^2_{(n)}$ 分布

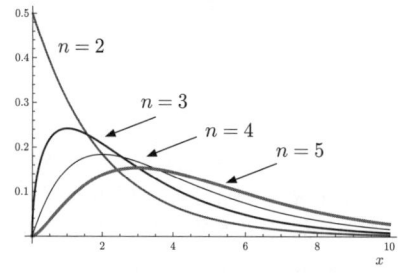

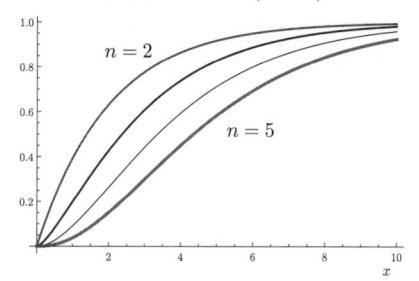

確率密度関数 (PDF)　　　　累積分布関数 (CDF)

- (4.8.2) と中心極限定理より，χ^2 分布は，n を大きくすると，正規分布 $N(n, 2n)$ に近づいていく．右図参照．

n が大きいときは正規分布に近づいていく．$n = 30$ のときの比較．

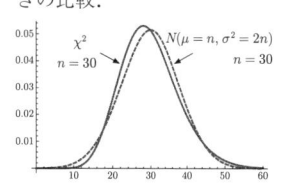

自由度 $n-1$ の χ^2 分布

実際の応用場面では，母平均 μ や母分散 σ^2 は未知であることが普通である．そこで，標本平均 $\overline{X}$ や標本不偏分散 s^2 を代用する．すなわち，

$$\chi^2_{(n-1)} = \sum_{i=1}^n \left(\frac{X_i - \overline{X}}{\sigma}\right)^2 = (n-1)\frac{s^2}{\sigma^2} \tag{4.8.5}$$

このときの χ^2 は，自由度が n ではなく，$n-1$ の χ^2 分布にしたがうことが確かめられている．

χ^2 分布表による面積計算

推定や検定については後述するが，χ^2 分布を考えるときには，分布の上側確率 α が与えられて，その積分領域の下限を表す χ^2 値を探し出すことがしばしばある．本書では，自由度 n の χ^2 分布の上側確率 α を与える点を $\chi^2_{(n)}(\alpha)$ と記す．よく使われるのは，$\alpha = 0.05$ のときの値であり，右の欄に記した．その他の場合については，χ^2 分布表を巻末の付表 6 に用意した．

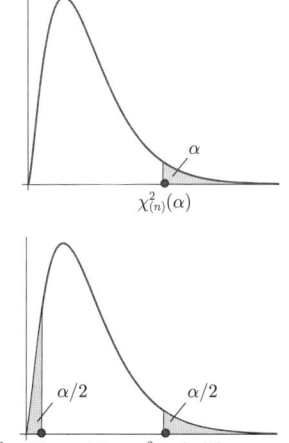

また，両側確率 α が与えられて，その積分領域の上限と下限を表す χ^2 値を探し出すこともある．その場合は，上側確率が $\alpha/2$ となる点と，下側確率が $\alpha/2$ となる点を同じく χ^2 分布表から見つけ出すことになる．分布は左右対称ではないので，例えば，$\alpha = 5\%$ ならば，上側 2.5%点と下側 97.5% を探すことになる．上図に，自由度 $n-1$ の χ^2 分布で，両側確率 α が与えられたときの両端部分を塗りつぶしたものを示す．

χ^2 分布表 $\Longrightarrow$ 付表 6

上側確率 $\alpha = 0.05$ を与える $\chi^2_{(n)}(\alpha)$ 値は

$\chi^2_{(n)}(0.05)$	$\alpha = 0.05$
$\chi^2_{(1)}(0.05)$	3.841
$\chi^2_{(2)}(0.05)$	5.991
$\chi^2_{(3)}(0.05)$	7.815
$\chi^2_{(5)}(0.05)$	11.07
$\chi^2_{(10)}(0.05)$	18.31

両側確率 $\alpha = 0.05$ を与える上側点 $\chi^2_{(n)}(\alpha/2)$ 値と下側点 $\chi^2_{(n)}(1-\alpha/2)$ は

n	0.975 点	0.025 点
1	0.00099	5.02
2	0.0506	7.38
3	0.216	9.35
5	0.831	12.83
10	3.25	20.5

問題 4.5 確率分布関数が，次式で与えられるとき，係数 C を定めよ．

$$f(x) = \begin{cases} C\, x^{(n/2)-1} e^{-x/2} & (x \geq 0) \\ 0 & (x < 0) \end{cases} \tag{4.8.6}$$

ただし，ガンマ関数 $\Gamma(s) = \displaystyle\int_0^\infty e^{-x} x^{s-1}\, dx$ を用いてよい．

4.8.2 t 分布

標本平均がしたがう分布が Student の t 分布である．Student とは論文発表者 Gosset のペンネームである．($\Longrightarrow$ コラム 26)

標本（大きさ n，平均 $\overline{X}$，標本不偏分散 s^2）を扱う際は，たとえ母集団が正規分布（平均 μ，分散 σ^2）にしたがうとしても，母集団の分散 σ^2 は未知であることが多い．Gosset は，標準化された変数

$$Z = \frac{\overline{X} - \mu}{\sigma/\sqrt{n}}$$

を扱う際，式に現れる σ の代わりに，s^2 を用いた

$$t = \frac{\overline{X} - \mu}{s/\sqrt{n}} \quad \text{すなわち} \quad t = Z/\sqrt{\frac{ns^2}{\sigma^2}/n} \tag{4.8.7}$$

がしたがう分布を考案した．t 分布は，大きさ n の小さい標本を扱う際に有効な議論ができるので，便利である．

【Level 2】

■William Sealy Gosset
ゴセット (1876-1937)

Student の t 分布
（スチューデントの t 分布）
$t_{(n)}$ (n：自由度)

通常，密度関数の式 (4.8.10) は知らなくてもよい．t 分布表（付表 7）を参考に面積から値を算出する．

定義 4.9（Student の t 分布）

- 2 つの確率変数 Z, Y があり，Z が標準正規分布にしたがい，Y が自由度 n の χ^2 分布にしたがうとき，

$$t_{(n)} = \frac{Z}{\sqrt{Y/n}} \tag{4.8.8}$$

のしたがう確率分布を，「自由度 n の t 分布 $t_{(n)}$」という．

- $t_{(n)}$ の平均と分散は

$$E[t_{(n)}] = 0, \quad V[t_{(n)}] = \frac{n}{n-2} \ (n > 2) \tag{4.8.9}$$

- t 分布は左右対称である．t 分布の密度関数は，

$$f(x) = \frac{1}{\sqrt{n}} \frac{1}{B\left(\frac{n}{2}, \frac{1}{2}\right)} \left(1 + \frac{x^2}{n}\right)^{-\frac{n+1}{2}} \tag{4.8.10}$$

n が小さいほど，分布の広がりが大きい．下図参照．

$B(p, q)$ はベータ関数
$\Longrightarrow$ 定義 0.37

自由度 $n = 1, 2, 3, 5, 10$ の t 分布

自由度が大きくなると，t 分布は標準正規分布とほぼ一致する．（通常 $n = 30$ 以上で一致するとみなす）．

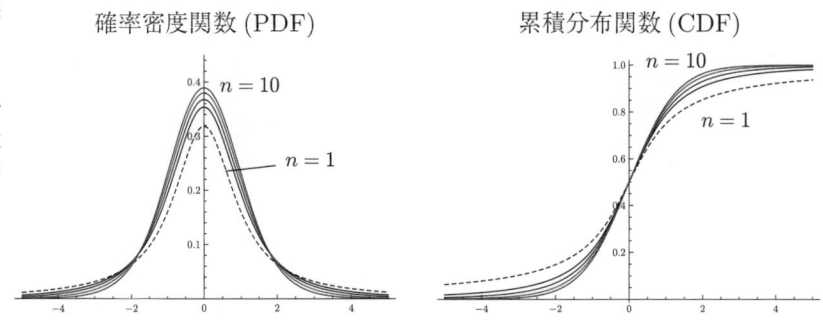

確率密度関数 (PDF) 　　累積分布関数 (CDF)

- 自由度 $n=30$ 以上では，t 分布は標準正規分布とほぼ一致する．右図参照．したがって，標本データ数が 30 以下のときに有用な分布曲線となる．
- t 分布にしたがう検定統計量（§6.2.1）を用いる検定法を総称して **t 検定** (t-test) と呼ぶ．（大文字の「T 検定」とすると，別の意味になってしまうので，その点も注意）．

自由度 $n=5$ の t 分布と標準正規分布

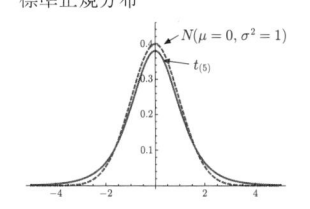

t 分布表による面積計算

t 分布でも，上側確率や両側確率が与えられて，対応する積分領域の上限・下限の t 値を探し出すことがしばしばある．本書では，自由度 n の t 分布の上側確率 α を与える点を $t_{(n)}(\alpha)$ と記す．

例えば，両側確率が $\alpha = 0.05$ (5%) を与える t 値は，上側確率 2.5% を与える t 値を t 分布表より求めればよい．よく使う値を右欄に記した．その他の場合については巻末の付表 7 を参考にしてほしい．

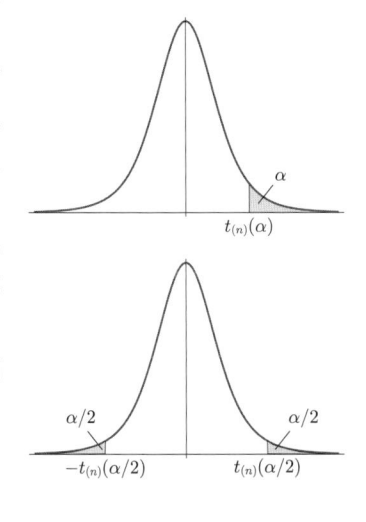

t 分布表 $\Longrightarrow$ 付表 7

上側確率 $\alpha = 0.05$ を与える $t_{(n)}(\alpha)$ 値は

$t_{(n)}(\alpha)$	$\alpha = 0.05$
$t_{(1)}(0.05)$	6.314
$t_{(2)}(0.05)$	2.920
$t_{(3)}(0.05)$	2.353
$t_{(4)}(0.05)$	2.132
$t_{(5)}(0.05)$	2.015
$t_{(10)}(0.05)$	1.813

上側確率 $\alpha = 0.025$ を与える $t_{(n)}(\alpha)$ 値は

$t_{(n)}(\alpha)$	$\alpha = 0.025$
$t_{(1)}(0.025)$	12.706
$t_{(2)}(0.025)$	4.302
$t_{(3)}(0.025)$	3.183
$t_{(4)}(0.025)$	2.776
$t_{(5)}(0.025)$	2.571
$t_{(10)}(0.025)$	2.228

─── コラム 26 ───

☕ Gosset（ゴセット）はなぜ Student と名乗ったか

Gosset はギネス・ビール会社の醸造技師だった．19 世紀末のギネスはアイルランド南部の経済を支配するほどの大きな会社で，醸造技術を科学的に合理化することに取り組んでいた．ビールの醸造では多くの材料が関連し合い，温度の差によっても品質が異なってしまう．Gosset は，小規模実験の結果から確率的に現象を記述する方法に取り組むことになった．

標本が小さいとき（n が小さいとき），Gosset は分散値 s^2 のふるまいがおかしくなることに気づき，品質の平均値 $\bar{x}$ の信頼性評価に $s/\sqrt{n}$ を使ってよいかどうかに疑問を持ち始めた．そこで，1 年間の研究休暇を会社に申請して，ロンドン・ユニバーシティカレッジの Pearson（ピアソン）教授のもとで研究を進めた．そして，1907 年に「平均の確率誤差」と題した論文で t 分布曲線を発表する．著者名を Student としたのは，社員が独自に研究成果を公表するのを好まないギネス社の意向を考慮して Pearson が示唆したからだという．

その後も Gosset は Student というペンネームで小標本の統計学研究を進めるとともに，ロンドンのギネス新工場での総主任にもなり，ビールの原料である大麦やホップの育成に関する統計的研究も行った．そして，自ら提案した t 分布を，モンテカルロ法と呼ばれる乱数発生シミュレーションを用いて検証する研究も行っている．謙虚な姿勢を貫くとともに，徹底した職業人であり，研究者であった．同世代の統計学者 Fisher（フィッシャー）は，Gosset のことを「統計学の Faraday（ファラデー）」と呼んでいる．Faraday は電磁気学を創り上げた一人である．

4.8.3 F 分布

2つの標本があり，それぞれの母集団の分散比を検定するときなどに用いられるのが F 分布である．具体的には，2つの母集団から得られた χ^2 分布値 $\chi^2_{(m)}, \chi^2_{(n)}$ を，それぞれの自由度 m, n で割った比

$$F = \frac{\chi^2_{(m)}/m}{\chi^2_{(n)}/n}$$

がしたがう分布，となる．Snedecor が推測統計学の祖である Fisher の頭文字を使って命名した．

【Level 2】

👤George W. Snedecor スネデカー (1881-1974)
👤Sir Ronald Aylmer Fisher フィッシャー (1890-1962)

F 分布
F_n^m; 自由度 (m, n)

定義 4.10 (F 分布)

- 2つの確率変数 X, Y があり，それぞれ独立に自由度が m, n の χ^2 分布 $\chi^2_{(m)}, \chi^2_{(n)}$ にしたがうとき，

$$F_n^m = \frac{X/m}{Y/n} \qquad (4.8.11)$$

のしたがう確率分布を，「自由度 (m, n) の F 分布 F_n^m」という．

- F_n^m の平均と分散は

$$E[F_n^m] = \frac{n}{n-2} \quad (n \geq 3) \qquad (4.8.12)$$

$$V[F_n^m] = \frac{2n^2(m+n-2)}{m(n-2)^2(n-4)} \quad (n \geq 5) \qquad (4.8.13)$$

通常，密度関数の式は知らなくてもよい．F 分布表（付表 8）を参考に面積から確率を算出する．

- F_n^m の密度関数は，

$$f_{m,n}(x) = \frac{(m/n)^{\frac{m}{2}}}{B\left(\frac{m}{2}, \frac{n}{2}\right)} \frac{x^{\frac{m}{2}-1}}{\left(1+\frac{m}{n}x\right)^{\frac{m+n}{2}}} \qquad (x > 0) \qquad (4.8.14)$$

- F_n^m の密度関数 $f_{m,n}(x)$ と F_m^n の密度関数 $f_{n,m}(x)$ は異なる．左図参照．

F_{10}^5 の分布曲線と F_5^{10} の分布曲線は異なる．

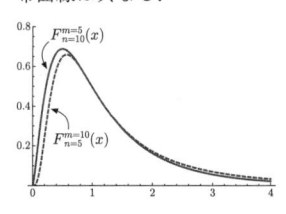

$B(p, q)$ はベータ関数
$\Longrightarrow$ 定義 0.37

$m = 10, n = 1, 5, 10, 20$ の F 分布

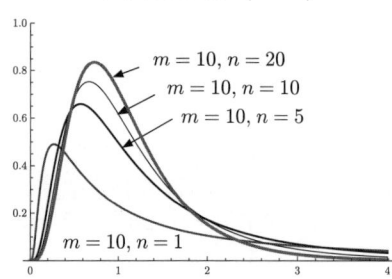

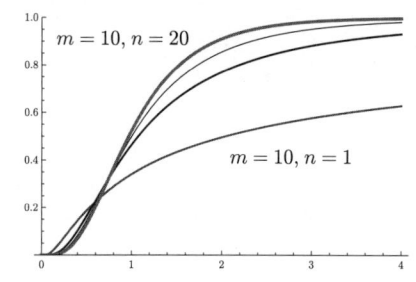

- F 分布にしたがう検定統計量（§6.2.1）を用いる検定法を総称して **F 検定** (F-test) と呼ぶ．

同じ母集団の場合，および t 分布との関連

F 値の定義 (4.8.11) に現れる χ^2 値は (4.8.5) を用いると，

$$\chi^2_{(m)} = m\frac{s_1^2}{\sigma_1^2}, \ \chi^2_{(n)} = n\frac{s_2^2}{\sigma_2^2}$$

となるが，どちらも同じ母集団（分散 σ^2）から得られた量とするならば，$\sigma_1^2 = \sigma_2^2 = \sigma^2$ である．このとき，F は

$$F = \frac{(ms_1^2/\sigma^2)/m}{(ns_2^2/\sigma^2)/n} = \frac{s_1^2}{s_2^2}$$

となって，それぞれの標本の不偏分散の比に等しい．**2 つの分散の比の推定や検定**で F 分布を使うのは，このためである．

ところで，t 値の 2 乗を考えると，(4.8.1), (4.8.8) と (4.8.11) より，

$$t^2 = \frac{z^2}{\chi^2_{(n)}/n} = \frac{\chi^2_{(1)}/1}{\chi^2_{(n)}/n} = F_n^1 \tag{4.8.15}$$

となるので，F 値の分子の自由度が 1 のときには，t^2 分布と F 分布は一致する．したがって，2 つの平均値の差を t 検定する場合（t 分布の両側検定）と，分散分析によって F 検定する場合（F 分布は片側検定）の結果は常に同じ結論となる．

t 検定, F 検定 $\Longrightarrow$ §6.2.1

F 分布表による面積計算

F 分布でも，上側確率や両側確率が与えられて，対応する積分領域の上限・下限の F_n^m 値を探し出すことがしばしばある．本書では，自由度 (m, n) の F 分布の上側確率 α を与える点を $F_n^m(\alpha)$ と記す．

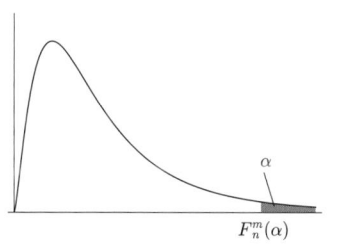

F 分布表 $\Longrightarrow$ 付表 8

上側確率 $\alpha = 0.05$ を与える $F_n^m(\alpha)$ 値は

m	n	$F_n^m(\alpha)$
1	1	161.4
1	2	18.51
1	3	10.13
1	5	6.608
1	10	4.965

例えば，両側確率が $\alpha = 0.05$ (5%) を与える F_n^m 値は，上側確率 2.5% を与える F 値を F 分布表より求めればよい．この場合，$F_n^m(1-\alpha)$ の値も必要になるが，自由度を入れ替えた F 分布の面積値から，

$$F_n^m(1-\alpha) = \frac{1}{F_m^n(\alpha)} \tag{4.8.16}$$

の関係もあることを知っておくと便利である．自由度 (m, n) の組み合わせが多数あるので，分布表は膨大になる．巻末の付表 8 を参考にしてほしい．

章末問題

授業欠席日数とテスト得点

4.1 アメリカの某州立大学で，講義の欠席回数と期末テスト得点を比較したデータがある．（2005 年，一般教養科目）

欠席回数 x	テスト点 y
0	89.2
1	86.4
2	83.5
3	81.1
4	78.2
5	73.9
6	64.3
7	71.8
8	65.5
9	66.2

(1) 相関係数はいくらか．
(2) 最小 2 乗法により，回帰直線を求めよ．
(3) 散布図と回帰直線を図に描き，解釈を述べよ．
(4) 6 回欠席した学生が，もう 1 回欠席したほうがよいと考えた．正しいか．

主成分分析の計算例

4.2 3 変量があり，次の相関行列を得た．固有値・固有ベクトルを求め，2 番目までの主成分と累積寄与率を求めよ．

$$(1) \begin{pmatrix} 1 & 0.6 & 0 \\ 0.6 & 1 & 0 \\ 0 & 0 & 1 \end{pmatrix} \quad (2) \begin{pmatrix} 1 & 0 & 0.4 \\ 0 & 1 & 0.3 \\ 0.4 & 0.3 & 1 \end{pmatrix}$$

判別分析の計算例

4.3 §4.7 のクラスター分析の例として挙げたデータを次のように 2 群に分けた．判別関数を求めよ．

グループ 1（3 名）

学生 i	英語 x_1	数学 x_2
1	67	64
5	77	64
6	59	40

グループ 2（6 名）

学生 i	英語 x_1	数学 x_2
2	43	76
3	45	72
4	28	92
7	28	76
8	28	60
10	47	80

プログラミング研究課題

4.4 には解答をつけない．各自で挑んでほしい．

4.4 §4.7 のクラスター分析の例として挙げたデータについて，データ間の距離を Mahalanobis の距離とした場合はどのような結果になるか．また，クラスター間の距離の定義に Ward 法を用いるとどのような結果になるか．

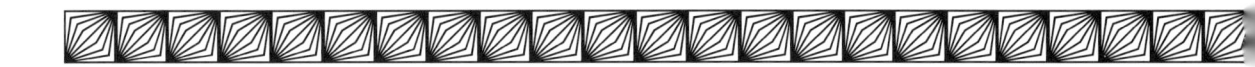

第5章
推　　定

　アンケート調査などで，標本データ（例えば「あなたの通勤・通学時間」）を集めたとしよう．そのデータの平均値をそのまま日本人の平均と言い切ってよいだろうか．標本データの信頼性は，調査方法や調査場所にも影響を受けるだろうし，データ数に大きく依存するはずである．手元にある標本データから，正しい母集団の姿をどこまで数学的に裏付けられるか，というのが，本章で紹介する統計的推測である．

　ここでは「はたして良い推定量とは何か」という概念的な話から始めるが，後半 §5.3 は，母集団についての平均や分散値の範囲を数学的裏付けをもって予言する方法の紹介になる．新聞やテレビで報道される世論調査やテレビ視聴率の誤差などを理解するのも目的である．

　「果実によって木を知る」あるいは「木を見て森を知る」方法の仕組みを解読してほしい．

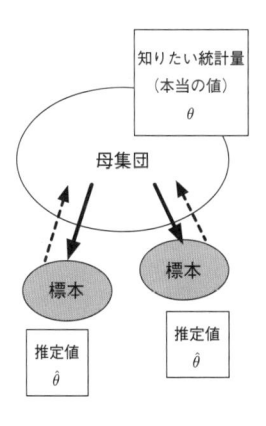

	【Level】
§5.1　統計的推測（推定）とは	1
§5.2　点推定	1,2
§5.3　区間推定	1

【Level 1】Standard レベル
【Level 2】Advanced レベル

5.1 統計的推測（推定）とは

統計的推測の方法は，大きく 2 つに分けられる．

【Level 1】

推定 (estimation)

> **定義 5.1（推定）**
> 推定とは，標本データ（データ数 n，標本平均 $\bar{x}$，標本不偏分散 s^2 など）をもとにして，母集団の性質（母平均 m，母分散 σ^2，母比率 p など）を統計的に推測する方法のことである．
>
> - 母集団の値を 1 つ推測し，その推定量の確からしさを統計的に示すのが**点推定**である．
> - 母集団の値を幅をもたせて推測し，その両端の範囲について信頼度の根拠を示すのが**区間推定**である．

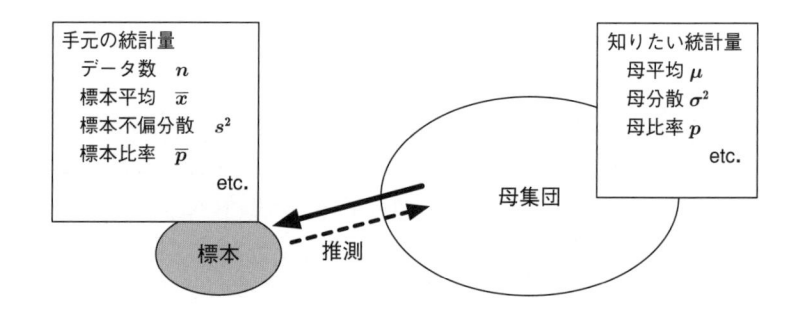

点推定
(point estimation)
母集団の値は「これだ」と統計的確度をもって 1 つの値を推定する．

区間推定
(interval estimation)
「○%の信頼度でこの範囲である」と幅をもたせて推定する．

例えば上図のように，手元に 1 つの標本データがあり，母集団の平均や分散を知りたい場合を考えよう．最も簡単なのは

標本平均
$$\bar{x} = \frac{1}{n}\sum_{i=1}^{n} x_i$$

- 標本平均 (4.1.1) は，母平均 μ と一致する
- 標本分散 (4.1.3) は，母分散 σ^2 と一致する

標本分散
$$S^2 = \frac{1}{n}\sum_{i=1}^{n} (x_i - \bar{x})^2$$

と考えることかもしれない．どちらも，手元のデータが忠実に母集団のデータを反映しているならば正しい推定値となるが，はたして母集団は本当にそのような姿なのだろうか．（標本分散を使う推定は良くないことを後に例題 5.1 で述べる）．

母数 θ 本当の値
(population parameter)

推定値 $\hat{\theta}$ (estimate)
$\hat{\theta}(x_1, x_2, \cdots)$

以下ではしばらく，母集団の本当の値（母平均や母分散など未知の量で**母数**とも呼ぶ）を θ，標本データ $(x_1, x_2, \cdots, x_n)$ からその値を推定した値（**推定値**）を $\hat{\theta}$ としよう．$\hat{\theta}$ は，データをもとに決めるので，関数のように $\hat{\theta}(x_1, x_2, \cdots, x_n)$ とも書かれる．誤差を ε とすれば，

$$\theta = \hat{\theta} + \varepsilon \quad \text{本当の値} = \text{推定値} + \text{誤差} \tag{5.1.1}$$

である．ε を最小にする $\hat{\theta}(x_1, x_2, \cdots, x_n)$ を求めることが目的である．

5.2 点推定

5.2.1 推定値と推定量

どのように推定値を求めるか，という話の前に，そもそも「良い推定値 $\hat{\theta}$」とは何かを考えておこう．

母集団から標本を選ぶときには確率的な要素が入る．そのため，標本データは $(x_1, x_2, \cdots, x_n)$ を実現値とする確率変数 $(X_1, X_2, \cdots, X_n)$ と考えてもよい．つまり，手元にある標本データは 1 つ（データ数 n のアンケート結果 $x_1, x_2, \cdots, x_n$）であったとしても，それは確率変数の 1 つの実現値と考える．このことは同時に，同様な標本データが仮想的に多数ある場合を考えていることにもなる．小文字を大文字に替えることで，

「すべて同一の母集団分布にしたがい」「互いに独立な」標本

という意味合いを込めている．

確率変数 X_i が導く母数の推測を $\hat{\theta}(X_1, X_2, \cdots, X_n)$ と書き，**推定量**と呼ぶ．推定量も確率変数となる．データから得られる 1 つの推定値 $\hat{\theta}(x_1, x_2, \cdots, x_n)$ は，確率的に変動する推定量 $\hat{\theta}(X_1, X_2, \cdots, X_n)$ の実現値の 1 つである，と考える．

こう考えることで，推定値の妥当性を推定量の統計的性質で決める土台が整った．

以下では，「良い推定量 $\hat{\theta}$」とは何かを考えていこう．

5.2.2 推定量の良さの基準

1 一致性

データ数 n が増えたら，$\hat{\theta}$ が θ に一致していくべきである．（なぜなら標本そのものが，母集団に近づいていく状況に対応するからである．）すなわち，任意の数 $\varepsilon > 0$ を用いて

$$\lim_{n \to \infty} P(|\hat{\theta} - \theta| < \varepsilon) = 1 \qquad (5.2.1)$$

となることを推定量の良さの基準の 1 つと考えよう．この条件が成り立つ推定量を，**一致推定量**という．

多くの推定量は一致性をもつことが知られている．特に，大数の法則から，

- 標本平均 (4.1.1) $\bar{x}$ は，n を大きくすると母平均 μ に近づく．
- 標本分散 (4.1.3) S^2 は，n を大きくすると母分散 σ^2 に近づく．
- 標本不偏分散 (4.1.4) s^2 は，n を大きくすると母分散 σ^2 に近づく．

したがって，$\bar{x}$ も S^2 も s^2 も母数に対してはそのまま一致推定量である．

【Level 2】

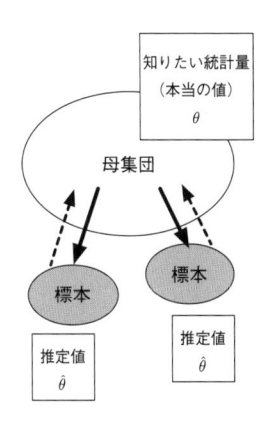

推定量 $\hat{\theta}$ (estimator)
$\hat{\theta}(X_1, X_2, \cdots)$

1 一致性
(consistent estimate)
たいていの推定量は一致性をもつと考えてよい．
$\lim_{n \to \infty} \hat{\theta} = \theta$ と書けないのは，$\hat{\theta}$ が確率変数だからである．
(5.2.1) の ε は，どんな小さな値の ε でもよい，という意味である．

大数の法則 $\Longrightarrow$ §3.1.3

2 不偏性
(unbiased estimate)

標本平均
$$\overline{x} = \frac{1}{n}\sum_{i=1}^{n}x_i$$

標本分散
$$S^2 = \frac{1}{n}\sum_{i=1}^{n}(x_i-\overline{x})^2$$

標本不偏分散
$$s^2 = \frac{1}{n-1}\sum_{i=1}^{n}(x_i-\overline{x})^2$$

* の等号は，第 2 項で X_i の独立性から，
$E[X_iX_j] = E[X_i]E[X_j]$
$\qquad = \mu^2$
を用いている．

この結果から，標本データより，母分散を推定するときには，標本分散 S^2 ではなく，標本不偏分散 s^2 を用いるほうがよいことがわかる．s^2 は一致推定量でもある．

以下では，n が有限の場合について，推定量の良さの基準を考える．

2 不偏性

推定量 $\hat{\theta}$ が多数あるとき，その期待値が本来の母数の値 θ に一致していれば，正しい推定量といえるだろう．式で書くならば

$$E[\hat{\theta}] = \theta \qquad (5.2.2)$$

となる．この条件をみたす推定量を，**不偏推定量**という．$\hat{\theta}$ が母数 θ を中心に ヘンに偏っていない，という意味である．

- 標本平均 (4.1.1) $\overline{x}$ は，不偏推定量である．
- 標本分散 (4.1.3) S^2 は，不偏推定量ではないが，標本不偏分散 (4.1.4) s^2 は，不偏推定量である．

> **例題 5.1** 標本分散 S^2 は 不偏推定量ではなく，標本不偏分散 s^2 は不偏推定量であることを示せ．

S^2 の期待値を計算する．$S^2 = \frac{1}{n}\sum_{i=1}^{n}(X_i-\overline{X})^2 = \frac{1}{n}\sum_{i=1}^{n}X_i^2 - \overline{X}^2$ より

$$E[S^2] = E\left[\frac{1}{n}\sum_{i=1}^{n}X_i^2 - \overline{X}^2\right] = \frac{1}{n}E\left[\sum_{i=1}^{n}X_i^2\right] - E[\overline{X}^2]$$
$$\equiv \mu_2 - E[\overline{X}^2]. \quad (\text{第 1 項を } \mu_2 \text{ とした})$$

第 2 項は

$$E[\overline{X}^2] = \frac{1}{n^2}E\left[(X_1+\cdots+X_n)^2\right] = \frac{1}{n^2}E\left[\sum_{i=1}^{n}X_i^2 + 2\sum_{i>j}X_iX_j\right]$$
$$= \frac{1}{n^2}E\left[\sum_{i=1}^{n}X_i^2\right] + \frac{1}{n^2}E[2{}_nC_2 X_iX_j]$$
$$\underset{*}{=} \frac{1}{n}\mu_2 + \frac{n-1}{n}E[X_i]E[X_j] = \frac{1}{n}\mu_2 + \frac{n-1}{n}\mu^2$$

したがって，

$$E[S^2] = \frac{n-1}{n}\mu_2 - \frac{n-1}{n}\mu^2$$
$$= \frac{n-1}{n}\left\{\frac{1}{n}E\left[\sum_{i=1}^{n}X_i^2\right] - \mu^2\right\} = \frac{n-1}{n}\sigma^2$$

となるので，$E[S^2] \neq \sigma^2$ であり，S^2 は不偏推定量ではない．
しかし，$s^2 = \frac{1}{n-1}\sum_{i=1}^{n}(X_i-\overline{X})^2 = \frac{n}{n-1}S^2$ と定義された s^2 ならば，$E[s^2] = \sigma^2$ となるので，s^2 は不偏推定量である．

3 有効性

推定量 $\hat{\theta}$ が本来の母数の値 θ を中心に分布している場合でも，その分布幅が小さいほど良い推定量といえるだろう．ばらつきが小さければ，$\hat{\theta}$ の値はより θ に近いことを意味するからである．

例えば，平均値は一致推定量かつ不偏推定量である．データ数 $n=2$ の標本から得る平均値 $\overline{X}_2 = \frac{1}{2}(X_1 + X_2)$ と，データ数 $n=3$ の標本から得る平均値 $\overline{X}_3 = \frac{1}{2}(X_1 + X_2 + X_3)$ とでは，3つのデータから予測するほうが，より正しいはずである．有効性の判定は，この区別をするものだ．$\overline{X}_2$ の分散は $\sigma^2/2$，$\overline{X}_3$ の分散は $\sigma^2/3$ なので，後者のほうが良い推定量ということになる．

なお，母集団の密度関数 $f(X,\theta)$ に特殊なことを考えない限り，不偏推定量 $\hat{\theta}$ の分散はゼロにはできないことが，Cramér-Rao の不等式によって示されている．詳しくは述べないが，Cramér-Rao の不等式は

$$V[\hat{\theta}] \geq \frac{1}{n\, E\left[\left(\dfrac{\partial}{\partial \theta}\log f(X,\theta)\right)^2\right]} \tag{5.2.3}$$

で与えられる式であり，分散 $V[\hat{\theta}]$ に下限値があることを示している．等号が成立するような推定量があるかどうかは場合によるので，なるべく最小の推定量を求め，それを**有効推定量**と考えることにする．

4 充足性

推定量の定義に基づいて，ある標本から推定値 $\hat{\theta}$ を得たとき，さらに同じ標本から同様に推定値を算出しても，母集団に対する新たな情報が得られないときに，**充足推定量**という．

例えば，3つのデータがあるとき，そのうちの2つで平均値を求めても充足性はない．平均値推定には，すべてのデータを用いる，と定義すれば充足性をみたす．

母分布	母数	推定量	一致性	不偏性	有効性	充足性	最尤性	
任意	μ	標本平均 $\overline{x}$	○	○				
任意	σ^2	標本分散 S^2	○	×				
任意	σ^2	標本不偏分散 s^2	○	○				
正規分布	μ	標本平均 $\overline{x}$	○	○	○	○	○	母分散既知のとき
正規分布	σ^2	標本分散 S^2	○		○	○	○	母平均既知のとき
正規分布	σ^2	標本不偏分散 s^2	○	○				
2項分布	p	標本比率 $\overline{p}$	○	○	○	○	○	

1 一致性，3 有効性，4 充足性の3つの条件をみたす推定量を，**最適推定量**と呼ぶ．

5.2.3 推定量の見つけ方

前節では「良い推定量とは何か」という条件を列挙したが，ここでは推定量の見つけ方として提案されている 2 つの方法を紹介する．

A モーメント法

標本と母集団の積率（モーメント）が一致していることを仮定して，母集団の推定量を導く方法である．

確率変数やデータ処理の統計量で定義したように，

- 平均値は原点のまわりの 1 次のモーメント

$$\mu = E[X] \quad \text{あるいは} \quad \mu = \frac{1}{n}\sum_i x_i \tag{5.2.4}$$

- 分散は μ のまわりの 2 次のモーメント

$$\sigma^2 = E[(X-\mu)^2] \quad \text{あるいは} \quad \sigma^2 = \frac{1}{n}\sum_i (x_i - \mu)^2 \tag{5.2.5}$$

であり，一般に k 次のモーメントを考えることができる．

いま，母集団の 1 次から k 次のモーメントが $\mu_1, \mu_2, \cdots, \mu_k$ であり，求めたい母集団の推定量 $\theta_1, \theta_2, \cdots, \theta_k$ の関数として，

$$\mu_1 = f_1(\theta_1, \theta_2, \cdots, \theta_k),$$
$$\mu_2 = f_2(\theta_1, \theta_2, \cdots, \theta_k),$$
$$\vdots \quad \vdots$$
$$\mu_k = f_k(\theta_1, \theta_2, \cdots, \theta_k),$$

などと表されるものとしよう．手元の標本データ $\{x_1, x_2, \cdots, x_n\}$ からもモーメントが計算でき，

$$\hat{\mu}_1 = \frac{1}{n}\sum_i x_i,$$
$$\hat{\mu}_2 = \frac{1}{n}\sum_i x_i^2,$$
$$\vdots \quad \vdots$$
$$\hat{\mu}_k = \frac{1}{n}\sum_i x_i^k$$

などとなる．ここで，両者のモーメントがすべて等しいと考えれば，

$$\mu_1 = \hat{\mu}_1, \quad \mu_2 = \hat{\mu}_2, \quad \cdots$$

と k 本の方程式ができ，求めたい k 個の推定量 $\theta_1, \theta_2, \cdots, \theta_k$ を解くことができる．素直な方法であるが，有限の k 個の量しか取り扱っていないため，不十分な場合がある．

【Level 2】
この節 §5.2.3 では，$\sum_{i=1}^{n}$ を $\sum_i$ と略記する．

A モーメント法
(method of moments)

確率変数のモーメント
$\implies$ §2.2.3
データのモーメント
$\implies$ §4.1.4

B 最尤法

標本の「尤（もっと）もらしさ」を追求する方法である．

母集団の θ という統計量（例えば母平均や母分散）を推定する方法を考えよう．母集団の分布が $f(x,\theta)$ という関数で与えられるとする．標本データ $\{x_1, x_2, \cdots, x_n\}$ が手元にあるとき，その標本が選ばれる確率は，独立に標本を選ぶのだから分布関数の単純な積として

$$f(x_1,\theta) \cdot f(x_2,\theta) \cdot \cdots \cdot f(x_n,\theta) \equiv \prod_{i=1}^{n} f(x_i,\theta)$$

のように書けるだろう．この式を θ の関数とみなし，

$$L(\theta) = \prod_{i=1}^{n} f(x_i,\theta) \tag{5.2.6}$$

と書いて，**尤度関数**（ゆうどかんすう）と呼ぶ．

いろいろな標本を選ぶ可能性があるが，今，手元にある標本が，最も尤もらしい確率で選ばれたものと考えよう．つまり，尤度関数 (5.2.6) が最大になるものが実現して，手元にある標本であると考える．そうすると，もともとの母集団の θ を求める際には，逆に，(5.2.6) を最大にするような θ を推定量 $\hat{\theta}$ と考えればよい．このように見つける推定量を**最尤推定量**と呼ぶ．

分布関数 $f(x_i,\theta)$ の積は小さな値になり，時には扱いにくい．そこで (5.2.6) の最大値を求める際には，両辺の対数をとって

$$\log L(\theta) = \sum_i \log f(x_i,\theta)$$

とし，この関数が極値をもつ，として

$$\frac{\partial \log L(\theta)}{\partial \theta} = 0$$

を計算すると便利である．$\log L(\theta)$ を**対数尤度関数**と呼ぶ．

> **例題 5.2** ある神社で 10 人がおみくじを引いたところ 8 人が吉だった．このおみくじで，吉の含まれていた確率 p を最尤法で推定せよ．

8 人が吉を引き，2 人が吉以外を引く確率は，$p^8(1-p)^2$ である．したがって尤度関数 $L(p)$ を，

$$L(p) = p^8(1-p)^2$$

とおくと，この関数が最大値をとるのは，微分して増減表を描くことにより，$p = \dfrac{4}{5} = 0.8$ のときである．したがって，$p = 80\%$．

B 最尤法
(maximum likelihood method)

尤度関数
(likelihood function)

尤度関数 $L(\theta)$ を最大にするものが，**最尤推定量**．
「もっともっともらしい」ということから命名された言葉である．

$L(p) = p^8(1-p)^2$ をグラフにすると，

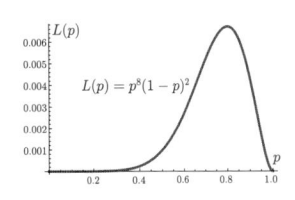

p の値は，$L(p)$ を微分して $L' = 2p^7(p-1)(5p-4) = 0$ より，$p = 4/5$ を得る．

「尤もらしく」$p = 80\%$ がいえた（半分冗談）．

「正規母集団の平均値の推定は，標本平均でよい」ことを示す．

例題 5.3 は，母分散が既知のとき．

最尤法の計算例

例題 5.3 母集団が正規分布（$N(\mu, \sigma^2)$）であり，分散が既知で σ^2 のとき，標本 $(x_1, x_2, \cdots, x_n)$ を用いて母平均を求める最尤推定量はどのような式か．

母集団の確率密度関数は
$$f(x) = \frac{1}{\sqrt{2\pi\sigma^2}} \exp\left(-\frac{(x-\mu)^2}{2\sigma^2}\right)$$
であり，これから n 個の標本を取り出す確率密度関数は
$$\prod_{i=1}^{n} f(x_i) = \left(\frac{1}{2\pi\sigma^2}\right)^{n/2} \exp\left(-\frac{1}{2\sigma^2}\sum_i (x_i - \mu)^2\right) \cdots (*)$$
と書ける．この関数を μ を変数とする尤度関数 $L(\mu)$ と考え，$L(\mu)$ を最大とする μ を求めればよい．簡単のため，$\ell(\mu) \equiv \log L(\mu)$ の対数尤度関数の最大値を求めることにすると，

$$\frac{d\ell(\mu)}{d\mu} = \frac{d}{d\mu}\left\{-\frac{n}{2}\log(2\pi\sigma^2) - \frac{1}{2\sigma^2}\sum_i (x_i - \mu)^2\right\}$$
$$= \frac{1}{\sigma^2}\sum_i (x_i - \mu)$$

より，

$$\frac{d\ell(\mu)}{d\mu} = 0 \iff \frac{1}{\sigma^2}\sum_i (x_i - \mu) = \frac{1}{\sigma^2}\left(\sum_i x_i - n\mu\right) = 0$$

したがって，μ について解くと，$\mu = \frac{1}{n}\sum_i x_i$ となり，算術平均値 μ が最尤推定量であることが結論される．

例題 5.4 は，母分散が未知のとき．

例題 5.4 母集団が正規分布であるが，母平均も母分散も未知のとき，標本 $(x_1, x_2, \cdots, x_n)$ を用いて母平均 μ と母分散 σ^2 を求める最尤推定量はどのような式か．

例題 5.3 解答例の $(*)$ 式を μ と σ^2 両方の関数として尤度関数 $L(\mu, \sigma^2)$ と考え，$L(\mu, \sigma^2)$ を最大とする μ と σ^2 を考えればよい．例題 5.3 と同様に対数尤度関数 $\ell(\mu, \sigma^2) = \log L$ を考え，連立方程式

$$\frac{\partial}{\partial \mu}\ell(\mu, \sigma^2) = 0, \quad \frac{\partial}{\partial \sigma^2}\ell(\mu, \sigma^2) = 0$$

を立式すると，第 1 式からは
$$\mu = \frac{1}{n}\sum_i x_i \quad \cdots\cdots\cdots\cdots\cdots\cdots\cdots\cdots (\#)$$

が得られる．第 2 式は，
$$-\frac{n}{2\sigma^2} - \frac{1}{2(\sigma^2)^2}\sum_i (x_i - \mu)^2 = 0$$
となり，(♯) を代入すると，
$$\sigma^2 = \frac{1}{n}\sum_i (x_i - \mu)^2 = \frac{1}{n}\sum_i (x_i - \overline{x})^2 \equiv S^2 \quad \cdots\cdots \text{(♭)}$$
となる．(♯) と (♭) が母平均 μ と母分散 σ^2 の最尤推定量となる．

ただし，例題 5.1 で示したように，標本分散 $S^2 = \frac{1}{n}\sum_i (x_i - \overline{x})^2$ は推定量として不偏性をみたさない．一方で，
$$s^2 = \frac{n}{n-1}S^2 = \frac{1}{n-1}\sum_i (x_i - \overline{x})^2$$
と定義された s^2 ならば，$E[s^2] = \sigma^2$ となるので不偏性をみたす．そのため，s^2 を母分散の推定量として用いることになる．

問題 5.5 ある池にいる魚の数 N を推定したい．m 匹の魚をとらえ，すべてに印をつけて再度放流した．後日，再び n 匹の魚をとらえたところ，k 匹の魚にマークがついていた．この確率は N を変数とすれば
$$f(N) = \frac{{}_m C_k \times {}_{N-m}C_{n-k}}{{}_N C_n} \tag{5.2.7}$$
となる．これより，N を推定する式を最尤法を用いて求めよ．

池にいる魚の数
(5.2.7) は超幾何確率 ($\Longrightarrow$ §2.5.8)．具体的な数を当てはめてみると，$N = mn/k$ であろうということは想像がつくが，これを最尤法で導く問題である．

― コラム 27 ―

☕ 赤池情報量規準 (AIC)

火力発電所のボイラー温度の制御・船舶の自動操舵・脳波や経済時系列の解析などなど，時間とともに変化する実測データから，その背後にある現象をモデル化することや最適に制御することは，とても重要な研究課題である．しかし，想定した『モデル』が良いか悪いかをどのように判定したらいいだろうか．通常は，モデルにパラメータを入れ，さまざまに変化するモデルを想定して『良いモデル』を探すが，はたしてそれが真理となっているのだろうか．

最尤法は，尤度関数 $L(\theta)$ [(5.2.6) 式] あるいは対数尤度関数 $\log L(\theta)$ の最大値を与える推定量が，最も尤もらしい，という思想である．つまり，$\log L(\theta)$ が大きいほど真理に近いと考えられる．この考え方を応用して，赤池弘次 (1927-2009) は，情報量規準 I と呼ばれる量を考案した (1971 年)．定義は，
$$I = -2\log L(\theta) + 2p \tag{5.2.8}$$
で，p はモデルに登場するパラメータの数である．そして，この I の値が小さいほど『良いモデル』の指標になるとした．第 2 項は無用にパラメータの多い複雑なモデルを排除する効果をもつ．

I は，今日では，AIC (Akaike information criteria; 赤池情報量規準) と呼ばれている．AIC は必ずしも『正しいモデル』を選ぶとは限らないことも知られているが，真の確率分布からのばらつきが小さい『良いモデル』を判定することから，現実的に広く応用されるようになった．赤池は 2006 年の京都賞基礎科学部門の受賞者となった．

参考：『赤池情報量規準』(赤池弘次ほか著，共立出版，2007 年)

5.2.4 母集団と点推定

パラメトリックとノンパラメトリック

母集団を推測する際に，正規分布を仮定したり，等分散性を仮定したりして，母集団に何らかの仮定を行うときと，何も仮定をしないときの2つの手法がある．前者を「**パラメトリックな手法**」，後者を「**ノンパラメトリックな手法**」と呼ぶ．正規分布のように分布の関数形が決まっていれば，分布曲線は，中心の位置や分布の広がりのパラメータを決めればよいので，パラメトリックと言われる．例えば，

- 支持率調査のように，回答が「支持する」(確率 p)「支持しない」(確率 $1-p$) と 2 分されるとき，その母集団を **2 項母集団**と呼ぶ．
- 母集団が正規分布にしたがう場合，**正規母集団**と呼ぶ．

これに対して，ノンパラメトリックは，分布の形を決めない (distribution free) ことでより一般的になるが，パラメトリックな手法よりは有意な差は出にくい．

パラメトリック (parametric)

ノンパラメトリック (non-parametric)

正規母集団 (normal population)

2 項母集団 (binamial population)

正規母集団に関する点推定

正規分布 $N(\mu, \sigma^2)$ は，母平均 μ と母分散 σ^2 の 2 つのパラメータをもつ．例題 5.3 および例題 5.4 で見たように，最尤推定法から，μ と σ^2 は，標本データ $(x_1, \cdots, x_n)$ を用いて，

$$\mu = \overline{x} = \frac{1}{n}\sum_i x_i, \qquad \sigma^2 = S^2 = \frac{1}{n}\sum_i (x_i - \overline{x})^2$$

となる．この結果はモーメント法で求めても同じである．しかし，例題 5.1 で示したように，不偏推定量の観点から，S^2 よりも s^2 を用いたほうがよい．したがって，推定量は

$$\mu = \overline{x} = \frac{1}{n}\sum_i x_i, \qquad \sigma^2 = s^2 = \frac{1}{n-1}\sum_i (x_i - \overline{x})^2. \qquad (5.2.9)$$

ノンパラメトリックの場合の点推定

ノンパラメトリックに考えるならば，分布の形を仮定できないので，最尤法は使えない．モーメント法によって，母平均 μ と母分散 σ^2 を求めることになる．(5.2.4) と (5.2.5) から，

$$\mu = \overline{x} = \frac{1}{n}\sum_i x_i, \qquad \sigma^2 = \frac{1}{n}\sum_i (x_i - \overline{x})^2$$

となるが，不偏推定量の観点から，正規母集団のときと同じように，(5.2.9) を推定量とする．

5.3 区間推定

5.3.1 信頼度・信頼区間・危険率

区間推定とは，母集団の値に対し，上限値と下限値の範囲を示して推定値を示す方法である．例えば，「95%の確率で母平均は，この範囲にあるはずだ」というように統計的な根拠をもたせて表現することになる．

> **定義 5.2（信頼区間・信頼度・危険率）**
> 母集団の統計量 θ を
> $$\hat{\theta}_L < \theta < \hat{\theta}_U \quad \text{または} \quad (\hat{\theta}_L, \hat{\theta}_U)$$
> のように範囲を用いて推定することを**区間推定**という．この範囲を**信頼区間**といい，$\hat{\theta}_L$ と $\hat{\theta}_U$ をそれぞれ**信頼下限**，**信頼上限**と呼ぶ．信頼区間の設定は，その区間に θ が含まれる確率
> $$P(\hat{\theta}_L < \theta < \hat{\theta}_U) = 1-\alpha \tag{5.3.1}$$
> をもとに行う．$0 < \alpha < 1$ として，$1-\alpha$ を**信頼度・信頼係数**あるいは**信頼率**，α を**危険率**といい，「信頼係数 $1-\alpha$ の信頼区間」あるいは「危険率 α の信頼区間」などと表現する．

- 信頼度 $1-\alpha$ には，95% とか 99% の値がよく用いられる．（したがって，危険率 α は 5% とか 1% の値になる．）
- 一般に，信頼区間の幅は，なるべく小さいほうが望ましい．
- 確率分布の両端の面積が α となるような区間を除外して考えることになる．上側面積が $\alpha/2$ になる θ_U を $\alpha/2$ 点と呼ぶ．標準正規分布で考えるときは，$\alpha/2$ 点を $z(\alpha/2)$ で表す．95% の信頼区間を考えるとき，$z(0.025) = 1.96$，99% の信頼区間を考えるときは $z(0.005) = 2.58$ が信頼上限になる．$\Longrightarrow$ 付表 3

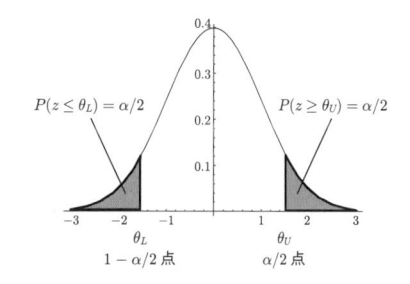

両端の面積 $\alpha = 0.05$ 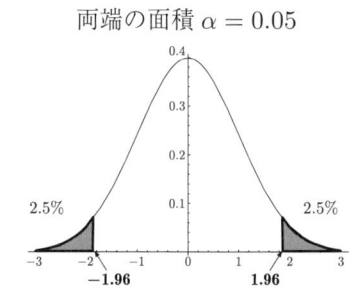　　　両端の面積 $\alpha = 0.01$

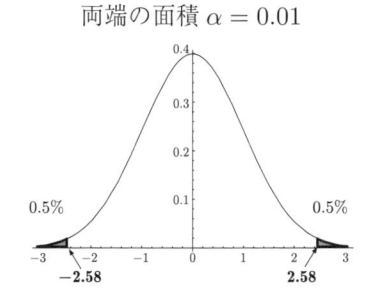

【Level 1】

区間推定
(interval estimation)

信頼区間
(confidence interval)

信頼度・信頼係数 $1-\alpha$
(confidential level)
C.L. とよく略される

危険率 α

信頼区間の表現は両端の値を含まない不等号で書くのが普通である．

> 信頼度を大きくする（α を小さくする）ことはそれだけ誤った推定を行わないことに相当するので，信頼区間は大きくなる．推定値が「ぼやける」ことになる．

$P(z \leq \theta_L) = \alpha/2$　　　$P(z \geq \theta_U) = \alpha/2$

θ_L　　　　θ_U
$1 - \alpha/2$ 点　　$\alpha/2$ 点

> 標準正規分布で上側確率 α を与える点を $z(\alpha)$ と書く．信頼係数 95% を考えるときは，
> $$z(0.025) = 1.960$$
> が基準になる．信頼係数 99% のときは，
> $$z(0.005) = 2.576$$
> が基準になる．

5.3.2 正規母集団に対する母平均 μ の区間推定法

【Level 1】

例えば，1クラス30人の学生の身長を計測して全国平均の値を推定するように，母集団の平均値（母平均 μ）を推定する方法を構成しよう．

ここでは，母集団が正規分布 $N(\mu, \sigma^2)$ にしたがうと考え，$X_1, X_2, \cdots, X_n$ を無作為に選ばれた標本とし，その実現値としての標本データ $x_1, x_2, \cdots, x_n$ が手元にあるとする．

母分散 σ^2 が既知のとき

公式3.2より，データ数 n の標本の標本平均 $\overline{X}$ は，正規分布 $N(\mu, \sigma^2/n)$ にしたがう．標準化すれば，確率変数 $\overline{Z} = \dfrac{\overline{X} - \mu}{\sqrt{\sigma^2/n}}$ は，標準正規分布にしたがうことになる．

信頼度95%（$\alpha = 0.05$）で区間推定することを考えると，標準正規分布表から $z(2.5\%) = 1.96$ であることから，

$$P\left(-1.96 < \overline{Z} < 1.96\right) = 95\%$$

であり，この確率の変数の範囲を

$$-1.96 < \frac{\overline{X} - \mu}{\sqrt{\sigma^2/n}} < 1.96$$

$$-1.96\sqrt{\sigma^2/n} < \overline{X} - \mu < 1.96\sqrt{\sigma^2/n}$$

$$-\overline{X} - 1.96\sqrt{\sigma^2/n} < -\mu < -\overline{X} + 1.96\sqrt{\sigma^2/n}$$

と書き替えることにより

$$P\left(\overline{X} - 1.96\sqrt{\sigma^2/n} < \mu < \overline{X} + 1.96\sqrt{\sigma^2/n}\right) = 95\%$$

すなわち，μ の値は，95%の信頼度で

$$\overline{X} - 1.96\frac{\sigma}{\sqrt{n}} < \mu < \overline{X} + 1.96\frac{\sigma}{\sqrt{n}}$$

と区間推定できる．$\overline{X}$ の箇所は，実際の標本平均 $\overline{x}$ を使えばよい．信頼度に他の値を用いるときは，対応した係数に替えればよい．

母分散 σ^2 が未知のとき

たいていの場合は，母分散 σ^2 は未知である（そもそも母集団を知りたいので，推定を行うのだから）．この場合には，手元の標本から，推定できる分散値として，標本不偏分散 s^2 を考え，上の議論で

σ を s に置き換えた

区間推定を行うことにする．

以上を公式として次のようにまとめよう．

母集団 $N(\mu, \sigma^2)$ から取り出された標本平均

$$\overline{X} = \frac{1}{n}\sum_{i=1}^{n} X_i$$

は正規分布 $N(\mu, \sigma^2/n)$ にしたがって分布するだろう，という考え方．

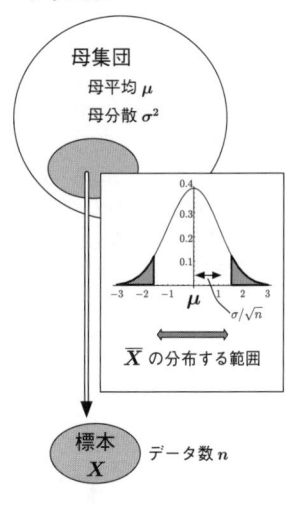

標本不偏分散 (4.1.4)

$$s^2 = \frac{1}{n-1}\sum_{i=1}^{n}(x_i - \overline{x})^2$$

5.3 区間推定

公式 5.3（母平均 μ の区間推定）
データ数 n の標本で，標本平均 $\bar{x}$ を得たとき，母集団を正規分布と仮定すれば，母平均 μ の信頼区間は，信頼度 95% で次の範囲になる．

- 母分散 σ^2 が既知のとき

$$\bar{x} - 1.96\frac{\sigma}{\sqrt{n}} < \mu < \bar{x} + 1.96\frac{\sigma}{\sqrt{n}} \quad (5.3.2)$$

- 母分散 σ^2 が未知のとき，標本不偏分散 s^2 を用いて

$$\bar{x} - 1.96\frac{s}{\sqrt{n}} < \mu < \bar{x} + 1.96\frac{s}{\sqrt{n}} \quad (5.3.3)$$

母平均 μ の区間推定

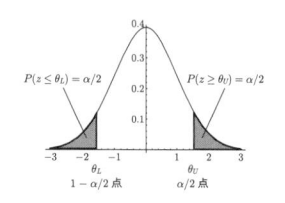

正規分布の両端確率 α が指定されたときの $z(\alpha/2)$ 点

α	$z(\alpha/2)$ 点
0.20	1.281
0.10	1.650
0.05	**1.960**
0.03	2.170
0.01	**2.576**

- 信頼度を 99% とするならば，(5.3.2), (5.3.3) 式中の係数 1.96 は，2.58 になる．例えば，(5.3.3) は

$$\bar{x} - 2.58\frac{s}{\sqrt{n}} < \mu < \bar{x} + 2.58\frac{s}{\sqrt{n}}$$

その他の信頼度を用いるときも，係数を替えればよい．

- 信頼度を向上させると，区間推定される範囲も広くなる．つまり，誤りを小さくするために推定される幅が増え，推定値がそれだけ曖昧になる．

母分散 σ^2 が未知で，標本データ n が少ないとき

標本データ数 n が小さいとき（目安として $n < 30$ のとき）は，(5.3.3) は正規分布をもとにした係数を使うのではなく，自由度 $n-1$ の t 分布から得られる係数を使うほうがよいことが知られている．

母分散 σ^2 が未知な小標本に対しては，t 分布を用いるほうがよい．
t 分布 $\Longrightarrow$ §4.8.2

公式 5.4（母平均 μ の区間推定（小標本の場合））
正規母集団にしたがうデータ数 n の小さな標本で母分散 σ^2 が未知のとき，母平均 μ の信頼区間は，信頼度 $1-\alpha$ で次の範囲になる．

$$\bar{x} - t_{(n-1)}(\alpha/2)\frac{s}{\sqrt{n}} < \mu < \bar{x} + t_{(n-1)}(\alpha/2)\frac{s}{\sqrt{n}} \quad (5.3.4)$$

ここで，s は標本不偏分散 s^2 の平方根，$t_{(n-1)}(\alpha/2)$ は上側確率 $\alpha/2$ を与える自由度 $n-1$ の t 分布の値である．

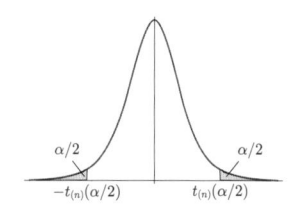

- 右欄に $\alpha = 5\%$ のときの t 分布の値をいくつか示す．$n \to \infty$ のときの値 1.960 は，正規分布と同じである．n が小さいときにはこれよりも大きな値になる．つまり，この公式は区間推定範囲を大きくする補正である．

t 分布の両端確率 α が指定されたときの $t_{(n)}(\alpha/2)$ 点

α	n	$t_{(n)}(\alpha/2)$ 点
0.05	3	3.183
0.05	4	2.776
0.05	5	2.571
0.05	10	2.228
0.05	30	2.042
0.05	∞	1.960

母平均の区間推定の計算例

> **例題 5.6** ペットボトルでロケットを 5 回飛ばしたところ, 飛距離が 40m, 38m, 55m, 51m, 48m だった. 飛距離が正規母集団 $N(\mu, 10^2)$ にしたがうとして, 平均値 μ を信頼度 95% で区間推定せよ. また, 99% の信頼度ではどうか.

標本平均 $\bar{x}$ は, $\bar{x} = \dfrac{40 + 38 + 55 + 51 + 48}{5} = 46.4$.

$$\bar{x} \pm 1.96 \dfrac{\sigma}{\sqrt{n}} = 46.4 \pm 1.96 \dfrac{10}{\sqrt{5}} = 46.4 \pm 8.765 = \begin{cases} 37.635 \\ 55.165 \end{cases}$$

99% の信頼区間とすると $34.88 < \mu < 57.92$.

したがって, 95% の信頼区間は, $37.63 < \mu < 55.17$.

> **例題 5.7** 例題 5.6 で, 母分散 σ^2 が未知のときはどうか.

標本不偏分散 s^2 は, $s^2 = \dfrac{1}{4} \sum_{i=1}^{5} (x_i - \bar{x})^2 = 52.3$. データ数が少ないので, 自由度 $n = 4$ の t 分布を用いた (5.3.4) を用いて信頼区間を求めると, $t_{(4)}(0.025) = 2.776$ より

$$\bar{x} \pm 2.78 \dfrac{s}{\sqrt{n}} = 46.4 \pm 2.78 \dfrac{\sqrt{52.3}}{\sqrt{5}} = 46.4 \pm 8.991 = \begin{cases} 37.409 \\ 55.391 \end{cases}$$

99% の信頼区間とすると $31.50 < \mu < 61.30$.

したがって, 95% の信頼区間は, $37.40 < \mu < 55.40$.

- 本問で, (5.3.3) を使うと, $40.06 < \mu < 52.74$ となってしまう.

母分散の区間推定の計算例 (説明は右ページ, 公式 5.5)

> **例題 5.8** ある列車の各車両の乗客数は, 90, 105, 110, 95, 88 だった. 通常のときの各車両の乗客数の分散 σ^2 を 95% の信頼区間として求めよ.

母平均が未知なので, (5.3.6) を使う.
標本平均 $\bar{x} = 97.6$, 標本不偏分散 $s^2 = 91.3$, 自由度 4 の χ^2 分布の上側 $\alpha/2$ 点と下側 $\alpha/2$ 点の値は $\chi^2_{(n-1)1} = 11.14$, $\chi^2_{(n-1)2} = 0.484$ より, $40.96 < \sigma^2 < 942.37$ となる.
(標準偏差に直すと, $6.4 < \sigma < 30.7$)

99% の信頼区間とすると $5.5 < \sigma < 47.0$.

5.3.3 正規母集団に対する母分散 σ^2 の区間推定法

【Level 2】

母分散 σ^2 の区間推定
χ^2 分布 $\Longrightarrow$ §4.8.1

母平均が既知のときと未知のときとで,自由度が n と $n-1$ で異なることに注意.

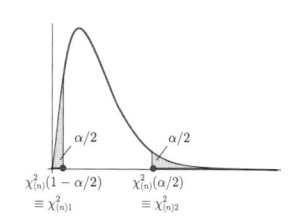

公式 5.5（母分散 σ^2 の区間推定）

母集団を正規分布と仮定すれば,母分散 σ^2 の信頼度 $1-\alpha$ での信頼区間は,次のようになる.標本データ数を n とする.

- 母平均 μ が既知のとき
  標本分散を $S^2 = \dfrac{1}{n}\sum_{i=1}^{n}(x_i-\mu)^2$ として計算し,自由度 n の χ^2 分布の上側 $\alpha/2$ 点と下側 $\alpha/2$ 点の値を $\chi^2_{(n)1}, \chi^2_{(n)2}$ として

$$\frac{nS^2}{\chi^2_{(n)1}} < \sigma^2 < \frac{nS^2}{\chi^2_{(n)2}} \tag{5.3.5}$$

- 母平均 μ が未知のとき
  標本不偏分散 $s^2 = \dfrac{1}{n-1}\sum_{i=1}^{n}(x_i-\overline{x})^2$ を計算し,自由度 $n-1$ の χ^2 分布の上側 $\alpha/2$ 点と下側 $\alpha/2$ 点の値を $\chi^2_{(n-1)1}, \chi^2_{(n-1)2}$ として

$$\frac{ns^2}{\chi^2_{(n-1)1}} < \sigma^2 < \frac{ns^2}{\chi^2_{(n-1)2}} \tag{5.3.6}$$

コラム 28

☕ 歴史あるものは今後も続く? Gott（ゴット）の原理

宇宙物理学者の Richard Gott (1947-) は,自ら「コペルニクスの原理」と呼ぶ面白い論文を発表し,話題になった.

あらゆる事象には,始まりと終わりがあり,その時刻を t_i, t_f とする.我々が事象を見ている時刻 t_0 が特別なものではないとすれば,t_0 から t_i, t_f までをそれぞれ $t_{\text{past}}, t_{\text{future}}$ として,

$$r = \frac{t_0 - t_i}{t_f - t_i} = \frac{t_{\text{past}}}{t_{\text{past}} + t_{\text{future}}}$$

は,0 から 1 の一様分布になっているはずである.95% の信頼度で考えると,$0.025 < r < 0.975$ の信頼区間は,

$$\frac{t_{\text{past}}}{39} < t_{\text{future}} < 39\, t_{\text{past}}$$

で与えられる.つまり,t_{future} が t_{past} を使って予測できることになる.

Gott 氏の個人的経験によれば,ベルリンの壁をはじめて見たのは 1969 年で壁が造られてから $t_{\text{past}} = 8$ 年だった.また,ソ連を訪問したのは 1977 年でそのときは建国してから $t_{\text{past}} = 55$ 年だった.どちらもその後 1989 年と 1991 年に消失したので,それぞれ $t_{\text{future}} = 20$ 年,14 年となる.これらは上記の予想される範囲内に収まっている.

彼はその後,ニューヨークのレストランの創業・廃業した時期やブロードウェイのショーの継続期間を調べ,この式の有効性を確認しているそうだ.確かに,新規開店する店よりも老舗のほうが数年後にも存在している確率は高いと思われるので,尤もらしいかもしれない.論文では,人類の存続が,今後 780 万年から 5100 万年と予測し,核戦争や小惑星の衝突で人類が滅亡する前に,スペースコロニーを開発して地球外での人類のライフスパンを伸ばすべきだ,と主張している.

参考：J.R. Gott, Nature **363** (1993) 315; ゴット『時間旅行者のための基礎知識』(林 一 (訳),草思社,2003)

5.3.4 2項母集団に対する母比率 p の区間推定法

【Level 1】

内閣支持率調査で，回答が「支持する」（確率 p）「支持しない」（確率 $q = 1-p$）と2分するようなとき，あるいはテレビの視聴率調査である番組を「見た」「見ない」と2分するような回答が得られる場合，その母集団を **2項母集団** と呼ぶ．ここでは母比率 p の区間推定を考えよう．

母比率 p の区間推定

- 2項母集団から，n 個の標本を抽出すると，注目する回答数（その回答確率 p）の分布 X は，2項分布 $B(n,p)$ にしたがうと考えられる．

de Moivre-Laplace の定理
$\implies$ 定理 3.5

- de Moivre-Laplace の定理から，n が大きければ，2項分布 $B(n,p)$ は正規分布 $N(np, npq)$ で近似されるようになる．標準化すると，$Z = (X - np)/\sqrt{npq}$ は標準正規分布にしたがう．

- 信頼度 95%（$\alpha = 0.05$）のとき，

$$P\left(-1.96 < \frac{X - np}{\sqrt{npq}} < 1.96\right) = 95\% \qquad (5.3.7)$$

となる．標本データの比率を $\bar{p}$ とすると，$X = n\bar{p}$ となるから，この確率の範囲

$$|n\bar{p} - np| < 1.96\sqrt{npq}$$

を p に対して整理すると，$\bar{q} = 1 - \bar{p}$ として

$$\left|p - \frac{\bar{p} + 1.96^2/(2n)}{1 + 1.96^2/n}\right| < \frac{1.96\sqrt{(\bar{p}\bar{q}/n) + 1.96^2/(4n^2)}}{1 + 1.96^2/n}$$

となる．n がある程度大きいと考えて，近似すると

$$|p - \bar{p}| < 1.96\sqrt{\bar{p}\bar{q}/n}$$

となる．この表現を (5.3.7) に戻して母比率 p の区間推定の範囲とすることにしよう．

母比率 p の区間推定（大標本の場合）

大きい標本の目安は $n \geq 30$ 程度．

> **公式 5.6（母比率 p の区間推定（大標本の場合））**
>
> データ数 n の標本で，標本比率 $\bar{p}$ を得たとき，母比率 p の信頼区間は，信頼度 95% で次の範囲になる．
>
> $$\bar{p} - 1.96\sqrt{\frac{\bar{p}(1-\bar{p})}{n}} < p < \bar{p} + 1.96\sqrt{\frac{\bar{p}(1-\bar{p})}{n}} \qquad (5.3.8)$$

標本データ数 n が小さいときは，(5.3.8) ではなく，F 分布を用いた信頼区間を表すのがよい．
$\implies$ §6.2.7 の公式 6.20
$\implies$ 章末問題 5.1 6.1

- 信頼度を 99% とするならば，(5.3.8) 式中の係数 1.96 は，2.58 になる．

$$\bar{p} - 2.58\sqrt{\frac{\bar{p}(1-\bar{p})}{n}} < p < \bar{p} + 2.58\sqrt{\frac{\bar{p}(1-\bar{p})}{n}}$$

その他の信頼度を用いるときも，係数を替えればよい．

例題 5.9 ある選挙区で 100 人の有権者を無作為に調べたところ，A 党の支持者は 40 人いた．この地区での A 党の支持率を 95% と 99% の信頼度で推定せよ．

大きさ $n = 100$ の標本データでの比率 $\overline{p}$ が $\overline{p} = 0.4$ であるから，母比率は，信頼度 95% では，

$$0.4 - 1.96\sqrt{\frac{0.4 \cdot 0.6}{100}} < p < 0.4 + 1.96\sqrt{\frac{0.4 \cdot 0.6}{100}}$$

すなわち　$30.4\% < p < 49.6\%$

信頼度 99% では

$$0.4 - 2.58\sqrt{\frac{0.4 \cdot 0.6}{100}} < p < 0.4 + 2.58\sqrt{\frac{0.4 \cdot 0.6}{100}}$$

すなわち　$27.4\% < p < 52.6\%$

例題 5.10 内閣支持率 p を精度 ±2% 以内で推定するためには，標本サイズ n は何人以上必要か．信頼度 95% で考えよ．

(5.3.8) における区間推定の両端の値が，±2% であればよいから，

$$\left| 1.96\sqrt{\frac{\overline{p}(1-\overline{p})}{n}} \right| \leq 0.02$$

これより，$n \geq \left(\frac{1.96}{0.02}\right)^2 \overline{p}(1-\overline{p})$．関数 $f(x) = x(1-x)$ の最大値は，$f(x) = -(x - \frac{1}{2})^2 + \frac{1}{4}$ より $\frac{1}{4}$ だから，

$$n \geq \left(\frac{1.96}{0.02}\right)^2 \frac{1}{4} = 2401 \text{ 人}$$

例題 5.11 あるテレビ視聴率調査会社は，関東地区 1500 万世帯のうち，600 世帯にのみ調査機械を置いている．この会社の報告するテレビ視聴率は，何%の誤差を伴うか．信頼度 95% で考えよ．

前問と同様で，誤差を x% であるとすれば，

$$\left| 1.96\sqrt{\frac{\overline{p}(1-\overline{p})}{600}} \right| < x$$

$f(x) = x(1-x)$ の最大値は，1/4 であることを使うと，$x \geq 4.00\%$ を得る．

世論調査の人数

本問の議論には，母集団が何人なのかという情報は必要ない．

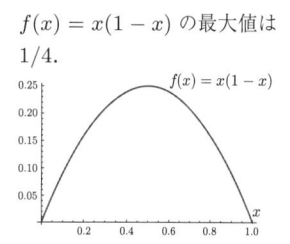

$f(x) = x(1-x)$ の最大値は $1/4$．

テレビや新聞での世論調査がおよそ 2000 人なのは，このような理由による．

テレビ視聴率の精度

本問も全体の世帯数がいくつか，という情報は必要ない．

テレビ視聴率のランキングで，1% レベルを気にしても意味がないことがわかる．

5.3.5 相関係数 r の区間推定法

2つのデータの組 (x_i, y_i) に対して，§4.2.3 では，相関係数 r を定義した．r は，$|r| \leq 1$ の値となり，「正（負）の相関関係がある」あるいは「相関関係がない」などの指標となる量であった．

r は，定義 4.2 で計算される値であるが，Fisher の z 変換と呼ばれる次の変換を用いると，区間推定が可能になる．

定理 5.7（z 変換）

正規母集団の相関係数を ρ，母集団から抽出された大きさ n の標本での相関係数を r とする．それぞれに対して

$$\zeta = \frac{1}{2}\log\frac{1+\rho}{1-\rho} \tag{5.3.9}$$

$$z = \frac{1}{2}\log\frac{1+r}{1-r} \tag{5.3.10}$$

と z 変換を行うと，n が大きいとき，z は正規分布 $N(\zeta, 1/(n-3))$ にしたがう．

【Level 2】

相関係数 r
　$\Longrightarrow$ 定義 4.2
相関係数の検定
　$\Longrightarrow$ §6.2.6

フィッシャーの z 変換
(Fisher's z-transformation)

👤Sir Ronald Aylmer Fisher フィッシャー
(1890-1962)

n ではなく $n-3$ を使っているのは，n が小さいときの近似を良くするためである．

この定理より，信頼度 $\alpha = 95\%$ で，

$$P\left(-1.96 < \frac{z-\zeta}{\sqrt{1/(n-3)}} < 1.96\right) = 95\% = 1-\alpha$$

すなわち，

$$-\frac{1.96}{\sqrt{n-3}} < z - \zeta < \frac{1.96}{\sqrt{n-3}}$$

$$z - \frac{1.96}{\sqrt{n-3}} < \zeta < z + \frac{1.96}{\sqrt{n-3}}$$

両端の値をそれぞれ，Z_1, Z_2 とすると，$Z_1 < \zeta < Z_2$ となり，

$$\frac{e^{2Z_1}-1}{e^{2Z_1}+1} < \rho < \frac{e^{2Z_2}-1}{e^{2Z_2}+1}$$

が得られる．

(5.3.9) の逆変換
$$\rho = \frac{e^{2\zeta}-1}{e^{2\zeta}+1}$$

公式 5.8（相関係数 r の区間推定）

標本相関係数 r を得て，対応する z 変換値を得たとき，正規母集団を仮定するならば，母集団の相関係数 ρ は，信頼度 95% で，$Z_\pm = z \pm \dfrac{1.96}{\sqrt{n-3}}$ として，次の範囲と推定される．

$$\frac{e^{2Z_-}-1}{e^{2Z_-}+1} < \rho < \frac{e^{2Z_+}-1}{e^{2Z_+}+1} \tag{5.3.11}$$

ただし，n は標本のデータ数である．

データ数 n が大きくなれば当然信頼区間も短くなる．(5.3.11) を図示したものを右ページに示す．

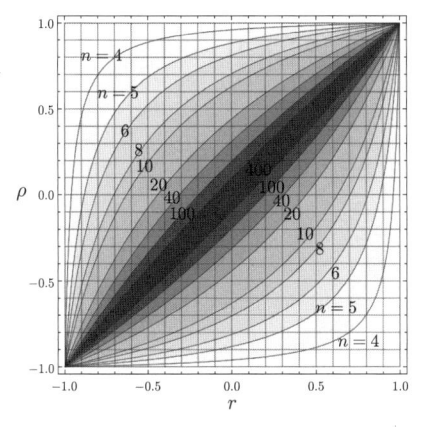

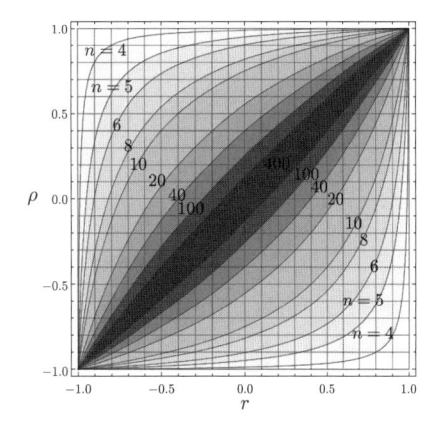

標本から得られた相関係数 r から母相関係数 ρ を 95% の信頼区間で読み取る図（左図），および 99% の信頼区間で読み取る図（右図）．

例題 5.12 ある学年の 40 人の学生について，英語と数学の成績の相関係数を算出したところ，$r = 0.6$ となった．この母集団の相関係数 ρ を 95% の信頼区間で求めよ．

上図左のグラフで，$r = 0.6$ の線を引き，$n = 40$ での ρ の上限・下限値を読み取ればよい．$0.35 < \rho < 0.76$ となる．

99% の信頼区間なら，上図右のグラフから $0.25 < \rho < 0.81$．

=========== コラム 29 ===========

☕ Pearson（ピアソン）と Fisher（フィッシャー）の反目

統計学は今から 100 年前に発展した．端緒となったのは，Francis Galton（ゴールトン，1822-1911）である．いとこの Charles Darwin（ダーウィン，1809-82）が『種の起源』で進化論を発表したことに刺激を受け，遺伝の問題を統計学で解決しようと，あるゆるデータ収集を開始した．身体測定を提案したのも Galton である．彼は親子の身長データから，子供の身長は平均値に近づいていくことを発見し「平凡への回帰」と呼び，回帰直線を考案した．ロンドン・ユニバーシティカレッジには，Galton の遺産で優生学の教授職が設立され，Pearson (1857-1936) が初代の教授となる．

Pearson は相関係数・確率分布曲線の分類・χ^2 曲線の考案など統計学での業績のほか，科学哲学や社会主義学にも大きな影響力をもつ学者であった．しかし，学問上の論争もつきず，あちこちで「けんか」を続けたことでも有名である．

統計学の分野では，次世代の Fisher(1890-1962) との反目が有名である．きっかけは，Fisher が z 変換を考案し，Pearson に相談したことだという．相関係数の度数曲線表の数表づくりは，計算機がない当時は個人ではなかなか実現できない問題だった．次の論文の共同研究を打診した Fisher に対し，Pearson は「（戦時中でもあり）人手不足で数表づくりはできない」と回答しながら，自分のグループで数表つきの論文を発表してしまう．

その後も，Pearson は自ら創刊した研究論文誌「Biometrika」に投稿してきた Fisher の論文を掲載拒否にしたり，職に困っていた Fisher に「自分が承認した内容のみを成果として公表するなら研究員として採用してもよい」という申し出をする（Fisher は拒絶）など，2 人の仲は決定的に決裂した．小標本理論を重視する Fisher とそれを支持しない Pearson の論争は息子の代まで続いたという．

しかし，Pearson の退職後，その教授職を継いだのは皮肉にも Fisher だった．

参考：『統計学けんか物語』（安藤洋美著，海鳴社，1989 年）

⫼⫼⫼ 章末問題 ⫼⫼⫼

100 人に聞きました
母比率 p の区間推定（公式 5.6）
⟹ 章末問題 6.1 も参照.

5.1 あるテレビ番組で，被験者 100 人にアンケートをした結果，60 人が「そのダイエットを試したことがある」と語った．母集団にこの値を適用すると，ダイエットを試したことがある人の確率はどのくらいといえるか．信頼係数を 95% として区間推定せよ．また，80 人がそのように答えた場合はどうか．

電子メール送信数
平均 μ の区間推定（公式 5.3）

5.2 1 日に何通電子メールを送信するか，という質問に対し，1600 名が回答した．その結果は，平均 12.3 通で，標準偏差は 24.5 だった．
(1) 分布の平均値から標準偏差の 1 倍左側の値は負になる．この事実はどう解釈したらよいか．
(2) この母集団に対する 1 日あたりの電子メールの送信数を 90% の信頼度で区間推定せよ．

有効推定量
Cramér-Rao の不等式で等式が成り立つとき．

5.3 正規母集団から大きさ n の標本をとり，標本平均 $\overline{X}$ を得た．このとき，Cramér-Rao の不等式 (5.2.3) で等号が成立することを示し，$\overline{X}$ が母平均 μ の有効推定量であることを述べよ．母分散 σ^2 は既知の量とする．

━━━━━━ コラム 30 ━━━━━━

☕ 世論調査に必要な人数

母比率の区間推定の公式 5.6 から，世論調査の精度がわかる．つまり，何人からデータを集めているかによって，「内閣支持率 $\overline{p} = 50\%$」という数字の精度（誤差）が信頼度 (C.L.) 95%（あるいは 99%）で $\pm\triangle_{95}\%$（あるいは $\pm\triangle_{99}\%$）だということがわかる．また，逆に，誤差を $\pm\triangle\%$ 以内にするためには調査人数を 信頼度 95%（あるいは 99%）で $\diamond_{95}$ 人以上（あるいは $\diamond_{99}$ 人以上）にしなければならない，という計算もできる．一覧にすると，次のようになる．

調査人数 n	$\triangle_{95}$	$\triangle_{99}$	誤差 $\pm\triangle\%$	$\diamond_{95}$	$\diamond_{99}$
10	31.0	40.8	10	96	166
30	17.9	23.6	5.0	384	666
100	9.8	12.9	3.0	1067	1849
500	4.4	5.8	2.5	1537	2663
1000	3.1	4.1	2.0	2401	4160
2000	2.2	2.9	1.0	9604	16641
2500	2.0	2.6	0.1	96.0 万人	166.4 万人
10000	1.0	1.3	0.01	9604 万人	1 億 6641 万人

報道社	内閣支持率
A 社	53%
M 社	56%
S 社	60%
N 社	60%
Y 社	65%
NK 社	67%

さて，2011 年野田内閣発足時の内閣支持率調査が新聞・テレビ各社で右の表のように報道された．各社とも 1500 人から 2000 人を対象とした調査である．この人数であれば，本来の誤差は信頼度 95% で $\pm 2.5\%$ 程度であるから各社のデータもその範囲内と考えられる．ところが実際は大きく違っているようだ．どこかで恣意的な操作が入っているのだろうか．

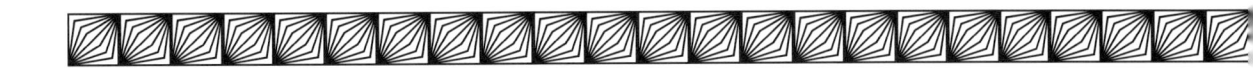

第6章
検　　定

「このサイコロはイカサマではないのか」「この政治家は本当に支持されているのか」「表示されている製品寿命は本当に正しいのか」などなど日常生活で直面する疑問に，統計的手法で答えを出そうとするのが，**検定**の考えである．

検定を行う手順は，まず「仮説」を立てることだ．自分の主張したいこと（対立仮説）に対して，上手く統計処理ができるような仮説（帰無仮説）を立てる．そして帰無仮説が，矛盾しないかどうかを調べることになる．しかし，その結論には「背理法」を使うので，得られた結果の解釈にも細心の注意を払う必要が出てくる．まず，この点をよく理解してほしい．

§6.2 から先は，代表的な検定方法を個々に紹介する．利用目的に応じて該当箇所を見てもらえればよいだろう．目的別索引を §6.2.1 に用意した．いずれも，およそ20世紀初頭に次々に研究発表されたものだ．天下り的に「この検定は，この関数を使うとよい」という記載になる箇所が多いが，ご容赦いただきたい．

> イカサマは漢字で「如何様」．いかにもそうだと思わせるインチキのこと．

	【Level】
§6.1　仮説の検定	1
§6.2　統計量の検定	2
§6.3　適合度の検定	2

【Level 1】Standard レベル
【Level 2】Advanced レベル

6.1 仮説の検定

「AとBが囲碁で100回勝負したところ，Aが60勝した」としよう．この結果から，『Aのほうが優れた棋士である』といえるだろうか．このように，仮説を立ててその成否を検証することを仮説検定という．

仮説検定
(hypothesis testing)

> **定義 6.1（仮説検定）**
> 得られたデータをもとに，母集団の性質について1つの仮説を立て，その仮説が正しいか否か判定する統計的手法を**仮説検定**という．

【Level 1】

6.1.1 仮説検定の手順

> **定義 6.2（仮説検定の手順）**
> 検定の手順は，次の4つである．
>
> 1. 仮説の樹立．（**対立仮説**と**帰無仮説**を立てる）
> 2. 仮説判定基準の設定．（**有意水準**または**危険率**の設定）
> 3. データから検定統計量の解析．
> 4. 仮説の採否の決定．（帰無仮説が**棄却**されるかどうか）

手順 1 仮説の樹立

手順 1 仮説の樹立．

数学的に仮説を検証する手段は，一種の背理法を用いることになる．自分のイイタイコトと逆の仮説（帰無仮説）を立てて，それが成り立たないことを示せれば，自分のイイタイコトがいえたことになる．

対立仮説 H_1
(alternative hypothesis)
自分のイイタイコト

帰無仮説 H_0
(null hypothesis)
否定したいという意味で「帰無仮説」
(H_0 は統計的解析ができるように設定する必要がある．)

> **定義 6.3（対立仮説・帰無仮説）**
> - 自分の主張したい命題を**対立仮説** H_1 という．
> - H_1 の逆の命題を**帰無仮説** H_0 という．
>
> 統計的手法によって帰無仮説 H_0 が成立するかしないかを決める．帰無仮説が成立しない場合は，帰無仮説を**棄却**（＝否定）して「対立仮説を採用する」ことになる．

『Aのほうが優れた棋士である』ということを証明したいと考えよう．

- **対立仮説** H_1 は『Aのほうが優れた棋士である』
- **帰無仮説** H_0 は『AもBも互角である』

となる．H_0 は，統計的に判定しやすいように決める必要がある．

- 上記の H_1 を否定した命題は『Bのほうが優れた棋士である』である．しかし，統計的にはどちらかが優れているかの判定を行うのは難しいために，『AもBも互角である』という帰無仮説に対して検定を行うことになる．したがって，検定には，必ず誤差が伴うことになる．誤差については次の節でコメントする．

手順 2 仮説判定基準の設定.
どの程度統計的に差があれば帰無仮説 H_0 を「許容できない」とするのか，**許容範囲**の基準をはじめに設定しておく必要がある．

定義 6.4（有意水準・危険率）
帰無仮説 H_0 を判定する基準として，どこまでを許容するか（許容範囲）を決める．あまりにも分布の端にあれば「あり得ない」と判断する．

- 両端の確率 α（例えば $\alpha = 0.05 = 5\%$ または $\alpha = 0.01 = 1\%$）を考え，α を**有意水準**あるいは**危険率**と呼ぶ（言い換えれば，許容範囲は，$1 - \alpha$）．
- （正規分布とみなすときなど）分布の片側の端 $\alpha/2$ 点より外側の領域を**棄却域**と呼ぶ．

標準正規分布で判定する場合，α の設定に応じて，許容範囲と棄却域は次のようになる．

- $\alpha = 0.05$ ならば，$\begin{cases} \text{許容範囲} & -1.96 < \dfrac{z-\mu}{\sigma} < 1.96 \\ \text{棄却域} & \left|\dfrac{z-\mu}{\sigma}\right| \geq 1.96 \end{cases}$
- $\alpha = 0.01$ ならば，$\begin{cases} \text{許容範囲} & -2.58 < \dfrac{z-\mu}{\sigma} < 2.58 \\ \text{棄却域} & \left|\dfrac{z-\mu}{\sigma}\right| \geq 2.58 \end{cases}$

手順 3 データから検定統計量の解析.
「100番勝負でAが60勝した」ときに，『AもBも互角である』仮説 H_0 を検証しよう．

- 両者とも勝つ確率を $p = 1/2$ と考えれば，100番勝負で何回勝つかは，2項分布 $B(n=100, p=1/2)$ にしたがうと考えられる．
- 試行回数の多い2項分布 $B(n, p)$ は，正規分布 $N(\mu, \sigma^2)$ に近づく．($\mu = np = 50, \sigma^2 = np(1-p) = 25 = 5^2$ と対応する．)
- 標準化変換 $z = (x - \mu)/\sigma$ によって，標準正規分布に変換できる．Aが60勝する事象は，標準正規分布で，$z = (60 - 50)/5 = 2$ の位置にある．

手順 4 仮説の採否の決定．（帰無仮説が**棄却**されるかどうか）

- 有意水準 α を5%とするならば，仮説 H_0 は棄却域にある．したがって，H_0 は棄却され，対立仮説『Aのほうが優れた棋士だ』が採択される．
- 有意水準 α を1%とするならば，仮説 H_0 は許容領域にある．したがって，H_0 は棄却されない．『Aのほうが優れた棋士だ』とはいえないことになる．

手順 2 仮説判定基準の設定

許容範囲
(tolerance interval)

有意水準・危険率
(significance level)
帰無仮説が正しいのにもかかわらず，これを捨ててしまう危険性の意味で「危険率」．

棄却域 (critical region)
両側検定とするか**片側検定**とするか，という判断基準がある．ここでは両側検定を用いている．$\Longrightarrow$ 次ページ．

帰無仮説 H_0 の実現確率が，設定した両端より外側になるなら「棄却する」．

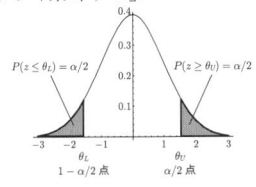

手順 3 検定統計量の解析

この例では検定統計量は，勝率5分5分のときの勝利数である．具体的に何を検定統計量とするかの方法論は，§6.2以降で紹介する．

手順 4 仮説の採否の決定

棄却 (reject)

採択 (accept)

α が小さいほど，仮説に甘い（棄却するのに慎重な）検定となる．

6.1.2 検定に関する注意点

検定の誤り

【Level 1】

仮説検定の方法は，帰無仮説 H_0 を棄却できるか（＝対立仮説 H_1 を採択できるか）を統計的に検証する方法である．この場合，考えられる判定の可能性は下表のように4つの場合がある．

事実 ⟹ ⇓判定	H_0 が正しい H_1 が誤り	H_0 が誤り H_1 が正しい
H_0 を棄却しない ＝ H_1 を採択しない	正しい判定	誤り β （第2種の誤り）
H_0 を棄却する ＝ H_1 を採択	誤り α （第1種の誤り）	正しい判定

仮説検定における2つの誤り

誤ってしまう場合が2つあり，次のように分類される．

第1種の誤り α
(error of the first kind)
H_0 が正しいのに H_0 を棄却する誤り
（被告が無罪にもかかわらず，有罪判決してしまう冤罪）
（良品なのに不良品と判断して出荷停止する生産者損失）

> **定義 6.5（仮説検定における2つの誤り）**
> **第1種の誤り** 帰無仮説 H_0 が正しいのにもかかわらず，これを捨ててしまう誤りのこと．**危険率**または**有意水準** α の値のこと．
> **第2種の誤り** 帰無仮説 H_0 が間違っているのにもかかわらず，これを捨てない誤りのこと．この確率を β としたとき，$1-\beta$ を**検出力**と呼ぶ．

第2種の誤り β
(error of the second kind)
H_0 が間違っているのに H_0 を棄却しない誤り
（被告が有罪にもかかわらず，証拠不十分で見逃し無罪）
（不良品なのに良品として出荷される消費者損失）

統計的仮説検定では，100%正しい判定をすることはあり得ない．誤りは避けられないので，第1種の誤り α を5%とか1%に設定したうえで，いかに第2種の誤り β を最小にすることができるかどうかが問題になる．つまり，検出力 $1-\beta$ をいかに大きくできるかが検定の良さになる．

標本の大きさ n が大きくなれば，第1種の誤り α はより小さな値で設定することができ，第2種の誤りが生じる確率 β も次第に小さくなる．ところが，標本の大きさ n が小さいときには，β が小さいという保証はない．そのため，仮説検定の結論は，

- 帰無仮説 H_0 を棄却するときには，その事実を「自信をもって」「積極的に」受け止める
- 帰無仮説 H_0 を棄却しないときには，その事実を「消極的に」受け止める

ことが賢明と考えられる．少なくとも

H_0 を肯定的に使ってはならない．

「帰無仮説 H_0 が棄却されなかった」 $\neq$ 「H_0 が支持された」

であることに注意する必要がある．

コラム 31

☕ 帰無仮説が棄却できないとき

「帰無仮説 H_0 が棄却されなかった」からといって，必ずしも「H_0 が支持されたわけではない」．つまり，H_0 を肯定的に使ってはならない．このことを例を挙げて補足しておこう．いま，

H_1:「A のほうが優れた棋士だ」「このサイコロはいかさまだ」「A 社の表示は誤りだ」

というイイタイコトに対し，帰無仮説

H_0:「A と B は同格だ」「このサイコロは正常だ」「A 社の表示は正確だ」

を立てて検定した結果，H_0 が棄却されなかったときには，

「A のほうが優れた棋士とはいえない」「このサイコロはいかさまとはいえない」
「A 社の表示は誤りとはいえない」

ことが結論されたのであり，決して，H_0 が事実であることが証明されたわけではない．

背理法による証明は，時としてこのようなわかりにくさを生じる．意中の女性に「あなたは僕のことを好きですか」と告白したとしよう．女性から「あなたのことは嫌いではないのよ」と言われた場合，男は喜んでいいのだろうか．「好きと言ってくれた」と勝手に誤解して喜ぶ男もいるが，「好きでも嫌いでもない」「どうでもいい」可能性もある．世の中，完全に 2 項対立ではないからである．

両側検定と片側検定

棄却域 α を設定する際にも，上側・右側（あるいは下側・左側）だけを棄却域と考える**片側検定**と，両端を合わせて棄却域とする**両側検定**との 2 つの設定方法がある．どちらも case by case で決めればよい．例えば，「2 つの標本間に違いがあるか」という検定ならば両側検定でよいし，「平均点は上がったのか」という検定ならば右側片側検定をするとよいとされる．

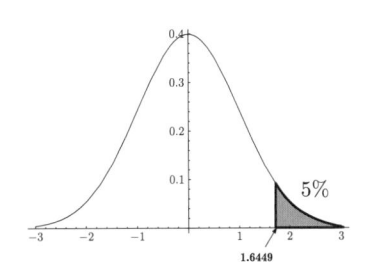

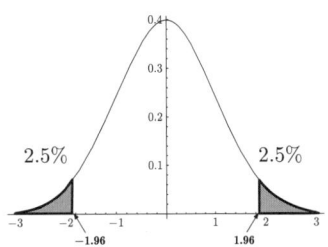

両側検定 (two-sided test)
片側検定 (one-sided test)

$\boxed{\alpha = 0.05}$ と設定したときの片側検定と両側検定の棄却域

いずれも棄却域の面積が 5% となるように設定する．片側検定なら片側に 5%．両側検定なら片側に 2.5%．

しかし，片側検定の場合，棄却域がその方向に広くなるため，対立仮説 H_1 を支持しやすい検定になることも事実だ．したがっていつでも両側検定を薦める書もある．

推定と検定は視点が異なる

- 区間推定は，信頼区間（例えば 95%）を設定して統計的推測を行う．
- 検定では，棄却域（例えば 5%）を設定して統計的判定を行う．

しかし，**信頼区間と棄却域の間には何の関係もない**（補集合の関係ではない）．推定と検定では，そもそも視点が異なるのであり，両者が一見して矛盾するような答えを出すこともあり得る．

【教訓】推定と検定は視点が異なる．信頼区間と棄却域は補集合の関係ではない．

例題 6.2 でそのような例を挙げよう．

検定に関する基本的な例題

サイコロの『いかさま』検定

例題 6.1 あるサイコロを 60 回振ったところ，偶数の目が 40 回，奇数の目が 20 回出た．このサイコロが『いかさま』であるといえるか．有意水準 1% で検定せよ．

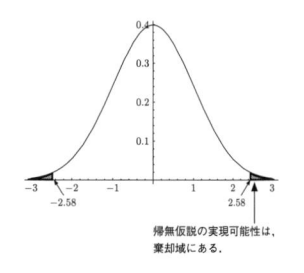

次の仮説を立てて検定する．
　対立仮説 H_1 は『いかさまサイコロである』
　帰無仮説 H_0 は『正常なサイコロである』

H_0 にもとづけば，偶数の出る確率は $p = 1/2$．2 項分布 $B(n = 60, p = 1/2)$ を正規分布
$$N(\mu, \sigma^2) = N(np, np(1-p)) = N(30, 15)$$
と近似して扱うことにすると，この正規分布で $X = 40$ 回偶数の目が出る事象は，標準正規分布で，
$$Z = \frac{40 - \mu}{\sigma} = \frac{40 - 30}{\sqrt{15}} = 2.5819$$
の位置にある．

したがって，有意水準 1% の両側検定では帰無仮説 H_0 は棄却域にある．したがって，『いかさまサイコロである』が採択される．

帰無仮説の実現可能性は，棄却域にある．

――― コラム 32 ―――

☕ 1% の検定で満足か

日常の仮説検定は，有意水準（危険率）α を 5% ないしは 1% で検定することが多い．このあたりの水準で，納得する人々が多いことが理由だろう．

1989 年に消費税が導入されたとき，その税率 3% が高いか低いかで議論が起きた．その中で，「肌全体の面積の 3% を覆わない水着は，もはや水着とはいえない」ので 3% はそこそこ気になる微妙な値だ，という話が朝日新聞の天声人語に紹介された．3% あたりが満足度の必要最小限の値なのかもしれない．
一般に「可能性」をパーセンテージで示す場合，次のような基準があるようだ．

"政策決定者向けの要約" と "専門家向けの要約" では，次の 7 段階評価で結論を表現する．

ほぼ確実	virtually certain	実現性が 99% 以上
可能性はかなり高い	very likely	$90 \sim 99\%$
可能性は高い	likely	$66 \sim 90\%$
どちらともいえない	medium likelihood	$33 \sim 66\%$
可能性は低い	unlikely	$10 \sim 33\%$
可能性はかなり低い	very unlikely	$1 \sim 10\%$
可能性は極めて低い	exceptionally unlikely	1% 未満

だが，素粒子物理の実験で「新粒子を発見した」と見なされるのは，その実験結果が 99.9999% 確実になったときに限られる．科学的立場の厳密さから，誤りのない事実判定は，正規分布で 4.76σ に相当するレベルなのだ．2011 年 9 月には「ニュートリノの速度は光速を超えている」とする実験結果が報告された．実験は 15000 回以上繰り返され，結論は 6σ レベルでの結論だという．しかしこの結果は物理学者にとってはまだ懐疑的で，データ解析の途中で見落としている誤差があるのではないか，と考えられており，他のグループによる再実験報告待ちの雰囲気である．（その後，この実験は PC へのデータ供給のケーブルの緩みが原因で解析結果が誤っていたことが判明した．）

推定と検定で矛盾？

> **例題 6.2** A 君は毎日計算テストをしている．昨年の平均点 μ_0 は 60 点だった．今年に入ってから 25 回のテストがあり，平均点 μ_1 が 67 点，標準偏差 σ_1 が 20 点である．
>
> (1) 今年のデータだけから，今後予想される平均点を信頼区間 95% で推定せよ．今年のデータが正規分布にしたがうと仮定してよい．
>
> (2) 昨年より今年の成績が良いといえるのか，有意水準 5% で右側検定せよ．$z = \dfrac{\mu_1 - \mu_0}{\sigma_1/\sqrt{n}}$ が正規分布にしたがうと仮定してよい．

テスト得点は上昇したか

(1) 今年のデータが，データ数 $n = 25$ の標本と考え，正規分布する母集団の平均値 μ を信頼区間 95% で推定する．(5.3.3) より，

$$\mu_0 - 1.96 \frac{\sigma_1}{\sqrt{n}} \le \mu \le \mu_0 + 1.96 \frac{\sigma_1}{\sqrt{n}}$$

$$67 - 1.96 \frac{20}{\sqrt{25}} \le \mu \le 67 + 1.96 \frac{20}{\sqrt{25}}$$

これより両端は 67 ± 7.84 となるので，$59.16 \le \mu \le 74.84$．

(1) 信頼区間 95% で推定

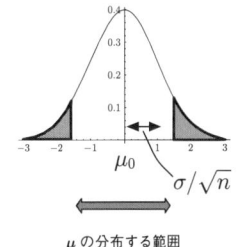

(2) 対立仮説 H_1 を「今年は成績が上がった」，帰無仮説 H_0 を「成績は同じ」とする．今年のデータが昨年のデータから見て棄却域にあるかどうかを検定する．

$$z \equiv \frac{\mu_1 - \mu_0}{\sigma_1/\sqrt{n}} = \frac{67 - 60}{20/\sqrt{25}} = 1.75$$

となり，$z = 1.75$ 点は標準正規分布表で右側確率 4.01% となる点である．したがって，有意水準 5% の右側検定では棄却域に入るため，H_0 は棄却される．したがって，今年の成績は昨年より上昇していると考えられる．

(2) 有意水準 5% で検定

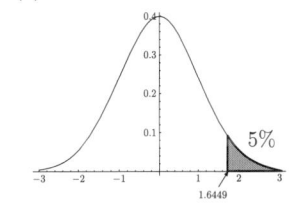

本問 (2) の検定では今年の成績は上昇したことが結論されるが，(1) の推定では昨年の平均点になることも予想範囲内である．両者の結論は矛盾しているように錯覚するかもしれないが，実は全く関係のない 2 つの統計的判定であり，比較をしようとすることのほうがおかしい．有意水準は信頼区間の補集合ではなく，別個の基準である．前ページでコメントしたように「推定と検定は視点が異なる」ので，このような矛盾したような結論になることはしばしば発生する．(もちろん，矛盾しない結論ならば嬉しいが)．

「推定と検定は視点が異なる」このような一見矛盾する判定は，片側検定を用いるとしばしば発生する．片側検定では H_0 の棄却域がその方向に大きくなり，H_1 に対して甘くなってしまうことが原因の 1 つである．

6.2 統計量の検定

6.2.1 ［ガイド］検定方法の概略

【Level 1】

ここからは，いくつか具体的な検定の手順を紹介する．大きく分けて，手元の1つの標本について仮説検定を行う場合と，2つの標本を比較して検定する場合がある．後者は例えば

- AとBの2つの薬の効果を知るために，それぞれ被験者のデータを集めた．どちらが効果があったのか．
- 毎年入学してくる学生に，同じテストを課しているが，今年の学生は昨年の学生よりも賢い集団になったのかどうか．

などの比較である．「差がある（ない）」ことを対立仮説にして検定する方法である．

χ^2 分布にしたがう検定統計量を用いる検定法を総称して **χ^2 検定**と呼ぶ．同様に，t 分布・F 分布にしたがう検定統計量を用いる検定法をそれぞれ **t 検定**，**F 検定**と呼ぶ．

これから本書で紹介する検定法を「逆引き辞典」的に列挙しておこう．

χ^2 検定 (χ^2-test)
　χ^2 分布 $\Longrightarrow$ §4.8.1
t 検定 (t-test)
　t 分布 $\Longrightarrow$ §4.8.2
F 検定 (F-test)
　F 分布 $\Longrightarrow$ §4.8.3

標本の数	検定したい統計量	その他の統計量		検定名称	
1つ	母平均 μ	母分散 σ^2 が既知		u 検定	§6.2.2
		母分散 σ^2 が未知		t 検定	§6.2.2
	母分散 σ^2	母平均 μ が既知		χ^2 検定	§6.2.3
		母平均 μ が未知			§6.2.3
	相関係数 r				§6.2.6
				無相関検定	§6.2.6
	母比率 p				§6.2.7
2つ	母平均 μ の差	母分散 σ^2 が既知			§6.2.5
		母分散 σ^2 の等しさは既知，値は未知		2標本 t 検定	§6.2.5
		母分散 σ^2 が未知		Welch の t 検定	§6.2.5
	母分散 σ^2 の差			F 検定	§6.2.4
	相関係数 r の差				§6.2.6
	母比率 p の差				§6.2.7

この節（§6.2）ではほとんどの場合で，母集団は正規分布 $N(\mu, \sigma^2)$ にしたがうものとする．「はたして正規分布にしたがっているのかどうか」という検定は，§6.3 で述べる．

検定目的	母集団	属性	検定名称		
どのような分布にしたがうか	1つ	1つ	適合度検定	χ^2 検定	§6.3.1
分類に用いた属性は独立か	1つ	2つ	独立性検定	χ^2 検定	§6.3.2
母集団は同じ分布か	2つ	1つ	比率一様性検定	χ^2 検定	§6.3.3

検定統計量

どの場合も，標本 $\{x_1, \cdots, x_n\}$ から準備する量として，例えば，

標本平均 $\overline{x} = \dfrac{1}{n}\displaystyle\sum_{i=1}^{n} x_i$, 　標本不偏分散 $s^2 = \dfrac{1}{n-1}\displaystyle\sum_{i=1}^{n}(x_i - \overline{x})^2$

がある．母平均 μ や母分散 σ^2 が既知であれば嬉しいが，たいていは無理であろう．そのため，目的に応じて，**検定統計量**として，例えば

(a) 　$z = \dfrac{\overline{x} - \mu}{\sigma/\sqrt{n}}$ 　　　　　　　　　　　(μ と σ が既知な場合)

(b) 　$t = \dfrac{\overline{x} - \mu}{\sqrt{s^2/(n-1)}}$ 　　　　　　　　(μ が既知な場合)

(c) 　$\chi^2 = (n-1)\dfrac{s^2}{\sigma^2} = \dfrac{1}{\sigma^2}\displaystyle\sum_{i=1}^{n}(x_i - \overline{x})^2$ 　　(σ が既知な場合)

(d) 　$\chi^2 = \dfrac{1}{\sigma^2}\displaystyle\sum_{i=1}^{n}(x_i - \mu)^2$ 　　　　　(μ と σ が既知な場合)

を準備する[1]．これらについて，それぞれ以下のことが知られている．

(a) 標本平均 $\overline{x}$ は，正規分布 $N(\mu, \sigma^2)$ にしたがうので，z は $N(0, 1^2)$ にしたがう．
(b) t は自由度 $n-1$ の t 分布にしたがう．
(c) χ^2 は自由度 $n-1$ の χ^2 分布にしたがう．
(d) χ^2 は自由度 n の χ^2 分布にしたがう．

各検定統計量を使う前提条件

それぞれの検定方法には，前提条件があり，標本数が多いか少ないかで検定統計量が変わってくることもある．例えば，t 検定を適用しようとするときには，

(1) 標本が母集団から無作為に抽出されていること．
(2) 母集団が正規分布かそれに近い分布にしたがうこと．

という前提条件が必要である．

検定を行う際には目的や状況に合致するように注意しよう．

検定統計量
検定に使う統計量のこと．

正規分布 $\Longrightarrow$ §2.6.1
t 分布 $\Longrightarrow$ §4.8.2
χ^2 分布 $\Longrightarrow$ §4.8.1

---

[1] §5.2.1 で述べたように，標本を母集団から確率的に選ばれたデータととらえれば，標本データ $\{x_1, \cdots, x_n\}$ は確率変数 $(X_1, \cdots, X_n)$ の実現値と考えられる．したがって，例えば上記の (a)(b) は，

$$Z = \dfrac{\overline{X} - \mu}{\sigma/\sqrt{n}}, \qquad T = \dfrac{\overline{X} - \mu}{\sqrt{s^2/(n-1)}}$$

などと，確率変数として記載するほうが統計量としての意味に合致する．そのため，本書では，一般的な方法論を公式として述べるときには大文字の統計量 (Z, T など) を用い，実際のデータ処理に応用するときには小文字のデータ量 (z, t など) として記述する．

6.2.2 正規母集団に対する母平均 μ の検定

【Level 1】

母集団が正規分布 $N(\mu, \sigma^2)$ であるとする．手元の標本データから，母平均 μ を知りたいとき，

　　帰無仮説 H_0「母平均は μ_0 である」

を検定しよう．μ_0 は何らかの手段で知り得た値とする．

例えば，後述する例題 6.3 のように，「この店の肉は，表示値 μ_0 より少なめにパックしているのではないか」と疑問に思って検定するとき，手元の標本平均が μ_1 であれば，

　　対立仮説 H_1 は「母平均は μ_1 である．$\mu_1 < \mu_0$ である」

となる．以下本節では，検定の目的を次のように設定する．

> 正規母集団 $N(\mu, \sigma^2)$ からデータ数 n の標本をとり，標本平均 $\overline{X}$ を得たとき，母平均 μ について，
> 　　対立仮説 H_1「母平均は μ_1 である」
> 　　帰無仮説 H_0「母平均は μ_0 である」
> を有意水準 α で検定する．

母分散 σ^2 が既知のとき　u 検定

u 検定 (u-test) とも呼ばれる方法である（本書では Z としたが，U とする書もある）．

$z(\alpha/2)$ は，右側確率 $\alpha/2$ を与える標準正規分布の点．
　$\Longrightarrow$ §5.3
　$\Longrightarrow$ 付表 3

> **公式 6.6**（母平均 μ の検定（母分散 σ^2 が既知のとき））
> H_0 のもとで，$Z = \dfrac{\overline{X} - \mu_0}{\sigma/\sqrt{n}}$ は，正規分布 $N(0,1)$ にしたがうことから，H_1 の目的により，次の検定を行う．
> (a) $\mu_1 \neq \mu_0$ のとき：両側検定を行う．棄却域は，$|Z| > z(\alpha/2)$．
> (b) $\mu_1 > \mu_0$ のとき：右片側検定を行う．棄却域は，$Z > z(\alpha)$．
> (c) $\mu_1 < \mu_0$ のとき：左片側検定を行う．棄却域は，$Z < -z(\alpha)$．

母分散 σ^2 が未知のとき　t 検定

t 分布を用いるので，t 検定 (t-test) と呼ばれる．

S^2 は標本分散
　$\Longrightarrow$(4.1.3)
s^2 は標本不偏分散
　$\Longrightarrow$(4.1.4)

$t_{(n-1)}(\alpha/2)$ は，右側確率 $\alpha/2$ を与える自由度 $n-1$ の t 分布の点．
　$\Longrightarrow$ §4.8.2
　$\Longrightarrow$ 付表 7

> **公式 6.7**（母平均 μ の検定（母分散 σ^2 が未知のとき））
> H_0 のもとで，$T = \dfrac{\overline{X} - \mu_0}{\sqrt{S^2/n}} = \dfrac{\overline{X} - \mu_0}{\sqrt{s^2/(n-1)}}$ は，自由度 $n-1$ の t 分布 $t_{(n-1)}$ にしたがうことから，H_1 の目的により，次の検定を行う．
> (a) $\mu_1 \neq \mu_0$ のとき：両側検定を行う．棄却域は，$|T| > t_{(n-1)}(\alpha/2)$．
> (b) $\mu_1 > \mu_0$ のとき：右片側検定を行う．棄却域は，$T > t_{(n-1)}(\alpha)$．
> (c) $\mu_1 < \mu_0$ のとき：左片側検定を行う．棄却域は，$T < -t_{(n-1)}(\alpha)$．

標本の大きさ n が 30 以上であれば，s^2 は母集団の σ^2 に等しいと考えて，公式 6.6 を用いてよい．

例題 6.3 あるスーパーで売られている肉のパックは 1 kg と表示されているが,16 個を抽出して測ったところ,平均値 $\overline{x} = 998.2$ g だった.このスーパーでは故意に少なめにパックしているといえるだろうか.次の 2 つの場合について,有意水準 5 % で検定せよ.

(1) この店の秤が古くて,標準偏差 $\sigma = 4.0$ g であることがわかっている場合.

(2) 秤については不明だが,抽出したパックの標本不偏分散が $s^2 = 16.0$ g^2 の場合.

(1) は母分散が既知の場合
(2) は母分散が未知の場合

対立仮説 H_1 を「$\mu < 1000$ g である」,帰無仮説 H_0 を「$\mu = 1000$ g である」として検定する. H_0 のもとで,左片側検定を行う.

(1) 正規母集団 $N(\mu, \sigma^2)$ から n 個のデータを抽出した標本平均は,$N(\mu, \sigma^2/n)$ にしたがう.標準化すれば,
$$Z = \frac{\overline{X} - \mu}{\sigma/\sqrt{n}}$$
は標準正規分布 $N(0, 1^2)$ にしたがう.本問のデータを代入すると,
$$z = \frac{998.2 - 1000}{4.0/\sqrt{16}} = -1.80$$
この値は,$-z(\alpha = 0.05) = -1.6449$ よりも左側にあるため,H_0 は棄却域にある.したがって,肉は少なくパックされているといえる.

(1) 公式 6.6 の (c) を使う.

(2) 検定量 $T = \dfrac{\overline{X} - \mu}{\sqrt{s^2/(n-1)}}$ は自由度 $n-1$ の t 分布にしたがう.本問のデータを代入すると,
$$t = \frac{998.2 - 1000}{4.0/\sqrt{15}} = -1.742$$
この値は,$-t_{(15)}(\alpha = 0.05) = -1.7531$ よりも右側にあるため,H_0 は棄却されない.したがって,肉は少なくパックされているとはいえない.

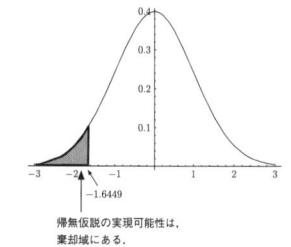

(2) 公式 6.7 の (c) を使う.

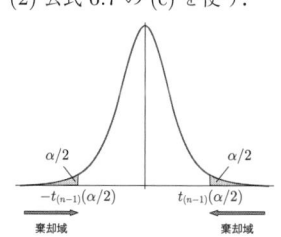

問題 6.4 36 人の学級で全国統一学力テストを実施したところ,平均点は 54.6 点,標本不偏分散は $(8.2 点)^2$ だった.全国平均は 51.1 点だという.この学級は平均点に関して優れていると考えられるか.有意水準 5% で検定せよ.

6.2.3 正規母集団に対する母分散 σ^2 の検定

【Level 1】

母集団が正規分布 $N(\mu, \sigma^2)$ であるとする．手元の標本データから，母分散 σ^2 を検定することを考えよう．

平均値の検定のときと同様に，検定の目的を次のように設定する．σ_0^2 は何らかの手段で知り得た値とする．

> 正規母集団 $N(\mu, \sigma^2)$ からデータ数 n の標本をとり，標本平均 $\overline{X}$ と標本分散 S^2 を得たとき，母分散 σ^2 について，
>   対立仮説 H_1 「母分散は σ_1^2 である」
>   帰無仮説 H_0 「母分散は σ_0^2 である」
> を有意水準 α で検定する．

母平均が既知・未知の場合，および σ_1^2 と σ_0^2 の大小関係により，次のように検定手順が分かれる．

母平均 μ が未知のとき　χ^2 検定

χ^2 分布を用いるので，χ^2 検定 (χ^2-test) と呼ばれる．

S^2 は標本分散 $\Longrightarrow$ (4.1.3)
(a) の棄却域の図

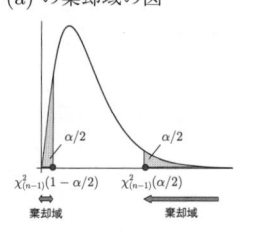

$\chi^2_{(n-1)}(\alpha)$ は，右側確率 α を与える自由度 $n-1$ の χ^2 分布の点．

χ^2 分布
　$\Longrightarrow$ §4.8.1
　$\Longrightarrow$ 付表 6

> **公式 6.8**（母分散 σ^2 の検定（母平均 μ が未知のとき））
> H_0 のもとで，$\chi^2 = \dfrac{nS^2}{\sigma_0^2}$ は，自由度 $n-1$ の χ^2 分布 $\chi^2_{(n-1)}$ にしたがうことから，H_1 の目的により，次の検定を行う．
> (a) $\sigma_1^2 \neq \sigma_0^2$ のとき：両側検定を行う．
>   棄却域は，$\chi^2 > \chi^2_{(n-1)}(\alpha/2)$ かつ $\chi^2 < \chi^2_{(n-1)}(1-\alpha/2)$．
> (b) $\sigma_1^2 > \sigma_0^2$ のとき：右片側検定を行う．棄却域は $\chi^2 > \chi^2_{(n-1)}(\alpha)$．
> (c) $\sigma_1^2 < \sigma_0^2$ のとき：左片側検定を行う．棄却域は $\chi^2 < \chi^2_{(n-1)}(\alpha)$．

母平均 μ が既知のとき

> **公式 6.9**（母分散 σ^2 の検定（母平均 μ が既知のとき））
> 母平均 μ が既知ならば，母分散は，$\sigma_*^2 = \dfrac{1}{n}\sum_{i=1}^{n}(x_i - \mu)^2$ で推定される．H_0 のもとで，$\chi^2 = \dfrac{n\sigma_*^2}{\sigma_0^2}$ は，自由度 n の χ^2 分布 $\chi^2_{(n)}$ にしたがうことから，棄却域を
> $$\chi^2 > \chi^2_{(n)}(\alpha/2) \quad \text{かつ} \quad \chi^2 < \chi^2_{(n)}(1-\alpha/2)$$
> とした両側検定を行う．

この場合，利用する χ^2 分布の自由度が n になっていることに注意．

例題 6.5 多数の学生が受験している入学試験の採点で, 20 名分の答案を無作為に抽出して平均点 62 点, 標本分散 $(12.3\,\text{点})^2$ を得た. 母分散は $(10.0\,\text{点})^2$ を超えているか. 有意水準 5% で検定せよ.

対立仮説 H_1 を「$\sigma_1 > 10$ である」, 帰無仮説 H_0 を「$\sigma_1 = 10$ である」として検定する. H_0 のもとで, 右片側検定を行う.
検定統計量として χ^2 を計算すると,

$$\chi^2 = 20 \times \frac{12.3^2}{10^2} = 49.2 > 30.1 = \chi^2_{(19)}(0.05)$$

したがって, H_0 は棄却され, 入試得点の分散は, $(10\,\text{点})^2$ よりも高いといえる.

公式 6.8 の (b) を使う.

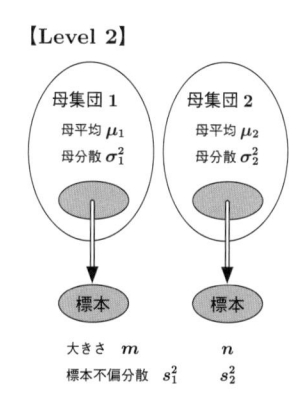

6.2.4　2 つの正規母集団の母分散の差の検定

2 つの学校のテスト結果で, 成績にばらつきがあるかどうかを調べたいとしよう. 2 つの標本それぞれから推測される母集団 $N(\mu_1, \sigma_1^2), N(\mu_2, \sigma_2^2)$ について, σ_1^2 と σ_2^2 の違いを検定することになる. 検定の目的を次のように設定する.

【Level 2】

2 つの正規母集団 $N(\mu_1, \sigma_1^2), N(\mu_2, \sigma_2^2)$ からそれぞれデータ数 m, n の標本をとり, 標本不偏分散 s_1^2, s_2^2 を得たとする. このとき, 両者の母分散について
　　対立仮説 H_1「$\sigma_2^2/\sigma_1^2 = d_1$ である」
　　帰無仮説 H_0「$\sigma_2^2/\sigma_1^2 = d_0$ である」
を有意水準 α で検定する. d_0 は既知の定数とする.

次の検定が知られている. $\boxed{F\text{ 検定}}$

母分散が等しいこと (「有意な差がない」こと) の検定ならば, $d_0 = 1$ とする.

公式 6.10 (母分散の差の検定)
H_0 のもとで, 検定統計量 $F = d_0 \dfrac{s_1^2}{s_2^2}$ は自由度 $(m-1, n-1)$ の F 分布 F^{m-1}_{n-1} にしたがうことから, 次の検定を行う.
(a) $d_1 \neq d_0$ のとき:両側検定を行う.
　　棄却域は, $F > F^{m-1}_{n-1}(\alpha/2)$ または $F < F^{m-1}_{n-1}(1-\alpha/2)$.
(b) $d_1 > d_0$ のとき:右片側検定を行う. 棄却域は, $F > F^{m-1}_{n-1}(\alpha)$.
(c) $d_1 < d_0$ のとき:左片側検定を行う. 棄却域は, $F < F^{m-1}_{n-1}(1-\alpha)$.

F 分布を用いるので, **F 検定** (F-test) と呼ばれる.

検定の結果, 2 つの母集団の間に差があると判定するとき, 「統計的に**有意な差**が認められた」と表現する. ただし, この言葉の意味については, コラム 33 も参照してほしい.

有意な差 (a significant difference)
$\Longrightarrow$ コラム 33

6.2.5 2つの正規母集団の母平均 μ の差の検定

ここでも2つの母集団を考える．例えば薬 A を服用したグループと，薬 B のグループの標本データが2つあり，両者に違いはあるのか，という問題を検証することを考える．このようなときは，標本それぞれに母集団 $N(\mu_1, \sigma_1^2)$, $N(\mu_2, \sigma_2^2)$ を仮定し，μ_1 と μ_2 の違いを検定することになる．検定の目的を次のように設定しよう．

【Level 2】

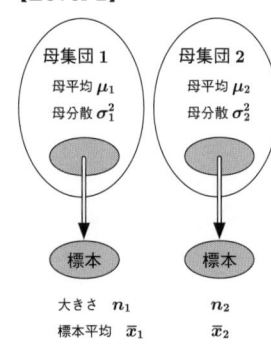

母平均に「有意な差がない」ことを検定するならば，$d_0 = 0$ とする．

「有意な差」の意味
⟹ コラム 33

2つの正規母集団 $N(\mu_1, \sigma_1^2)$, $N(\mu_2, \sigma_2^2)$ からそれぞれデータ数 n_1, n_2 の標本をとり，標本平均 $\overline{x}_1, \overline{x}_2$ を得たとする．このとき，両者の母平均について

 対立仮説 H_1「$\mu_1 - \mu_2 = d_1$ である」
 帰無仮説 H_0「$\mu_1 - \mu_2 = d_0$ である」

を有意水準 α で検定する．d_0 は既知の定数とする．

母分散 σ_1^2, σ_2^2 が既知のとき

$z(\alpha/2)$ は，右側確率 $\alpha/2$ を与える標準正規分布の点．
⟹ §5.3
⟹ 付表 3

公式 6.11（母平均の差の検定（母分散 σ_1^2, σ_2^2 が既知のとき））

H_0 のもとで，検定統計量 Z

$$Z = \frac{\overline{X}_1 - \overline{X}_2 - d_0}{V}, \quad \text{ただし} \quad V = \sqrt{\frac{\sigma_1^2}{n_1} + \frac{\sigma_2^2}{n_2}}$$

が正規分布 $N(0, 1)$ にしたがうことから，次の検定を行う．
(a) $d_1 \neq d_0$ のとき：両側検定を行う．棄却域は，$|Z| > z(\alpha/2)$.
(b) $d_1 > d_0$ のとき：右片側検定を行う．棄却域は，$Z > z(\alpha)$.
(c) $d_1 < d_0$ のとき：左片側検定を行う．棄却域は，$Z < -z(\alpha)$.

---

2 標本 t 検定とも呼ばれる．等分散性をもつかどうか，という検定 (F 検定) は，§6.2.4 を参照．

母分散が等しい $\sigma_1^2 = \sigma_2^2$ ことは既知だが値が未知のとき

$t_{(\phi)}(\alpha/2)$ は，右側確率 $\alpha/2$ を与える自由度 ϕ の t 分布の点．
⟹ §4.8.2
⟹ 付表 7

公式 6.12（母平均の差の検定（等分散性が既知のとき））

H_0 のもとで，検定統計量 T

$$T = \frac{\overline{X}_1 - \overline{X}_2 - d_0}{V}, \quad V = \sqrt{\frac{(n_1-1)s_1^2 + (n_2-1)s_2^2}{n_1 + n_2 - 2}\left(\frac{1}{n_1} + \frac{1}{n_2}\right)}$$

が自由度 $\phi = n_1 + n_2 - 2$ の t 分布 $t_{(\phi)}$ にしたがうので，次の検定を行う．
(a) $d_1 \neq d_0$ のとき：両側検定を行う．棄却域は，$|T| > t_{(\phi)}(\alpha/2)$.
(b) $d_1 > d_0$ のとき：右片側検定を行う．棄却域は，$T > t_{(\phi)}(\alpha)$.
(c) $d_1 < d_0$ のとき：左片側検定を行う．棄却域は，$T < -t_{(\phi)}(\alpha)$.

母分散 σ_1^2 および σ_2^2 が未知のとき　Welch の t 検定

Welch の t 検定と呼ばれる.

■Bernard Lewis Welch ウェルチ (1911-89) が 1947 年に発表した.
$\implies$ コラム 25

> **公式 6.13（母平均の差の検定（母分散が未知のとき））**
> H_0 のもとで，検定統計量 T
> $$T = \frac{\overline{X_1} - \overline{X_2} - d_0}{V}, \quad V = \sqrt{v_1 + v_2}, \quad v_1 = \frac{s_1^2}{n_1}, \quad v_2 = \frac{s_2^2}{n_2}$$
> が自由度 φ の t 分布 $t_{(\varphi)}$ にしたがうことを用いる．ここで，φ は，
> $$\varphi = \frac{(v_1 + v_2)^2 (n_1 - 1)(n_2 - 1)}{v_1^2 (n_2 - 1) + v_2^2 (n_1 - 1)}$$
> を近似する整数値である．H_1 の目的により，次の検定を行う．
> (a) $d_1 \neq d_0$ のとき：両側検定を行う．棄却域は，$|T| > t_{(\varphi)}(\alpha/2)$.
> (b) $d_1 > d_0$ のとき：右片側検定を行う．棄却域は，$T > t_{(\varphi)}(\alpha)$.
> (c) $d_1 < d_0$ のとき：左片側検定を行う．棄却域は，$T < -t_{(\varphi)}(\alpha)$.

例題 6.6 入学生に毎年同じ数学テストを行っている．学生の学力に有意な差はあるだろうか．有意水準 5% で検定せよ．

	人数	平均	不偏分散
昨年	447	58.07	574.1
今年	431	61.15	524.4

H_1「差がある」，H_0「差がない ($d_0 = 0$)」として検定する．公式 6.13 の T 値を計算すると，$T = 1.975$，t 分布の自由度 $\varphi = 876$ となる．この自由度では t 分布は正規分布として近似できる．両側確率 5% に対応する z 値は，$z(0.025) = 1.960$ である．これは T が棄却域にあることを示すので，H_0 は棄却される．すなわち，「有意な差が見られる」．

公式 6.13 の (a) を適用.

なお，「学力は上がったのか」を検定する場合は，片側検定になる．$z(0.05) = 1.645$ の点より外側に位置するので，H_0 は棄却される．すなわち「学力は上がったと見られる」．

公式 6.13 の (b) を適用.

問題 6.7 同じクラスで異なる数学テストを行った．テスト 2 のほうが難しかったのだろうか．有意水準 5% で検定せよ．

テスト	人数	平均	不偏分散
1	21	65	81
2	26	60	100

6.2.6 相関係数の検定

2つのデータの組 (x_i, y_i) に対して，§4.2.3 で相関係数 r を定義した．r の値は $|r| \leq 1$ となり，「正（負）の相関関係がある」あるいは「相関関係がない」などの指標となる量であった．ここでは，相関係数に対するいくつかの検定法を紹介する．

相関係数がある値であることの検定

検定の目的を次のように設定しよう．

> データ数 n の標本で，相関係数 r を得た．このとき，母集団の相関係数 ρ について，
> 　　対立仮説 H_1「$\rho = \rho_1$ である」
> 　　帰無仮説 H_0「$\rho = \rho_0$ である」（ρ_0 は既知の定数）
> を有意水準 α で検定する．

【Level 2】

相関係数 r
　$\Longrightarrow$ 定義 4.2
相関係数の区間推定
　$\Longrightarrow$ §5.3.5

すぐ下の公式 6.15 で，「相関があること」の検定をする．そのときは「相関がないこと」を棄却したいので，$\rho_0 = 0$ となる．

定義 5.7 で紹介したように，z 変換を用いると，相関係数の分布は正規分布にしたがう．このことを用いると，次の検定ができる．

> **公式 6.14（相関係数の検定）**
> H_0 のもとで，相関係数 r を z 変換した量 $f(r) = \dfrac{1}{2}\log\dfrac{1+r}{1-r}$ が近似的に正規分布 $N\left(f(\rho_0), \dfrac{1}{n-3}\right)$ にしたがうことから，統計量 $Z = \dfrac{f(r) - f(\rho_0)}{1/\sqrt{n-3}}$ に対して，H_1 での ρ_1 の設定により，次の検定を行う．
> (a) $\rho_1 \neq \rho_0$ のとき：両側検定を行う．棄却域は，$|Z| > z(\alpha/2)$.
> (b) $\rho_1 > \rho_0$ のとき：右片側検定を行う．棄却域は，$Z > z(\alpha)$.
> (c) $\rho_1 < \rho_0$ のとき：左片側検定を行う．棄却域は，$Z < -z(\alpha)$.

相関係数の検定

$z(\alpha/2)$ は，右側確率 $\alpha/2$ を与える標準正規分布の点．
　$\Longrightarrow$ §5.3
　$\Longrightarrow$ 付表 3

この検定を行うときはデータ数 $n > 10$ 程度であることが好ましい．
　$\Longrightarrow$ 章末問題 6.2

相関があること（ないこと）の検定

母相関係数 ρ を 0 とすると，z 変換を用いずに次のように検定できることが知られている．検定の目的を次のように設定しよう．

> データ数 n の標本で，相関係数 r を得た．このとき，母集団の相関係数 ρ について，
> 　　対立仮説 H_1「$\rho = \rho_1 \neq 0$ である」または「$\rho_1 > 0$」「$\rho_1 < 0$」
> 　　帰無仮説 H_0「$\rho = 0$ である」
> を有意水準 α で検定する．

- 棄却されるならば，「相関がないとはいえない」という結論になる．

公式 6.15（無相関検定 (大標本の場合)）

n が大きい標本のとき．$Z = \sqrt{n}\, r$ が標準正規分布 $N(0,1)$ にしたがうことから，H_1 の目的により，次の検定を行う．

(a) $\rho_1 \neq 0$ のとき：両側検定を行う．棄却域は，$|Z| > z(\alpha/2)$．
(b) $\rho_1 > 0$ のとき：右片側検定を行う．棄却域は，$Z > z(\alpha)$．
(c) $\rho_1 < 0$ のとき：左片側検定を行う．棄却域は，$Z < -z(\alpha)$．

無相関検定 (大標本の場合)

大きい標本の目安は $n \geq 30$ 程度．

公式 6.16（無相関検定 (小標本の場合)）

n が小さい標本のとき．$T = \sqrt{n-2}\,\dfrac{r}{\sqrt{1-r^2}}$ が自由度 $n-2$ の t 分布 $t_{(n-2)}$ にしたがうことから，H_1 の目的により，次の検定を行う．

(a) $\rho_1 \neq 0$ のとき：両側検定を行う．棄却域は，$|T| > t_{(n-2)}(\alpha/2)$．
(b) $\rho_1 > 0$ のとき：右片側検定を行う．棄却域は，$T > t_{(n-2)}(\alpha)$．
(c) $\rho_1 < 0$ のとき：左片側検定を行う．棄却域は，$T < -t_{(n-2)}(\alpha)$．

無相関検定 (小標本の場合)

$F = T^2 = (n-2)\dfrac{r^2}{1-r^2}$

が，F_{n-2}^{1} にしたがうことを用いて検定することもできる．

$\Longrightarrow$ 章末問題 6.2

2 つの母集団に対して相関係数が等しいことの検定

z 変換を用いると，2 つの母集団の母相関係数の差も検定することができる．検定の目的を次のように設定する．

2 つの母集団があり，それぞれからデータ数 n_1 の標本をもとに相関係数 r_1，およびデータ数 n_2 の標本をもとに相関係数 r_2 を得た．このとき，母集団の相関係数を ρ_1, ρ_2 として，

対立仮説 H_1 「$\rho_1 \neq \rho_2$ である」または「$\rho_1 > \rho_2$」「$\rho_1 < \rho_2$」
帰無仮説 H_0 「$\rho_1 = \rho_2$ である」

を有意水準 α で検定する．

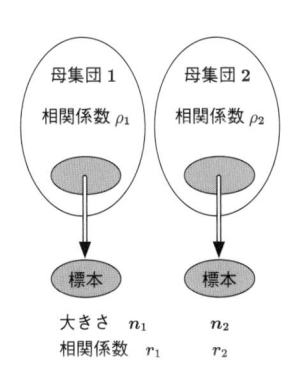

公式 6.17（相関係数の差の検定）

H_0 のもとで，相関係数を z 変換した量

$$z_1 = \frac{1}{2}\log\frac{1+r_1}{1-r_1},\quad z_2 = \frac{1}{2}\log\frac{1+r_2}{1-r_2},\quad \sigma^2 = \frac{1}{n_1-3} + \frac{1}{n_2-3}$$

から得られる量 $z_1 - z_2$ が正規分布 $N(0, \sigma^2)$ にしたがうことから，統計量 $Z = \dfrac{z_1 - z_2}{\sigma}$ に対して，H_1 の目的により，次の検定を行う．

(a) $\rho_1 \neq \rho_2$ のとき：両側検定を行う．棄却域は，$|Z| > z(\alpha/2)$．
(b) $\rho_1 > \rho_2$ のとき：右片側検定を行う．棄却域は，$Z > z(\alpha)$．
(c) $\rho_1 < \rho_2$ のとき：左片側検定を行う．棄却域は，$Z < -z(\alpha)$．

相関係数の差の検定

この検定を行うときはデータ数が $n_1 > 10, n_2 > 10$ 程度であることが好ましい．

6.2.7 母比率の検定

統計量の検定として，最後に比率に関する検定を紹介しよう．

【Level 2】

母比率の区間推定
$\Longrightarrow$ §5.3.4

母比率がある値であることの検定

検定の目的を次のように設定しよう．

> データ数 n の標本で，標本比率 $\bar{p}$ を得た．このとき，母集団の比率 p について，
> 　　対立仮説 H_1「$p \neq p_0$ である」または
> 　　　　　　　　「$p > p_0$ である」または「$p < p_0$ である」
> 　　帰無仮説 H_0「$p = p_0$ である」
> を有意水準 α で検定する．p_0 は既知の定数とする．

母比率の検定（大標本の場合）

大きい標本の目安は $n \geq 30$ 程度．

> **公式 6.18（母比率の検定 (大標本の場合)）**
> n が大きい標本のとき．$Z = \dfrac{\bar{p} - p_0}{\sqrt{p_0(1-p_0)/n}}$ が近似的に標準正規分布 $N(0,1)$ にしたがう．H_1 の目的により，次の検定を行う．
> (a) $p \neq p_0$ のとき：両側検定を行う．棄却域は，$|Z| > z(\alpha/2)$．
> (b) $p > p_0$ のとき：右片側検定を行う．棄却域は，$Z > z(\alpha)$．
> (c) $p < p_0$ のとき：左片側検定を行う．棄却域は，$Z < -z(\alpha)$．

標本データ数 n が小さいときは，F 分布を用いた検定がよい．

母比率の検定（小標本の場合）

> **公式 6.19（母比率の検定 (小標本の場合)）**
> n が小さい標本のとき．実現回数 $T = n\bar{p}$ は，F 分布によって上限・下限が近似的に表される．H_1 の目的により，次の検定を行う．
> (a) $p \neq p_0$ のとき：両側検定を行う．
> 　　棄却域は，$F^{n_1}_{n_2}(\alpha/2) < \dfrac{n_2}{n_1}\dfrac{1-p_0}{p_0}$ および
> 　　　　　　$F^{m_1}_{m_2}(\alpha/2) < \dfrac{m_2}{m_1}\dfrac{p_0}{1-p_0}$．
> (b) $p > p_0$ のとき：右片側検定．棄却域は，$F^{n_1}_{n_2}(\alpha) < \dfrac{n_2}{n_1}\dfrac{1-p_0}{p_0}$．
> (c) $p < p_0$ のとき：左片側検定．棄却域は，$F^{m_1}_{m_2}(\alpha) < \dfrac{m_2}{m_1}\dfrac{p_0}{1-p_0}$．
> ただし，以下の値である．
> $$n_1 = 2(n - n\bar{p} + 1), \quad n_2 = 2n\bar{p},$$
> $$m_1 = 2(n\bar{p} + 1), \qquad m_2 = 2n(1-\bar{p}) \qquad (6.2.1)$$

標本が小さいときの区間推定についてもここで述べておこう．

> **公式 6.20（母比率 p の区間推定 (小標本の場合)）**
> データ数 n の小さな標本で，標本比率 $\bar{p}$ を得たとき，正規母集団を仮定するならば，母比率 p の信頼区間は，信頼度 $1-\alpha$ で
> $$\frac{n_2}{n_1 F_1 + n_2} < p < \frac{m_1 F_2}{m_1 F_2 + m_2} \tag{6.2.2}$$
> である．ここで，(6.2.1)で定義された量を用いた．F_1, F_2 はそれぞれ自由度 (n_1, n_2) および自由度 (m_1, m_2) の F 分布の上側確率 $\alpha/2$ を与える点 $F_1 = F_{n_2}^{n_1}(\alpha/2), F_2 = F_{m_2}^{m_1}(\alpha/2)$ である．

母比率 p の区間推定（小標本の場合）

おおよそ $n < 30$ 程度が目安．

大標本のときは§5.3.4 公式 5.6 でよい．

章末問題 6.1 参照．

2 つの母集団に対して母比率が等しいことの検定

検定の目的を次のように設定する．

> 2つの母集団があり，それぞれからデータ数 n_1 の標本をもとに標本比率 $\bar{p}_1$，およびデータ数 n_2 の標本をもとに標本比率 $\bar{p}_2$ を得た．このとき，母集団の母比率を p_1, p_2 として，
> 　　対立仮説 H_1「$p_1 - p_2 \neq d_0$ である」または
> 　　　　　　　　「$p_1 - p_2 > d_0$」または「$p_1 - p_2 < d_0$」
> 　　帰無仮説 H_0「$p_1 - p_2 = d_0$ である」
> を有意水準 α で検定する．

普通は $d_0 = 0$ として検定する．$d_0 = 0$ ならば「母比率に有意な差がない」ことを検定することになる．

> **公式 6.21（母比率の差の検定）**
> H_0 のもとで，次の統計量が標準正規分布 $N(0,1)$ にしたがう．
> $$Z = \frac{\bar{p}_1 - \bar{p}_2 - d_0}{\sqrt{\bar{p}(1-\bar{p})\left(\frac{1}{n_1} + \frac{1}{n_2}\right)}}, \quad \bar{p} = \frac{n_1 \bar{p}_1 + n_2 \bar{p}_2}{n_1 + n_2}$$
> これより，H_1 の目的により，次の検定を行う．
> (a) $p_1 - p_2 \neq d_0$ のとき　：両側検定を行う．棄却域は，$|Z| > z(\alpha/2)$．
> (b) $p_1 - p_2 > d_0$ のとき：右片側検定を行う．棄却域は，$Z > z(\alpha)$．
> (c) $p_1 - p_2 < d_0$ のとき　：左片側検定を行う．棄却域は，$Z < -z(\alpha)$．

母比率の差の検定

この検定を行うときはデータ数が $n_1 > 30, n_2 > 30$ 程度であることが好ましい．

なお，n_1, n_2 が小さいときには，Yates の補正
$$Z = \left\{\bar{p}_1 - \bar{p}_2 - d_0 - \frac{1}{2}\left(\frac{1}{n_1} + \frac{1}{n_2}\right)\right\} \bigg/ \sqrt{\bar{p}(1-\bar{p})\left(\frac{1}{n_1} + \frac{1}{n_2}\right)}$$
を行うのがよい．

♣Frank Yates イエーツ (1902-94)

6.3 適合度の検定

6.3.1 適合度の検定

ここまでは，正規母集団か2項母集団であることを仮定した検定を紹介してきた．現実には，手元にある標本が，どのような確率分布にしたがっているのかどうかを検定する場合もある．

【Level 2】

【適合度の検定】
期待度数と出現度数は一致（適合）しているか．
⟹ 予想された分布に合っているか．

- 「そもそもこの現象は，正規分布にしたがっているのかどうか」
- 「等しい確率で生じているのかどうか」
- 「このデータは通常の分布から外れているのではないか」

というような検定である．

一般的に，次のように状況を設定しよう．

p_i は仮定する確率分布．

n_i は出現値．

母集団が排反な k 種類のデータ C_k に分割され，1回の抽出で C_i のものを抽出する確率が p_i であるとする（背景の確率分布を仮定する）．すなわち，

分類	C_1	C_2	C_3	$\cdots$	C_k	合計
理論確率	p_1	p_2	p_3	$\cdots$	p_k	1

この抽出を N 回行ったとき，実測されたデータが n_i であるとする．すなわち，

分類	C_1	C_2	C_3	$\cdots$	C_k	合計
出現値	n_1	n_2	n_3	$\cdots$	n_k	N

このとき，出現値が理論期待値に適合しているかどうかを有意水準 α で検定する．

このとき，次の検定が知られている．

適合度の検定
(Goodness-of-fit test)
χ^2 検定である．この検定は各理論期待値が $Np_i \geq 5$ の場合に限る．Np_i が 5 以下のときは，Fisher による直接確率法がある（本書では省略）．

公式 6.22（適合度の検定）

上記の設定において，各理論期待値が $Np_i \geq 5$ ならば，

$$\chi_0^2 = \sum_{i=1}^{k} \frac{(n_i - Np_i)^2}{Np_i} = \sum_{i=1}^{k} \frac{(出現値 - 理論期待値)^2}{理論期待値} \quad (6.3.1)$$

は，近似的に自由度 $k-1$ の χ^2 分布 $\chi_{(k-1)}^2$ にしたがう．これより，

帰無仮説 H_0「理論期待値どおりに出現値が得られた」

を有意水準 α で検定するには，棄却域を $\chi_0^2 > \chi_{(k-1)}^2(\alpha)$ と設定して検定すればよい．

例題 6.8 遺伝法則を研究していた Mendel はエンドウ豆の交配実験で，次のデータを得た．

種類	しわ無		しわ有		合計
	黄色 C_1	緑色 C_2	黄色 C_3	緑色 C_4	
個数	315	108	101	32	556

彼が提唱している理論にしたがえば，これらの個数の比は 9:3:3:1 のはずであるが，そうなっているか．有意水準 5% で検定せよ．

Mendel の法則 (1865)
👤 Gregor Johann Mendel
メンデル (1822-84)
観賞植物の人工授精を行っているうちに法則性に気づき，仮説をもって，エンドウ豆の実験を 8 年間かけて行った．(当時は統計学はまだ発達していなかった)．

帰無仮説 H_0 を「理論期待値どおりに出現値が得られた」とする．次のような表をつくる．

種類	出現値 n_i	理論確率 p_i	$n_i - Np_i$	$\dfrac{(n_i - Np_i)^2}{Np_i}$
C_1	315	9/16	2.25	0.0162
C_2	108	3/16	3.75	0.1349
C_3	101	3/16	−3.25	0.1013
C_4	32	1/16	−2.75	0.2176
合計	$N=556$	1	0	$0.4700=\chi^2$

検定量 χ^2 の出現値は $\chi_0^2 = 0.4700$ である．自由度 $4-1=3$ の $\chi_{(3)}^2(0.5) = 7.81$ であり，$\chi_0^2 < \chi_{(3)}^2(0.5)$ であるから，帰無仮説 H_0 は棄却されない．

- したがって，理論期待値に適合していることがいえる．

Mendel による実験データは (他のデータも含めて)，あまりに理論に合致しすぎるとして，データの改ざんを指摘する人もいる．

問題 6.9 円周率，自然対数の底のはじめの 200 桁は次のようになる．

$\pi = 3.1415926535\ 8979323846\ 2643383279\ 5028841971\ 6939937510$
$5820974944\ 5923078164\ 0628620899\ 8628034825\ 3421170679$
$8214808651\ 3282306647\ 0938446095\ 5058223172\ 5359408128$
$4811174502\ 8410270193\ 8521105559\ 6446229489\ 549303820$

$e = 2.7182818284\ 5904523536\ 0287471352\ 6624977572\ 4709369995$
$9574966967\ 6277240766\ 3035354759\ 4571382178\ 5251664274$
$2746639193\ 2003059921\ 8174135966\ 2904357290\ 0334295260$
$5956307381\ 3232862794\ 3490763233\ 8298807531\ 952510190$

それぞれ出現する数字はランダムだろうか．有意水準 5% で検定せよ．

π と e のランダムさ

6.3.2 独立性の検定

【Level 2】

2つの属性（要因）によって母集団が分類されるとき，その2つの属性が独立なものかどうかを検定する方法がある．

【独立性の検定】
1つの母集団から得られたデータについて，属性（要因）を2つ考えたとき，その2つの属性は独立か．
⟹ 分類に用いた属性は独立か．

	B_1	B_2	B_3	合計
A_1	1	3	2	6
A_2	2	6	4	12
A_3	3	9	6	18
合計	6	18	12	36

A と B の分類が完全に独立な例
A_i のどの行を見ても B_j の比は 1:2:3. B_j 列で見ても同様．

	B_1	B_2	B_3	合計
A_1	6	0	0	6
A_2	0	12	0	12
A_3	0	0	18	18
合計	6	12	18	36

A と B が完全に依存している例
A_i のどれが生じるかは B_j によって完全に決まる．B_j にとっても同様．

一般的に，次のように状況を設定しよう．

> N 個のデータが2種類の属性 A, B によって，次のような分割表で分かれるとする．
>
> | | B_1 | B_2 | $\cdots$ | B_b | 合計 |
> |-------|----------|----------|----------|----------|-------|
> | A_1 | n_{11} | n_{12} | $\cdots$ | n_{1b} | s_1 |
> | A_2 | n_{21} | n_{22} | $\cdots$ | n_{2b} | s_2 |
> | $\vdots$ | $\vdots$ | $\vdots$ | $\cdots$ | $\vdots$ | $\vdots$ |
> | A_a | n_{a1} | n_{a2} | $\cdots$ | n_{ab} | s_a |
> | 合計 | t_1 | t_2 | $\cdots$ | t_b | N |
>
> このとき，帰無仮説 H_0「2つの属性 A と B は独立である」を有意水準 α で検定する．

検定方法は次のようになる．

独立性の検定
(independence test)
χ^2 検定である．この検定は各理論期待値 $\hat{n}_{ij}$ が 5 以上 の場合に限る．

> **公式 6.23（独立性の検定）**
> 上記の設定において，各理論期待値 $\hat{n}_{ij} = s_i \dfrac{t_j}{N}$ が 5 以上 ならば，
> $$\chi_0^2 = \sum_{i=1}^{a}\sum_{j=1}^{b} \frac{(n_{ij} - \hat{n}_{ij})^2}{\hat{n}_{ij}} = \sum_{i=1}^{k} \frac{(\text{出現値} - \text{理論期待値})^2}{\text{理論期待値}} \quad (6.3.2)$$
> は，近似的に自由度 $(a-1)(b-1)$ の χ^2 分布 $\chi^2_{(a-1)(b-1)}$ にしたがう．これより，
> 　　帰無仮説 H_0「2つの属性 A と B は独立である」
> を有意水準 α で検定するには，棄却域を $\chi_0^2 > \chi^2_{(a-1)(b-1)}(\alpha)$ と設定して検定すればよい．

- 上記の統計量は次式のように解釈できる．

$$\chi_0^2 = \sum_{i=1}^{a}\sum_{j=1}^{b} \frac{(出現値 - H_0 が成立するときの期待値)^2}{H_0 が成立するときの期待値}$$

- 2×2 の分割表のときには，次のようにも計算できる．

$$\chi_0^2 = \sum_{i=1}^{2}\sum_{j=1}^{2} \frac{\left(n_{ij} - \frac{s_i t_j}{N}\right)^2}{\frac{s_i t_j}{N}} = \frac{(n_{11}n_{22} - n_{12}n_{21})^2 N}{s_1 s_2 t_1 t_2} \quad (6.3.3)$$

> 2×2 の分割表のとき，自由度は $(2-1) \times (2-1) = 1$ である．

- 2×2 の分割表のとき，n_{ij} の中に 5 より小さな値がある場合は，Yates の修正式がある．すなわち，

$$\chi_0^2 = \frac{(n_{11}n_{22} - n_{12}n_{21} \pm \frac{N}{2})^2 N}{s_1 s_2 t_1 t_2} \quad (6.3.4)$$

で，± は ( ) の中の値が小さくなるように定める．

> 予防注射は有効か

例題 6.10 ある市でのインフルエンザ予防注射の接種と罹患者数のデータである．予防注射は有効といえるだろうか．有意水準 5% で検定せよ．

	B_1(罹患した)	B_2(罹患せず)	合計
A_1(予防接種した)	592	699	1291
A_2(予防接種せず)	1017	870	1887
合計	1609	1569	3178

H_0「A と B は独立である」として検定する．
(6.3.2) を計算すると，

$$\chi_0^2 = \frac{(592 - 653.6)^2}{653.6} + \frac{(699 - 637.4)^2}{637.4} + \frac{(1017 - 955.4)^2}{955.4} + \frac{(870 - 931.6)^2}{931.6} = 19.82$$

となり，$\chi_0^2 > \chi_{(1)}^2(0.05) = 3.84$ となり，H_0 は棄却される．したがって，「A と B は関連があり」となり，予防注射の効果があることが結論される．

- なお，(6.3.3) を用いて計算しても同じ値となる．

$$\chi_0^2 = \frac{(592 \cdot 870 - 699 \cdot 1017)^2 \cdot 3178}{1291 \cdot 1887 \cdot 1609 \cdot 870} = 19.82.$$

> ちなみに，$\chi_{(1)}^2(0.01) = 6.63$ なので，1% の有意水準でも棄却され，同じ結論となる．

6.3.3 複数母集団の比率一様性（均斉性）検定

前節 §6.3.2 の独立性検定を用いると，いくつかの母集団から取り出された分割表で，母集団間の比較をすることができる．一般的に，次のように状況を設定しよう．

【Level 2】

> 【比率一様性（均斉性）の検定】
> 2つ（複数）の母集団から得られたデータについて，属性（要因）を1つ考えたとき，その2つ（複数）の母集団は同じ出現度数比を示すか．
> $\Longrightarrow$ それぞれの母集団は同じ分布といえるか．

母集団が r 個あり，それぞれが属性 C によって，次のような分割表で分かれるとする．

母集団 \ 属性	C_1	C_2	$\cdots$	C_k	合計
1	n_{11}	n_{12}	$\cdots$	n_{1k}	s_1
2	n_{21}	n_{22}	$\cdots$	n_{2k}	s_2
$\vdots$	$\vdots$	$\vdots$	$\cdots$	$\vdots$	$\vdots$
r	n_{r1}	n_{r2}	$\cdots$	n_{rk}	s_r
合計	t_1	t_2	$\cdots$	t_k	N

各度数を母集団ごとの比率に直す．$p_{ij} = n_{ij}/s_i$ として，

母集団 \ 属性	C_1	C_2	$\cdots$	C_k	合計
1	p_{11}	p_{12}	$\cdots$	p_{1k}	1
2	p_{21}	p_{22}	$\cdots$	p_{2k}	1
$\vdots$	$\vdots$	$\vdots$	$\cdots$	$\vdots$	1
r	p_{r1}	p_{r2}	$\cdots$	p_{rk}	1

このとき，帰無仮説 H_0「それぞれの母集団は同じ比率で各属性値を出現させる」を有意水準 α で検定する．

検定方法は次のようになる．

比率一様性検定
(test for homogeneity of proportions)
χ^2 検定である．検定の手順や仮定は独立性検定と同じ．

例題 $\Longrightarrow$ 章末問題 6.5

> **公式 6.24（比率一様性（均斉性）検定）**
> 上記の設定において，同比率と仮定して得られる各理論期待値 $\hat{n}_{ij} = s_i \dfrac{t_j}{N}$ が 5 以上 ならば，
>
> $$\chi_0^2 = \sum_{i=1}^{r}\sum_{j=1}^{k} \frac{(n_{ij}-\hat{n}_{ij})^2}{\hat{n}_{ij}} = \sum_{i=1}^{k} \frac{(出現値 - 理論期待値)^2}{理論期待値} \quad (6.3.5)$$
>
> は，近似的に自由度 $(r-1)(k-1)$ の χ^2 分布 $\chi^2_{(r-1)(k-1)}$ にしたがう．
> これより，
>
> > 帰無仮説 H_0「それぞれの母集団は同じ比率で各属性値を出現させる」
>
> を有意水準 α で検定するには，棄却域を $\chi_0^2 > \chi^2_{(r-1)(k-1)}(\alpha)$ と設定して検定すればよい．

章末問題

6.1 あるテレビ番組で，被験者 8 人に納豆を食べてもらい，そのうち 5 人に「ダイエット効果があった」という実験結果を放送した．この実験が事実とするならば，ダイエットに効果がある確率はどのくらいといえるか．信頼係数を 95% として区間推定せよ．また，もし 80 人に実験して 50 人に効果があった場合だったならどうか．

8 人に聞きました
標本数が少ないときの母比率 p の区間推定（公式 6.20）
参考類題 ⟹ 5.1

6.2 数学と英語のテスト成績には相関があるといえるか，有意水準 5% で検定せよ．

(1) 次の学生 10 人のデータについて調べよ．

数学	41	70	70	62	74	67	56	89	48	67
英語	47	57	80	70	60	67	37	87	47	67

(2) さらに学生 10 人のデータが入手できた．合計 20 人のデータとして調べよ．

数学	93	74	78	85	81	81	81	52	85	100
英語	87	27	40	90	77	47	53	43	63	83

テスト成績の相関
相関係数の検定（公式 6.14），無相関検定（公式 6.15），無相関検定（公式 6.16）のうちから適用できるものを用い，比較してみよう．

6.3 曜日によって子供が生まれる率が変わるのか，という調査が 2006 年に米国で行われ，無作為抽出された 500 人について，次のデータが得られた．有意水準 1% で適合度検定せよ．

曜日	日	月	火	水	木	金	土	合計
新生児	57	78	74	76	71	81	63	500

子供の誕生曜日
適合度検定（公式 6.22）

6.4 1912 年のタイタニック号の沈没事故では，女性と子供を優先的に救助したことが知られている．しかし，客室のレベルによる救助の優先度はあったのだろうか．有意水準を決めて独立性検定せよ．

客室	1st クラス	2nd クラス	3rd クラス	合計
生存	203	118	178	499
死亡	122	167	528	817
合計	325	285	706	1316

タイタニック号の沈没
独立性検定（公式 6.23）

6.5 同一著者か疑われる文学作品 2 つ（源氏物語の前半と後半）があり，使われた品詞を数えると次のようになった．2 つの作品は同じ割合で品詞を含んでいるといえるか．

	名詞	動詞	形容詞	助動詞	助詞	形容動詞	その他	総語数
前半	48206	42908	15656	29972	83529	6329	38429	265029
後半	18295	18386	6200	13803	35504	2702	16506	111396
合計	66501	61294	21856	43775	119033	9031	54935	376425

源氏物語の著者は同じか
比率一様性（均斉性）検定（公式 6.24）
⟹ コラム 25

━━ コラム 33 ━━

☕ 統計的に有意な差 ≠ 実質的に意味のある差

2 つの母集団を比較検定した結果,「統計的に有意な差が見られる」との表現があることを説明した. しかし, これは「差がゼロではないと考えられる」という意味を述べているだけである. 注意しなければならない点がいくつもある.

- 差がどれくらい大きく存在するのか, ということについて言及しているわけではない. 差が 10 かもしれないし 0.01 かもしれない.
- 帰無仮説として「差が 0 である」ことを設定して検定するが, そもそも差がぴたりと 0 になる確率は, 数直線上の 1 点を指す確率であり,「すべての帰無仮説は棄却される」可能性もある.
- 検定に用いる有意水準 α は, 通常 5% であるが, この値に明確な意味があるわけではなく, 慣習的に用いられている値である. また, 両側検定か片側検定かによって結果が変わる場合もある.
- 標本データ数を増やすほど, 極めて小さな差でも「統計的に有意な差」となる可能性が高まる.

そのため,「統計的に有意な差が見られる」からといってもそれが「実質的に意味のある差がある」証明をしたわけではないことも念頭に置いておく必要がある.

逆の結果になっても同じである.「統計的に有意な差が認められない」からといってそれが「実質的に差がない」証明をしたわけではない. 標本データ数が少なければ, 実際に差があってもその差を検出することが難しいこともあるからだ.

統計の手法に設定数字の恣意性があり, 結論の解釈にも絶対性がない. 統計学を難しくしているのは, この点にある.

━━ コラム 34 ━━

☕ 統計でウソをつく

我々は, 情報を無批判に受け取りがちである. 筆者が大学に入ったときは「本に書かれていることでも（ミスプリを含めて）間違いがたくさんある」ことを学んだし, 大学院では「論文を疑って読むことから研究は生まれる」ことを実感した.

ニュース報道でも, 意図的につくられた数字が出回ることもあるし, 情報伝達の過程で歪められてしまうこともある. インターネットが発達し, 手軽に情報が得られるようになったのは便利だが, 誰が書いたかわからない文章を無造作に信用することは避けなければならず, 情報への慎重さが一層必要になっている.

例えば, 警察庁が発表する「交通事故の死亡者は 1990 年代以降減少している」というデータがあるが, その理由を「車の安全性が向上したから」とか「歩道やガードレールなど道路整備が進んだから」と直結させるのは危険である. 交通事故死亡者の定義は「事故後 24 時間以内の死亡者」とされており, 救命医療の進歩でそれに該当しない人も増えてきていることも一因なのだ.（『統計数字を疑う』(門倉貴史, 光文社新書, 2006 年) より)

また, あるテレビ番組では, 被験者 8 人（たった 8 人!）に納豆を食べてもらい,「ダイエット効果があった」という実験結果を放送した. 後に説明に使われたデータ自体が捏造されたものだと判明して番組は打ち切りになったが, 放送直後に納豆ブームが起きた, という報道に筆者は悲しくなった.

統計の結論には曖昧な要素が多々あることを本書で説明してきた. そして, 解釈にも意図的な操作が加わる可能性を意識しないといけない. 今でも読み継がれている『統計でウソをつく法』(ダレル・ハフ著, 講談社ブルーバックス, 1968 年) には, ウソを見破るカギとして次の 5 か条が述べられている.

(1) 誰がそう言っているのか. 統計の出所に注意せよ.
(2) どういう方法でわかったのか. 調査方法に注意せよ.
(3) 隠された資料はないか. 表示されていないデータに注意せよ.
(4) 結論がずれていないか. 問題のすりかえに注意せよ.
(5) 意味のある結論か. どこかおかしくないか.

第7章
確率過程

　本書のここまでの記述には，すべてに「時間」という概念がなかった．確率も統計も最終形の「結論」を求めるような数学であった．

　確率過程は，確率的に時間変動するモデルを扱う話である．この第7章では，確率過程の入門的な紹介をしたい．

　花粉の微粒子がランダムに動く運動は，植物学者 Brown（ブラウン）によって発見された．この仕組みは，物理学者 Einstein（アインシュタイン）によって，水分子の不規則な衝突現象として説明され，後に数学者は，確率過程の代表的なモデルとして取り扱うことになる．本書では，Brown 運動の起源について，Einstein の物理的な取り扱いから説明を試みた．拡散方程式と呼ばれる微分方程式の姿と，2項分布として表される酔歩問題が融合していく面白さを味わってもらいたい．

　確率過程の応用例としては，古典的に有名ないくつかのモデルの紹介で紙数が尽きてしまった．金融市場で有名な「伊藤の確率微分方程式」や「Black-Scholes（ブラック・ショールズ）方程式」は，確率過程の延長線上にある．興味ある読者は引き続き勉学を続けていただきたい．

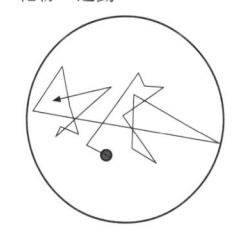

花粉の運動

酔歩問題

♟伊藤清 (1915-2008)
♟Fischer Black ブラック (1938-95)
♟Myron Scholes ショールズ (1941-)

	【Level】
§7.1　Brown 運動とランダム・ウォーク	0,1,3
§7.2　確率過程	2
§7.3　確率過程の応用例	2

【Level 0】Basic レベル
【Level 1】Standard レベル
【Level 2】Advanced レベル
【Level 3】趣味レベル

7.1 Brown（ブラウン）運動とランダム・ウォーク

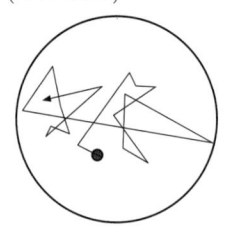

7.1.1 Brown 運動の発見

植物学者の Brown は，花粉が破裂して水面上に広がった微粒子が，奇妙な運動をしていることを顕微鏡で発見した．1827 年のことである．微粒子は小刻みに動いているように見えて，ときどき大きく移動する．あたかも生命体のように運動し，しかもいつまでも止まらない．Brown は，「活動的モレキュール (active Molecules)」と呼ぶことにした．モレキュールは今では分子と訳されるが，イギリス人の Brown は最初の M を大文字で書いた．当初は生命体の 1 種と考えたらしい．

大英博物館に勤めていた Brown は，活発なモレキュールの正体を徹底的に調べ始めた．はじめは，花粉のような生殖細胞に見られるものと考えられたが，樹脂や石炭でも発見され，有機物に固有の運動と考えるようになった．しかし，調査を続けると，土や金属・はては「スフィンクス」の破片からも活発なモレキュールが発見された．Brown は「有機物からも無機物からも活発に動く微粒子が発見された」と報告した．現在，Brown 運動と呼ばれる現象である．

Brown 運動については，相対性理論で有名な Einstein も，博士論文として研究している．Einstein は，Newton 力学の現象論（物理的考察）とランダムに動く粒子に対する確率過程論（数学的考察）を併用し，理論の検証として「粒子の平均 2 乗変位 (σ^2)」が観測可能な量であると結論した．つまり，「Brown 運動をする粒子の運動を測定することによって，原子（または分子）の存在が結論づけられる」ことを予言した．当時，物理学者の間でもコンセンサスが得られていなかった原子論が，実験によって決着できることを述べたのである．

Einstein の予言は，フランスの物理化学者 Perrin によって，1908 年に実験で確認され，原子の概念がゆるぎなく確立することになった．Brown 運動の研究は，その後の物理学で，より小さな粒子の発見への足がかりとなったばかりではなく，確率過程という数学理論への発展を促したのである．

確率過程として，数学的に Brown 運動を定式化したのは Wiener (1926 年) である．確率過程は，ランダムに時間変動する現象に対して適用される数学モデルである．最近では株価や為替の変動にも応用されており，この方面での基礎方程式を構築した数学者・伊藤清は，ウォールストリートで最も有名な日本人としても知られている．

本章では，確率過程についての入門的な紹介をする．まず，Brown 運動に関する Einstein の物理的な考察と，簡単なランダム・ウォークのモデルが同じ微分方程式（拡散方程式）に帰着することを見ていこう．

7.1.2 EinsteinのBrown運動理論
Brown運動の実験事実

Brownが論文を1828年と1829年に発表してから，Brown運動は大きな注目を集めた．他の研究者によって，次のような実験事実が明らかにされてきた．

(a) 運動は不規則である．並進と回転を伴い，しかも連続性がない．
(b) 微粒子が1個だけでも運動は見られる．微粒子どうしが接近しても運動の様子は変わらない．
(c) 光や磁場・電場を与えても運動は変わらない．
(d) 運動の活発さは時間が経っても変わらない．
(e) 微粒子が小さいほど運動は活発である．水（流体）の粘性が小さいほど運動は活発である．また，温度が高いほど運動は活発である．

【Level 3】
物理的な考察に慣れていない読者は，§7.1.3まで飛ばしてよい．

(b)からは，この運動が微粒子どうしの衝突ではないことがわかる．また，水の動きにつられて動いているわけではないこともわかる．(c)からは，Brown運動が電気的な力ではないことがわかる．(d)より，非平衡（つり合いの状態ではないこと）の物理で説明できないこともわかる（時間が経てば平衡状態になると考えられるからである）．

このような状況で考えられるシナリオは，液体分子と微粒子の衝突である．しかし，19世紀末では分子・原子の概念はまだ仮説の段階だった．分子運動論によって，分子の衝突が圧力の原因であることや，分子の運動状態の活発さが温度の正体であることが理論的に議論されていたが，信じるに足りる確証がなかったのである．

Einstein理論の概略

Einsteinは分子運動論が正しいと仮定した．すなわち，液体も，液体に落とされた微粒子（Brown粒子）も，どちらも多くの粒子の衝突によって全体的な圧力を形成する，というのが出発点になる．Brown粒子の運動は，ときどき発生する「液体分子とBrown粒子の衝突」が原因であると考えた．Brown粒子にとっては，外力 F を与えられたことになる．

ところで，気体でも流体でも分子運動が主体的なものには「拡散現象」が見られる．コーヒーにミルクを1滴たらすと広がっていく現象である．同種のものは時間が経つにつれて混ざり合って均一になろうとする．この力の原因は，密度差（物理用語では濃度勾配）といってもよいし，圧力差（圧力勾配）といってもよい．Einsteinの第2の仮定は，Brown粒子は「無秩序な分子の熱運動による拡散」の力も受け，先の衝突力と拡散力の2つの力がつり合って，ダイナミックな平衡状態（微視的には動いているが全体的には平衡と見える状態）となっている，というものである．

以下では，Einsteinの導いた式を，簡単な形で見てみよう．

ちなみに，Einsteinの自伝ノートによると，彼はBrown運動についての現象報告を全く知らずに論文を書いたようだ．論文の冒頭に『ここで取り扱う運動が，いわゆるBrown運動と同じであることは，あり得ることであるが，現時点では判断できない．』と書いている．

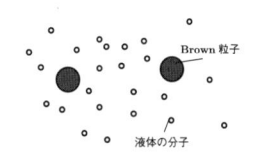

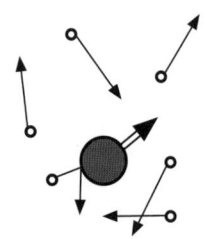

Einstein の物理的考察

理想気体の状態方程式は，圧力 P，体積 V，温度 T の間に

$$PV = \tilde{n}RT \tag{7.1.1}$$

が成り立つ，という関係式である．$\tilde{n}$ は気体の量（単位は [mol]）であり，R は比例定数（気体定数）である．アボガドロ数を N_A とすると，気体分子の数 N は $N = \tilde{n}N_A$ であり，単位体積あたりの数密度 n は $n = N/V = \tilde{n}N_A/V$ となる．

いま，Brown 粒子が泳ぐ液体が希薄ならば，気体と同様の振舞いをすると考えられるので上の状態方程式を適用できる．液体の場合，圧力 P は浸透圧（液体内で一様に存在する圧力）となる．Brown 粒子が液体中にあれば，Brown 粒子自身も同じ圧力 P をもつように振る舞うはずだ．そこで，Brown 粒子の数密度を n とすれば，上の式から

$$P = \frac{\tilde{n}}{V}RT = n\frac{R}{N_A}T \tag{7.1.2}$$

となる．

Brown 粒子の運動方向を x 方向のみとして，1 粒子が液体から受ける外力を F としよう．x 方向の液体の圧力勾配は $\frac{\partial P}{\partial x}$ であり，仮定よりこの 2 つの力がつり合っているので

$$nF = \frac{\partial P}{\partial x} \tag{7.1.3}$$

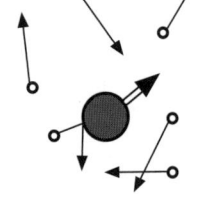

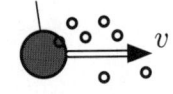

が成り立つ．温度 T が一定とすれば，(7.1.2) を微分して代入し

$$nF = \frac{\partial n}{\partial x}\frac{R}{N_A}T. \tag{7.1.4}$$

外力 F を別の考え方で導いてみよう．流体力学によれば，流体中の物体は速度に比例した抵抗力を受ける．抵抗力の原因は液体分子による衝突である．抵抗力の大きさ f は，流体の粘性率（粘性係数）を η，物体（Brown 粒子）の速度を v，物体の形を半径 a の球とすれば，

$$f = (6\pi\eta a)v \tag{7.1.5}$$

となる（Stokes の法則）．この力が Brown 粒子に及ぼす力 F であると考えよう．Brown 粒子が単位時間あたり単位断面積あたりを通過する粒子数（Brown 粒子の流れ，流束）J は $J_1 = nv$ 個となるが，これらの量を使って書くと

$$J_1 = nv = n\frac{F}{6\pi\eta a}. \tag{7.1.6}$$

Brown 粒子が無秩序な分子運動の結果，拡散していくとしよう．拡散係数を D とすると，拡散による流束 J_2 は

$$J_2 = -D\frac{\partial n}{\partial x} \tag{7.1.7}$$

と書ける（Fickの法則）．J_1 と J_2 がつり合って平衡となっているとすれば，$0 = J_1 + J_2$ となる．この式に (7.1.6), (7.1.7) および (7.1.4) を代入すると

$$D = \frac{1}{6\pi\eta a}\frac{R}{N_A}T \tag{7.1.8}$$

が得られる．この式は，Brown 粒子の拡散運動が「半径 a が小さいほど活発で，粘性 η が小さいほど活発で，温度 T が高いほど活発である」という実験事実 (e) を見事に表現している．

$0 = J_1 + J_2$ より得られる (7.1.8) は，**Einstein** の関係式と呼ばれる．実験事実 (e) を見事に説明する．

ところで，粒子数の保存を考えると，

$$\frac{\partial n}{\partial t} + \frac{\partial J_2}{\partial x} = 0 \tag{7.1.9}$$

が成り立つ（連続の式と呼ばれている）．粒子数密度 n が時間 t と位置 x の関数として，$n = f(x,t)$ であるとすれば，(7.1.9) は

$$\frac{\partial f}{\partial t} = D\frac{\partial^2 f}{\partial x^2} \tag{7.1.10}$$

となって，**拡散方程式**と呼ばれる微分方程式である．この方程式の解は，全面積が 1 となるように規格化すると

$$f(x,t) = \frac{1}{\sqrt{4\pi Dt}}e^{-\frac{x^2}{4Dt}} \tag{7.1.11}$$

となる．つまり，Brown 粒子 1 つの存在確率密度 $f(t,x)$ は，平均 $\mu = 0$，分散 $\sigma^2 = 2Dt$ とした正規分布の密度関数の式と解釈できる．すなわち，時間とともに広がっていく（だから拡散という）形状になっている．

「粒子数の保存」から拡散方程式を導出．

(7.1.11) を (7.1.10) より導くのは少しテクニックが必要だが，(7.1.11) が (7.1.10) をみたすことは代入すれば明らかであろう．

(7.1.11) は時間とともに存在確率密度が位置的に広がっていく（拡散していく）ことを示している．

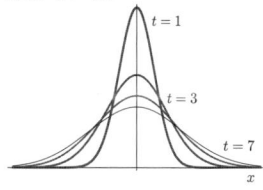

Einstein の結論は，Brown 粒子の平均 2 乗変位 σ^2 が

$$\sigma^2 = 2Dt = \frac{1}{3\pi\eta a}\frac{R}{N_A}Tt \tag{7.1.12}$$

となって，実験実証が可能だ，ということである．もし，顕微鏡を使った実験で，この関係式が確認されるならば，議論で仮定した分子運動論が正しいことになるのだ．

そして先に書いたように，この予言は，Perrin によって，1908 年に実験で確認され，原子の実在がゆるぎなく確立することになった．Einstein の理論は，その後，Smoluchowski, Fokker, Planck, Langevin らによって一般的な形に拡張され，運動の本質が確率過程の一種であることが次第に明らかにされていった．

👤Marian Smoluchowski スモルコフスキー (1872-1917)
👤Adriaan Fokker フォッカー (1887-1972)
👤Max Planck プランク (1858-1947)
👤Paul Langevin ランジュバン (1872-1946)

以上，数学の書としては難解だったかもしれないが，Brown 運動に対する物理的な理解を紹介した．次に，Einstein がたどり着いた拡散方程式 (7.1.10) が，簡単なランダム・ウォーク（酔歩）のモデルからも導かれることを見てみよう．

7.1.3 ランダム・ウォーク

例題 2.23 にて，ランダム・ウォーク（酔歩問題）を取り上げた．もう少し，一般的な形で考えてみよう．

【Level 1】

横軸が n，縦軸が x として，$n = 20$ 歩までシミュレーションした例．

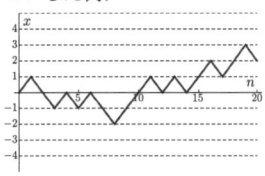

> **例題 7.1** ある酔っ払いが，1歩（1秒）進むごとに，右か左へそれぞれ 1/2 の確率でよろけながら進んでいる．はじめに原点 $x = 0$ にいたとして，n 歩（n 秒）進んだときの位置の確率分布を求めよ．

例題 2.23 と同様，2項分布 $B(n, p=1/2)$ にしたがう．$n=1$ のときは $x=\pm 1$，$n=2$ のときは $x=0, \pm 2$ になる．一般に n 歩進んだとき，

$$\begin{cases} n \text{ が偶数とすれば，位置は } x = 0, \pm 2, \pm 4, \cdots, \pm n \text{ に進む．} \\ n \text{ が奇数とすれば，位置は } x = \pm 1, \pm 3, \cdots, \pm n \text{ に進む．} \end{cases}$$

n 歩のうち，右向きが n_+ 回，左向きが n_- 回とすれば，

$$n = n_+ + n_-, \qquad x = n_+ - n_- \tag{7.1.13}$$

となる．したがって，n 歩後に，位置 x になる確率 $P(x, n)$ は，

$$P(x, n) = {}_nC_{n_+} \left(\frac{1}{2}\right)^{n_+} \left(\frac{1}{2}\right)^{n-n_+} = \frac{n!}{n_+! \, n_-!} \left(\frac{1}{2}\right)^n$$

(7.1.13) より，$n_+ = (n+x)/2$，$n_- = (n-x)/2$ となるので，

$$P(x, n) = \frac{n!}{\left(\frac{n+x}{2}\right)! \left(\frac{n-x}{2}\right)!} \left(\frac{1}{2}\right)^n \tag{7.1.14}$$

となる．

シミュレーションを $n = 500$ まで続けたものを 30 例用意し，重ねた図を下に示す．n が大きくなるにつれ，x の広がりも増えてくる．その様子は，Brown 運動の拡散とよく似ている．

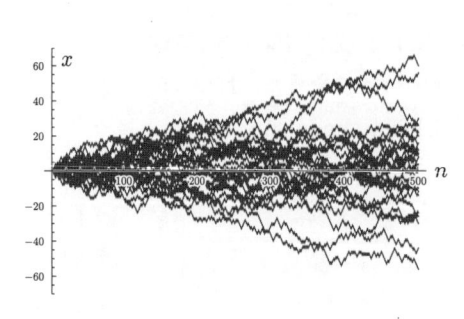

$n = 500$ まで 30 例を重ねた図

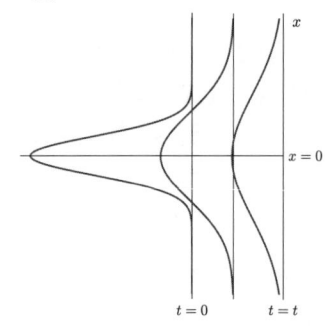

拡散のイメージ図

ランダム・ウォークと Brown 運動

n 歩後に位置 x にいる確率 $P(x,n)$ は 2 項分布で与えられた. 我々は, de Moivre-Laplace の定理から, n が大きければ, 2 項分布は正規分布で近似されることを知っているので, 対応させてみよう.

変数 n_+ は, 2 項分布 $B(n, p=1/2)$ にしたがうことから, その平均値と分散は

$$E[n_+] = np = \frac{n}{2}, \quad V[n_+] = np(1-p) = \frac{n}{4}$$

である. したがって, 位置 x の平均値と分散は $x = 2n_+ - n$ より

$$E[X] = E[2n_+ - n] = 2E[n_+] - n = 0,$$
$$V[X] = E[X^2] - (E[X])^2 = E[(2n_+ - n)^2] = 4\frac{n}{4} = n,$$

すなわち, ランダム・ウォークの確率分布 $P(x,n)$ の平均は 0, 分散は n になる. 正規分布に対応させると, 密度関数 $f(x,n)$ は

$$f(x,n) = \frac{1}{\sqrt{2\pi n}} e^{-x^2/2n} \tag{7.1.15}$$

となる. n を時間と同じ変数と思えば, これは Einstein が導いた結果の式 (7.1.11) で $D = 1/2$ として合致する.

de Moivre-Laplace の定理 $\Longrightarrow$ 定理 3.5

ランダム・ウォークは n が大きいときには正規分布で記述される. しかも分散が n に比例して大きくなっていく拡散形であり, Brown 運動と対応する.

別の方法で, 両者が一致することを示そう. ランダム・ウォークの定義から, $P(x,n)$ は, その一歩手前の状態を使って, 漸化式

$$P(x,n) = \frac{1}{2}P(x+1,n-1) + \frac{1}{2}P(x-1,n-1) \tag{7.1.16}$$

としても表せる. この式の両辺から $P(x,n-1)$ を引くと

$$P(x,n) - P(x,n-1) = \frac{P(x+1,n-1) + P(x-1,n-1) - 2P(x,n-1)}{2}$$

となるが, x と n の間隔を Δx, Δn としてさらに

$$\frac{P(x,n) - P(x,n-1)}{\Delta n} = \frac{(\Delta x)^2}{2\Delta n} \frac{P(x+1,n-1) + P(x-1,n-1) - 2P(x,n-1)}{(\Delta x)^2}$$

と変形して, $\Delta x \to 0$, $\Delta n \to 0$ の極限をとると,

$$\frac{\partial P}{\partial n} = D\frac{\partial^2 P}{\partial x^2} \quad \left(D = \frac{(\Delta x)^2}{2\Delta n} \text{ とおいた}\right) \tag{7.1.17}$$

となって, これも Einstein が導いた拡散方程式 (7.1.10) に変形できることがわかる.

(7.1.17) の導出には, 方程式の差分化の知識が必要である. 例えば拙著 [2] の第 7 章参照.

つまり, Brown 運動もランダム・ウォークも数学的には同じモデルであり, 時間とともに分散が大きくなっていく (拡散していく) 正規分布で記述できることが示された.

7.2 確率過程

前節の Brown 運動で，時間とともに変動する確率分布のイメージを抱いてもらえたかと思う．ここでは，いくつか確率過程の基本的な概念と代表的なモデルを紹介しよう．

7.2.1 確率過程の定義

【Level 1】

地震の発生頻度や気温のデータ，あるいは株価や為替レートなど，自然界や社会現象には時間とともに確率的に変化する現象が多数存在する．これらをランダムに変化する確率変数の実現値として取り扱おうとするのが，確率過程である．

確率過程 X_t（あるいは $X(t)$）
(stochastic process, random process)

離散確率過程
(discrete process)

連続確率過程
(continuous process)

> **定義 7.1（確率過程）**
> 時間 t とともに確率的に変動する現象を **確率過程** という．
>
> - 時間 t が連続的に変化する確率過程を **連続確率過程** という．
> - 時間 t が離散的に変化する確率過程を **離散確率過程** という．
>
> 確率変数を $X(t)$ または X_t と表す．確率変数の集合 $\{X_t\}$ が確率過程である．

- 気温の変化は連続確率過程であるが，1 時間ごとに計測するデータを扱うのであれば離散確率過程である．

標本関数
(sample function)

サンプル・パス
(sample path)

アンサンブル
(ensemble)

> **定義 7.2（確率過程の実現値）**
>
> - X_t の実現値（ふるまい）を x_t とする．実現値は t の関数として試行ごとに異なる．特に試行列 ω_i を区別するときには，$x_t(\omega_i)$（ただし $i = 1, 2, \cdots$）と表し，**標本関数** あるいは **サンプル・パス** という．
> - $x_t(\omega_i)$ の集合を **アンサンブル** という．

- 前ページで示した Brown 運動のシミュレーションのグラフは，1 本 1 本が，$x_t(\omega_1), x_t(\omega_2), x_t(\omega_3), \cdots$ と対応する．

これまで本書で扱ってきた確率変数「列」は，それぞれ独立で同じ確率分布にしたがうものだった．確率過程では，これらを一般化する．つまり，X_t の実現値が確率分布として各時刻で独立に $f(x, t)$ として与えられることもあるし，各時刻 t でのふるまいがそれ以前のふるまいと相関がある場合もある．

Brown 運動の数学的な定義

Brown 運動は,ランダム・ウォークモデルで対応させると,漸化式 (7.1.16) にしたがう離散的確率過程である.その連続極限を考えると,各時刻で正規分布 (7.1.15) にしたがう実現値をもつ.

確率過程として論じる数学の立場では,Brown 運動を次のように定義する.(物理的な現象は,以後すべて忘れ去ってよい).

【Level 2】

定義 7.3 (Brown 運動の数学的な定義)
確率過程 (確率変数 X_t) が次の性質をみたすとき,**Brown 運動**という.
(i) 時刻 $t = 0$ で原点にある ($X_0 = 0$).
(ii) 任意の 2 つの時刻 t_1, t_2 間の変動 $X_{t_2} - X_{t_1}$ が独立である (独立増分の仮定).
(iii) 任意の 2 つの時刻 t_1, t_2 間の変動 $X_{t_2} - X_{t_1}$ が正規分布
$$N(\mu(t_2 - t_1), \sigma^2(t_2 - t_1))$$
にしたがう (正規性の仮定).

Brown 運動の数学的な定義
$N(\mu t, \sigma^2 t)$

ずらしパラメータ μ
(drift parameter)

ゆらぎパラメータ σ^2
(variance parameter)

- μ をずらし (ドリフト) パラメータ,σ^2 をゆらぎ (ばらつき) パラメータという.
- 特に,$\mu = 0, \sigma^2 = 1$ としたものを**標準 Brown 運動**という.

(i) と (iii) の条件をみたす確率過程を **Gauss 過程** ($\Longrightarrow$ 定義 7.7) という.Brown 運動は,「独立増分な性質をもつ Gauss 過程」といえる.

確率過程に登場する言葉

確率過程は時間を変数とした関数になる.解析学で登場した関数の概念に似た議論が,確率過程でも登場する.

関数での言葉	確率過程での言葉
三角関数,指数関数,対数関数などという特別な関数	Poisson 過程,Wiener 過程などという特別な確率過程
連続関数,解析関数などという関数に対する一般的な概念	定常過程,Markov 過程,マルチンゲールなどという一般的な概念
微分方程式	確率微分方程式

本書では,紙数の関係上,「紹介」程度の内容になる.

7.2.2 代表的な確率過程

遷移確率 $P(\Delta t)$ が与えられる代表例として Poisson 確率過程を，確率分布関数 $f(x,t)$ が与えられる代表例として Gauss 確率過程を紹介する．

計数過程

店への来客数とか，記録したノートのページ数など，時間の経過とともに累積されて増加していく確率過程を**計数過程**という．当然ながら，$X_{t=0} = 0$ であり，

$$t_1 \leq t_2 \quad \text{ならば} \quad X_{t_1} \leq X_{t_2}$$

が成り立つ．X_t は階段関数となる．例を左図に示す．

Poisson（ポアソン）過程

時間 $\Delta t = t_2 - t_1$ に生じる事象の数を $X_{\Delta t} = X_{t_2} - X_{t_1}$ とする．

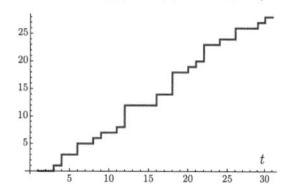

定義 7.4（Poisson 過程）

計数過程のうち，Δt の時間に生じる事象の数が互いに独立であり，Poisson 分布 $\mathrm{Po}(\lambda \Delta t)$ にしたがうもの，すなわち，

$$P(X_{\Delta t}=n) = e^{-\lambda \Delta t}\frac{(\lambda \Delta t)^n}{n!} \quad (n=0,1,2,\cdots) \quad (7.2.1)$$

となる確率過程を **Poisson 過程**という．λ は定数で，Δt 時間内で事象が発生する数の平均値 $\lambda \Delta t$ を与える．

式 (7.2.1) で，$n=0$ の場合を考えると，$\Delta t = [0,t]$ として

$$P(X_t=0) = e^{-\lambda t} \quad (7.2.2)$$

となる．$X_0 = 0$ であるから，これは「事象が発生しない状態」の確率を時間の関数として表している．余事象を考えれば，「最初の事象が発生している」確率 $p(t)$ は，

$$p(t) = 1 - e^{-\lambda t} \quad (7.2.3)$$

である．微分して確率密度関数 $f(t)$ を求めると $f(t) = \lambda e^{-\lambda t}$，すなわち指数分布 $\mathrm{Exp}(\lambda)$ にしたがっていることがわかる．ゆえに，

公式 7.5（Poisson 過程の性質 (1)）

Poisson 過程の最初の現象が発生する時刻 $T=t$ は，指数分布 $\mathrm{Exp}(\lambda)$ にしたがい，その平均値は $E[T] = 1/\lambda$ である．

また，公式 2.52 より，指数分布する確率変数の和 $T_1 + T_2 + \cdots + T_k$ は，位相 k の Erlang（アーラン）分布にしたがうので，次のことがいえる．

> **公式 7.6（Poisson 過程の性質 (2)）**
> Poisson 過程の現象が k 回発生する時間は，Erlang 分布 $E_k(\lambda)$ にしたがい，その平均値は k/λ である．

また，上記の公式 7.5 を導出する際の議論を $\Delta t = [t_1, t_2]$ の範囲で行うと，時刻が t_1 から t_2 までに Poisson 過程の現象が発生しない確率も $e^{-\lambda \Delta t}$ である．時間の原点をどこにとっても同じことになっているので，Markov 性をもつといえる．

Markov 性 $\Longrightarrow$ 定義 7.9

Gauss（ガウス）過程

Brown 運動のモデルで登場した，時間とともに拡散する正規分布で表される確率過程を改めて書いておこう．

> **定義 7.7（Gauss 過程）**
> 定数 μ および 正の定数 D を用いて，確率変数 X_t が，$X_{t=0} = 0$ であり，時刻 t での確率密度関数 $f(x,t)$ が正規分布 $N(\mu t, \sigma^2 t)$ で表されるもの，すなわち
> $$f(x,t) = \frac{1}{\sqrt{2\pi\sigma^2 t}} \exp\left(-\frac{(x-\mu t)^2}{2\sigma^2 t}\right) \quad (7.2.4)$$
> となる確率過程を **Gauss 過程**という．
>
> - 時刻 t での平均と分散は，$E[X] = \mu t$，$V[X] = \sigma^2 t$ である．
> - 特に，$\mu = 0$ としたものを **Wiener 過程**という．

Gauss 過程
(Gaussian process)
$N(\mu t, \sigma^2 t)$

Brown 運動の数学的な定義（$\Longrightarrow$ 定義 7.3）で登場した．μ を「ずらし（ドリフト）パラメータ」，σ^2 を「ゆらぎ（ばらつき）パラメータ」という．

Wiener 過程
(Wiener process)
👤Norbert Wiener
ウィーナー (1894-1964)

- 2 変数の確率分布である．時間 $t_1 < t < t_2$ で，領域 $x_1 < x < x_2$ に含まれる確率 P の計算は密度関数をその領域で積分することになる．すなわち，
$$P(x_1 < x < x_2\,;\,t_1 < t < t_2) = \int_{t_1}^{t_2}\!\!\int_{x_1}^{x_2} f(x,t)\,dx\,dt$$

Poisson 過程と Gauss 過程

Poisson 過程と Gauss 過程はどちらも代表的な確率過程である．次のように比較される．

Poisson 過程	いつ発生するか，という事象の発生時刻にランダム性がある離散的確率過程
Gauss 過程	どれだけ変化するか，という変化する値にランダム性がある連続的確率過程

7.2.3 確率過程の特徴づけに使われる概念

解析学における関数では,「連続関数」や「解析関数」など関数に対する一般的な概念による分類があった.確率過程に対してもそれぞれの特徴づけに使われる一般的な概念がいくつかある.

定常過程

まずは時間 t に関して一様な過程の定義から.

【Level 2】

定常確率過程
(stationary random process)

「不変」なのではなく「定常」,すなわち変化しつつも分布は同じ.

定義 7.8（定常な確率過程）
時間 t が変化しても変わらない確率分布となるとき,**定常な確率過程**という.より正確には,確率分布 $f(t,x)$ が任意の時刻の変化 τ に対して $f(t+\tau,x) = f(t,x)$ となるときをいう.

- 確率過程の実現値（確率分布）をすべての試行の回数だけ集めることは現実的ではない.したがって,一般的な性質を議論することはほとんどできない.しかし,**定常性**を仮定した場合,中心極限定理の拡張版ともいえるエルゴード仮説が成り立つ.

Markov 性

Markov 性
(Markov property)
Markov 過程
(Markov process)
Markov 連鎖
(Markov chain)

確率分布のところで触れたが,サイコロを何回投げても,それまでの結果が次の結果に影響を与えることはない.このように,次のステップが現在のステップのみによって決まるような過程を Markov 過程という.

👤 Andrei Andreyevich Markov マルコフ
(1856-1922)

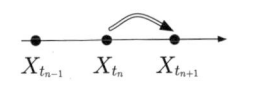

定義 7.9（Markov 性）
確率過程が直前の状態のみに依存して決まり,それ以前の過去の状態によらないとき,**Markov 性**をもつという.これは,$0 \le t_1 < \cdots < t_n < t$ のそれぞれの時刻に対応する確率変数 $X_0, X_{t_1}, \cdots, X_{t_n}, X_t$ の実現値を $x_0, x_1, \cdots, x_n, x$ としたとき,独立性

$$P(X_t = x | X_0 = x_0, X_{t_1} = x_1, \cdots, X_{t_n} = x_n)$$
$$= P(X_t = x | X_{t_n} = x_n)$$

が成り立つこと,とも表される.この性質をもつ確率過程を **Markov 過程**という.特に,離散確率過程のとき,**Markov 連鎖**という.

幾何分布（⟹§2.5.5）も指数分布も Markov 性をもつ.

条件つき確率 ⟹§1.3.1

- Poisson 過程も Gauss 過程も Markov 過程である.

多重 Markov 連鎖
(multiple Markov chain)

直前の値だけではなく,有限個の過去の値に依存して決まる確率過程を**多重 Markov 連鎖**という.

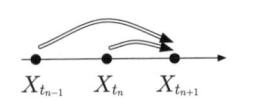

推移確率・推移確率行列

> **定義 7.10（推移確率・推移確率行列）**
> 状態が i から j へと移る確率
> $$p_{j \leftarrow i} = P(X_{t_{n+1}}=j \,|\, X_{t_n}=i) \qquad (7.2.5)$$
> を**推移確率（遷移確率）**という．$p_{j \leftarrow i}$ を (i,j) 成分にもつ行列で，各 i 状態から始まる成分の和が 1 である $\left(\sum_j p_{j \leftarrow i} = 1 \right)$ とした行列 $\boldsymbol{P}$ を**推移確率行列**という．

推移確率（遷移確率）
(transition probability)

推移確率行列
(transition probability matrix)

- Markov 連鎖のうち，次の値を決める関係が，ステップによらず（n によらず）同じものであるとき，**斉時 Markov 連鎖**という．斉時 Markov 連鎖は，推移確率行列が毎ステップ同じで変わらない確率過程であると考えてもよい．

斉時（せいじ）Markov 連鎖
(time-homogeneous Markov chain)

- その場合，$X_{t_n} = i$（ただし $i = 1, 2, \cdots, N$）を成分にもつ縦ベクトルを $\boldsymbol{X}_n$ とすれば，各状態の推移は $\boldsymbol{P}$ を用いて，

$$\boldsymbol{X}_n = \boldsymbol{P} \boldsymbol{X}_{n-1} = \boldsymbol{P}^2 \boldsymbol{X}_{n-2} = \cdots = \boldsymbol{P}^n \boldsymbol{X}_0 \qquad (7.2.6)$$

として表すことができる．

$\Longrightarrow$ 例題 7.3

マルチンゲール

対応する日本語がないのでわかりにくいが，次のような概念である．

> **定義 7.11（マルチンゲール）**
> ある時刻 t_n までの値 X_{t_n} が定まっていて，その次の時刻 t_{n+1} での期待値が，最直近の値 X_{t_n} から得られる期待値になるとき，**マルチンゲール性**があるという．このような確率過程を**マルチンゲール**という．

マルチンゲール (martingale) という言葉はコラム 10 で「倍賭け法」という意味で登場したが，もともとは馬具のむながいの意味である．賭けごとに絡んだ由来であることは確かだが，確率過程でのマルチンゲールは「公正なランダムさ」の意味合いで使う．

すなわち，今日までの変動がすべて既知であるとき，明日の値がどうなるかを考えると，明日の期待値が今日の期待値と同じである，ということ．

例えば，左右へ動く確率が 1/2 であるランダム・ウォークは，常に中央が期待値となっているので，マルチンゲールである．

- マルチンゲールは，偏りのない公正な賭けの記録に対応している．

7.3 確率過程の応用例

7.3.1 破産問題：ランダム・ウォークの応用例

ランダム・ウォークの応用として，有名な破産問題を紹介しよう．

【Level 2】

破産問題
(ruin problem)

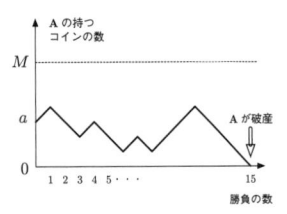

上図は 15 回目で A が破産する例．A の持つコイン数 0 と M のラインは，そこで勝つか破産することが決定してランダム・ウォークが終了するので，**吸収壁**とも呼ばれる．

> **例題 7.2** A, B の 2 人がはじめにそれぞれ a, b 枚のコインをもつ．$a + b = M$ とする．じゃんけんで勝敗をつけるごとに相手にコインを 1 枚渡す．じゃんけんで，A が勝つ確率は p，B が勝つ確率は q として，$p + q = 1$ とする（引き分けは考えない）．どちらかの持っているコインがなくなることを破産とする．
>
> (1) A が破産する（B が勝利する）確率を求めよ．
> (2) B が破産する（A が勝利する）確率を求めよ．
> (3) 破産が決まるまでの勝負数 N を求めよ．

(1) A がはじめに k 枚のコインを持っていながら破産してしまう確率を X_k とする．明らかに $X_0 = 1$（はじめから破産）であり，$X_M = 0$（破産しない）である．

X_k は，その両隣からスタートする場合と差分方程式
$$X_k = p \cdot X_{k-1} + q \cdot X_{k+1} \quad \cdots\cdots\cdots\cdots\cdots\cdots\cdots\cdots\cdots\cdots \text{(a)}$$
の関係がある．

(a) 式で左辺を $(p+q)X_k$ として整理すると，
$$X_k - X_{k-1} = \frac{q}{p}(X_{k+1} - X_k)$$
となり，これは，X_k の 1 つの差分が公比 q/p の数列となっていることを示す．これは k の値によらず同じ比であるので，定数 c を用いて
$$X_k - X_{k-1} = \frac{q}{p}c$$
としよう．そうすると，
$$X_k - X_0 = \sum_{i=1}^{k}(X_i - X_{i-1}) = \sum_{i=1}^{k}\frac{q}{p}c$$
であるが，

(a) 式は 3 項間漸化式である．公式 0.17 にしたがって X_k を導いてもよい．（その場合，特性方程式 $qt^2 - t + p = 0$ の 2 解を α, β などとして，解と係数の関係 $\alpha\beta = q/p$, $\alpha + \beta = 1/q$ などを用いる．）

$$\begin{cases} p \neq q \text{ なら等比数列の和として } X_k - X_0 = c\dfrac{1 - (q/p)^k}{1 - (q/p)} \\ p = q \text{ なら等差数列の和として } X_k - X_0 = ck \end{cases}$$

となる．$X_0 = 1, X_M = 0$ の境界条件を代入すると定数 c が

$$\begin{cases} p \neq q \text{ なら } c = -\dfrac{1 - (q/p)}{1 - (q/p)^M} \\ p = q \text{ なら } c = -\dfrac{1}{M} \end{cases}$$

と決まる．したがって，

$$\begin{cases} p \neq q \text{ なら } X_k = 1 - \dfrac{1 - (q/p)^k}{1 - (q/p)^M} = \dfrac{(q/p)^k - (q/p)^M}{1 - (q/p)^M} \\ p = q \text{ なら } X_k = 1 - \dfrac{1}{M}k \end{cases}$$

$k = a$ としたものが答えである．

(2) (1) と同様である．B が k 枚のコインから始めて，破産して終了する確率を Y_k とする．(a) で p と q を入れ替えた
$$Y_k = q \cdot Y_{k-1} + p \cdot Y_{k+1} \cdots\cdots\cdots\cdots\cdots\cdots\cdots\cdots\cdots\cdots\text{(b)}$$
が成り立ち，境界条件は同様に $Y_0 = 1, Y_M = 0$ となる．結果は，

$$\begin{cases} p \neq q \text{ なら } Y_b = \dfrac{(p/q)^b - (p/q)^M}{1 - (p/q)^M} \\ p = q \text{ なら } Y_b = 1 - \dfrac{1}{M}b \end{cases}$$

- (1) と (2) の結果から，次のことがわかる．$p \neq q$ のときも，$p = q$ のときも，

$$X_a + Y_{M-a} = \cdots = 1$$

となる．すなわち，A か B の必ずどちらかが破産する．$p = q = 1/2$ のとき（公平な賭け）でもこの事実は変わらないのは意外かもしれない．

- 最終的に A が B から獲得するコイン数の期待値 E_A は

$$E_A = \text{獲得するコイン} - \text{失うコイン} = (M-a) \cdot (1 - X_a) - a \cdot X_a$$

であり，$p = q = 1/2$ のときには，$E_A = 0$ となる．つまり，公平な賭けであれば所持金がどこから始めても損得なしとなっている．

(3) どちらかが破産するまでの勝負数 N の期待値を，はじめに A が所持していたコイン数 a の関数として，$n(a)$ としよう．明らかに $n(0) = n(M) = 0$ である．
はじめに A が $a+1$ 枚持っていると，a 枚のときに比べて A の破産が 1 回・確率 p で遅くなる．また，はじめに A が $a-1$ 枚だと，a 枚のときに比べて B の破産が 1 回・確率 q で遅くなる．すなわち，差分方程式

$$n(a) = p \cdot n(a+1) + q \cdot n(a-1) + 1$$

が成り立つ．これを境界条件 $n(0) = n(M) = 0$ のもとで解けば，

$$N = n(a) = \begin{cases} \left(\dfrac{1-(q/p)^a}{1-(q/p)^M}M - a\right)/(p-q) & p \neq q \text{ のとき} \\ a(M-a) & p = q \text{ のとき} \end{cases}$$

【教訓】公平な賭けであっても，永久に続くことはなく，必ずどちらかが破産して終了する．

世の中，賭けで大儲けしようとは考えないほうがよい．

得られた式に，代表的な値を代入したものを表にしておこう．

確率		所持金		確率		期待値	
p	q	a	M	A の破産 $X(a)$	A の勝利	A の利得 E_A	継続時間 $n(a)$
0.5	0.5	9	10	0.1	0.9	0	9
0.5	0.5	90	100	0.1	0.9	0	900
0.5	0.5	900	1000	0.1	0.9	0	90000
0.49	0.51	9	10	0.119	0.881	-0.2	9.5
0.49	0.51	90	100	0.336	0.664	-23.6	1179.3
0.45	0.55	9	10	0.210	0.790	-1.1	11
0.45	0.55	90	100	0.866	0.134	-76.6	765.6
0.4	0.6	9	10	0.339	0.661	-2.4	12.0
0.4	0.6	90	100	0.983	0.017	-88.3	441.3

7.3.2　出生死滅過程：Poisson 確率過程の拡張
Poisson 過程の微分差分表現

　Poisson 過程は，Δt 時間内に n 回の事象が起きる確率 $P(X_{\Delta t}=n)$ が Poisson 分布 $\mathrm{Po}(\lambda \Delta t)$ で与えられる，というものだった．$P(X_{\Delta t}=0)$ は「変化がない確率」であり，その余事象 $1 - P(X_{\Delta t}=0)$ は「1 個以上の変化のある確率」である．

　Poisson 過程の平均値（公式 7.5）から

$$1 = \frac{\text{変化のある確率}}{\text{平均時間}} = \frac{1 - P(X_{\Delta t}=0)}{\Delta t / \lambda}$$

すなわち　　$\dfrac{1 - P(X_{\Delta t}=0)}{\Delta t} = \lambda$

の関係がある．また，Poisson 過程の Markov 性から，どの時刻でもこの関係が成り立つ．したがって，時刻 t から $t+\Delta t$ の間に，事象の発生回数 N が $N_t = k$ から $N_{t+1} = k+1$ になるかならないかの条件つき確率は，

$$P(N_{t+1}=k+1 \mid N_t=k) = \lambda \Delta t + o(\Delta t) \tag{7.3.1}$$

$$P(N_{t+1}=k \mid N_t=k) = 1 - \lambda \Delta t + o(\Delta t) \tag{7.3.2}$$

となる．$o(\Delta t)$ は，$(\Delta t)^2$ 以上を微小量として無視していることを示す記号である．

　(7.3.1), (7.3.2) より，この確率過程は，時刻 t での事象の発生件数を $p_k(t)$ とすれば，

$$p_k(t+\Delta t) - p_k(t) = -\lambda \Delta t \,(p_k(t) - p_{k-1}(t)) + o(\Delta t)$$

となり，両辺を Δt で割って，$\Delta t \to 0$ の極限を考えると

$$\frac{d}{dt}p_k(t) = -\lambda \,(p_k(t) - p_{k-1}(t)) \qquad (k=1,2,\cdots) \tag{7.3.3}$$

の微分差分方程式が得られる．$k=0$ のときには

$$\frac{d}{dt}p_0(t) = -\lambda \, p_0(t) \tag{7.3.4}$$

となり，これら 2 つの方程式と，初期条件 $p_0(t=0) = 1$，$p_{k\neq 0}(t=0) = 0$ とが Poisson 過程を再現していることになる．

出生死滅過程

　Poisson 過程は，事象の発生回数を常に加算していく計数過程である．増加だけではなく，減少することも含めた確率過程へと拡張しよう．

　時刻 t から $t+\Delta t$ の間に，事象の発生回数 L が $L_t = k$ から $L_{t+1} = k+1$ に増加する確率を $\lambda_k \Delta t$，$L_t = k$ から $L_{t+1} = k-1$ に減少する確率を $\mu_k \Delta t$ とする．このモデルは，バクテリアや細菌・人口モデルなどにも応用できることから，L_t は**出生死滅過程**と呼ばれる．

【Level 2】

Poisson 過程
　　⟹§7.2.2
Poisson 分布 $\mathrm{Po}(\lambda)$
　　⟹§2.5.4

出生死滅過程
(birth and death process)

時間 Δt での変化を対応させると

$$P(L_{t+1}=k+1\,|\,L_t=k) = \lambda_k \Delta t + o(\Delta t) \tag{7.3.5}$$

$$P(L_{t+1}=k-1\,|\,L_t=k) = \mu_k \Delta t + o(\Delta t) \tag{7.3.6}$$

$$P(L_{t+1}=k\,|\,L_t=k) = 1 - \lambda_k \Delta t - \mu_k \Delta t + o(\Delta t) \tag{7.3.7}$$

となる．Poisson 過程のときと同様に，微分差分方程式に直すと

$$\frac{d}{dt}p_k(t) = -(\lambda_k + \mu_k)p_k(t) + \lambda_{k-1}p_{k-1}(t) + \mu_{k+1}p_{k+1}(t)$$
$$(k = 1, 2, \cdots) \tag{7.3.8}$$

$$\frac{d}{dt}p_0(t) = -\lambda_0\, p_0(t) + \mu_1\, p_1(t) \tag{7.3.9}$$

となる．実際にはこれらに初期条件と境界条件を仮定して解くことになるが，(7.3.8) は，p_k を求めるのに，p_{k+1} の値を必要とするので，Poisson 過程のように帰納的に一般解を求めることができない．その難しさから，λ_k と μ_k の仮定によって，いろいろモデルに名前がついている．

出生率 λ_k	死滅率 μ_k	モデル名
$\lambda_k = \lambda$（一定）	$\mu_k = 0$	Poisson 過程
$\lambda_k = k\lambda$	$\mu_k = k\mu$	Feller-Arley（フェラー・アレー）過程
$\lambda_k = k\lambda$	$\mu_k = 0$	Yule（ユール）過程 or 純出生過程
$\lambda_k = k\lambda + \nu$	$\mu_k = k\mu$	Kendall（ケンドール）過程

最後の Kendall 過程の出生率に登場する ν は，新たな個体が移住してくることを想定したもので，**移民**を考えることに相当する．

純出生過程
(pure birth process)
$k > 0$ であれば単調増加となる．人口学でいえば「人口爆発」である．

移民 (immigration)

このような人口モデルは，微分方程式を用いても議論することができる．
$\Longrightarrow$ 拙著 [2] §2.1

(7.3.8) を数値的に解いた例を下に示す．Feller-Arley 過程の場合で，初期に $p_{10} = 1$，他は $p_k = 0$ として，$(\lambda_k, \mu_k) = (0.02, 0.0)$ としたのが左図，$(\lambda_k, \mu_k) = (0.0, 0.02)$ としたのが右図である．出生率が死滅率を上（下）回れば，人口は増加（死滅）という当然の結果が得られている．実は，出生率と死滅率が等しい場合 $(\lambda_k = \mu_k)$ でも長時間試行を繰り返すと結局は死滅する．$p_0(t)$ が吸収壁になっているためである．

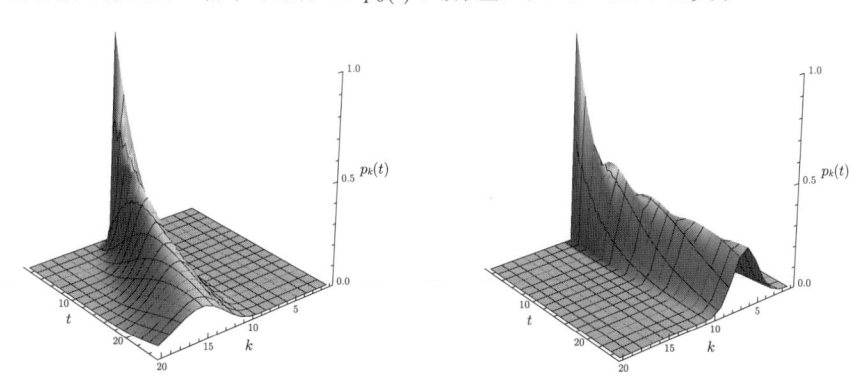

7.3.3 気象連鎖：推移確率行列の応用例

マルコフ連鎖を推移確率行列を用いて解く例を紹介する．

【Level 2】

推移確率行列 $\Longrightarrow$ 定義 7.10

気象連鎖

> **例題 7.3** ある地域では翌日の天気が，前日の天気によってほぼ確率的に決まり，下表のように与えられる．
>
> | | 今日晴れ $i=1$ | 今日曇り $i=2$ | 今日雨 $i=3$ |
> |---|---|---|---|
> | 明日晴れ $j=1$ | 0.5 | 0.4 | 0.3 |
> | 明日曇り $j=2$ | 0.3 | 0.3 | 0.4 |
> | 明日雨 $j=3$ | 0.2 | 0.3 | 0.3 |
>
> (1) 日曜日が晴れだったとき，次の水曜日が晴れる確率はいくらか．
> (2) この地域の天気は平均してどのような確率であるといえるか．

- ある日（n 日）の天気の確率を $\boldsymbol{X}_n$ の縦ベクトルで表そう．順に晴れ・曇り・雨の確率として，$\boldsymbol{X}_n = (x_1, x_2, x_3)^T$ などとする．推移確率行列 $\boldsymbol{P} = (p_{j \leftarrow i})$ を

$\boldsymbol{X}_0 = (x_1, x_2, x_3)^T$ の T は転置を表す．実際には，

$$\boldsymbol{X}_0 = \begin{pmatrix} x_1 \\ x_2 \\ x_3 \end{pmatrix}$$

$$\boldsymbol{P} = \begin{pmatrix} p_{11} & p_{12} & p_{13} \\ p_{21} & p_{22} & p_{23} \\ p_{31} & p_{32} & p_{33} \end{pmatrix} = \begin{pmatrix} 0.5 & 0.4 & 0.3 \\ 0.3 & 0.3 & 0.4 \\ 0.2 & 0.3 & 0.3 \end{pmatrix} \quad (7.3.10)$$

とすれば，翌日の天気の確率分布は $\boldsymbol{X}_{n+1} = \boldsymbol{P}\boldsymbol{X}_n$ である．

(1) $\boldsymbol{X}_0 = (1, 0, 0)^T$ として，$\boldsymbol{X}_3 = \boldsymbol{P}^3 \boldsymbol{X}_0$ を求めればよい．

$$\boldsymbol{X}_3 = \begin{pmatrix} 0.418 & 0.415 & 0.413 \\ 0.325 & 0.326 & 0.327 \\ 0.257 & 0.259 & 0.26 \end{pmatrix} \begin{pmatrix} 1 \\ 0 \\ 0 \end{pmatrix} = \begin{pmatrix} 0.418 \\ 0.325 \\ 0.257 \end{pmatrix}$$

したがって，晴れる確率は 41.8%．

(2) 天気の確率が収束しているならば，その確率を成分にもったベクトル $\boldsymbol{X}_n = (x, y, z)^T$ に対して，$\boldsymbol{X}_{n+1} = \boldsymbol{P}\boldsymbol{X}_n \simeq \boldsymbol{X}_n$ となるはずである．すなわち，$(\boldsymbol{P} - \boldsymbol{I})\boldsymbol{X}_n = 0$ および $x + y + z = 1$ から

$\boldsymbol{P}^n$ の $n \to \infty$ での収束値を求めると，

$$\begin{pmatrix} 0.416 & 0.416 & 0.416 \\ 0.326 & 0.326 & 0.326 \\ 0.258 & 0.258 & 0.258 \end{pmatrix}$$

となることから，収束値を求めてもよい．

行列の n 乗 $\Longrightarrow$ §0.7.2

$$\begin{cases} -0.5x + 0.4y + 0.3z = 0 \\ 0.3x - 0.7y + 0.4z = 0 \\ 0.2x + 0.3y - 0.7z = 0 \\ x + y + z = 1. \end{cases}$$

独立な 3 本の式をとり，(x, y, z) を求めると，$x = 0.416, y = 0.326, z = 0.258$ と求められる．したがって，晴れ=41.6%，曇り=32.6%，雨=25.8% となる．

= コラム 35 =

☕ 血液型の構成比は世代で変わるのか

日本人の血液型は A 型 35%, B 型 25%, AB 型 10%, O 型 30% といわれている．この比率は世代が進むと変わるだろうか．ここでは，次のように単純化した Markov 連鎖を考えてみよう．

- 総人口は一定であるとする．子供が 1 人出現すれば親は 1 人消えるものとする．
- 世代交代は同時に起こり，世代を超えた組み合わせで子供は出現しない．

血液型の遺伝子の 6 種類の組み合わせを考え，それぞれの人口比を成分にもつ縦ベクトル $\boldsymbol{X}(t_n)$ を考えよう．

$$\boldsymbol{X}(t_n) \equiv \begin{pmatrix} X_1(t_n) \\ X_2(t_n) \\ X_3(t_n) \\ X_4(t_n) \\ X_5(t_n) \\ X_6(t_n) \end{pmatrix} = \begin{pmatrix} \text{遺伝子 AA} \\ \text{AO} \\ \text{BB} \\ \text{BO} \\ \text{OO} \\ \text{AB} \end{pmatrix} = \begin{pmatrix} \text{表現形 A 型} \\ \text{A 型} \\ \text{B 型} \\ \text{B 型} \\ \text{O 型} \\ \text{AB 型} \end{pmatrix} \quad (7.3.11)$$

親の遺伝子による子供の遺伝子の組み合わせの表を作成する．下の表の各セルで，組み合わせ結果の遺伝子が 1 つだけならその遺伝が 100%，2 つなら各 50%，4 つなら各 25% である．（注記のあるセルを除く．この表は対角項以外は対称である）．

親	AA	AO	BB	BO	OO	AB
AA	AA	AA, AO	AB	AO, AB	AO	AA, AB
AO	–	AA $\frac{1}{4}$, AO $\frac{1}{2}$, OO $\frac{1}{4}$	BO, AB	AO, OO, BO, AB	AO, OO	AA, AO, BO, AB
BB	–	–	BB	BB, BO	BO	BB, AB
BO	–	–	–	BB $\frac{1}{4}$, BO $\frac{1}{2}$, OO $\frac{1}{4}$	BO, OO	AO, BB, BO, AB
OO	–	–	–	–	OO	AO, BO
AB	–	–	–	–	–	AA $\frac{1}{4}$, BB $\frac{1}{4}$, AB $\frac{1}{2}$

この表から，次の世代の遺伝子（ベクトル $\boldsymbol{X}(t_{n+1}) = (\tilde{X}_1, \tilde{X}_2, \tilde{X}_3, \tilde{X}_4, \tilde{X}_5, \tilde{X}_6)^T$）を与える式がわかり，

$$\tilde{X}_1 = X_1 X_1 + \frac{1}{4} X_2 X_2 + \frac{1}{4} X_6 X_6 + X_1 X_2 + X_1 X_6 + \frac{1}{2} X_2 X_6$$

$$\tilde{X}_2 = \frac{1}{2} X_2 X_2 + X_1 X_2 + X_1 X_4 + 2 X_1 X_5 + \frac{1}{2} X_2 X_4 + X_2 X_5 + \frac{1}{2} X_2 X_6 + \frac{1}{2} X_4 X_6 + X_5 X_6$$

$$\tilde{X}_3 = X_3 X_3 + \frac{1}{4} X_4 X_4 + \frac{1}{4} X_6 X_6 + X_3 X_4 + X_3 X_6 + \frac{1}{2} X_4 X_6$$

$$\tilde{X}_4 = \frac{1}{2} X_4 X_4 + X_2 X_3 + \frac{1}{2} X_2 X_4 + \frac{1}{2} X_2 X_6 + X_3 X_4 + 2 X_3 X_5 + X_4 X_5 + \frac{1}{2} X_4 X_6 + X_5 X_6$$

$$\tilde{X}_5 = \frac{1}{4} X_2 X_2 + \frac{1}{4} X_4 X_4 + X_5 X_5 + \frac{1}{2} X_2 X_4 + X_2 X_5 + X_4 X_5$$

$$\tilde{X}_6 = \frac{1}{2} X_6 X_6 + 2 X_1 X_3 + X_1 X_4 + X_1 X_6 + X_2 X_3 + \frac{1}{2} X_2 X_4 + \frac{1}{2} X_2 X_6 + X_3 X_6 + \frac{1}{2} X_4 X_6$$

となる．興味ある読者は，これらの式を繰り返し計算するプログラムをつくり，どのように値が推移していくかを確かめるとよいだろう．

初期の値に応じて最終的な値は変わるが，世代によって変わらない平衡状態がすぐに形成されることがわかる．このように遺伝子が個体群で一定の比に保たれる状態に落ち着くことはハーディ・ワインベルクの法則 (Hardy-Weinberg principle) として知られている．G. H. Hardy (1877–1947) と Wilhelm Weinberg (1862–1937) によって独立に 1908 年に発見された法則で，集団遺伝学の基本となるものである．

ちなみに，血液型の表現形は人種や地域によって異なり，例えばアメリカでは O 型が 70% 近い．血液型の性格診断は日本人特有の迷信の 1 つで，疑似科学の 1 つと言ってもよいだろう．

7.3.4 乗算過程 (1)：対数正規分布の出現

⟹ コラム 18「あちこちで登場する「ベキ分布」」

自然界や社会現象では，対数正規分布（§2.6.5, 定義 2.47）・ベキ分布（§2.6.6, 定義 2.48）で表される確率分布が広く存在する．その根拠の 1 つとして考えられているのが乗算過程である．

乗算過程
(multiplicative process)

Gibrat 過程
(Gibrat's process)

👤Robert Gibrat
ジブラ (1904-80)

ここでは，乗算過程が対数正規分布をもたらすことを示すが，必要十分条件を示すわけではない．この他にも対数正規分布をもたらす過程があると考えられる．

> **定義 7.12（乗算過程・Gibrat（ジブラ）過程）**
> 時刻 t における確率変数を X_t としたとき，その時間変化が
> $$X_{t+1} = \alpha_t X_t \qquad (t = 0, 1, 2, \cdots) \qquad (7.3.12)$$
> となる確率過程を**乗算過程**という．α_t は，時刻 t のときの確率変数 X_t の変化率であり，時刻によって変化するものとする．
>
> - 乗算過程にしたがって時間変化する量 X_t の分布は，対数正規分布にしたがう．
> - α_t と X_t が互いに無相関であるときには，**Gibrat 過程**という．

(7.3.12) にしたがって時間変化するとき，初期時刻の量を X_0 とすると

$$X_t = X_0 \alpha_0 \alpha_1 \cdots \alpha_{t-1} = X_0 \prod_{i=0}^{t-1} \alpha_i \qquad (7.3.13)$$

となるので，両辺の自然対数をとれば

$$\log X_t = \log X_0 + \log \alpha_0 + \log \alpha_1 + \cdots + \log \alpha_{t-1} \qquad (7.3.14)$$

となる．$\log X_0$ と $\log \alpha_i$ が互いに無相関であれば，中心極限定理より，t が大きいときには $\log X_t$ は正規分布にしたがうことが期待される．そのため，X_t の分布関数は対数正規分布にしたがうことになる．

正規分布と対数正規分布

§2.6.5 の図で見たように，分散が小さいときの対数正規分布は正規分布と非常に似た形状になる．このことを上記の乗算過程から考えよう．

株価変動や都市の人口など，平均的な値 $\overline{A}$ が，時間的にわずかにランダムに変動している状況を考える．時間変化が微分方程式

$$\frac{\partial}{\partial t}\overline{A} = k\xi_t \overline{A} \qquad (k: 定数) \qquad (7.3.15)$$

にしたがうとして，ξ_t は時間相関のない微小なノイズとする．左辺の時間微分を微小時間 Δt を用いて差分化（離散化）すると，

$$\frac{\overline{A}_{t+\Delta t} - \overline{A}_t}{\Delta t} = k\xi_t \overline{A}_t$$

より

$$\overline{A}_{t+\Delta t} = (1 + k\xi_t \Delta t)\overline{A}_t \qquad (7.3.16)$$

となる．これは，(7.3.12) の乗算過程とみなすことができる．ξ_t の標準

偏差を σ_ξ とすれば，(7.3.16) のゆらぎの標準偏差は $k\sigma_\xi\Delta t$ となる．ゆらぎが平均的な値 $\overline{A}$ と同程度にまで成長する時間をおよそ τ とすれば，$1 \sim k\sigma_\xi\tau$ より，

$$\tau \sim \frac{1}{k\sigma_\xi} \tag{7.3.17}$$

となる．τ は特徴的な時間スケールを表すことになる．

$\overline{A_t}$ の初期値 $\overline{A}_0$ を用いれば，(7.3.16) は

$$\overline{A}_t = (1+k\xi_{t-\Delta t}\Delta t)(1+k\xi_{t-2\Delta t}\Delta t)\cdots(1+k\xi_0\Delta t)\overline{A}_0$$
$$= \overline{A}_0 \prod_{i=0}^{N-1}(1+k\xi_{i\Delta t}\Delta t) \tag{7.3.18}$$

となる．ただし，$N = t/\Delta t$ とした．これは Gibrat 過程である．

- $t \leq \tau$ であれば，$\overline{A}$ の分布は対数正規性をもつことが期待される．
- t のスケールが $t \ll \tau$ （すなわち $k\sigma_\xi t \ll 1$）であれば，(7.3.18) は

$$\overline{A}_t = \overline{A}_0 \left(1 + \sum_{i=0}^{N-1} k\xi_{i\Delta t}\Delta t\right) \tag{7.3.19}$$

となる．これは Gauss 過程である．

Gibrat 過程 (7.3.18) で，$t \ll \tau$ を考えると，Gauss 過程 (7.3.19) になる．

時間スケールを短く考えた極限ととらえてもよいが，σ_ξ が小さい極限を考えたとしてもよい．対数正規分布は分散が小さいときには正規分布に近づくことと同じである．

7.3.5 乗算過程 (2)：ベキ分布の出現

ベキ分布をもたらすモデルの 1 つを紹介しよう．

定義 7.13（乗算過程 (2)・ノイズ項のある乗算過程）
(7.3.12) で表される乗算過程に，ノイズ項 β_t が加わる確率過程

$$X_{t+1} = \alpha_t X_t + \beta_t \qquad (t = 0,1,2,\cdots) \tag{7.3.20}$$

を考える．β_t は平均がほぼ 0 で分散が有限な値となる無相関な確率変数とする．

この確率過程モデルで，常に $\alpha_t > 0$ とすると，

- $\ln\alpha_t$ の平均値 $\overline{\ln\alpha_t}$ が負ならば，X_t は次第に定常分布に落ち着くこと．（$\overline{\ln\alpha_t} > 0$ ならば非定常なこと）．
- さらに，常に $\alpha_t \leq 1$ ならば，X_t は次第に拡張指数分布（Gauss 分布を含むような指数関数の拡張形）に落ち着き，わずかでも $\alpha_t > 1$ となる確率があれば，X_t は次第にベキ分布に落ち着いていくこと．

が高安秀樹らによって示されている．(7.3.20) は，統計物理学での Lengevin 方程式とも関連し，自然界や社会における統計量について定量的な議論を可能にする式として研究されている．

(7.3.20) は，**Kesten** 過程 (Kesten process) とも呼ばれる．
👤Harry Kesten
ケステン (1931-)

このモデルについては，H. Takayasu *et al.*, *Phys. Rev. Lett.* **79** (1997) 966 参照．この他にもベキ分布を生成するモデルはいくつか知られている．巻末の文献参照．

個々の現象の未来予測はできなくても，統計量を定量的に扱うことができる，という学問であることを確認しつつ筆を置く．

参考文献

多くの解説書・演習書を研究し，要点をわかりやすく，使いやすい本になるよう心がけたつもりである．本書執筆にあたって，参考とさせていただいた書籍と，さらに学習を深めるためのテキストを挙げておく．

- 大学新入生レベルの微分積分と微分方程式に関しては，
    [1] 真貝寿明,「徹底攻略 微分積分」（共立出版，2009 年）
    [2] 真貝寿明,「徹底攻略 常微分方程式」（共立出版，2010 年）
    を必要に応じて本文から参照してある．本書と同じスタイルである．

- おもに確率・確率分布に関する参考文献として次を挙げる．[3] は 4 巻ものの大著であり，多くの教科書が手本にしている．[5][6] は本書と同レベルでコンパクトにまとまっている．[7] は古典的な例題を広く揃えている．
    [3] W. フェラー 著，河田龍夫 監訳,「確率論とその応用 (I 上下，II 上下)」（紀伊国屋書店，1961 年）
    [4] 東京大学教養学部統計学教室 編,「統計学入門」（東京大学出版会，1991 年）
    [5] 和達三樹・十河清,「キーポイント 確率・統計」（岩波書店，1993 年）
    [6] 中村忠・山本英二,「理工系確率統計 データ解析のために」（サイエンス社，2002 年）
    [7] 武隈良一,「確率」（培風館，1978 年）

- おもに統計（推定・検定）に関する参考文献として次を挙げる．[10] は 800 ページを超えるカラー版の教科書である．
    [8] 東京大学教養学部統計学教室 編,「自然科学の統計学」（東京大学出版会，1992 年）
    [9] 岩原信九郎,「教育と心理のための推計学（新訂版）」（日本文化科学社，1965 年）
    [10] M. Sullivan, III,「Statistics, 3rd ed.」（Pearson Education International，2010 年）

- 演習書としては，いずれもポリシーが明確な次の 4 冊を参考にした．
    [11] 国沢清典 編,「確率統計演習 (1 確率，2 統計)」（培風館，1966 年）

[12] 鈴木七緒・安岡義則・志村利雄 共編,「詳解確率と統計演習」(共立出版, 1979 年)

[13] 小寺平治,「明解演習数理統計」(共立出版, 1986 年)

[14] 和田秀三,「基本演習確率統計」(サイエンス社, 1990 年)

- 多変量解析に関する参考文献としては,題材に個性がある [15] と標準的な [16] を挙げる.

   [15] 三土修平,「初歩からの多変量統計」(日本評論社, 1997 年)

   [16] 永田靖・棟近雅彦,「多変量解析法入門」(サイエンス社, 2001 年)

- 確率過程に関する参考文献としては,上記 [3] のほかに,次を挙げる. [17] は意欲ある高校生向けに書かれたもの. [18] はブラウン運動に関する原論文の訳とともに井上健氏の解説がある. [19] は具体的な例題が豊富. [20] には本書最後のベキ分布についての説明がある.

   [17] 米沢富美子,「ブラウン運動 (物理学 One Point)」(共立出版, 1986 年)

   [18] 湯川秀樹 監修,「アインシュタイン選集 1」(共立出版, 1971 年)

   [19] R. デュレット 著, 今野紀雄ほか 訳,「確率過程の基礎」(シュプリンガー・ジャパン, 2005 年)

   [20] 林幸雄 編さん,「ネットワーク科学の道具箱」(近代科学社, 2007 年)

- オリジナルな題材に富む書としては,次を薦めたい.

   [21] 服部哲弥,「統計と確率の基礎」(学術図書出版, 2006 年)

   [22] B. Frey 著, 鴨澤眞夫 監訳「Statistics Hacks」(オライリー・ジャパン, 2007 年)

   [23] 福井幸男,「統計学の力 ベースボールからベンチャービジネスまで」(共立出版, 2009 年)

   [24] 平岡和幸・堀玄,「プログラミングのための確率統計」(オーム社, 2009 年)

   [25] 池畠良・景山三平・下村哲,「教員のための数学 II」(培風館, 2007 年)

- 本書ではプログラミングの課題としていくつかトピックを提供した.例えば,(疑似) 乱数を生成する方法としては,次の書が良いだろう. [27] は,組版ソフトウェア LaTeX の開発者でもある Knuth 先生による著である.

   [26] 伏見正則,「確率的方法とシミュレーション (岩波応用数学講座)」(岩波書店, 1997 年)

   [27] Donald E. Knuth 著, 有沢誠ほか 訳,「The Art of Computer Programming (2)」(アスキー, 2004 年)

- さらに深めた学習には, [3] [19] の他,次を挙げる.いずれも示唆に富む大著である.

   [28] 伊藤清,「確率論 (岩波基礎数学選書)」(岩波書店, 1991 年)

   [29] G. W. スネデガー・W. G. コクラン 著, 畑村又好ほか 訳「統計的方法 (原著第 6 版)」(岩波書店, 1972 年)

   [30] B. エクセンダール 著, 谷口説男 訳,「確率微分方程式」(シュプリンガー・フェアラーク東京, 1999 年)

問題・章末問題の答

第 0 章

問題 0.1

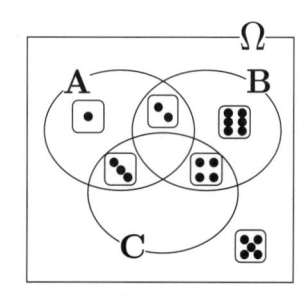

(1) $\{\emptyset\}$
(2) $\{\boxdot,\boxdot,\boxdot,\boxdot,\boxdot\}$ （すべて）
(3) $\{\boxdot,\boxdot,\boxdot,\boxdot,\boxdot\}$ （$\boxdot$ 以外）
(4) $\{\boxdot\}$
(5) $\{\boxdot,\boxdot\}$
(6) $\{\boxdot,\boxdot\}$

第 1 章

問題 1.9

$$\begin{aligned}
{}_n C_{r-1} + {}_n C_r &= \frac{n!}{(n-r+1)!(r-1)!} + \frac{n!}{(n-r)!\,r!} \\
&= \frac{n!}{(n-r)!(r-1)!}\left(\frac{1}{n-r+1}+\frac{1}{r}\right) \\
&= \frac{n!}{(n-r)!(r-1)!}\cdot\frac{r+n-r+1}{(n-r+1)r} \\
&= \frac{(n+1)!}{(n-r+1)!\,r!} = {}_{n+1} C_r
\end{aligned}$$

問題 1.11

(1) ${}_9 C_3 = 84$ 通り．　(2) $\dfrac{13!}{10!\,3!} = 286$ 通り．

問題 1.13

(1) 偽．「$\boxdot$ の目が出る」は確率 $1/6$，「$\boxdot$ の目が出ない」は確率 $5/6$．

(2) 偽．コイン 2 枚を投げたときの全事象は
$\mathbf{S} = \{\,\text{表と表},\ \text{表と裏},\ \text{裏と表},\ \text{裏と裏}\,\}$
の 4 つであるから，「2 枚とも表」となるのは，$1/4$ の確率．

問題 1.16

1 つめと 2 つめのサイコロの目に対し，3 つめのサイコロの目がどうであれば和が 10 になるかを考えると，下表の 27 箇所で可能である．（− では不可能．）全部で $6^3 = 216$ 通りの組み合わせがあるから，$\dfrac{27}{216} = \dfrac{1}{8}$．

		1 つめの目					
		1	2	3	4	5	6
2	1	−	−	6	5	4	3
つ	2	−	6	5	4	3	2
め	3	6	5	4	3	2	1
の	4	5	4	3	2	1	−
目	5	4	3	2	1	−	−
	6	3	2	1	−	−	−

問題 1.19

- A が勝つ確率 P_A は，1 巡目で勝つ確率 $1/3$，2 巡目が回ってきて勝つ確率 $(2/3)^3(1/3)$，などの和になることから
$$P_A = \frac{1}{3} + \left(\frac{2}{3}\right)^3\frac{1}{3} + \left(\frac{2}{3}\right)^6\frac{1}{3} + \cdots$$
$$= \frac{1}{3}\cdot\frac{1}{1-(2/3)^3} = \frac{9}{19}$$

- B が勝つ確率 P_B は，同様に
$$P_B = \frac{2}{3}\cdot\frac{1}{3} + \left(\frac{2}{3}\right)^4\frac{1}{3} + \cdots = \frac{2}{3}P_A = \frac{6}{19}$$

- C が勝つ確率 P_C は，$1 - P_A - P_B = \dfrac{4}{19}$．

問題 1.21

余事象を考える．すべて受験しても 1 校も受からない確率は $(1/2)^5 = 1/32$ だから，少なくとも 1 校に受かる確率は $1-(1/2)^5 = 31/32 = 96.875\%$．

問題 1.22

余事象を考える．当たる確率が 1/10 である福引券を n 枚集めてもすべて外れる確率は，$(9/10)^n$ である．この確率が 10% 以下となればよい．

$$(9/10)^n \leq 0.1$$
$$n \log_{10}(9/10) \leq \log_{10} 0.1$$
$$n(2\log_{10} 3 - 1) \leq -1$$
$$n \geq \frac{1}{1 - 2\log_{10} 3} = 21.85\cdots$$

したがって，22 枚以上集めるとよい．

問題 1.27

(1) A=48, B=16.　　(2) A=44, B=20.

問題 1.29（じゃんけんの勝負数）

- 2 人の手の出し方は，$3^2 = 9$ 通り．1 回のじゃんけんで勝負がつくのは，A が勝つ（グー・チョキ・パー）3 通りと B が勝つ 3 通り．したがって，1 回で勝負がつく確率は $\frac{3+3}{9} = \frac{2}{3}$.
- N 回目のじゃんけんになる確率は，それまでに $N-1$ 回とも勝負がつかないときだから，$(1/3)^{N-1}$．N 回目で勝負がつくのは，そのうちの 2/3．
- したがって，じゃんけん回数の期待値 m は，

$$m = \sum_{N=1}^{n} N \left(\frac{1}{3}\right)^{N-1} \frac{2}{3}$$
$$= 2\left\{1 \cdot \frac{1}{3} + 2 \cdot \frac{1}{3^2} + 3 \cdot \frac{1}{3^3} + \cdots + n \cdot \frac{1}{3^n}\right\}.$$

この式全体を 1/3 倍すると

$$\frac{1}{3}m = 2\left\{1 \cdot \frac{1}{3^2} + 2 \cdot \frac{1}{3^3} + \cdots + n \cdot \frac{1}{3^{n+1}}\right\}.$$

となり，2 式の差をとると，

$$\frac{2}{3}m = 2\left\{\frac{1}{3} + \frac{1}{3^2} + \frac{1}{3^3} + \cdots + \frac{1}{3^n} - n \cdot \frac{1}{3^{n+1}}\right\}$$
$$m = 1 + \frac{1}{3} + \frac{1}{3^2} + \frac{1}{3^3} + \cdots + \frac{1}{3^{n-1}} - n \cdot \frac{1}{3^n}$$
$$= \frac{1 - (1/3)^{n-1}}{1 - (1/3)} - n \cdot \frac{1}{3^n}.$$

$n \to \infty$ の極限をとると，$m \to 1.5$ 回となる．

問題 1.34

全体の中で占める割合を図示すると，

	60% 0 と送信	40% 1 と送信
0 と受信	48%	4%
1 と受信	12%	36%

これより，「0 と受信」するのは全体の 48+4=52%，このうち，送信信号が実際に 0 であるのは 48% なので，求める確率は，48/52=92.3%.

問題 1.37（ポリヤの壺）

(1) 1 回目に赤球が出ると，2 回目は $(r+b+c)$ 個の中に赤球が $(r+c)$ 個入っている．ゆえに，$P(R_2|R_1) = \frac{r+c}{r+b+c}$．同様に考えて，$P(R_2|B_1) = \frac{r}{r+b+c}$.

(2)
$$P(R_2) = P(R_2|R_1)P(R_1) + P(R_2|B_1)P(B_1)$$
$$= \frac{r+c}{r+b+c}\frac{r}{r+b} + \frac{r}{r+b+c}\frac{b}{r+b}$$
$$= \frac{r^2 + rb + rc}{(r+b+c)(r+b)} = \frac{r}{r+b}.$$
$$P(B_2) = P(B_2|R_1)P(R_1) + P(B_2|B_1)P(B_1)$$
$$= \frac{b}{r+b+c}\frac{r}{r+b} + \frac{b+c}{r+b+c}\frac{b}{r+b}$$
$$= \frac{b^2 + br + bc}{(r+b+c)(r+b)} = \frac{b}{r+b}.$$

(3) $P(R_1 \cap R_2 \cap R_3) = P(R_3|R_2 \cap R_1)P(R_2|R_1)P(R_1)$
$$= \frac{r+2c}{r+b+2c}\frac{r+c}{r+b+c}\frac{r}{r+b}.$$

(4) 略.

問題 1.38（モンティ・ホール問題）

- 当たりの扉は 1 つだけで，ア，イ，ウそれぞれ確率 1/3 のパターンがある．

	A	B	C
ア	○	×	×
イ	×	○	×
ウ	×	×	○

$\Longrightarrow$

	「B 外れ」
ア	50%
イ	○
ウ	100%

- 挑戦者が A の扉を選んだ後で，司会者が扉を選ぶ．司会者は B と C のどちらの扉を選んでもよかった．アのとき，B を示す確率は $P(\text{「B 外れ」}|\text{ア}) = 50\%$，ウのときは $P(\text{「B 外れ」}|\text{ウ}) = 100\%$.
- これらの情報を得たとき，A が当たりの確率は，

$$P(\text{A} \cap \text{「B 外れ」}|\text{「B 外れ」})$$
$$= \frac{P(\text{A} \cap \text{「B 外れ」})}{P(\text{「B 外れ」})} = \frac{\frac{1}{3} \cdot \frac{1}{2}}{0.5 \cdot \frac{1}{3} + 1 \cdot \frac{1}{3}} = \frac{1}{3}.$$

C が当たりの確率は，

$$P(\text{C} \cap \text{「B 外れ」}|\text{「B 外れ」})$$
$$= \frac{P(\text{C} \cap \text{「B 外れ」})}{P(\text{「B 外れ」})} = \frac{1/3}{0.5 \cdot \frac{1}{3} + 1 \cdot \frac{1}{3}} = \frac{2}{3}.$$

したがって，C の扉に変更するほうがよい．

- 納得いかない人は，次のように考えてみよう．100 枚の扉があり，挑戦者が 1 枚選んだ後，司会者が残り 99 枚から外れの扉 98 枚を教えてくれたとしよ

う．はじめに選んだ扉と残されたもう 1 枚のどちらが当たりの情報が多いだろうか．
- 「当てずっぽうに選んだ扉が当たる確率」と「当てずっぽうに選んだ扉が外れる確率」を比べる問題である．

章末問題

1.1（三角形を移動する問題）

n 回目に B（C も同じ）にいる確率は，$(1-P_n)/2$ であるから，ここから A に移る確率は，

$$P_{n+1} = \frac{1}{2} \times \frac{1-P_n}{2} + \frac{1}{2} \times \frac{1-P_n}{2} = \frac{1-P_n}{2}.$$

変形して $P_{n+1} - \frac{1}{3} = -\frac{1}{2}\left(P_n - \frac{1}{3}\right)$．これより，

$$P_n - \frac{1}{3} = \left(-\frac{1}{2}\right)^n \left(P_0 - \frac{1}{3}\right)$$
$$= \left(-\frac{1}{2}\right)^n \left(1 - \frac{1}{3}\right) = \frac{2}{3}\left(-\frac{1}{2}\right)^n$$

ゆえに，$P_n = \frac{1}{3}\left\{1 - \left(-\frac{1}{2}\right)^{n-1}\right\}$ $(n=1, 2, \cdots)$．

1.2（火事になる確率）

3 軒の家を端から $\boxed{1}$, $\boxed{2}$, $\boxed{3}$ とする．

$\boxed{1}$ が火事になる確率は，
$$\begin{cases} A: \boxed{1} \text{ が出火する．} \\ B: \boxed{2} \text{ が出火し，} \boxed{1} \text{ に延焼する．} \\ C: \boxed{3} \text{ が出火し，} \boxed{2} \text{ に延焼し，} \boxed{1} \text{ に延焼する．} \end{cases}$$
の 3 通り．$P(A) = p$, $P(B) = pq$, $P(C) = pq^2$ である．求める確率は，

$$P(A \cup B \cup C) = 1 - P(\overline{A \cup B \cup C})$$
$$= 1 - P(\overline{A} \cap \overline{B} \cap \overline{C})$$
$$= 1 - P(\overline{A})P(\overline{B})P(\overline{C})$$
$$= 1 - (1-p)(1-pq)(1-pq^2).$$

$\boxed{2}$ が火事になる確率は，
$$\begin{cases} D: \boxed{2} \text{ が出火する．} \\ E: \boxed{1} \text{ が出火し，} \boxed{2} \text{ に延焼する．} \\ F: \boxed{3} \text{ が出火し，} \boxed{2} \text{ に延焼する．} \end{cases}$$
の 3 通り．$P(D) = p$, $P(E) = pq$, $P(F) = pq$ である．同様に考えて

$$P(D \cup E \cup F) = 1 - (1-p)(1-pq)^2.$$

1.3（魔法使い判定機）

(1) 正体が人間を X, 魔法使いを $\overline{X}$, 人間と機械が判定することを Y, 魔法使いとの判定を $\overline{Y}$ とする．

$$P(\overline{Y}) = P(\overline{Y} \cap X) + P(\overline{Y} \cap \overline{X})$$
$$= P(\overline{Y}|X)P(X) + P(\overline{Y}|\overline{X})P(\overline{X})$$
$$= \frac{10}{100}\frac{9999}{10000} + \frac{90}{100}\frac{1}{10000} = \frac{10008}{10^5}$$

より，およそ 10% である．

(2) 求める確率は，$P(\overline{X}|\overline{Y})$ である．

$$P(\overline{X}|\overline{Y}) = \frac{P(\overline{X} \cap \overline{Y})}{P(\overline{Y})} = \frac{9/10^5}{10008/10^5} \sim 9 \times 10^{-4}$$

およそ 0.09% である．

1.4（お見合い戦略）

第 1 位の最良の人が登場する確率は毎回 $1/n$ である．戦略にしたがって，a 人見送って，さらに i 人見送ったとき，その次に最良の人が来る確率を考える．こうなるのは，見送ることになる $a+i$ 人の中で最も良い人が最初の a 人の中にいる場合なので，その確率は，$\frac{1}{n} \times \frac{a}{a+i}$ となる．したがって，この戦略で最良の人を選ぶ確率 $P(n, a)$ は

$$P(n, a) = \sum_{i=0}^{n-a-1} \frac{1}{n} \frac{a}{a+i}$$
$$= \frac{a}{n}\left(\frac{1}{a} + \frac{1}{a+1} + \cdots + \frac{1}{n-1}\right).$$

- $n = 10$ のときは $P(10, 3) = 0.398$ が最も高い．
  $n = 20$ のときは $P(20, 7) = 0.384$ が最も高い．
  おおよそ 1/3 ほどはじめに見送るのが良さそうだ．

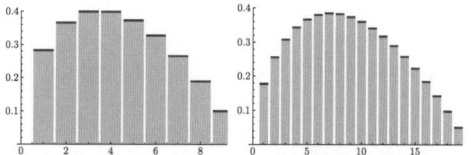

- 詳しくは，森口繁一ほか編著「生きている数学」（培風館，1979 年）参照．

第 2 章

問題 2.1

(1) $f(x) = ax(x_0 - x)$ (a: 定数) とする．$x = [0, x_0]$ での面積が 1 となることから，

$$1 = \int_{-\infty}^{\infty} f(x)\,dx = \int_0^{x_0} ax(x_0 - x)\,dx$$
$$= a\left[\frac{1}{2}x_0 x^2 - \frac{1}{3}x^3\right]_0^{x_0} = \frac{1}{6}x_0^3$$

これより $a = \frac{6}{x_0^3}$．ゆえに $f(x) = \frac{6}{x_0^3}x(x_0 - x)$．

(2) $F(x)$ は，$0 \leq x \leq x_0$ の範囲では，

$$F(x) = \int_0^x f(x)\,dx = \int_0^x \frac{6}{x_0^3}x(x_0 - x)\,dx$$
$$= \frac{6}{x_0^3}\left[\frac{1}{2}x_0 x^2 - \frac{1}{3}x^3\right]_0^x = \frac{3}{x_0^2}x^2 - \frac{2}{x_0^3}x^3$$

確率密度関数 $f(x)$　　　累積分布関数 $F(x)$

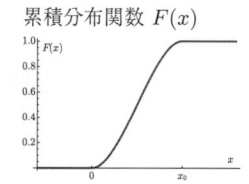

問題 2.3

$\mu = E[X] = \int_{-\infty}^{\infty} x f(x)\, dx$ とする. 定義 (2.2.3) より,

$$\begin{aligned}
V[X] &\equiv \int_{-\infty}^{\infty} (x-\mu)^2 f(x)\, dx \\
&= \int_{-\infty}^{\infty} (x^2 - 2\mu x + \mu^2) f(x)\, dx \\
&= \int_{-\infty}^{\infty} x^2 f(x)\, dx - 2\mu \int_{-\infty}^{\infty} x f(x)\, dx \\
&\quad + \mu^2 \int_{-\infty}^{\infty} f(x)\, dx \\
&= \int_{-\infty}^{\infty} x^2 f(x)\, dx - 2\mu^2 + \mu^2 = E[X^2] - \mu^2
\end{aligned}$$

問題 2.12

$$\begin{aligned}
&\mathrm{Cov}[X, Y] \\
&= E[(X - m_X)(Y - m_Y)] \\
&= E[XY - m_X Y - m_Y X + m_X m_Y] \\
&= E[XY] - m_X \sum_j Y p(y_j) \\
&\quad - m_Y \sum_i X p(x_i) + m_X m_Y \sum_i \sum_j p(x_i, y_j) \\
&= E[XY] - m_X E[Y] - m_Y E[X] + m_X m_Y \\
&= E[XY] - m_X m_Y - m_Y m_X + m_X m_Y \\
&= E[XY] - E[X] E[Y]
\end{aligned}$$

問題 2.15 (独立な確率変数の和と確率母関数)

X_1, X_2 は独立な確率変数なので,

$$\begin{aligned}
P(X_1 + X_2 = k) &= \sum_{\ell=0}^{k} P(X_1 = \ell \cap X_2 = k - \ell) \\
&= \sum_{\ell=0}^{k} P(X_1 = \ell)\, P(X_2 = k - \ell)
\end{aligned}$$

である. 確率母関数は

$$\begin{aligned}
G_S(z) &= \sum_{k=0}^{\infty} P(X_1 + X_2 = k)\, z^k \\
&= \sum_{k=0}^{\infty} \left\{ \sum_{\ell=0}^{k} P(X_1 = \ell)\, P(X_2 = k - \ell) \right\} z^k
\end{aligned}$$

ここで, $z^k = z^{k-\ell} z^\ell$ とし, さらに $k' = k - \ell$ として和をとる順序を入れ替える. すなわち,

k	ℓ		ℓ	k	k'
0	0		0	$0,1,2,\cdots$	$0,1,2,\cdots$
1	0,1	$\Longrightarrow$	1	$0,1,2,\cdots$	$0,1,2,\cdots$
2	0,1,2		2	$0,1,2,\cdots$	$0,1,2,\cdots$
$\vdots$	$\vdots$		$\vdots$	$\vdots$	$\vdots$

と対応させると,

$$\begin{aligned}
G_S(z) &= \left\{ \sum_{\ell=0}^{\infty} P(X_1 = \ell) z^\ell \right\} \left\{ \sum_{k'=0}^{\infty} P(X_2 = k') z^{k'} \right\} \\
&= G_1(z)\, G_2(z).
\end{aligned}$$

問題 2.19

$$P(X = 2) = {}_{10}C_2 \left(\frac{1}{6}\right)^8 \left(\frac{5}{6}\right)^2 = \frac{10!}{2! 8!} \frac{25}{6^{10}} = \frac{45 \cdot 25}{6^{10}}$$

$$= \frac{1125}{6^{10}} \simeq 1.86 \times 10^{-5}. \quad \text{ほぼゼロに近い.}$$

問題 2.27 (馬に蹴られて死亡)

死亡者数	師団数	$Po(0.61)$
0	109	108.67
1	65	66.29
2	22	20.22
3	3	3.52
4	1	0.63
5 以上	0	0.08

となり, 見事に一致する. よく気がついたものですね.

問題 2.28 (幾何分布の平均と分散)

$$M(t) = \sum_{k=0}^{\infty} e^{tk} pq^k = p \sum_{k=0}^{\infty} (q e^t)^k$$

$t = 0$ の近傍では, $q e^t < 1$ とすれば

$$M(t) = \frac{p}{1 - q e^t}$$

となる. $E[X]$ は, $M'(t) = \dfrac{pq e^t}{(1 - q e^t)^2}$ より,

$$E[X] = M'(0) = \frac{pq}{(1-q)^2} = \frac{q}{p}.$$

さらに, $M''(t) = \cdots = \dfrac{pq e^t (1 + q e^t)}{(1 - q e^t)^3}$

$$M''(0) = \frac{pq(1+q)}{(1-q)^3} = \frac{q(1+q)}{p^2}$$

より, $V[X] = M''(0) - (E[X])^2 = \dfrac{q}{p^2}$.

問題 2.31 (知能指数)

(1) IQ=125 は, 平均値からの差が標準偏差 σ の $(125 - 100)/15 = 1.67$ 倍である. 偏差値に換算すると, $50 + 10 \times 1.67 = 66.7$ になる.

(2) IQ=150 は, 平均値からの差が標準偏差 σ の $(150 - 100)/15 = 3.33$ 倍である. 付表 2 の正規分布表から読み取ると, $\alpha \geq 3.33$ の面積は 4.342×10^{-4} である. 10^4 人の中には, 4.34 人いると見積もられる.

(3) IQ=200 は, 平均値からの差が標準偏差 σ の $(200 - 100)/15 = 6.66$ 倍である. 付表 2 の正規分布表から読み取ると, $\alpha \geq 6.66$ の面積は, 2.0×10^{-11} 以下, 正確には 1.369×10^{-11} である. 地球全体の人口を 100 億人=10^{10} 人としても, 0.137 人という値である.

問題 2.32（成績の 5 段階評価）

評価	素点	偏差値	人数比
5	$\mu + 1.5\sigma$ 以上	65 以上	7%
4	$\mu + 0.5\sigma$ から $\mu + 1.5\sigma$	55 から 65	24%
3	$\mu - 0.5\sigma$ から $\mu + 0.5\sigma$	45 から 55	38%
2	$\mu - 1.5\sigma$ から $\mu - 0.5\sigma$	35 から 45	24%
1	$\mu - 1.5\sigma$ 以下	35 以下	7%

問題 2.33（指数分布の平均・分散）

平均 $\mu = E[X]$ は，定義より，

$$E[X] = \int_0^\infty x f(x)\, dx = \int_0^\infty x\lambda e^{-\lambda x}\, dx$$
$$= \int_0^\infty x(-e^{-\lambda x})'\, dx$$
$$= \left[-xe^{-\lambda x}\right]_0^\infty - \int_0^\infty (-e^{-\lambda x})\, dx$$
$$= 0 - \int_0^\infty e^{-\lambda x}\, dx = -\frac{1}{\lambda}\left[e^{-\lambda x}\right]_0^\infty = \frac{1}{\lambda}$$

次に分散 $V[X]$ を求める．$E[X^2]$ の部分は，定義より

$$E[X^2] = \int_0^\infty x^2 f(x)\, dx = \int_0^\infty x^2 \lambda e^{-\lambda x}\, dx$$
$$= \int_0^\infty x^2 (-e^{-\lambda x})'\, dx$$
$$= \left[-x^2 e^{-\lambda x}\right]_0^\infty - \int_0^\infty 2x(-e^{-\lambda x})\, dx$$
$$= 0 + \int_0^\infty 2x\left(-\frac{1}{\lambda}e^{-\lambda x}\right)'\, dx$$
$$= \left[2x\left(-\frac{1}{\lambda}e^{-\lambda x}\right)\right]_0^\infty - \int_0^\infty 2\left(-\frac{1}{\lambda}e^{-\lambda x}\right)\, dx$$
$$= 0 + \frac{2}{\lambda}\left[\frac{1}{\lambda}e^{-\lambda x}\right]_0^\infty = \frac{2}{\lambda^2}$$

したがって，$V[X] = E[X^2] - (E[X])^2 = \frac{1}{\lambda^2}$．

章末問題

2.1
全面積が 1 であるように a を決める．
$$\int_{-\pi/2}^{\pi/2} a\cos x\, dx = 2a$$
より，$a = 1/2$．期待値 $E[X]$ と分散 $V[X]$ は

$$E[X] = \int_{-\pi/2}^{\pi/2} x\frac{\cos x}{2}\, dx = 0,$$
$$V[X] = \int_{-\pi/2}^{\pi/2} (x-0)^2 \frac{\cos x}{2}\, dx = \frac{\pi^2 - 8}{4}.$$

2.2 （オーバーブッキング）
予約を取り消す客の確率分布は，2 項分布 $B(n=100, p=0.04)$ にしたがうが，これは Poisson 分布 $Po(\lambda = np = 4)$ で近似できる．予約を取り消す客が $k = 0, 1, 2$ 人の場合は，付表 1 より，

$$0.01832 + 0.07326 + 0.1465 = 0.23808$$

したがって，23.8%．

2.3 （Banach のマッチ箱の問題）
k 本残っている確率を $p(k)$ とする．右の箱を選ぶことを 1，左の箱を選ぶことを 0 とすれば，このBernoulli 試行は，0 と 1 が並んだ数列になる．

いま，右の箱が空になったとすると，数列の第 $N+1$ 番目の 1 の前に，N 個の 1 と $N-k$ 個の 0 が並ぶことになる．その確率は，負の 2 項分布より

$$_{(N+1)+(N-k)-1}C_{N-k}\left(\frac{1}{2}\right)^{N+1}\left(\frac{1}{2}\right)^{N-k}$$

同じことが逆のポケットについてもいえるので，

$$p(k) = 2\,_{2N-k}C_{N-k}\left(\frac{1}{2}\right)^{2N-k+1}$$
$$= \,_{2N-k}C_N\left(\frac{1}{2}\right)^{2N-k}$$

2.4 （超幾何分布）
不良品を k 個取り出す確率 p_k は，超幾何分布 $H(N=50, n=10, p=0.2)$ より

$$p_k = \frac{_{10}C_k \times \,_{40}C_{10-k}}{_{50}C_{10}} \quad (k=0,1,2,\cdots,10)$$

である．期待値 $E[X]$ は $E[k] = \sum_{k=0}^{10} k p_k$ で与えられ，これを計算すると $np = 2$ 個となる．

2.5 （どのくらい稀か）
標準偏差は $\sigma = 5$ であるから，$x = 90, 80, 70$ のデータは，それぞれ平均から，$2\sigma, 4\sigma, 6\sigma$ の位置にある．正規分布表（付表 2）からこれらの値以上の確率を読み取ると，順に，2.275%, $3.17 \times 10^{-3}\%$, $9.87 \times 10^{-8}\%$ の程度の確率で生じる領域にある．

2.6 （通話時間）

$$P(x \leq 5) = \int_0^5 f(x)\, dx = \left[e^{-x/5}\right]_0^5 = 1 - \frac{1}{e} = 0.632$$
$$P(x \geq 10) = \int_{10}^\infty f(x)\, dx = \frac{1}{e^2} = 0.135$$

2.7 （電話料金）
(1) 1 人が支払う料金 $f(x)$ は，通話時間を x 分とすると，

$$f(x) = \begin{cases} a & (0 < x \leq 3) \\ a + bn & (2+n < x \leq 3+n) \end{cases}$$

となる $(n = 1, 2, \cdots)$．料金の平均値 $E[Y]$ が指数分布 $\mathrm{Exp}(\lambda)$ にしたがうことから，

$$E[Y] = E[f(X)] = \int_0^\infty f(x)\lambda e^{-\lambda x}\, dx$$
$$= \int_0^3 a\lambda e^{-\lambda x}\, dx + \sum_{n=1}^\infty \int_{2+n}^{3+n}(a+nb)\lambda e^{-\lambda x}\, dx$$
$$= a(1 - e^{-3\lambda}) + \sum_{n=1}^\infty (a+nb)\left(e^{-(2+n)\lambda} - e^{-(3+n)\lambda}\right)$$

a の係数は

$$(1-e^{-3\lambda}) + \sum_{n=1}^{\infty} \left(e^{-(2+n)\lambda} - e^{-(3+n)\lambda}\right)$$
$$= \cdots = 1$$

b の係数は

$$\sum_{n=1}^{\infty} n\left(e^{-(2+n)\lambda} - e^{-(3+n)\lambda}\right)$$
$$= (e^{-2\lambda} - e^{-3\lambda}) \sum_{n=1}^{\infty} ne^{-n}$$
$$= e^{-2\lambda}(1-e^{-\lambda})\frac{1}{(1-e^{-\lambda})^2} = \frac{e^{-2\lambda}}{1-e^{-\lambda}}$$

したがって，料金の平均値は

$$E[Y] = a + be^{-2\lambda}(1-e^{-\lambda})^{-1}.$$

(2) i 番目の通話料金を Y_i とする．$E[Y_i]$ は (1) の答えで与えられる．1日の通話数が N 回のとき，その日の料金の合計値 Z は，$Z = Y_1 + Y_2 + \cdots + Y_N$ である．期待値は，

$$E[Z] = \sum_{k=0}^{\infty} P(N=k) E[Y_1 + Y_2 + \cdots + Y_k]$$

である．$P(N=k)$ は，Poisson 分布 $\mathrm{Po}(\mu)$ にしたがうことから，

$$E[Z] = \sum_{k=0}^{\infty} e^{-\mu} \frac{\mu^k}{k!} \cdot k E[Y_k]$$
$$= (a + be^{-2\lambda}(1-e^{-\lambda})^{-1}) e^{-\mu} \sum_{k=0}^{\infty} \frac{\mu^k}{k!} k$$

ここで，$\sum_{k=0}^{\infty} \frac{\mu^k}{k!} k = \sum_{k=1}^{\infty} \frac{\mu^k}{k!} = \mu \sum_{\ell=0}^{\infty} \frac{\mu^\ell}{\ell!} = \mu e^\mu$ より，

$$E[Z] = (a + be^{-2\lambda}(1-e^{-\lambda})^{-1})\mu.$$

2.8 (カード集め)
$k-1$ 種類目から k 種類目を得るために X_k 袋を買うとする．ただし，$X_1 = 1$ である．r 種類を集めるためには，$Y_r = X_1 + X_2 + \cdots + X_r$ 袋を買うことになる．

手元に $k-1$ 種類あるとき，次のカードを取り出す確率は $p = (n-k+1)/n$ であり，はじめてそのカードになるまではファーストサクセス分布 $\mathrm{FS}(p)$ にしたがうので，期待値 $E[X_k]$ は，$E[X_k] = 1/p = n/(n-k+1)$．これより，

$$E[Y_r] = E[X_1] + E[X_2] + \cdots + E[X_r]$$
$$= n\left(\frac{1}{n} + \frac{1}{n-1} + \cdots + \frac{1}{n-r+1}\right)$$

n 種類全部集めるまでは，

$$E[Y_n] = n\left(\frac{1}{n} + \frac{1}{n-1} + \cdots + \frac{1}{2} + 1\right).$$

- $n = 10$ とすると，$E[Y_5] = 6.46$, $E[Y_{10}] = 29.29$ となり，10 種類のカードがあるときには 5 枚集めるのに 7 袋程度で済むが，全種類集めるためには，平均 30 袋買わなければならないことがわかる．

第 3 章

問題 3.2

確率分布は，2 項分布 $B(n=1000, p=1/6)$ で与えられる．1000 回の試行回数は十分多いので，正規分布で近似して考えてよい．2 項分布の確率変数を X とすると，平均 μ と標準偏差 σ は，

$$\mu = E[X] = np = 1000 \cdot \frac{1}{6},$$
$$\sigma = \sqrt{V[X]} = \sqrt{np(1-p)} = \sqrt{1000 \cdot \frac{1}{6} \cdot \frac{5}{6}} = \frac{\sqrt{5000}}{6}$$

これより，対応する標準正規分布の上端と下端は，

$$P_{2項}(160 \leq X \leq 200)$$
$$\simeq P_{標準正規}\left(\frac{160 - 1000/6}{\sqrt{5000}/6} \leq Z \leq \frac{200 - 1000/6}{\sqrt{5000}/6}\right)$$
$$= P_{標準正規}(-0.565 \leq Z \leq 2.828)$$
$$= P_{標準正規}(-0.57 \leq Z \leq 0.0)$$
$$\quad + P_{標準正規}(0.0 \leq Z \leq 2.83)$$
$$= 0.2157 + 0.4977 = 0.7134.$$

- 例題 3.1 と比べて，確率が高くなった理由を考えてみよう．

章末問題

3.1 (エレベータの設計)
$n = 10$ 人乗りなので，平均値は，$n\mu = 10 \cdot 58 = 580$ kg．標準偏差は $\sqrt{n}\sigma = \sqrt{10} \cdot 6 = 18.97$ kg となる．したがって，4σ 分の上乗せを考えると，$580 + 18.97 \times 4 = 656$ kg．約 1.3 人分多く設計する必要がある．

3.2 (下駄を投げる)
題意より，$P\left(\left|\frac{k}{n} - p\right| \geq 0.1p\right) \geq 0.95$ である．

$$\text{左辺} = P(np - 0.1np \leq k \leq np + 0.1np)$$
$$= P(0.9np \leq k \leq 1.1np)$$

変数を標準化して $Z = \frac{k - np}{\sqrt{npq}}$ (ただし $q = 1-p$) とすれば，

$$\text{左辺} = P\left(-0.1\frac{np}{\sqrt{npq}} \leq Z \leq +0.1\frac{np}{\sqrt{npq}}\right).$$

de Moivre-Laplace の定理より，n が大きければ，Z は平均 0，標準偏差 1 の標準正規分布になる．中心から対称に全体の 95%を覆う面積は，標準正規分布表より，$|Z| \leq 1.96$ であるから，$0.1\frac{np}{\sqrt{npq}} \geq 1.96$ と

なる．これより，
$$n \geq (19.6)^2 \left(\frac{1}{p} - 1\right) = 384.16 \left(\frac{1}{p} - 1\right).$$

- $p = 0.5$ であれば，約 385 回投げると，95%の確度で $0.45 \leq np \leq 0.55$ になる．

3.4
(1) 合同式法（コラム 15）により一様乱数を発生させ，0 から 1 の区間を 10 等分して出現頻度を表にした例を示す．左が 1000 個，右が 10000 個の乱数の集計である．

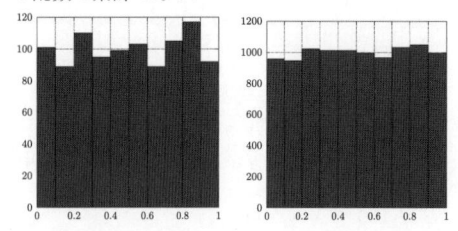

(2) Box-Muller 法（コラム 15）により正規乱数を発生させ，-4 から 4 の区間を 16 等分して出現頻度を表にした例を示す．左が 1000 個，右が 10000 個の乱数の集計である．

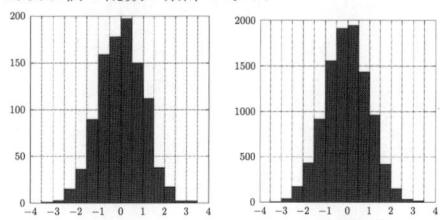

第 4 章

問題 4.2
どちらも定義式より変形していく．$\sum_{i=1}^{n} = \sum_i$ と略す．

$$S_{xx} = \sum_i (x_i - \overline{x})^2 = \sum_i (x_i^2 - 2x_i\overline{x} + \overline{x}^2)$$
$$= \sum_i x_i^2 - 2\overline{x} \sum_i x_i + \overline{x}^2 \sum_i 1$$
$$= \sum_i x_i^2 - 2\overline{x} n\overline{x} + n\overline{x}^2 = \sum_i x_i^2 - n\overline{x}^2.$$
$$S_{xy} = \sum_i (x_i - \overline{x})(y_i - \overline{y})$$
$$= \sum_i (x_i y_i - x_i \overline{y} - y_i \overline{x} + \overline{xy})$$
$$= \sum_i x_i y_i - \overline{y} \sum_i x_i - \overline{x} \sum_i y_i + n\overline{xy}$$
$$= \sum_i x_i y_i - \overline{y} n\overline{x} - \overline{x} n\overline{y} + n\overline{xy}$$
$$= \sum_i x_i y_i - n\overline{xy}.$$

問題 4.5
全面積が 1 であればよいので，
$$1 = \int_{-\infty}^{\infty} f(x)\,dx = \int_0^{\infty} C\, x^{(n/2)-1} e^{-x/2}\,dx$$
$t = x/2$ と置換すると，
$$1 = C\, 2^{n/2} \int_0^{\infty} u^{(n/2)-1} e^{-t}\,dt = C\, 2^{n/2} \Gamma(n/2)$$
したがって，$C = 1/(2^{n/2}\Gamma(n/2))$.

章末問題

4.1 （授業欠席日数とテスト得点）
(1) $\overline{x} = \sum_{i=1}^{10} x_i = 4.5, S_{xx} = \sum_{i=1}^{10}(x_i - \overline{x})^2 = 8.25$, $\overline{y} = \sum_{i=1}^{10} y_i = 76.01, S_{yy} = \sum_{i=1}^{10}(y_i - \overline{y})^2 = 73.47, S_{xy} = \sum_{i=1}^{10}(x_i - \overline{x})(y_i - \overline{y}) = -23.33$ より，相関係数 $r = S_{xy}/\sqrt{S_{xx}S_{yy}} = -0.947$. 強い相関が見られる．

(2) $a = S_{yy}/S_{xx} = -2.83, b = \overline{y} - a\overline{x} = 88.7$ より，
$$y = -2.83x + 88.7.$$

(3) 相関係数が -1 に近いことから，強い負の相関が見られる．得られた回帰直線はデータ点と（特に欠席日数が少ないところで）よく一致している．これは欠席が多くなるにつれテスト得点は減少することを顕著に示している．一方，欠席が 5 回を超えるデータではばらつきが出始める．各欠席日数の該当者数が与えられていないので，全体の平均得点などは不明であるが，欠席 5 回以上のデータの人数が少ないか，あるいは欠席してもある程度の得点がとれるテストであった可能性が考えられる．

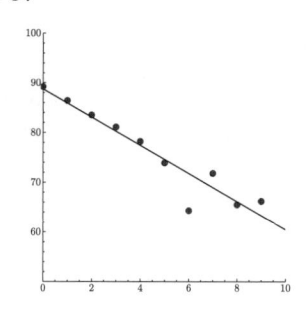

(4) 正しくない．講義には休まず出ましょう．

4.2 （主成分分析の計算例）
(1) 固有値 λ と固有ベクトルを求めると，
  $\lambda_1 = 1.6$ $\boldsymbol{a}_1 = (1,1,0)^T$
  $\lambda_2 = 1$ $\boldsymbol{a}_2 = (0,0,1)^T$
  $\lambda_3 = 0.4$ $\boldsymbol{a}_3 = (-1,1,0)^T$
固有値の大きい順に主成分 2 つをとると，規格化（大きさ 1 に）して

$$\frac{\boldsymbol{a}_1}{|\boldsymbol{a}_1|} = \begin{pmatrix} 1/\sqrt{2} \\ 1/\sqrt{2} \\ 0 \end{pmatrix}, \quad \frac{\boldsymbol{a}_2}{|\boldsymbol{a}_2|} = \begin{pmatrix} 0 \\ 0 \\ 1 \end{pmatrix}$$

となる.寄与率は,
$$\mu_1 = \frac{\lambda_1}{\lambda_1 + \lambda_2 + \lambda_3} = 0.533,$$
$$\mu_2 = \frac{\lambda_2}{\lambda_1 + \lambda_2 + \lambda_3} = 0.333$$

であり,第 2 主成分までの累積寄与率は,
$$\mu_1 + \mu_2 = 0.866.$$

(2) 同様に,固有値 λ と固有ベクトルを求めると,
$$\lambda_1 = 1.5 \quad \boldsymbol{a}_1 = (0.8, 0.6, 1)^T$$
$$\lambda_2 = 1 \quad \boldsymbol{a}_2 = (-0.75, 1, 0)^T$$
$$\lambda_3 = 0.5 \quad \boldsymbol{a}_3 = (-0.8, -0.6, 1)^T$$

固有値の大きい順に主成分 2 つをとると,規格化(大きさ 1 に)して
$$\frac{\boldsymbol{a}_1}{|\boldsymbol{a}_1|} = \begin{pmatrix} 2\sqrt{2}/5 \\ 3\sqrt{2}/10 \\ \sqrt{2}/2 \end{pmatrix}, \quad \frac{\boldsymbol{a}_2}{|\boldsymbol{a}_2|} = \begin{pmatrix} -0.6 \\ 0.8 \\ 0 \end{pmatrix}$$

となる.寄与率は,
$$\mu_1 = 0.5, \mu_2 = 0.333, \mu_3 = 0.167$$

であり,第 2 主成分までの累積寄与率は,
$$\mu_1 + \mu_2 = 0.833.$$

4.3 (判別分析の計算例)

平均点は, $\overline{x}_1^{(1)} = 67.67$, $\overline{x}_2^{(1)} = 56.00$, $\overline{x}_1^{(2)} = 36.50$, $\overline{x}_2^{(1)} = 76.00$. 積和は, $S_{11}^{(1)} = 162.67$, $S_{12}^{(1)} = 208.00$, $S_{22}^{(1)} = 384.00$, $S_{11}^{(2)} = 441.50$, $S_{12}^{(1)} = 8.00$, $S_{22}^{(1)} = 544.00$.

重みつき平均をとった積和 (4.6.4) は $\overline{S}_{11} = (S_{11}^{(1)} + S_{11}^{(2)})/(3 + 6 - 2) = 86.31$, $\overline{S}_{12} = 30.86$, $\overline{S}_{22} = 132.57$.

分散共分散行列 $S = \begin{pmatrix} 86.31 & 30.86 \\ 30.86 & 132.57 \end{pmatrix}$,平均値の差ベクトル $X = (31.17, -20.0)^T$ となるので,判別関数 $f(\boldsymbol{x}) = a_0 + a_1 x_1 + a_2 x_2$ の成分は,
$$\begin{pmatrix} a_1 \\ a_2 \end{pmatrix} = S^{-1} X = \begin{pmatrix} 0.453 \\ -0.256 \end{pmatrix}.$$

また, (4.6.6) より, $a_0 = -9.62$.
以上より, $f(\boldsymbol{x}) = -9.62 + 0.453 x_1 - 0.256 x_2$.

第 5 章

問題 5.5 (池にいる魚の数)

$f(N)$ を尤度関数と考え,これを最大にする N を求めることを考える. N は整数値をとるので, $\partial f(N)/\partial N = 0$ のように微分して極値を求めることはできない.そこで, $f(N)$ と $f(N-1)$ の比を考え,
$$g(N) \equiv \frac{f(N)}{f(N-1)} = \cdots = \frac{(N-m)(N-n)}{(N-m-n+k)N}$$

が増加から減少に転じる $\tilde{N}$ を求めればよい.すなわち,
$$g(\tilde{N}) \geq 1, \quad g(\tilde{N}+1) \leq 1$$

の条件を上の式に代入すると
$$mn \geq k\tilde{N}, \quad mn \leq k(\tilde{N}+1)$$

となる.したがって,
$$\frac{mn}{k} - 1 \leq \tilde{N} \leq \frac{mn}{k}.$$

章末問題

5.1 (100 人に聞きました)

データ数 $n = 100$, 標本比率 $\overline{p} = 0.6$ を公式 5.6 に代入して
$$p \in 0.6 \pm 1.96 \left(\frac{0.6 \times 0.4}{100} \right)^{1/2} = 60\% \pm 9.60\%$$

これより, $50.40\% < p < 69.60\%$ となる.
同様に標本比率 $\overline{p} = 0.8$ のときは,
$$p \in 0.8 \pm 1.96 \left(\frac{0.8 \times 0.2}{100} \right)^{1/2} = 80\% \pm 7.84\%$$

より, $72.16\% < p < 87.84\%$ となる.

5.2 (電子メール送信数)

(1) 一部の人が多くの電子メールを送信していて,分布が右寄りに偏っていると考えられる.

(2) 90% の信頼度であるから, (5.3.2) 式の係数を $z(\alpha = 0.05) = 1.650$ と入れ替えて,母集団の平均値 μ の推定区間は
$$\overline{x} - 1.65 \frac{\sigma}{\sqrt{n}} < \mu < \overline{x} + 1.65 \frac{\sigma}{\sqrt{n}}$$
$$12.3 - 1.65 \frac{24.5}{\sqrt{1600}} < \mu < 12.3 + 1.65 \frac{24.5}{\sqrt{1600}}$$
$$11.3 < \mu < 13.31.$$

5.3 (有効推定量)

正規母集団の確率密度関数
$$f(X, \mu) = \frac{1}{\sqrt{2\pi}\sigma_0} \exp\left[-\frac{(x-\mu)^2}{2\sigma_0^2} \right]$$

を Cramér-Rao の不等式 (5.2.3) に代入する.
$$\frac{\partial}{\partial \mu} \log f(X, \mu) = \frac{\partial}{\partial \mu} \left[\log \frac{1}{\sqrt{2\pi}\sigma_0} - \frac{(X-\mu)^2}{2\sigma_0^2} \right]$$
$$= 0 + \frac{2(X-\mu)}{2\sigma_0^2} = \frac{X-\mu}{\sigma_0^2}.$$

これより,
$$E\left[\left(\frac{\partial}{\partial \theta} \log f(X, \mu) \right)^2 \right] = E\left[\left(\frac{X-\mu}{\sigma_0^2} \right)^2 \right]$$
$$= \frac{\sigma_0^2}{\sigma_0^4} = \frac{1}{\sigma_0^2}.$$

したがって, (5.2.3) の右辺 $= \frac{1}{n \cdot 1/\sigma_0^2} = \frac{\sigma_0^2}{n}.$

一方, (5.2.3) の左辺 $V[\overline{X}]$ は, $\overline{X}$ が不偏推定量であることから $V[\overline{X}] = \sigma_0^2/n$. したがって, Cramér-Rao の不等式で等式が成立している.
ゆえに, $\overline{X}$ は母平均 μ の有効推定量である.

第 6 章

問題 6.4

対立仮説 H_1 を「$\mu_1 > 51.1$ である」,帰無仮説 H_0 を「$\mu_1 = 51.1$ である」として検定する.

- 母分散が未知なので，公式 6.7 の (b) を使う．H_0 のもとで，右片側検定を行う．検定統計量として，t を計算すると，
$$t = \frac{54.6 - 51.1}{8.2/\sqrt{36-1}} = 2.53$$
$$> t_{(35)}(\alpha = 0.05) = 1.69$$
となり，H_0 は棄却域にある．

- （別解）母分散は未知だが，データ数が 30 以上なので，公式 6.6 の (b) を使う．検定統計量として，z を計算すると，
$$z = \frac{54.6 - 51.1}{8.2/\sqrt{36}} = 2.56 > z(\alpha = 0.05) = 1.65$$
となり，H_0 は棄却域にある．

したがって，H_0 は棄却され，この学級は全国平均よりも高い平均点であるといえる．

問題 6.7

H_1「差がある」，H_0「差がない $(d_0 = 0)$」として検定する．公式 6.12(a) の T 値を計算すると，$T = 1.78$，t 分布の自由度 $\phi = 45$ となる．両側確率 5% に対応する t 値は，$t_{(45)}(0.025) = 2.014$ である．これは T が棄却されないことを示す．すなわち，「有意な差が見られるとはいえない」．

問題 6.9（e と π のランダムさ）

H_0 として「一様分布である」とする．
(1) π について調べると

数字	0	1	2	3	4	5
出現数	20	19	25	20	22	20

数字	6	7	8	9	合計
出現数	15	12	25	22	200

$$\chi_0^2 = \frac{(20-20)^2}{20} + \frac{(19-20)^2}{20} + \cdots + \frac{(22-20)^2}{20} = 7.4$$

自由度 9 の χ^2 分布で右側面積 0.05 を与える点は $\chi_{(9)}^2(0.05) = 16.92$ であるから，$\chi_0^2 < \chi_{(9)}^2(0.05)$ であり，H_0 は棄却されない．

(2) e について調べると

数字	0	1	2	3	4	5
出現数	17	14	26	24	17	22

数字	6	7	8	9	合計
出現数	20	23	13	24	200

$$\chi_0^2 = \frac{(17-20)^2}{20} + \frac{(14-20)^2}{20} + \cdots + \frac{(24-20)^2}{20} = 9.2$$

したがって，この場合も，H_0 は棄却されない．

章末問題

6.1（**8 人に聞きました**）

- データ数 $n = 8$，標本比率 $\bar{p} = 5/8$ を得たとき，正規母集団を仮定するならば，母比率 p の信頼区間は，公式 6.20 を適用する．信頼度 95% として，
$$n_1 = 2(n - n\bar{p} + 1) = 2(8 - 5 + 1) = 8$$
$$n_2 = 2n\bar{p} = 10$$
$$m_1 = 2(n\bar{p} + 1) = 12$$
$$m_2 = 2n(1 - \bar{p}) = 6$$
$$F_1 = F_{n_2}^{n_1}(\alpha/2) = F_{10}^{8}(2.5\%) = 3.85$$
$$F_2 = F_{m_2}^{m_1}(\alpha/2) = F_{6}^{12}(2.5\%) = 5.37$$
を用意し，(6.2.2) に代入すると，
$$24.5\% < p < 91.5\%.$$

- データ数 $n = 80$，標本比率 $\bar{p} = 50/80$ を得たときは，同様に (6.2.2) より求めると $n_1 = 62$, $n_2 = 100$, $m_1 = 102$, $m_2 = 60$, $F_1 = F_{100}^{62}(2.5\%) = 1.55$, $F_2 = F_{60}^{102}(2.5\%) = 1.60$ の値を用いて $51.0\% < p < 73.1\%$ となる．この値は，大標本のときの式 (5.3.8) を用いた
$$p \in \frac{50}{80} \pm 1.96\sqrt{\frac{(5/8) \times (3/8)}{80}}$$
より得られる $51.9\% < p < 73.1\%$ とほぼ同じである．

6.2（テスト成績の相関）

対立仮説 H_1 を「正の相関がある $(\rho_1 > 0)$」，帰無仮説 H_0 を「無相関であること $(\rho_0 = 0)$」として検定する．

(1) 10 人のデータについて．

- 相関係数 r（定義 4.2）を計算すると，（数学・英語の平均値 64.35 および 61.70，数学・英語の分散 168.3 および 218.7 などから）$r = 0.775$ となる．
- 公式 6.14 を用いると，Fisher の z 変換値は $f(r) = 1.03$，検定統計量は $z = (f(r) - f(0)) \times \sqrt{7} = 2.73$．有意水準 5% の右片側検定を行うと，棄却域は $Z > z(0.05) = 1.65$ であるから，z は棄却域に入る．したがって，H_0 は棄却される．
- 公式 6.16 を用いると，検定統計量は $t = \sqrt{8}r/\sqrt{1-r^2} = 3.47$．有意水準 5% の右片側検定を行うと，棄却域は $T > t_{(8)}(0.05) = 2.31$ であるから，z は棄却域に入る．したがって，H_0 は棄却される．

(2) 20 人のデータについて．

- 相関係数 r（定義 4.2）を計算すると，（数学・英語の平均値 72.73 および 61.35，数学・英語の分散 226.3 および 331.7 などから）$r = 0.462$ となる．
- 公式 6.14 を用いると，Fisher の z 変換値は $f(r) = 0.50$，検定統計量は $z = (f(r) - $

$f(0)) \times \sqrt{17} = 2.06$ となり，有意水準 5% の右片側検定を行うと，棄却域は $Z > z(0.05) = 1.65$ であるから，z は棄却域に入る．したがって，H_0 は棄却される．

- 公式 6.15 を用いると，検定統計量は $z = \sqrt{17}r = 2.07$．有意水準 $\alpha = 5\%$ の右片側検定を行うと，z は棄却域に入る．したがって，H_0 は棄却される．

- 公式 6.16 を用いると，検定統計量は $t = \sqrt{18}r/\sqrt{1-r^2} = 2.21$．有意水準 5% の右片側検定を行うと，棄却域は $T > t_{(18)}(0.05) = 2.10$ であるから，z は棄却域に入る．したがって，H_0 は棄却される．

結局，どの検定でも「正の相関はありそうだ」ということになる．しかし，データが 10 や 20 程度だと，数を増やしても分散が大きくなり，傾向は収束していないこともわかる．

6.3 （出生曜日）

一様分布かどうかを検定することになる．帰無仮説 H_0 を「一様分布で出現値が得られた」とする．理論期待値は各曜日とも $500/7 \sim 71.4$ である．
公式 6.22 にしたがって検定統計量を計算すると

$$\chi_0^2 = \frac{(57-500/7)^2}{500/7} + \frac{(78-500/7)^2}{500/7} + \cdots + \frac{(63-500/7)^2}{500/7} = 6.184$$

自由度 6 の χ^2 分布で右側面積 0.01 を与える点は $\chi_{(6)}^2(0.01) = 16.81$ であるから，$\chi_0^2 < \chi_{(6)}^2(0.01)$ であり，H_0 は棄却されない．

6.4 （タイタニック号の沈没）

帰無仮説 H_0 を「生死と客室レベルは独立である」とする．公式 6.23 にしたがって検定統計量を計算すると $\chi_0^2 = 133.05$ となる．自由度 2 の χ^2 分布で有意水準を $\alpha = 0.05$ (0.01) とすれば，$\chi_{(2)}^2(0.05) = 5.99$ ($\chi_{(2)}^2(0.01) = 9.21$) であるから，どちらにせよ得られた χ_0^2 は棄却域にある．したがって，H_0 は棄却される．すなわち，客室レベルと生死は独立ではない．（客室レベルで生死が分かれている．）

6.5 （源氏物語の著者は同じか）

帰無仮説 H_0 を「両作品は同じ割合で品詞を含む」とする．公式 6.24 にしたがって検定統計量を計算すると $\chi_0^2 = 246.89$ となる．自由度 6 の χ^2 分布で有意水準 $\alpha = 0.05$ (0.01) とすれば，$\chi_{(6)}^2(0.05) = 12.59$ ($\chi_{(6)}^2(0.01) = 16.81$) であるから，どちらにせよ得られた χ_0^2 は棄却域にある．したがって，H_0 は棄却される．すなわち，両作品は同じ割合で品詞を含まない．

- このデータは，コラム 25 にある村上征勝氏の著書より入手した．作品 1 と 2 は源氏物語の前半（44 巻まで）と後半（45 巻から 54 巻）である．後半の『宇治十帖』はどうも前半と感じが違うということを，村上氏は t 検定（§6.2.5）を用いて示している．ここでの比率一様性検定でも同じ結果となった．ただし，これらの結果から著者が違うとは断言できないことはコラムおよび村上氏の著作を参照されたい．

付表1 Poisson分布表　　$\mathrm{Po}(\lambda) = e^{-\lambda}\dfrac{\lambda^k}{k!}$ の値　　（1.234E-5 とは, 1.234×10^{-5} を意味する.）

$\lambda \backslash k$	0	1	2	3	4	5	6	7	8	9
0.05	0.9512	0.04756	1.189E-3	1.982E-5						
0.10	0.9048	0.09048	4.524E-3	1.508E-4	3.770E-6					
0.15	0.8607	0.1291	9.683E-3	4.841E-4	1.816E-5					
0.20	0.8187	0.1637	0.01637	1.092E-3	5.458E-5	2.183E-6				
0.25	0.7788	0.1947	0.02434	2.028E-3	1.268E-4	6.338E-6				
0.30	0.7408	0.2222	0.03334	3.334E-3	2.500E-4	1.500E-5				
0.35	0.7047	0.2466	0.04316	5.036E-3	4.406E-4	3.084E-5	1.799E-6			
0.40	0.6703	0.2681	0.05363	7.150E-3	7.150E-4	5.720E-5	3.813E-6			
0.45	0.6376	0.2869	0.06456	9.684E-3	1.089E-3	9.805E-5	7.354E-6			
0.50	0.6065	0.3033	0.07582	0.01264	1.580E-3	1.580E-4	1.316E-5			
0.55	0.5769	0.3173	0.08726	0.01600	2.200E-3	2.420E-4	2.218E-5	1.743E-6		
0.60	0.5488	0.3293	0.09879	0.01976	2.964E-3	3.556E-4	3.556E-5	3.048E-6		
0.65	0.5220	0.3393	0.1103	0.02389	3.883E-3	5.048E-4	5.468E-5	5.078E-6		
0.70	0.4966	0.3476	0.1217	0.02839	4.968E-3	6.955E-4	8.114E-5	8.114E-6		
0.75	0.4724	0.3543	0.1329	0.03321	6.227E-3	9.341E-4	1.168E-4	1.251E-5	1.173E-6	
0.80	0.4493	0.3595	0.1438	0.03834	7.669E-3	1.227E-3	1.636E-4	1.870E-5	1.870E-6	
0.85	0.4274	0.3633	0.1544	0.04375	9.296E-3	1.580E-3	2.239E-4	2.719E-5	2.889E-6	
0.90	0.4066	0.3659	0.1647	0.04940	0.01111	2.001E-3	3.001E-4	3.858E-5	4.341E-6	
0.95	0.3867	0.3674	0.1745	0.05526	0.01313	2.494E-3	3.948E-4	5.359E-5	6.363E-6	
1.0	0.3679	0.3679	0.1839	0.06131	0.01533	3.066E-3	5.109E-4	7.299E-5	9.124E-6	1.014E-6
1.1	0.3329	0.3662	0.2014	0.07384	0.02031	4.467E-3	8.190E-4	1.287E-4	1.770E-5	2.163E-6
1.2	0.3012	0.3614	0.2169	0.08674	0.02602	6.246E-3	1.249E-3	2.141E-4	3.212E-5	4.283E-6
1.3	0.2725	0.3543	0.2303	0.09979	0.03243	8.432E-3	1.827E-3	3.393E-4	5.514E-5	7.964E-6
1.4	0.2466	0.3452	0.2417	0.1128	0.03947	0.01105	2.579E-3	5.158E-4	9.026E-5	1.404E-5
1.5	0.2231	0.3347	0.2510	0.1255	0.04707	0.01412	3.530E-3	7.564E-4	1.418E-4	2.364E-5
1.6	0.2019	0.3230	0.2584	0.1378	0.05513	0.01764	4.705E-3	1.075E-3	2.151E-4	3.823E-5
1.7	0.1827	0.3106	0.2640	0.1496	0.06357	0.02162	6.124E-3	1.487E-3	3.161E-4	5.970E-5
1.8	0.1653	0.2975	0.2678	0.1607	0.07230	0.02603	7.809E-3	2.008E-3	4.518E-4	9.036E-5
1.9	0.1496	0.2842	0.2700	0.1710	0.08122	0.03086	9.773E-3	2.653E-3	6.300E-4	1.330E-4
2.0	0.1353	0.2707	0.2707	0.1804	0.09022	0.03609	0.01203	3.437E-3	8.593E-4	1.909E-4
2.2	0.1108	0.2438	0.2681	0.1966	0.1082	0.04759	0.01745	5.484E-3	1.508E-3	3.686E-4
2.4	0.09072	0.2177	0.2613	0.2090	0.1254	0.06020	0.02408	8.255E-3	2.477E-3	6.604E-4
2.6	0.07427	0.1931	0.2510	0.2176	0.1414	0.07354	0.03187	0.01184	3.847E-3	1.111E-3
2.8	0.06081	0.1703	0.2384	0.2225	0.1557	0.08721	0.04070	0.01628	5.698E-3	1.773E-3
3.0	0.04979	0.1494	0.2240	0.2240	0.1680	0.1008	0.05041	0.02160	8.102E-3	2.701E-3
3.2	0.04076	0.1304	0.2087	0.2226	0.1781	0.1140	0.06079	0.02779	0.01112	3.952E-3
3.4	0.03337	0.1135	0.1929	0.2186	0.1858	0.1264	0.07160	0.03478	0.01478	5.584E-3
3.6	0.02732	0.09837	0.1771	0.2125	0.1912	0.1377	0.08261	0.04248	0.01912	7.647E-3
3.8	0.02237	0.08501	0.1615	0.2046	0.1944	0.1477	0.09355	0.05079	0.02412	0.01019
4.0	0.01832	0.07326	0.1465	0.1954	0.1954	0.1563	0.1042	0.05954	0.02977	0.01323
5	6.738E-3	0.03369	0.08422	0.1404	0.1755	0.1755	0.1462	0.1044	0.06528	0.03627
6	2.479E-3	0.01487	0.04462	0.08924	0.1339	0.1606	0.1606	0.1377	0.1033	0.06884
7	9.119E-4	6.383E-3	0.02234	0.05213	0.09123	0.1277	0.1490	0.1490	0.1304	0.1014
8	3.355E-4	2.684E-3	0.01073	0.02863	0.05725	0.09160	0.1221	0.1396	0.1396	0.1241
9	1.234E-4	1.111E-3	4.998E-3	0.01499	0.03374	0.06073	0.09109	0.1171	0.1318	0.1318
10	4.540E-5	4.540E-4	2.270E-3	7.567E-3	0.01892	0.03783	0.06306	0.09008	0.1126	0.1251
11	1.670E-5	1.837E-4	1.010E-3	3.705E-3	0.01019	0.02242	0.04109	0.06458	0.08879	0.1085
12	6.144E-6	7.373E-5	4.424E-4	1.770E-3	5.309E-3	0.01274	0.02548	0.04368	0.06552	0.08736
13	2.260E-6	2.938E-5	1.910E-4	8.277E-4	2.690E-3	6.994E-3	0.01515	0.02814	0.04573	0.06605
14		1.164E-5	8.149E-5	3.803E-4	1.331E-3	3.727E-3	8.696E-3	0.01739	0.03044	0.04734
15		4.589E-6	3.441E-5	1.721E-4	6.453E-4	1.936E-3	4.839E-3	0.01037	0.01944	0.03241
20				2.748E-6	1.374E-5	5.496E-5	1.832E-4	5.235E-4	1.309E-3	2.908E-3

付表1　Poisson 分布表（続き）　$Po(\lambda) = e^{-\lambda}\dfrac{\lambda^k}{k!}$ の値　$\implies$ §2.5.4

$\lambda \setminus k$	10	11	12	13	14	15	16	17	18	19
0.05										
0.10										
0.15										
0.20										
0.25										
0.30										
0.35										
0.40										
0.45										
0.50										
0.55										
0.60										
0.65										
0.70										
0.75										
0.80										
0.85										
0.90										
0.95										
1.0										
1.1										
1.2										
1.3	1.035E-6									
1.4	1.966E-6									
1.5	3.546E-6									
1.6	6.117E-6									
1.7	1.015E-5	1.568E-6								
1.8	1.626E-5	2.661E-6								
1.9	2.527E-5	4.365E-6								
2.0	3.819E-5	6.944E-6	1.157E-6							
2.2	8.110E-5	1.622E-5	2.974E-6							
2.4	1.585E-4	3.458E-5	6.917E-6	1.277E-6						
2.6	2.889E-4	6.829E-5	1.480E-5	2.959E-6						
2.8	4.964E-4	1.263E-4	2.948E-5	6.350E-6	1.270E-6					
3.0	8.102E-4	2.210E-4	5.524E-5	1.275E-5	2.732E-6					
3.2	1.265E-3	3.679E-4	9.811E-5	2.415E-5	5.520E-6	1.178E-6				
3.4	1.899E-3	5.868E-4	1.663E-4	4.349E-5	1.056E-5	2.394E-6				
3.6	2.753E-3	9.010E-4	2.703E-4	7.485E-5	1.925E-5	4.619E-6	1.039E-6			
3.8	3.870E-3	1.337E-3	4.234E-4	1.238E-4	3.359E-5	8.510E-6	2.021E-6			
4.0	5.292E-3	1.925E-3	6.415E-4	1.974E-4	5.640E-5	1.504E-5	3.760E-6			
5	0.01813	8.242E-3	3.434E-3	1.321E-3	4.717E-4	1.572E-4	4.914E-5	1.445E-5	4.015E-6	1.056E-6
6	0.04130	0.02253	0.01126	5.199E-3	2.228E-3	8.913E-4	3.342E-4	1.180E-4	3.932E-5	1.242E-5
7	0.07098	0.04517	0.02635	0.01419	7.094E-3	3.311E-3	1.448E-3	5.964E-4	2.319E-4	8.545E-5
8	0.09926	0.07219	0.04813	0.02962	0.01692	9.026E-3	4.513E-3	2.124E-3	9.439E-4	3.974E-4
9	0.1186	0.09702	0.07277	0.05038	0.03238	0.01943	0.01093	5.786E-3	2.893E-3	1.370E-3
10	0.1251	0.1137	0.09478	0.07291	0.05208	0.03472	0.02170	0.01276	7.091E-3	3.732E-3
11	0.1194	0.1194	0.1094	0.09259	0.07275	0.05335	0.03668	0.02373	0.01450	8.397E-3
12	0.1048	0.1144	0.1144	0.1056	0.09049	0.07239	0.05429	0.03832	0.02555	0.01614
13	0.08587	0.1015	0.1099	0.1099	0.1021	0.08848	0.07189	0.05497	0.03970	0.02716
14	0.06628	0.08436	0.09842	0.1060	0.1060	0.09892	0.08656	0.07128	0.05544	0.04085
15	0.04861	0.06629	0.08286	0.09561	0.1024	0.1024	0.09603	0.08474	0.07061	0.05575
20	5.816E-3	0.01058	0.01763	0.02712	0.03874	0.05165	0.06456	0.07595	0.08439	0.08884

付表 2 標準正規分布表（1）

$$\phi(\alpha) = \int_\alpha^\infty \frac{1}{\sqrt{2\pi}} e^{-z^2/2}\, dz$$

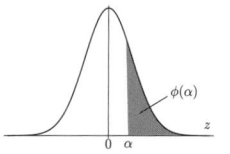

積分の下限 α を与えたときの右端までの積分値 $\phi(\alpha)$
表の行は α の小数点 1 桁め，列は α の小数点 2 桁め．
（1.234E-5 とは，1.234×10^{-5} を意味する．）

α	0.00	0.01	0.02	0.03	0.04	0.05	0.06	0.07	0.08	0.09
0.0	0.5000	0.4960	0.4920	0.4880	0.4840	0.4801	0.4761	0.4721	0.4681	0.4641
0.1	0.4602	0.4562	0.4522	0.4483	0.4443	0.4404	0.4364	0.4325	0.4286	0.4247
0.2	0.4207	0.4168	0.4129	0.4090	0.4052	0.4013	0.3974	0.3936	0.3897	0.3859
0.3	0.3821	0.3783	0.3745	0.3707	0.3669	0.3632	0.3594	0.3557	0.3520	0.3483
0.4	0.3446	0.3409	0.3372	0.3336	0.3300	0.3264	0.3228	0.3192	0.3156	0.3121
0.5	0.3085	0.3050	0.3015	0.2981	0.2946	0.2912	0.2877	0.2843	0.2810	0.2776
0.6	0.2743	0.2709	0.2676	0.2643	0.2611	0.2578	0.2546	0.2514	0.2483	0.2451
0.7	0.2420	0.2389	0.2358	0.2327	0.2296	0.2266	0.2236	0.2206	0.2177	0.2148
0.8	0.2119	0.2090	0.2061	0.2033	0.2005	0.1977	0.1949	0.1922	0.1894	0.1867
0.9	0.1841	0.1814	0.1788	0.1762	0.1736	0.1711	0.1685	0.1660	0.1635	0.1611
1.0	0.1587	0.1562	0.1539	0.1515	0.1492	0.1469	0.1446	0.1423	0.1401	0.1379
1.1	0.1357	0.1335	0.1314	0.1292	0.1271	0.1251	0.1230	0.1210	0.1190	0.1170
1.2	0.1151	0.1131	0.1112	0.1093	0.1075	0.1056	0.1038	0.1020	0.1003	0.09853
1.3	0.09680	0.09510	0.09342	0.09176	0.09012	0.08851	0.08691	0.08534	0.08379	0.08226
1.4	0.08076	0.07927	0.07780	0.07636	0.07493	0.07353	0.07215	0.07078	0.06944	0.06811
1.5	0.06681	0.06552	0.06426	0.06301	0.06178	0.06057	0.05938	0.05821	0.05705	0.05592
1.6	0.05480	0.05370	0.05262	0.05155	0.05050	0.04947	0.04846	0.04746	0.04648	0.04551
1.7	0.04457	0.04363	0.04272	0.04182	0.04093	0.04006	0.03920	0.03836	0.03754	0.03673
1.8	0.03593	0.03515	0.03438	0.03362	0.03288	0.03216	0.03144	0.03074	0.03005	0.02938
1.9	0.02872	0.02807	0.02743	0.02680	0.02619	0.02559	0.02500	0.02442	0.02385	0.02330
2.0	0.02275	0.02222	0.02169	0.02118	0.02068	0.02018	0.01970	0.01923	0.01876	0.01831
2.1	0.01786	0.01743	0.01700	0.01659	0.01618	0.01578	0.01539	0.01500	0.01463	0.01426
2.2	0.01390	0.01355	0.01321	0.01287	0.01255	0.01222	0.01191	0.01160	0.01130	0.01101
2.3	0.01072	0.01044	0.01017	0.009903	0.009642	0.009387	0.009137	0.008894	0.008656	0.008424
2.4	0.008198	0.007976	0.007760	0.007549	0.007344	0.007143	0.006947	0.006756	0.006569	0.006387
2.5	0.006210	0.006037	0.005868	0.005703	0.005543	0.005386	0.005234	0.005085	0.004940	0.004799
2.6	0.004661	0.004527	0.004396	0.004269	0.004145	0.004025	0.003907	0.003793	0.003681	0.003573
2.7	0.003467	0.003364	0.003264	0.003167	0.003072	0.002980	0.002890	0.002803	0.002718	0.002635
2.8	0.002555	0.002477	0.002401	0.002327	0.002256	0.002186	0.002118	0.002052	0.001988	0.001926
2.9	0.001866	0.001807	0.001750	0.001695	0.001641	0.001589	0.001538	0.001489	0.001441	0.001395
3.0	0.001350	0.001306	0.001264	0.001223	0.001183	0.001144	0.001107	0.001070	0.001035	0.001001
3.1	9.676E-4	9.354E-4	9.043E-4	8.740E-4	8.447E-4	8.164E-4	7.888E-4	7.622E-4	7.364E-4	7.114E-4
3.2	6.871E-4	6.637E-4	6.410E-4	6.190E-4	5.976E-4	5.770E-4	5.571E-4	5.377E-4	5.190E-4	5.009E-4
3.3	4.834E-4	4.665E-4	4.501E-4	4.342E-4	4.189E-4	4.041E-4	3.897E-4	3.758E-4	3.624E-4	3.495E-4
3.4	3.369E-4	3.248E-4	3.131E-4	3.018E-4	2.909E-4	2.803E-4	2.701E-4	2.602E-4	2.507E-4	2.415E-4
3.5	2.326E-4	2.241E-4	2.158E-4	2.078E-4	2.001E-4	1.926E-4	1.854E-4	1.785E-4	1.718E-4	1.653E-4
3.6	1.591E-4	1.531E-4	1.473E-4	1.417E-4	1.363E-4	1.311E-4	1.261E-4	1.213E-4	1.166E-4	1.121E-4
3.7	1.078E-4	1.036E-4	9.961E-5	9.574E-5	9.201E-5	8.842E-5	8.496E-5	8.162E-5	7.841E-5	7.532E-5
3.8	7.235E-5	6.948E-5	6.673E-5	6.407E-5	6.152E-5	5.906E-5	5.669E-5	5.442E-5	5.223E-5	5.012E-5
3.9	4.810E-5	4.615E-5	4.427E-5	4.247E-5	4.074E-5	3.908E-5	3.747E-5	3.594E-5	3.446E-5	3.304E-5
4.0	3.167E-5	3.036E-5	2.910E-5	2.789E-5	2.673E-5	2.561E-5	2.454E-5	2.351E-5	2.252E-5	2.157E-5
4.2	1.335E-5	1.277E-5	1.222E-5	1.168E-5	1.118E-5	1.069E-5	1.022E-5	9.774E-6	9.345E-6	8.934E-6
4.4	5.413E-6	5.169E-6	4.935E-6	4.712E-6	4.498E-6	4.294E-6	4.098E-6	3.911E-6	3.732E-6	3.561E-6
4.6	2.112E-6	2.013E-6	1.919E-6	1.828E-6	1.742E-6	1.660E-6	1.581E-6	1.506E-6	1.434E-6	1.366E-6
4.8	7.933E-7	7.547E-7	7.178E-7	6.827E-7	6.492E-7	6.173E-7	5.869E-7	5.580E-7	5.304E-7	5.042E-7
5.0	2.867E-7	2.722E-7	2.584E-7	2.452E-7	2.328E-7	2.209E-7	2.096E-7	1.989E-7	1.887E-7	1.790E-7
5.5	1.899E-8	1.794E-8	1.695E-8	1.601E-8	1.512E-8	1.428E-8	1.349E-8	1.274E-8	1.203E-8	1.135E-8
6.0	9.866E-10	9.276E-10	8.721E-10	8.198E-10	7.706E-10	7.242E-10	6.806E-10	6.396E-10	6.009E-10	5.646E-10
6.5	4.016E-11	3.758E-11	3.515E-11	3.288E-11	3.076E-11	2.877E-11	2.690E-11	2.516E-11	2.352E-11	2.199E-11
7.0	1.280E-12	1.192E-12	1.109E-12	1.033E-12	9.612E-13	8.946E-13	8.326E-13	7.747E-13	7.208E-13	6.706E-13

付表 3 標準正規分布表 (2)

$$\phi(\alpha) = \int_\alpha^\infty \frac{1}{\sqrt{2\pi}} e^{-z^2/2} dz$$

積分値 $\phi(\alpha)$ を与えたときの 積分の下限値 α
標準正規分布 $\Longrightarrow$ §2.6.2

$\phi(\alpha)$	0	0.001	0.002	0.003	0.004	0.005	0.006	0.007	0.008	0.009
0.00	∞	3.0902	2.8782	2.7478	2.6521	2.5758	2.5121	2.4573	2.4089	2.3656
0.01	2.3263	2.2904	2.2571	2.2262	2.1973	2.1701	2.1444	2.1201	2.0969	2.0749
0.02	2.0537	2.0335	2.0141	1.9954	1.9774	1.9600	1.9431	1.9268	1.9110	1.8957
0.03	1.8808	1.8663	1.8522	1.8384	1.8250	1.8119	1.7991	1.7866	1.7744	1.7624
0.04	1.7507	1.7392	1.7279	1.7169	1.7060	1.6954	1.6849	1.6747	1.6646	1.6546
0.05	1.6449	1.6352	1.6258	1.6164	1.6072	1.5982	1.5893	1.5805	1.5718	1.5632
0.06	1.5548	1.5464	1.5382	1.5301	1.5220	1.5141	1.5063	1.4985	1.4909	1.4833
0.07	1.4758	1.4684	1.4611	1.4538	1.4466	1.4395	1.4325	1.4255	1.4187	1.4118
0.08	1.4051	1.3984	1.3917	1.3852	1.3787	1.3722	1.3658	1.3595	1.3532	1.3469
0.09	1.3408	1.3346	1.3285	1.3225	1.3165	1.3106	1.3047	1.2988	1.2930	1.2873
0.10	1.2816	1.2759	1.2702	1.2646	1.2591	1.2536	1.2481	1.2426	1.2372	1.2319
0.11	1.2265	1.2212	1.2160	1.2107	1.2055	1.2004	1.1952	1.1901	1.1850	1.1800
0.12	1.1750	1.1700	1.1650	1.1601	1.1552	1.1503	1.1455	1.1407	1.1359	1.1311
0.13	1.1264	1.1217	1.1170	1.1123	1.1077	1.1031	1.0985	1.0939	1.0893	1.0848
0.14	1.0803	1.0758	1.0714	1.0669	1.0625	1.0581	1.0537	1.0494	1.0450	1.0407
0.15	1.0364	1.0322	1.0279	1.0237	1.0194	1.0152	1.0110	1.0069	1.0027	0.9986
0.16	0.9945	0.9904	0.9863	0.9822	0.9782	0.9741	0.9701	0.9661	0.9621	0.9581
0.17	0.9542	0.9502	0.9463	0.9424	0.9385	0.9346	0.9307	0.9269	0.9230	0.9192
0.18	0.9154	0.9116	0.9078	0.9040	0.9002	0.8965	0.8927	0.8890	0.8853	0.8816
0.19	0.8779	0.8742	0.8705	0.8669	0.8633	0.8596	0.8560	0.8524	0.8488	0.8452
0.20	0.8416	0.8381	0.8345	0.8310	0.8274	0.8239	0.8204	0.8169	0.8134	0.8099
0.21	0.8064	0.8030	0.7995	0.7961	0.7926	0.7892	0.7858	0.7824	0.7790	0.7756
0.22	0.7722	0.7688	0.7655	0.7621	0.7588	0.7554	0.7521	0.7488	0.7454	0.7421
0.23	0.7388	0.7356	0.7323	0.7290	0.7257	0.7225	0.7192	0.7160	0.7128	0.7095
0.24	0.7063	0.7031	0.6999	0.6967	0.6935	0.6903	0.6871	0.6840	0.6808	0.6776
0.25	0.6745	0.6713	0.6682	0.6651	0.6620	0.6588	0.6557	0.6526	0.6495	0.6464
0.26	0.6433	0.6403	0.6372	0.6341	0.6311	0.6280	0.6250	0.6219	0.6189	0.6158
0.27	0.6128	0.6098	0.6068	0.6038	0.6008	0.5978	0.5948	0.5918	0.5888	0.5858
0.28	0.5828	0.5799	0.5769	0.5740	0.5710	0.5681	0.5651	0.5622	0.5592	0.5563
0.29	0.5534	0.5505	0.5476	0.5446	0.5417	0.5388	0.5359	0.5330	0.5302	0.5273
0.30	0.5244	0.5215	0.5187	0.5158	0.5129	0.5101	0.5072	0.5044	0.5015	0.4987
0.31	0.4959	0.4930	0.4902	0.4874	0.4845	0.4817	0.4789	0.4761	0.4733	0.4705
0.32	0.4677	0.4649	0.4621	0.4593	0.4565	0.4538	0.4510	0.4482	0.4454	0.4427
0.33	0.4399	0.4372	0.4344	0.4316	0.4289	0.4261	0.4234	0.4207	0.4179	0.4152
0.34	0.4125	0.4097	0.4070	0.4043	0.4016	0.3989	0.3961	0.3934	0.3907	0.3880
0.35	0.3853	0.3826	0.3799	0.3772	0.3745	0.3719	0.3692	0.3665	0.3638	0.3611
0.36	0.3585	0.3558	0.3531	0.3505	0.3478	0.3451	0.3425	0.3398	0.3372	0.3345
0.37	0.3319	0.3292	0.3266	0.3239	0.3213	0.3186	0.3160	0.3134	0.3107	0.3081
0.38	0.3055	0.3029	0.3002	0.2976	0.2950	0.2924	0.2898	0.2871	0.2845	0.2819
0.39	0.2793	0.2767	0.2741	0.2715	0.2689	0.2663	0.2637	0.2611	0.2585	0.2559
0.40	0.2533	0.2508	0.2482	0.2456	0.2430	0.2404	0.2378	0.2353	0.2327	0.2301
0.41	0.2275	0.2250	0.2224	0.2198	0.2173	0.2147	0.2121	0.2096	0.2070	0.2045
0.42	0.2019	0.1993	0.1968	0.1942	0.1917	0.1891	0.1866	0.1840	0.1815	0.1789
0.43	0.1764	0.1738	0.1713	0.1687	0.1662	0.1637	0.1611	0.1586	0.1560	0.1535
0.44	0.1510	0.1484	0.1459	0.1434	0.1408	0.1383	0.1358	0.1332	0.1307	0.1282
0.45	0.1257	0.1231	0.1206	0.1181	0.1156	0.1130	0.1105	0.1080	0.1055	0.1030
0.46	0.1004	0.09791	0.09540	0.09288	0.09036	0.08784	0.08533	0.08281	0.08030	0.07778
0.47	0.07527	0.07276	0.07024	0.06773	0.06522	0.06271	0.06020	0.05768	0.05517	0.05266
0.48	0.05015	0.04764	0.04513	0.04263	0.04012	0.03761	0.03510	0.03259	0.03008	0.02758
0.49	0.02507	0.02256	0.02005	0.01755	0.01504	0.01253	0.01003	0.007520	0.005013	0.002507
0.50	0.0									

例えば，Excel で表示するには，セルにて次のように関数を入力する．

$\phi(\alpha = 0.050)$ は，= -NORMSINV(0.05)
$\phi(\alpha = 0.025)$ は，= -NORMSINV(0.025)

付表 4 標準正規分布表 (3)

$$\phi(\alpha) = \int_0^\alpha \frac{1}{\sqrt{2\pi}} e^{-z^2/2} \, dz$$

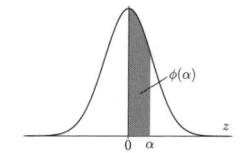

積分の上限 α を与えたときの中央からの積分値 $\phi(\alpha)$
表の行は α の小数点 1 桁め, 列は α の小数点 2 桁め.
標準正規分布 $\Longrightarrow$ §2.6.2

α	0.00	0.01	0.02	0.03	0.04	0.05	0.06	0.07	0.08	0.09
0.0	0.0	3.989E-3	7.978E-3	0.01197	0.01595	0.01994	0.02392	0.02790	0.03188	0.03586
0.1	0.03983	0.04380	0.04776	0.05172	0.05567	0.05962	0.06356	0.06749	0.07142	0.07535
0.2	0.07926	0.08317	0.08706	0.09095	0.09483	0.09871	0.1026	0.1064	0.1103	0.1141
0.3	0.1179	0.1217	0.1255	0.1293	0.1331	0.1368	0.1406	0.1443	0.1480	0.1517
0.4	0.1554	0.1591	0.1628	0.1664	0.1700	0.1736	0.1772	0.1808	0.1844	0.1879
0.5	0.1915	0.1950	0.1985	0.2019	0.2054	0.2088	0.2123	0.2157	0.2190	0.2224
0.6	0.2257	0.2291	0.2324	0.2357	0.2389	0.2422	0.2454	0.2486	0.2517	0.2549
0.7	0.2580	0.2611	0.2642	0.2673	0.2704	0.2734	0.2764	0.2794	0.2823	0.2852
0.8	0.2881	0.2910	0.2939	0.2967	0.2995	0.3023	0.3051	0.3078	0.3106	0.3133
0.9	0.3159	0.3186	0.3212	0.3238	0.3264	0.3289	0.3315	0.3340	0.3365	0.3389
1.0	0.3413	0.3438	0.3461	0.3485	0.3508	0.3531	0.3554	0.3577	0.3599	0.3621
1.1	0.3643	0.3665	0.3686	0.3708	0.3729	0.3749	0.3770	0.3790	0.3810	0.3830
1.2	0.3849	0.3869	0.3888	0.3907	0.3925	0.3944	0.3962	0.3980	0.3997	0.4015
1.3	0.4032	0.4049	0.4066	0.4082	0.4099	0.4115	0.4131	0.4147	0.4162	0.4177
1.4	0.4192	0.4207	0.4222	0.4236	0.4251	0.4265	0.4279	0.4292	0.4306	0.4319
1.5	0.4332	0.4345	0.4357	0.4370	0.4382	0.4394	0.4406	0.4418	0.4429	0.4441
1.6	0.4452	0.4463	0.4474	0.4484	0.4495	0.4505	0.4515	0.4525	0.4535	0.4545
1.7	0.4554	0.4564	0.4573	0.4582	0.4591	0.4599	0.4608	0.4616	0.4625	0.4633
1.8	0.4641	0.4649	0.4656	0.4664	0.4671	0.4678	0.4686	0.4693	0.4699	0.4706
1.9	0.4713	0.4719	0.4726	0.4732	0.4738	0.4744	0.4750	0.4756	0.4761	0.4767
2.0	0.4772	0.4778	0.4783	0.4788	0.4793	0.4798	0.4803	0.4808	0.4812	0.4817
2.1	0.4821	0.4826	0.4830	0.4834	0.4838	0.4842	0.4846	0.4850	0.4854	0.4857
2.2	0.4861	0.4864	0.4868	0.4871	0.4875	0.4878	0.4881	0.4884	0.4887	0.4890
2.3	0.4893	0.4896	0.4898	0.4901	0.4904	0.4906	0.4909	0.4911	0.4913	0.4916
2.4	0.4918	0.4920	0.4922	0.4925	0.4927	0.4929	0.4931	0.4932	0.4934	0.4936
2.5	0.4938	0.4940	0.4941	0.4943	0.4945	0.4946	0.4948	0.4949	0.4951	0.4952
2.6	0.4953	0.4955	0.4956	0.4957	0.4959	0.4960	0.4961	0.4962	0.4963	0.4964
2.7	0.4965	0.4966	0.4967	0.4968	0.4969	0.4970	0.4971	0.4972	0.4973	0.4974
2.8	0.4974	0.4975	0.4976	0.4977	0.4977	0.4978	0.4979	0.4979	0.4980	0.4981
2.9	0.4981	0.4982	0.4982	0.4983	0.4984	0.4984	0.4985	0.4985	0.4986	0.4986
3.0	0.4987	0.4987	0.4987	0.4988	0.4988	0.4989	0.4989	0.4989	0.4990	0.4990

例えば, Excel で表示するには, セルにて次のように関数を入力する.
$\alpha = 0.11$ 値は, = NORMDIST(0.11,0,1,TRUE)-0.5
$\alpha = 0.25$ 値は, = NORMDIST(0.25,0,1,TRUE)-0.5

付表5 標準正規分布表 (4)

$$\phi(\alpha) = \int_0^\alpha \frac{1}{\sqrt{2\pi}} e^{-z^2/2}\, dz$$

中央からの積分値 $\phi(\alpha)$ を与えたときの 積分の上限値 α
標準正規分布 $\Longrightarrow$ §2.6.2

$\phi(\alpha)$	0.00	0.01	0.02	0.03	0.04	0.05	0.06	0.07	0.08	0.09
0.00	0.0	2.507E-3	5.013E-3	7.520E-3	0.01003	0.01253	0.01504	0.01755	0.02005	0.02256
0.01	0.02507	0.02758	0.03008	0.03259	0.03510	0.03761	0.04012	0.04263	0.04513	0.04764
0.02	0.05015	0.05266	0.05517	0.05768	0.06020	0.06271	0.06522	0.06773	0.07024	0.07276
0.03	0.07527	0.07778	0.08030	0.08281	0.08533	0.08784	0.09036	0.09288	0.09540	0.09791
0.04	0.1004	0.1030	0.1055	0.1080	0.1105	0.1130	0.1156	0.1181	0.1206	0.1231
0.05	0.1257	0.1282	0.1307	0.1332	0.1358	0.1383	0.1408	0.1434	0.1459	0.1484
0.06	0.1510	0.1535	0.1560	0.1586	0.1611	0.1637	0.1662	0.1687	0.1713	0.1738
0.07	0.1764	0.1789	0.1815	0.1840	0.1866	0.1891	0.1917	0.1942	0.1968	0.1993
0.08	0.2019	0.2045	0.2070	0.2096	0.2121	0.2147	0.2173	0.2198	0.2224	0.2250
0.09	0.2275	0.2301	0.2327	0.2353	0.2378	0.2404	0.2430	0.2456	0.2482	0.2508
0.10	0.2533	0.2559	0.2585	0.2611	0.2637	0.2663	0.2689	0.2715	0.2741	0.2767
0.11	0.2793	0.2819	0.2845	0.2871	0.2898	0.2924	0.2950	0.2976	0.3002	0.3029
0.12	0.3055	0.3081	0.3107	0.3134	0.3160	0.3186	0.3213	0.3239	0.3266	0.3292
0.13	0.3319	0.3345	0.3372	0.3398	0.3425	0.3451	0.3478	0.3505	0.3531	0.3558
0.14	0.3585	0.3611	0.3638	0.3665	0.3692	0.3719	0.3745	0.3772	0.3799	0.3826
0.15	0.3853	0.3880	0.3907	0.3934	0.3961	0.3989	0.4016	0.4043	0.4070	0.4097
0.16	0.4125	0.4152	0.4179	0.4207	0.4234	0.4261	0.4289	0.4316	0.4344	0.4372
0.17	0.4399	0.4427	0.4454	0.4482	0.4510	0.4538	0.4565	0.4593	0.4621	0.4649
0.18	0.4677	0.4705	0.4733	0.4761	0.4789	0.4817	0.4845	0.4874	0.4902	0.4930
0.19	0.4959	0.4987	0.5015	0.5044	0.5072	0.5101	0.5129	0.5158	0.5187	0.5215
0.20	0.5244	0.5273	0.5302	0.5330	0.5359	0.5388	0.5417	0.5446	0.5476	0.5505
0.21	0.5534	0.5563	0.5592	0.5622	0.5651	0.5681	0.5710	0.5740	0.5769	0.5799
0.22	0.5828	0.5858	0.5888	0.5918	0.5948	0.5978	0.6008	0.6038	0.6068	0.6098
0.23	0.6128	0.6158	0.6189	0.6219	0.6250	0.6280	0.6311	0.6341	0.6372	0.6403
0.24	0.6433	0.6464	0.6495	0.6526	0.6557	0.6588	0.6620	0.6651	0.6682	0.6713
0.25	0.6745	0.6776	0.6808	0.6840	0.6871	0.6903	0.6935	0.6967	0.6999	0.7031
0.26	0.7063	0.7095	0.7128	0.7160	0.7192	0.7225	0.7257	0.7290	0.7323	0.7356
0.27	0.7388	0.7421	0.7454	0.7488	0.7521	0.7554	0.7588	0.7621	0.7655	0.7688
0.28	0.7722	0.7756	0.7790	0.7824	0.7858	0.7892	0.7926	0.7961	0.7995	0.8030
0.29	0.8064	0.8099	0.8134	0.8169	0.8204	0.8239	0.8274	0.8310	0.8345	0.8381
0.30	0.8416	0.8452	0.8488	0.8524	0.8560	0.8596	0.8633	0.8669	0.8705	0.8742
0.31	0.8779	0.8816	0.8853	0.8890	0.8927	0.8965	0.9002	0.9040	0.9078	0.9116
0.32	0.9154	0.9192	0.9230	0.9269	0.9307	0.9346	0.9385	0.9424	0.9463	0.9502
0.33	0.9542	0.9581	0.9621	0.9661	0.9701	0.9741	0.9782	0.9822	0.9863	0.9904
0.34	0.9945	0.9986	1.003	1.007	1.011	1.015	1.019	1.024	1.028	1.032
0.35	1.036	1.041	1.045	1.049	1.054	1.058	1.063	1.067	1.071	1.076
0.36	1.080	1.085	1.089	1.094	1.098	1.103	1.108	1.112	1.117	1.122
0.37	1.126	1.131	1.136	1.141	1.146	1.150	1.155	1.160	1.165	1.170
0.38	1.175	1.180	1.185	1.190	1.195	1.200	1.206	1.211	1.216	1.221
0.39	1.227	1.232	1.237	1.243	1.248	1.254	1.259	1.265	1.270	1.276
0.40	1.282	1.287	1.293	1.299	1.305	1.311	1.317	1.323	1.329	1.335
0.41	1.341	1.347	1.353	1.359	1.366	1.372	1.379	1.385	1.392	1.398
0.42	1.405	1.412	1.419	1.426	1.433	1.440	1.447	1.454	1.461	1.468
0.43	1.476	1.483	1.491	1.499	1.506	1.514	1.522	1.530	1.538	1.546
0.44	1.555	1.563	1.572	1.580	1.589	1.598	1.607	1.616	1.626	1.635
0.45	1.645	1.655	1.665	1.675	1.685	1.695	1.706	1.717	1.728	1.739
0.46	1.751	1.762	1.774	1.787	1.799	1.812	1.825	1.838	1.852	1.866
0.47	1.881	1.896	1.911	1.927	1.943	1.960	1.977	1.995	2.014	2.034
0.48	2.054	2.075	2.097	2.120	2.144	2.170	2.197	2.226	2.257	2.290
0.49	2.326	2.366	2.409	2.457	2.512	2.576	2.652	2.748	2.878	3.090
0.499	3.090									
0.4999	3.719									
0.49999	4.265									

付表6 χ^2 分布表

右端の積分値 α を与えたときの 積分の下限値 $\chi^2_{(n)}(\alpha)$
（1.234E-5 とは，1.234×10^{-5} を意味する．）
χ^2 分布 $\Longrightarrow$ §4.8.1

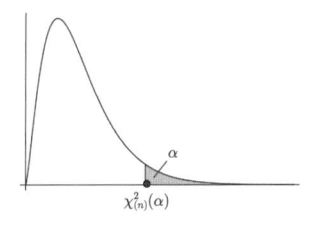

P 右側確率	0.995	0.990	0.975	0.950	0.900	0.100 10%	0.050 5%	0.025 2.5%	0.010 1%	0.005 0.5%
両側確率	1%	2%	5%	10%	20%	20%	10%	5%	2%	1%
自由度 n										
1	3.93E-05	1.57E-04	9.82E-04	3.93E-03	0.0158	2.71	3.84	5.02	6.63	7.88
2	0.0100	0.0201	0.0506	0.103	0.211	4.61	5.99	7.38	9.21	10.60
3	0.0717	0.115	0.216	0.352	0.584	6.25	7.81	9.35	11.34	12.84
4	0.207	0.297	0.484	0.711	1.064	7.78	9.49	11.14	13.28	14.86
5	0.412	0.554	0.831	1.15	1.61	9.24	11.07	12.83	15.09	16.75
6	0.676	0.872	1.24	1.64	2.20	10.64	12.59	14.45	16.81	18.55
7	0.989	1.24	1.69	2.17	2.83	12.02	14.07	16.01	18.48	20.3
8	1.34	1.65	2.18	2.73	3.49	13.36	15.51	17.53	20.1	22.0
9	1.73	2.09	2.70	3.33	4.17	14.68	16.92	19.02	21.7	23.6
10	2.16	2.56	3.25	3.94	4.87	15.99	18.31	20.5	23.2	25.2
11	2.60	3.05	3.82	4.57	5.58	17.28	19.68	21.9	24.7	26.8
12	3.07	3.57	4.40	5.23	6.30	18.55	21.0	23.3	26.2	28.3
13	3.57	4.11	5.01	5.89	7.04	19.81	22.4	24.7	27.7	29.8
14	4.07	4.66	5.63	6.57	7.79	21.1	23.7	26.1	29.1	31.3
15	4.60	5.23	6.26	7.26	8.55	22.3	25.0	27.5	30.6	32.8
16	5.14	5.81	6.91	7.96	9.31	23.5	26.3	28.8	32.0	34.3
17	5.70	6.41	7.56	8.67	10.09	24.8	27.6	30.2	33.4	35.7
18	6.26	7.01	8.23	9.39	10.86	26.0	28.9	31.5	34.8	37.2
19	6.84	7.63	8.91	10.12	11.65	27.2	30.1	32.9	36.2	38.6
20	7.43	8.26	9.59	10.85	12.44	28.4	31.4	34.2	37.6	40.0
21	8.03	8.90	10.28	11.59	13.24	29.6	32.7	35.5	38.9	41.4
22	8.64	9.54	10.98	12.34	14.04	30.8	33.9	36.8	40.3	42.8
23	9.26	10.20	11.69	13.09	14.85	32.0	35.2	38.1	41.6	44.2
24	9.89	10.86	12.40	13.85	15.66	33.2	36.4	39.4	43.0	45.6
25	10.52	11.52	13.12	14.61	16.47	34.4	37.7	40.6	44.3	46.9
26	11.16	12.20	13.84	15.38	17.29	35.6	38.9	41.9	45.6	48.3
27	11.81	12.88	14.57	16.15	18.11	36.7	40.1	43.2	47.0	49.6
28	12.46	13.56	15.31	16.93	18.94	37.9	41.3	44.5	48.3	51.0
29	13.12	14.26	16.05	17.71	19.77	39.1	42.6	45.7	49.6	52.3
30	13.79	14.95	16.79	18.49	20.6	40.3	43.8	47.0	50.9	53.7
40	20.7	22.2	24.4	26.5	29.1	51.8	55.8	59.3	63.7	66.8
50	28.0	29.7	32.4	34.8	37.7	63.2	67.5	71.4	76.2	79.5
60	35.5	37.5	40.5	43.2	46.5	74.4	79.1	83.3	88.4	92.0
70	43.3	45.4	48.8	51.7	55.3	85.5	90.5	95.0	100.4	104.2
80	51.2	53.5	57.2	60.4	64.3	96.6	101.9	106.6	112.3	116.3
90	59.2	61.8	65.6	69.1	73.3	107.6	113.1	118.1	124.1	128.3
100	67.3	70.1	74.2	77.9	82.4	118.5	124.3	129.6	135.8	140.2
y_α	-2.58	-2.33	-1.96	-1.64	-1.28	1.282	1.645	1.960	2.33	2.58

n が 100 以上の $\chi^2_{(n)}(\alpha)$ の値は，次式で求められる．

$$\chi^2_{(n)}(\alpha) = \frac{1}{2}(y_\alpha + \sqrt{2n-1})^2$$

例えば，Excel で表示するには，セルにて次のように関数を入力する．
$\chi^2_{(1)}(\alpha = 0.10)$ は，= CHIINV(0.10,1)
$\chi^2_{(1)}(\alpha = 0.05)$ は，= CHIINV(0.05,1)
$\chi^2_{(2)}(\alpha = 0.05)$ は，= CHIINV(0.05,2)

付表7　t 分布表

右端の積分値 α を与えたときの 積分の下限値 $t_{(n)}(\alpha)$
t 分布 $\Longrightarrow$ §4.8.2

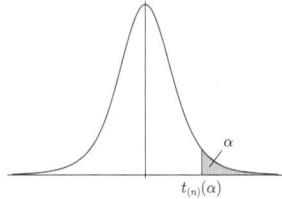

α 右側確率 両側確率 自由度 n	0.25 25% 50%	0.2 20% 40%	0.15 15% 30%	0.1 10% 20%	0.05 5% 10%	0.025 2.5% 5%	0.01 1% 2%	0.005 0.5% 1%
1	1.000	1.376	1.963	3.078	6.314	12.706	31.821	63.657
2	0.816	1.061	1.386	1.886	2.920	4.303	6.965	9.925
3	0.765	0.978	1.250	1.638	2.353	3.182	4.541	5.841
4	0.741	0.941	1.190	1.533	2.132	2.776	3.747	4.604
5	0.727	0.920	1.156	1.476	2.015	2.571	3.365	4.032
6	0.718	0.906	1.134	1.440	1.943	2.447	3.143	3.707
7	0.711	0.896	1.119	1.415	1.895	2.365	2.998	3.499
8	0.706	0.889	1.108	1.397	1.860	2.306	2.896	3.355
9	0.703	0.883	1.100	1.383	1.833	2.262	2.821	3.250
10	0.700	0.879	1.093	1.372	1.812	2.228	2.764	3.169
11	0.697	0.876	1.088	1.363	1.796	2.201	2.718	3.106
12	0.695	0.873	1.083	1.356	1.782	2.179	2.681	3.055
13	0.694	0.870	1.079	1.350	1.771	2.160	2.650	3.012
14	0.692	0.868	1.076	1.345	1.761	2.145	2.624	2.977
15	0.691	0.866	1.074	1.341	1.753	2.131	2.602	2.947
16	0.690	0.865	1.071	1.337	1.746	2.120	2.583	2.921
17	0.689	0.863	1.069	1.333	1.740	2.110	2.567	2.898
18	0.688	0.862	1.067	1.330	1.734	2.101	2.552	2.878
19	0.688	0.861	1.066	1.328	1.729	2.093	2.539	2.861
20	0.687	0.860	1.064	1.325	1.725	2.086	2.528	2.845
25	0.684	0.856	1.058	1.316	1.708	2.060	2.485	2.787
30	0.683	0.854	1.055	1.310	1.697	2.042	2.457	2.750
35	0.682	0.852	1.052	1.306	1.690	2.030	2.438	2.724
40	0.681	0.851	1.050	1.303	1.684	2.021	2.423	2.704
45	0.680	0.850	1.049	1.301	1.679	2.014	2.412	2.690
50	0.679	0.849	1.047	1.299	1.676	2.009	2.403	2.678
60	0.679	0.848	1.045	1.296	1.671	2.000	2.390	2.660
70	0.678	0.847	1.044	1.294	1.667	1.994	2.381	2.648
80	0.678	0.846	1.043	1.292	1.664	1.990	2.374	2.639
90	0.677	0.846	1.042	1.291	1.662	1.987	2.368	2.632
100	0.677	0.845	1.042	1.290	1.660	1.984	2.364	2.626
120	0.677	0.845	1.041	1.289	1.658	1.980	2.358	2.617
∞	0.674	0.842	1.036	1.282	1.645	1.960	2.327	2.576

例えば, Excel で表示するには, セルにて次のように関数を入力する.
$t_{(1)}(\alpha=0.25)$ は, = TINV(0.25*2,1)
$t_{(1)}(\alpha=0.05)$ は, = TINV(0.05*2,1)
$t_{(2)}(\alpha=0.05)$ は, = TINV(0.05*2,2)

付表 8 F 分布表

右端の積分値 α を与えたときの 積分の下限値 $F_n^m(\alpha)$
F 分布 $\Longrightarrow$ §4.8.3

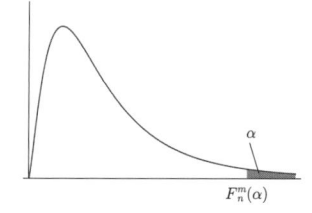

$\alpha = 0.05$ を与える F_n^m 値

$n \backslash m$	1	2	3	4	5	10	20	40	60	120	∞
1	161.45	199.50	215.71	224.58	230.16	241.88	248.01	251.14	252.20	253.25	254.31
2	18.513	19.000	19.164	19.247	19.296	19.396	19.446	19.471	19.479	19.487	19.496
3	10.128	9.552	9.277	9.117	9.013	8.786	8.660	8.594	8.572	8.549	8.526
4	7.709	6.944	6.591	6.388	6.256	5.964	5.803	5.717	5.688	5.658	5.628
5	6.608	5.786	5.409	5.192	5.050	4.735	4.558	4.464	4.431	4.398	4.365
10	4.965	4.103	3.708	3.478	3.326	2.978	2.774	2.661	2.621	2.580	2.538
20	4.351	3.493	3.098	2.866	2.711	2.348	2.124	1.994	1.946	1.896	1.843
40	4.085	3.232	2.839	2.606	2.449	2.077	1.839	1.693	1.637	1.577	1.509
60	4.001	3.150	2.758	2.525	2.368	1.993	1.748	1.594	1.534	1.467	1.389
120	3.920	3.072	2.680	2.447	2.290	1.910	1.659	1.495	1.429	1.352	1.254
∞	3.841	2.996	2.605	2.372	2.214	1.831	1.571	1.394	1.318	1.221	1.000

$\alpha = 0.025$ を与える F_n^m 値

$n \backslash m$	1	2	3	4	5	10	20	40	60	120	∞
1	647.79	799.50	864.16	899.58	921.85	968.63	993.10	1005.6	1009.8	1014.0	1018.3
2	38.506	39.000	39.165	39.248	39.298	39.398	39.448	39.473	39.481	39.490	39.498
3	17.443	16.044	15.439	15.101	14.885	14.419	14.167	14.037	13.992	13.947	13.902
4	12.218	10.649	9.979	9.605	9.364	8.844	8.560	8.411	8.360	8.309	8.257
5	10.007	8.434	7.764	7.388	7.146	6.619	6.329	6.175	6.123	6.069	6.015
10	6.937	5.456	4.826	4.468	4.236	3.717	3.419	3.255	3.198	3.140	3.080
20	5.871	4.461	3.859	3.515	3.289	2.774	2.464	2.287	2.223	2.156	2.085
40	5.424	4.051	3.463	3.126	2.904	2.388	2.068	1.875	1.803	1.724	1.637
60	5.286	3.925	3.343	3.008	2.786	2.270	1.944	1.744	1.667	1.581	1.482
120	5.152	3.805	3.227	2.894	2.674	2.157	1.825	1.614	1.530	1.433	1.310
∞	5.024	3.689	3.116	2.786	2.567	2.048	1.708	1.484	1.388	1.268	1.000

$\alpha = 0.01$ を与える F_n^m 値

$n \backslash m$	1	2	3	4	5	10	20	40	60	120	∞
1	4052.2	4999.5	5403.4	5624.6	5763.7	6055.9	6208.7	6286.8	6313.0	6339.4	6365.9
2	98.503	99.000	99.166	99.249	99.299	99.399	99.449	99.474	99.482	99.491	99.499
3	34.116	30.817	29.457	28.710	28.237	27.229	26.690	26.411	26.316	26.221	26.125
4	21.198	18.000	16.694	15.977	15.522	14.546	14.020	13.745	13.652	13.558	13.463
5	16.258	13.274	12.060	11.392	10.967	10.051	9.553	9.291	9.202	9.112	9.020
10	10.044	7.559	6.552	5.994	5.636	4.849	4.405	4.165	4.082	3.996	3.909
20	8.096	5.849	4.938	4.431	4.103	3.368	2.938	2.695	2.608	2.517	2.421
40	7.314	5.179	4.313	3.828	3.514	2.801	2.369	2.114	2.019	1.917	1.805
60	7.077	4.977	4.126	3.649	3.339	2.632	2.198	1.936	1.836	1.726	1.601
120	6.851	4.787	3.949	3.480	3.174	2.472	2.035	1.763	1.656	1.533	1.381
∞	6.635	4.605	3.782	3.319	3.017	2.321	1.878	1.592	1.473	1.325	1.000

左側の末端確率を求めるには, $F_n^m(1-\alpha) = \dfrac{1}{F_m^n(\alpha)}$ を利用するとよい.

例えば, Excel で表示するには, セルにて次のように関数を入力する.
$F_{n=1}^{m=2}(\alpha=0.05)$ は, = FINV(0.05,2,1)
$F_{n=1}^{m=3}(\alpha=0.01)$ は, = FINV(0.01,3,1)

索　引

《項目》

■ア
アインシュタイン (Einstein) 216
　　　──の関係式 219
赤池弘次 (Akaike) 177
赤池情報量規準 (AIC) 177
アーラン (Erlang) 分布 116
アンケートの数 188, 213
アンサンブル 222

■イ
イエーツ (Yates) の補正 207, 211
池にいる魚の数 177
1 次変換 27
一様分布 69, 72, 74
一致性（推定量の基準） 171
伊藤清 (Ito) 215, 216
因果関係 139
因子
　　　──得点 150
　　　──負荷量 150
　　　──負荷量行列 152
　　共通── 150
　　主──法 152
　　独自── 150
因子分析 141, 150

■ウ
ウィーナー (Wiener) 216
　　　──過程 225
上側（右側）確率 106
ウェルチ (Welch) の t 検定 203
ウォード (Ward) 法 161
ヴォルトケービッチ (Bortkiewicz) 99

宇宙人 47

■エ
F 検定 166, 196, 201, 202, 206, 207
F 分布 166
　　F 分布表 256
円周率 π 209
円順列 35

■オ
オーバーブッキング 118
お見合い戦略 64
おみくじで吉 175

■カ
回帰分析 141, 142
　　重── 144
　　線形── 142
カイザー (Kaiser) 154
カイ二乗検定 162, 196, 197, 200, 208, 210, 212
カイ二乗分布 162, 183
　　カイ二乗分布表 254
階乗 17, 34
回転の不定性 153
ガイド
　　確率分布 70
　　検定方法の概略 196
　　多変量解析の概略 140
ガウス (Gauss) 3, 23, 104
　　　──過程 225
　　　──積分 23
　　　──分布 104
拡散方程式 219, 221
確率

上側（右側）── 106
　　　──関数 67
　　　──空間 46
　　　──収束 122
　　　──の性質 46
　　　──の定義（コルモゴロフ） 46
　　　──の定義（相対頻度） 45
　　　──の定義（ラプラス） 44
　　　──分布 66
　　　──変数 66
　　　──母関数 84
　　　──密度関数 (PDF) 67
　　結合── 56
　　原因の── 62
　　残存── 115
　　事後── 62
　　事前── 62
　　周辺── 56
　　条件つき── 56
　　推移（遷移）── 227
　　先験── 62
　　同時── 56
　　2 項── 90
確率過程 222
　　ウィーナー過程 225
　　ガウス過程 225
　　計数過程 224
　　出生死滅過程 230
　　乗算過程 234
　　定常過程 226
　　ポアソン過程 224, 230
確率分布 66
　　アーラン分布 116
　　一様分布 69
　　　　──一覧表 70
　　F 分布 166

F 分布表	256	
カイ二乗分布	162	
カイ二乗分布表	254	
幾何分布	100	
結合——	80	
指数分布	114	
ジフ分布	113	
周辺——	80	
正規分布	104	
正規分布表	250, 252	
対数正規分布	112, 234	
多次元正規分布	111	
超幾何分布	103	
t 分布	164	
t 分布表	255	
同時——	80	
2 項分布	92	
2 変量正規分布	111	
パスカル分布	102	
パレート分布	113	
標準正規分布	105	
標準正規分布表	250, 252	
ファーストサクセス分布	101	
負の 2 項分布	103	
ブラッドフォード分布	113	
ベキ分布	113, 235	
ポアソン分布	96	
ポアソン分布表	248	
確率分布問題		
馬に蹴られて死亡	99	
オーバーブッキング	118	
カード集め	118	
スパコンの故障	99	
成績の 5 段階評価	108	
知能指数	108	
電車の待ち時間	76	
電話料金	118	
偏差値	108	
マークシート	91	
冷蔵庫の寿命	115	
確率変数	66	
——の独立性	82	
独立な——の和	121	
確率問題		
HIV 検査薬	58	
同じ誕生日	51	
お見合い戦略	64	
傘を忘れる	59	
火事になる確率	64	
くじ引きの順番	49	
サーベロニの問題	60	
大学受験	50	
丁か半か	48	
ド・メレの問題	50, 54	
一人っ子政策	55	
ビュフォンの針	52	
不良品製造元	58	
ポリヤの壺	61	
魔法使い探知機	64	
迷惑メール	63	
モンティ・ホール問題	61	
傘を忘れる	59	
加重平均	6	
風が吹けば	47	
仮説		
——の採否	191	
帰無——	190	
対立——	190	
数え上げ	32	
片側検定	191, 193	
ガリレイ (Galilei)	30	
カルダーノ (Cardano)	30	
関数		
確率——	67	
確率密度—— (PDF)	67	
——の凹凸	17	
——の増減	16	
ガンマ——	24, 25	
誤差——	24	
指数——	10	
対数——	10	
特性——	88	
ベータ——	25	
母——	84	
累積分布—— (CDF)	68	
間隔尺度	140	
ガンマ関数	24, 25	

■キ

幾何分布	100	
幾何（相乗）平均	5	
棄却	190	
——域	191, 193	
危険率	179, 191	
基準変数（従属変数）	140	
気象連鎖	232	
期待値	53	
確率分布の——	72	
——の合成公式	74	
帰無仮説	190	
級数		
等比——	14	
ベキ——展開	18	
マクローリン——展開	18	
教訓		
賭けで大儲け不可	229	
くじ引きの順番	49	
推定と検定	193	
少なくともの確率	50	
共通因子	150	
共通性	152	
共分散		
確率分布の——	81	
統計データの——	136	
分散——行列	148, 157, 159	
行列	27	
因子負荷量——	152	
逆——	27	
——式	28	
——の n 乗	29	
——の積	27	
推移確率——	227, 232	
正則——	27	
正方——	27	
相関係数——	149	
対角——	27, 29	
対称——	27	
単位——	27	
分散共分散——	148, 157, 159	
極限（数列の）	14	
極値・極大・極小	16	
許容範囲	191	
距離		
ウォード法	161	
クラスター間の——	160	
群平均法	160	
最小分散法	161	
最短——法	160	
最長——法	160	
市街地——	159	
重心法	160	
データ間の——	159	
マハラノビス——	159	
マハラノビスの汎——	159	
ミンコフスキー——	159	
ユークリッド——	159	
寄与率	147, 149	
累積——	149	
均斉性（比率一様性）検定	212	

■ク

クィックソート	37	
区間推定	179	
相関係数の——	186	
母比率の——	184	
母分散の——	183	

索　引　259

母平均の——	180
くじ引きの順番	49
区分求積法	20
組み合わせ	38
重複——	39
クラスター分析	141, 158
クラメール・ラオ (Cramér-Rao) の不等式	173, 188
クロネッカーのデルタ	151
群平均法（距離）	160

■ケ

計量文献学	161
ケステン (Kesten) 過程	235
下駄を投げる	128
血液型の構成比	233
結合確率	56
——分布	80
決定係数	143
原因の確率	62
原始関数	19
『源氏物語』	161, 213
検定	190
仮説——	190
片側——	191, 193
——統計量	191, 197
——の誤り	192
——方法の概略	196
推定と——	193, 195
相関係数の——	204
適合度の——	208
独立性の——	210
比率一様性（均斉性）の——	212
母比率の——	206
母比率の差の——	207
母分散の——	200
母分散の差の——	201
母平均の——	198
母平均の差の——	202
両側——	191, 193
検定問題	
源氏物語の著者	213
子供の誕生曜日	213
サイコロの『いかさま』	194
スーパーの肉パック	199
タイタニック号の沈没	213
テスト得点は上昇したか	195
π と e	209
メンデルの法則	209
予防注射は有効か	211

■コ

合成変量	146
ゴールトン (Galton)	187
コーシー (Cauchy)	138
——・シュワルツの不等式	138
誤差関数	24
故障率	115
ゴセット (Gosset)	164
碁盤の目	36
固有値問題（固有値・固有ベクトル）	29, 147
主成分分析での応用	147
コルモゴロフ (Kolmogorov)	46, 123
根元事象	44

■サ

サイコロ	30
最小 2 乗法	142
最小分散法（距離）	161
再生性	89, 95
正規分布の——	109
2 項分布の——	95
最適推定量	173
裁判員制度	50
最頻値	2, 130
最尤推定量	175
最尤法	175
サーストン (Thurstone)	153
サーベローニの問題	60
サラスの公式	28
3σ の法則	107
算術（相加）平均	4
残存確率	115
散布図	136

■シ

市街地距離	159
シグマ記号	3
試行	44
独立——	83
事後確率	62
事象	44
——の独立性	47, 57
——の排反性	46
辞書的配列	32
地震	77
指数関数	10
指数分布	114
事前確率	62
自然対数	11
——の底 e	11, 14, 209

質的データ	140
ジフ (Zipf) 分布	113
ジブラ (Gibrat) 過程	234
四分偏差	133
尺度	140
斜交解	151
じゃんけん	48, 55
主因子法	152
重回帰分析	144
集合（補——，和——，積——）	8
重心法（距離）	160
重積分	22
——の変数変換	22
2——	22
収束	
確率——	122
数列の——	14
分布——	126
法則——	126
充足性（推定量の基準）	173
従属変数（基準変数）	140
周辺確率	56
——分布	80
樹形図	158
じゅず順列	35
主成分分析	141, 146, 168
一般の場合の——	148
2 変量データの——	146
出生死滅過程	230
シュワルツ (Schwarz)	138
コーシー・——の不等式	138
順序尺度	140
順列	34
円——	35
じゅず——	35
重複——	35
条件つき確率	56
乗算過程	234
少子化と学力低下	109
商品の信頼度	115
乗法の定理	57
常用対数	11
ショールズ (Scholes)	215
信頼	
商品の——度	115
——区間	179, 193
——上限（下限）	179
——度（係数）C.L.	179

■ス

推移確率行列	227, 232
推定	170

区間——	179	——母関数	86	クラスター分析	141, 158
最適——量	173	データ分布の——	134	主成分分析	141, 146, 168
最尤——量	175	積和記号	136	数量化法	141
——値	170	z 変換	186	正準相関分析	141
——と検定	193, 195	説明変数（独立変数）	140	判別分析	141, 156, 168
——量	171	世論調査	185, 188	単位行列	27
点——	178	遷移確率	227	単純構造	153
母比率の区間——	207	全確率の定理	62	
良い——値	171	漸化式	13, 221, 228	■チ
推定問題		線形回帰	142	チェビシェフ (Chebyshev) の不等式
池にいる魚の数	177	先験確率	62		120
おみくじで吉	175	尖度		置換積分	21
テレビ視聴率	185	確率変数の——	79	知能指数 (IQ)	107-109
有効推定量	188	データ分布の——	134	中央値	2, 130
酔歩問題	94, 220, 221, 228			抽出調査	103
数量化法	141	■ソ		中心極限定理	126
数列	12	相加（算術）平均	4	丁か半か	48
階差——	12	相関関係と因果関係	139	超幾何分布	103
——の極限	14	相関係数		重複組み合わせ	39
等差——の和	12	確率分布の——	81	重複順列	35
等比——の和	12	——行列	149, 150	調和平均	6
無限等比——	14	——の区間推定	186	直交解	151
スカラー	26	——の検定	204	散らばり	
スターリング (Stirling) の公式	43	統計データの——	137	⇒ 分散	2
スチューデント (Student) の t 分布		増減表	16		
	164	相乗（幾何）平均	5	■ツ	
t 分布表	255	相対頻度	45	強い大数の法則	123
スネデカー (Snedecor)	166			Tree 構造型列挙	32
スーパーコンピュータ	99	■タ			
スピアマン (Spearman)	150	第 1 種の誤り	192	■テ	
スモルコフスキー (Smoluchowski)		対角		t 検定	164, 196-198, 202, 203, 205
	219	——化	29	t 分布	164, 181
		——行列	27, 29	t 分布表	255
■セ		対数		テイラー (Taylor) 展開	18
正規分布	104	自然—— ($\log_e x$)	11	定理	
——表	250, 252	常用—— ($\log_{10} x$)	11	微分積分の基本——	19
対数——	112, 234	——関数	11	適合度の検定	208
多次元——	111	——尤度関数	175	データ処理	
2 変量——	111	対数正規分布	112, 234	1 変数の——	130
標準——	105	大数の法則		——の基本	2
正規母集団	178	強い——	123	2 変数の——	136
正準相関分析	141	弱い——	122	点推定	178
正則行列	27	第 2 種の誤り	192	デンドログラム	158
正方行列	27	対立仮説	190		
積の法則	32	ダーウィン (Darwin)	187	■ト	
積分		互いに素	8	導関数	15
重——	22	宝くじ	53	統計的推測	
——の定義	19	多項定理	42	⇒ 推定	170
置換——	21	多次元正規分布	111	統計問題	
部分——	21	多変量解析	140	親子の身長	135, 139, 145
積率（モーメント）		因子分析	141, 150	統計量	
確率分布の——	78	回帰分析	141, 142	検定——	191, 197

──の検定	196
同時確率	56
──分布	80
東証株価指数	6
とがり（尖度）	
確率変数の──	79
データ分布の──	134
独自因子	150
特性関数	88
特性多項式・固有多項式	29
特性方程式	
行列の──	29
漸化式の──	13
独立	
確率変数の──性	82
事象の──性	47, 57
──試行	83
──な確率変数の和	121
独立性の検定	210
独立変数（説明変数）	140
賭博	52
ド・メレ (de Méré) の問題	50, 54
ド・モアブル (de Moivre)	124
──とラプラスの定理	124, 128
ド・モルガン (de Morgan)	9, 161
──の法則	9

■ニ

2項	
──確率	90
──係数	38
──定理	42
──分布	92
──母集団	178
負の──分布	103
ニセ科学	139
日経平均	6
2変量正規分布	111
ニュートン (Newton)	216

■ヌ

抜き取り調査	103

■ネ

ネピア (Napier) の数 e	11, 14, 209

■ノ

ノンパラメトリック	178

■ハ

ハーディ (Hardy)・ワインベルク (Weinberg) の法則	233

排反	8
事象の──性	46
破産問題	228
パスカル (Pascal)	17, 30, 38, 50, 54, 102
──の三角形	17, 38
──分布	102
外れ値	4
バナッハ (Banach) のマッチ箱	118
パラメトリック	178
バリマックス法	154
パレート (Pareto) 分布	113
判別関数	156
判別分析	141, 156, 168

■ヒ

ピアソン (Pearson)	137, 162, 187
ヒストグラム	2
一人っ子政策	55
微分	15
高階──	17
偏──	17
微分積分の基本定理	19
ビュフォン (Buffon) の針	52
標準化変換	105
標準化ユークリッド (Euclid) 距離	159
標準正規分布	105
──表	250, 252
──表	106
標準偏差 (SD)	7
確率分布の──	73
データ処理の──	2, 132
標本	129, 130
──関数	222
──不偏分散	132
──分散	132
──平均	130
標本空間	44
比率一様性（均斉性）検定	212
比率尺度	140

■フ

ファーストサクセス分布	101
フィッシャー (Fisher)	166, 186, 187
──の z 変換	186
フィボナッチ (Fibonacci) 数列	13
フェルマー (Fermat)	30
フォッカー (Fokker)	219
復元抽出	103
物価指数	131

不定積分	20
負の2項分布	103
部分積分	21
不偏性（推定量の基準）	172
ブラウン (Brown) 運動	216, 221, 223
プラセボ効果	139
ブラック (Black)	215
ブラッドフォード (Bradford) 分布	113
プランク (Planck)	219
不良品の問題	58, 98, 115, 118
分散	7
確率分布の──	73
データ処理の──	2, 132
標木不偏──	132
標本──	132
──共分散行列	148, 157, 159
──の計算公式	73
──の合成公式	74
母──	132
分布	
⇒ 確率分布	66
分布収束	126

■ヘ

平均	
加重（重みつき）──	6
期待値	53, 72
算術（相加）──	4
算術（相乗）──	5
調和──	6
データ処理の──	2, 130
標本──	130
──貯蓄残高	4
──偏差	133
母──	130
ベイズ (Bayes) の定理	62
ベキ級数展開	18
ベキ分布	113, 235
ベクトル	26
固有──	29
──の内積	26
ベータ関数	25
ペラン (Perrin)	216
ベルヌーイ (Bernoulli)	90
──試行	90
──分布	91
ベン (Venn) 図	8
変換	
1次──	27
z──	186

標準化――	105	■ミ		■リ	
偏差値 (SS)	107-109, 134	右側（上側）確率	106	離散	
変動係数	133	未定乗数法	147	――確率過程	222
偏微分	17	ミンコフスキー (Minkowskii) 距離 159		――確率分布	67
				――的確率変数	66
■ホ		■メ		両側検定	191, 193
ポアソン (Poisson)	96	名義尺度	140	量的データ	140
――過程	224, 230	迷惑メール	63	旅客機の重量	123
――分布	96	メジアン	2, 130		
――分布表	248	面積	20	■ル	
法則		メンデル (Mendel)	209	累積寄与率	149
積の――	32			累積分布関数 (CDF)	68
和の――	32	■モ			
法則収束	126	モーメント（積率）		■レ	
ポーカー	40	確率分布の――	78	冷蔵庫の寿命	115
母関数	84	データ分布の――	134	連続	
確率――	84	――母関数	86	――確率過程	222
積率――	86	モーメント法	174	――確率分布	67
母集団	129, 130	モールス (Morse) 信号	37	――的確率変数	66
正規――	178	モンティ・ホール問題	61		
2項――	178			■ロ	
母数	170	■ヤ		ロングテール	64
母比率		約数の個数	33		
――の区間推定	184, 207	ヤコビ (Jacobi)	22	■ワ	
――の検定	206	ヤコビアン	22	歪度	
――の差の検定	207			確率変数の――	79
母分散	132	■ユ		データ分布の――	134
――の区間推定	183	有意水準	191	和の法則	32
――の検定	200	有意な差	202, 203, 207		
――の差の検定	201	ユークリッド (Euclid)	159		
母平均	130	標準化――距離	159		
――の区間推定	180	――距離	159		
――の検定	198	有効性（推定量の基準）	173		
――の差の検定	202	尤度関数	175		
ポリヤ (Pólya) の壺	61	ゆがみ（歪度）			
		確率変数の――	79		
■マ		データ分布の――	134		
マクローリン (Maclaurin) 展開	18				
待ち行列	116	■ヨ			
マハラノビス (Mahalanobis)	159	弱い大数の法則	122		
――の汎距離	159				
魔法使い探知機	64	■ラ			
マルコフ (Markov)	100, 226	ライプニッツ (Leibniz)	17		
斉時――連鎖	227	ラグランジュ (Lagrange)	147		
多重――連鎖	226	――の未定乗数法	147		
――過程	100, 226	ラプラス (Laplace)	44, 124		
――性	100, 224, 226	ランジュバン (Langevin)	219		
――連鎖	226	乱数	89		
マルチンゲール	51, 227	ランダムウォーク（酔歩問題） 94, 220, 221, 228			
稀な現象	96				

《人名》

Akaike, H. (1927-2009)	177
Banach, S. (1892-1945)	118
Bayes, T. (1702-61)	62
Bernoulli, J. (1654-1705)	90
Black, F. (1938-95)	215
Brown, R. (1773-1853)	216
Cardano, G. (1501-76)	30
Cauchy, A.L. (1789-1857)	138
Chebyshev, P.L. (1821-94)	120
Cramér, H. (1893-1985)	173
Darwin, C. (1809-82)	187
de Buffon, G-L.L.C. (1707-88)	52
de Moivre, A. (1667-1754)	124
de Morgan, A. (1806-71)	9
Einstein, A. (1879-1955)	216
Erlang, A.K. (1878-1929)	116
Euclid (B.C. 3c?)	159
Fermat, P. (1601-65)	30
Fibonacci, L. (1170 頃-1250 頃)	13
Fisher, R.A. (1890-1962)	166, 186, 187
Fokker, A. (1887-1972)	219
Galilei, G. (1564-1642)	30
Galton, F. (1822-1911)	187
Gardner, M. (1914-2010)	60
Gauss, J.C.F. (1777-1855)	3, 23, 104
Gibrat, R. (1904-80)	234
Gosset, W.S. (1876-1937)	164
Ito, K. (1915-2008)	215, 216
Jacobi, C.G.J. (1804-51)	22
Kaiser, H.F. (1927-92)	154
Kesten, H. (1931-)	235
Kolmogorov, A. (1903-87)	46, 123
Lagrange, J-L. (1736-1813)	147
Langevin, P. (1872-1946)	219
Laplace, P-S. (1749-1827)	44, 124
Leibniz, G.W. (1646-1716)	17
Maclaurin, C. (1698-1746)	18
Mahalanobis, P.C. (1893-1972)	159
Markov, A.A. (1856-1922)	100, 226
Mendel, G.J. (1822-84)	209
Minkowskii, H. (1864-1909)	159
Morse, S.F.B. (1791-1872)	37
Napier, J. (1550-1617)	11
Newton, A. (1642-1727)	216
Pareto, V. (1848-1923)	113
Pascal, B. (1623-62)	17, 30, 38, 50, 54, 102
Pearson, K. (1857-1936)	137, 162, 187
Perrin, J.B. (1870-1942)	216
Planck, M. (1858-1947)	219
Poisson, S.D. (1781-1840)	96, 224, 230
Pólya, G. (1887-1985)	61
Rao, C.R. (1920-)	173
Scholes, M. (1941-)	215
Schwarz, K.H.A. (1843-1921)	138
Smoluchowski, M. (1872-1917)	219
Snedecor, G.W. (1881-1974)	166
Spearman, C.E. (1863-1945)	150
Stirling, J. (1692-1770)	43
Taylor, B. (1685-1731)	18
Thurstone, L.L. (1887-1955)	153
Venn, J. (1834-1923)	8
von Bortkiewicz, L. (1868-1931)	99
Ward, J.H. (1923-2011)	161
Welch, B.L. (1911-89)	203
Wiener, N. (1894-1964)	216
Yates, F. (1902-94)	207, 211
Zipf, G.K. (1902-50)	113

《定義一覧》

0.1	シグマ記号	3
0.3	平均	4
0.7	分散・標準偏差	7
0.10	指数	10
0.11	指数関数	10
0.12	対数	10
0.13	対数関数	11
0.14	常用対数・自然対数	11
0.18	数列の極限	14
0.20	e の定義	14
0.21	微分係数・導関数	15
0.25	原始関数	19
0.26	定積分の計算	19
0.28	定積分と面積	20
0.31	2 重積分	22
0.35	誤差関数	24
0.36	ガンマ関数	25
0.37	ベータ関数	25
1.1	階乗	34
1.6	組み合わせ	38
1.7	重複組み合わせ	39
1.11	確率の基本用語	44
1.12	Laplace による確率の定義	44
1.13	頻度を用いた確率の定義	45
1.15	事象の独立性	47
1.16	期待値	53
1.17	条件つき確率	56
2.1	確率変数	66
2.2	離散確率分布・確率関数	67
2.3	連続確率分布・確率密度関数	67
2.4	累積分布関数	68
2.8	確率分布の平均値（期待値）	72
2.9	確率分布の分散・標準偏差	73
2.15	共分散，相関係数	81
2.16	確率変数の独立性 (1)	82
2.17	確率変数の独立性 (2)	82
2.19	確率変数の独立性 (3)	83
2.20	確率変数の独立性 (4)	83
2.21	確率母関数	84
2.23	積率母関数：離散型確率変数の場合	86
2.24	積率母関数：連続型確率変数の場合	87
2.25	特性関数	88
2.27	Bernoulli 試行，2 項確率	90
2.29	2 項分布	92
2.32	Poisson 分布	96
2.35	幾何分布	100

2.38 Pascal 分布 102	《定理一覧》	《公式一覧》【Level 1】の公式のみ
2.39 負の 2 項分布 103	0.27 微分積分の基本定理 19	0.8 分散の計算公式 7
2.40 超幾何分布 103	0.32 重積分の変数変換 22	0.9 集合・事象の基本公式 9
2.41 正規分布 104	0.34 Gauss 積分 23	0.15 等差数列・等比数列の和 12
2.42 標準正規分布 105	1.8 2 項定理 42	0.23 Taylor 展開 18
2.43 標準化変換 105	1.9 多項定理 42	0.29 置換積分 21
2.49 指数分布 114	1.18 乗法の定理 57	0.30 部分積分 21
4.1 標本平均・標本分散・共分散 136	1.19 Bayes の定理 62	1.2 すべてを並べる順列 34
4.2 相関係数 137	2.22 独立な確率変数の和と確率母関数 85	1.3 順列 34
4.8 χ^2 分布 162	2.26 独立な確率変数の和と積率母関数・特性関数 88	2.5 確率密度関数と累積分布関数 68
4.9 Student の t 分布 164	2.31 2 項分布の再生性 95	2.10 分散の計算公式 73
4.10 F 分布 166	2.33 Poisson 分布と 2 項分布 96	2.30 2 項分布の平均・分散 93
5.1 推定 170	2.44 正規分布の再生性 109	2.34 Poisson 分布の平均値・分散 97
5.2 信頼区間・信頼度・危険率 179	3.1 Chebyshev の不等式 120	2.36 幾何分布の平均値・分散 101
6.1 仮説検定 190	3.3 弱い大数の法則 122	2.50 指数分布の平均値・分散 114
6.2 仮説検定の手順 190	3.4 Kolmogorov の強い大数の法則 123	2.52 指数分布と Erlang 分布 117
6.3 対立仮説・帰無仮説 190	3.5 de Moivre-Laplace の定理 124	3.2 n 個抽出されたデータの期待値と分散 122
6.4 有意水準・危険率 191	3.7 中心極限定理 126	4.5 主成分分析法のまとめ 149
6.5 仮説検定における 2 つの誤り 192	3.8 一般的な中心極限定理 127	4.7 因子分析法のまとめ 154
7.1 確率過程 222	4.3 Cauchy-Schwarz の不等式 138	5.3 母平均 μ の区間推定 181
7.3 Brown 運動の数学的な定義 223	4.4 最小 2 乗法（回帰直線） 142	5.5 母分散 σ^2 の区間推定 183
7.4 Poisson 過程 224	5.7 z 変換 186	5.6 母比率 p の区間推定 (1) 184
7.7 Gauss 過程 225		5.8 相関係数 r の区間推定 186
7.8 定常な確率過程 226		6.6 母平均 μ の検定（母分散 σ^2 が既知のとき） 198
7.9 Markov 性 226		6.7 母平均 μ の検定（母分散 σ^2 が未知のとき） 198
7.11 マルチンゲール 227		6.8 母分散 σ^2 の検定（母平均 μ が未知のとき） 200
7.12 乗算過程・Gibrat（ジブラ）過程 234		6.9 母分散 σ^2 の検定（母平均 μ が既知のとき） 200
		6.10 母分散の差の検定 201
		6.11 母平均の差の検定（母分散 σ_1^2, σ_2^2 が既知のとき） 202
		6.12 母平均の差の検定（等分散性が既知のとき） 202
		6.13 母平均の差の検定（母分散が未知のとき） 203
		6.14 相関係数の検定 204
		6.15 無相関検定 (1) 205
		6.16 無相関検定 (2) 205
		6.17 相関係数の差の検定 205
		6.18 母比率の検定 (1) 206
		6.19 母比率の検定 (2) 206
		6.21 母比率の差の検定 207
		6.22 適合度の検定 208
		6.23 独立性の検定 210
		6.24 比率一様性（均斉性）検定 212

memo

memo

著者紹介

真貝寿明（しんかい　ひさあき）
現　在　大阪工業大学情報科学部　教授
1966 年　東京に生まれる．横浜で育つ．
1990 年　早稲田大学理工学部物理学科卒業
1995 年　早稲田大学大学院修了，博士（理学）
　　　　早稲田大学理工学部助手，ワシントン大学（米国セントルイス）博士研究員，
　　　　ペンシルバニア州立大学客員研究員（日本学術振興会海外特別研究員），
　　　　理化学研究所基礎科学特別研究員などを経て，2006 年大阪工業大学情報科学
　　　　部准教授，2012 年 4 月より同教授．
　　　　主な研究分野は，一般相対性理論・宇宙論とその周辺．
著　書　「徹底攻略 微分積分」（共立出版，2009）
　　　　「徹底攻略 常微分方程式」（共立出版，2010）
　　　　「図解雑学 タイムマシンと時空の科学」（ナツメ社，2011）
　　　　『徹底攻略 確率統計』（共立出版，2014）
　　　　『現代物理学が描く宇宙論』（共立出版，2018）
　　　　『ブラックホール・膨張宇宙・重力波』（光文社新書，2015）
　　　　『日常の「なぜ」に答える物理学』（森北出版，2015）
翻訳書　『宇宙のつくり方』（共訳，丸善出版，2016）
　　　　『演習 相対性理論・重力理論』（共訳，森北出版，2019）
編集書　『相対論と宇宙の事典』（共編，朝倉書店，2020）

徹底攻略 確率統計　　　　　著　者　真貝寿明 ⓒ 2012

Probability and Statistics:　発行者　南條光章
A Structured Approach

　　　　　　　　　　　　　　発行所　共立出版株式会社
2012 年 3 月 15 日　初版 1 刷発行
2021 年 2 月 1 日　初版 7 刷発行
　　　　　　　　　　　　　　　　　　東京都文京区小日向 4 丁目 6 番 19 号
　　　　　　　　　　　　　　　　　　電話 東京（03）3947-2511 番（代表）
　　　　　　　　　　　　　　　　　　〒 112-0006/振替口座 00110-2-57035 番
　　　　　　　　　　　　　　　　　　URL　www.kyoritsu-pub.co.jp

　　　　　　　　　　　　　　印　刷　大日本法令印刷
　　　　　　　　　　　　　　製　本　協栄製本

　　　　　　　　　　　　　　　　　　一般社団法人
　　　　　　　　　　　　　　　　　　自然科学書協会
　　　　　　　　　　　　　　　　　　会員

　　　　　　　検印廃止
　　　　　　　NDC 417
　　ISBN 978-4-320-11009-0　　Printed in Japan

JCOPY <出版者著作権管理機構委託出版物>
本書の無断複製は著作権法上での例外を除き禁じられています．複製される場合は，そのつど事前に，
出版者著作権管理機構（TEL：03-5244-5088，FAX：03-5244-5089，e-mail：info@jcopy.or.jp）の
許諾を得てください．

◆ 色彩効果の図解と本文の簡潔な解説により数学の諸概念を一目瞭然化！

ドイツ Deutscher Taschenbuch Verlag 社の『dtv-Atlas事典シリーズ』は，見開き2ページで1つのテーマが完結するように構成されている。右ページに本文の簡潔で分り易い解説を記載し，かつ左ページにそのテーマの中心的な話題を図像化して表現し，本文と図解の相乗効果で理解をより深められるように工夫されている。これは，他の類書には見られない『dtv-Atlas 事典シリーズ』に共通する最大の特徴と言える。本書は，このシリーズの『dtv-Atlas Mathematik』と『dtv-Atlas Schulmathematik』の日本語翻訳版。

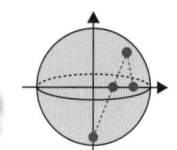

カラー図解 数学事典

Fritz Reinhardt・Heinrich Soeder [著]
Gerd Falk [図作]
浪川幸彦・成木勇夫・長岡昇勇・林　芳樹 [訳]

数学の最も重要な分野の諸概念を網羅的に収録し，その概観を分り易く提供。数学を理解するためには，繰り返し熟考し，計算し，図を書く必要があるが，本書のカラー図解ページはその助けとなる。

【主要目次】　まえがき／記号の索引／序章／数理論理学／集合論／関係と構造／数系の構成／代数学／数論／幾何学／解析幾何学／位相空間論／代数的位相幾何学／グラフ理論／実解析学の基礎／微分法／積分法／関数解析学／微分方程式論／微分幾何学／複素関数論／組合せ論／確率論と統計学／線形計画法／参考文献／索引／著者紹介／訳者あとがき／訳者紹介

■菊判・ソフト上製本・508頁・定価(本体5,500円＋税)■

カラー図解 学校数学事典

Fritz Reinhardt [著]
Carsten Reinhardt・Ingo Reinhardt [図作]
長岡昇勇・長岡由美子 [訳]

『カラー図解 数学事典』の姉妹編として，日本の中学・高校・大学初年級に相当するドイツ・ギムナジウム第5学年から13学年で学ぶ学校数学の基礎概念を1冊に編纂。定義は青で印刷し，定理や重要な結果は緑色で網掛けし，幾何学では彩色がより効果を上げている。

【主要目次】　まえがき／記号一覧／図表頁凡例／短縮形一覧／学校数学の単元分野／集合論の表現／数集合／方程式と不等式／対応と関数／極限値概念／微分計算と積分計算／平面幾何学／空間幾何学／解析幾何学とベクトル計算／推測統計学／論理学／公式集／参考文献／索引／著者紹介／訳者あとがき／訳者紹介

■菊判・ソフト上製本・296頁・定価(本体4,000円＋税)■

http://www.kyoritsu-pub.co.jp/　　共立出版　　(価格は変更される場合がございます)

https://www.facebook.com/kyoritsu.pub

確率分布

代表的なもの．詳しい一覧表は §2.1.5 参照．

離散型確率分布	記号	確率関数 $P(X=k)$	定義域	平均	分散	参照
一様分布		$\dfrac{1}{n}$	n 標本点	$\dfrac{n+1}{2}$	$\dfrac{n^2-1}{12}$	§2.1.4
2項分布	$B(n,p)$	${}_n\mathrm{C}_k p^k q^{n-k}$	$k=0,1,\cdots,n$	np	npq	§2.5.3
ポアソン分布	$\mathrm{Po}(\lambda)$	$e^{-\lambda}\dfrac{\lambda^k}{k!}$	$k=0,1,2,\cdots$	λ	λ	§2.5.4
幾何分布	$G(p)$	$p\,q^k$	$k=0,1,2,\cdots$	q/p	q/p^2	§2.5.5

連続型確率分布	記号	確率密度関数 $f(x)$	定義域	平均	分散	参照
一様分布	$U(a,b)$	$\dfrac{1}{b-a}$	$a\leq x\leq b$	$\dfrac{a+b}{2}$	$\dfrac{(b-a)^2}{12}$	§2.1.4
正規分布	$N(\mu,\sigma^2)$	$\dfrac{1}{\sqrt{2\pi\sigma^2}}\exp\left[-\dfrac{(x-\mu)^2}{2\sigma^2}\right]$	x 全域	μ	σ^2	§2.6.1
標準正規分布	$N(0,1^2)$	$\dfrac{1}{\sqrt{2\pi}}\exp\left[-\dfrac{x^2}{2}\right]$	x 全域	0	1	§2.6.2
指数分布	$\mathrm{Exp}(\lambda)$	$\lambda e^{-\lambda x}$	$x\geq 0$	$1/\lambda$	$1/\lambda^2$	§2.6.7

正規分布

- 確率密度関数 $f(x)=\dfrac{1}{\sqrt{2\pi\sigma^2}}e^{-\frac{(x-\mu)^2}{2\sigma^2}}$
- $\mu=0,\sigma=1$ への標準化 $Z=\dfrac{X-\mu}{\sigma}$
- 標準正規分布の特徴的な面積

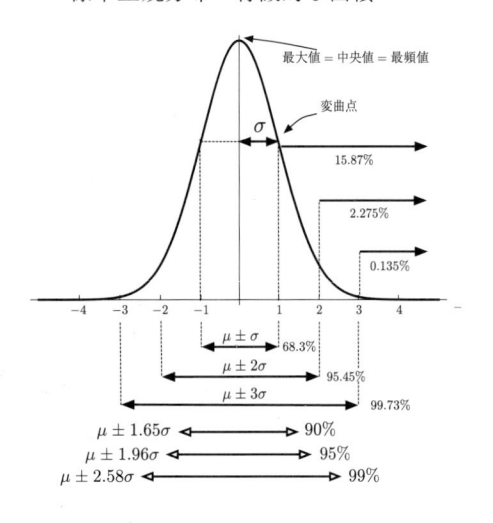

大数の定理

- Chebyshev の不等式

$$P(|X-\mu|\geq\varepsilon)\leq\left(\dfrac{\sigma}{\varepsilon}\right)^2$$

- de Moivre-Laplace の定理
  2項分布 $B(n,p)$ は，n を大きくする極限で，正規分布 $N(\mu,\sigma^2)$ に近づく．平均と分散は，$\mu=np,\ \sigma^2=np(1-p)$ と対応する．

標本の取り扱い

- 標本平均 $\overline{X}=\dfrac{X_1+X_2+\cdots+X_n}{n}$ の期待値と分散は $E[\overline{X}]=\mu,\ V[\overline{X}]=\dfrac{\sigma^2}{n}$
- 母分散 $\sigma^2=\dfrac{1}{n}\displaystyle\sum_{i=1}^{n}(x_i-\mu)^2$
- 標本分散 $S^2=\dfrac{1}{n}\displaystyle\sum_{i=1}^{n}(x_i-\overline{x})^2\equiv\dfrac{1}{n}S_{xx}$
- 標本不偏分散 $s^2=\dfrac{1}{n-1}\displaystyle\sum_{i=1}^{n}(x_i-\overline{x})^2$

多変量解析　　概略は，§4.2.4

目的		基準変数	量的な説明変数		質的な説明変数
予測	関係式をつくりたい	量的	回帰分析	§4.3	数量化1類
予測	関係式をつくりたい（量の推定）	量的	正準相関分析		数量化1類
予測	グループ分けしたい（質の推定）	質的	判別分析	§4.6	数量化2類
予測	グループを構成したい	質的	クラスター分析	§4.7	クラスター分析
要約	変量を統合して整理したい	−	主成分分析	§4.4	数量化3類
要約	代表的な変量を発見したい	−	因子分析	§4.5	数量化4類

推定

- 推定量の良さの基準
  一致性，不偏性，有効性，充足性
- 区間推定　危険率 α，信頼度 $1-\alpha$
$$P(\hat{\theta}_L < \theta < \hat{\theta}_U) = 1-\alpha$$
- 母平均 μ の区間推定（信頼度 95%, 99%）
$$\overline{x} - 1.96\frac{s}{\sqrt{n}} < \mu < \overline{x} + 1.96\frac{s}{\sqrt{n}}$$
$$\overline{x} - 2.58\frac{s}{\sqrt{n}} < \mu < \overline{x} + 2.58\frac{s}{\sqrt{n}}$$
- 母比率 p の区間推定（信頼度 95%）
$$\overline{p} - 1.96\sqrt{\frac{\overline{p}(1-\overline{p})}{n}} < p < \overline{p} + 1.96\sqrt{\frac{\overline{p}(1-\overline{p})}{n}}$$

検定

- 仮説検定の手順
  1. 対立仮説 H_1 と帰無仮説 H_0 の樹立
  2. 有意水準（危険率）α の設定
  3. 検定統計量の解析
  4. 帰無仮説が棄却されるかどうか

- 第1種の誤り α
  H_0 が正しいのに H_0 を棄却する
  第2種の誤り β
  H_0 が間違っているのに H_0 を棄却しない

検定方法　　概略は，§6.2.1

標本の数	検定したい統計量	検定名称	
1	母平均 μ	u 検定, t 検定	§6.2.2
	母分散 σ^2	χ^2 検定	§6.2.3
	相関係数 r	無相関検定	§6.2.6
	母比率 p		§6.2.7
2	母平均 μ の差	t 検定	§6.2.5
	母分散 σ^2 の差	F 検定	§6.2.4
	相関係数 r の差		§6.2.6
	母比率 p の差		§6.2.7

付表		
1	Poisson 分布	p.248
2–5	正規分布	p.250
6	χ^2 分布	p.254
7	t 分布	p.255
8	F 分布	p.256

検定目的	母集団	属性	検定名称		
どのような分布にしたがうか	1つ	1つ	適合度検定	χ^2 検定	§6.3.1
分類に用いた属性は独立か	1つ	2つ	独立性検定	χ^2 検定	§6.3.2
母集団は同じ分布か	2つ	1つ	比率一様性検定	χ^2 検定	§6.3.3